吐鲁番杏标准体系

刘丽媛　主编

中国财富出版社有限公司

图书在版编目（CIP）数据

吐鲁番杏标准体系／刘丽媛主编．—北京：中国财富出版社有限公司，2021.7
ISBN 978－7－5047－7380－7

Ⅰ.①吐…　Ⅱ.①刘…　Ⅲ.①杏—质量管理—标准体系—吐鲁番市　Ⅳ.①S662.2－65

·中国版本图书馆 CIP 数据核字（2021）第 054244 号

策划编辑　李　伟	责任编辑　邢有涛　张天穹			
责任印制　梁　凡	责任校对　孙丽丽		责任发行　黄旭亮	

出版发行　中国财富出版社有限公司

社　　址	北京市丰台区南四环西路 188 号 5 区 20 楼	邮政编码	100070
电　　话	010－52227588 转 2098（发行部）		010－52227588 转 321（总编室）
	010－52227566（24 小时读者服务）		010－52227588 转 305（质检部）
网　　址	http://www.cfpress.com.cn	排　　版	宝蕾元
经　　销	新华书店	印　　刷	宝蕾元仁浩（天津）印刷有限公司
书　　号	ISBN 978－7－5047－7380－7/S·0047		
开　　本	880mm×1230mm　1/16	版　　次	2022 年 2 月第 1 版
印　　张	42.25	印　　次	2022 年 2 月第 1 次印刷
字　　数	1249 千字	定　　价	229.00 元

编 委 会

编者的话

　　吐鲁番优越的光热条件和独特的气候资源，为杏等特色林果业提供了得天独厚的生长条件，造就了杏卓越的优良品质，杏等特色林果业已成为促进吐鲁番市农村经济发展和农民持续快速增收的朝阳产业。近年来，按照市委"富农强市"发展战略和"稳定面积、调优结构、强化管理、提质增效"的发展思路，以提升基地建设水平为抓手，以推进产业化经营为手段，以科技能力建设为支撑，以发掘增收潜力为目标，推动杏产业高质量发展，促进杏产业提质增效，努力构建现代产业体系、生产体系、经营体系，为吐鲁番社会稳定、农业升级、农村进步、农民增收提供有力保障。截至 2019 年年末，全市杏树种植总面积 10.7 万亩，杏总产量 3.93 万吨。

　　目前，随着吐鲁番杏产业迅速发展，国内新技术、新工艺、新设备、新材料大量涌现，迫切需要对我市杏相关技术及产业标准进行整理、补充和完善，建立科学的杏标准体系十分重要。为此，吐鲁番市林果业技术推广服务中心组织了研究和编制《吐鲁番杏标准体系》的工作，于 2019 年 1 月提出标准体系立项申请、编制标准体系规划，2019 年 2 月经吐鲁番市市场监督管理局批准立项。根据吐鲁番市杏产业发展特点，吐鲁番市林果业技术推广服务中心通过对杏及其相关制品标准体系的编制、收集、整理，梳理出涉及杏产品的国家、行业和地方标准，建立起我市杏产品行业的标准信息库，2020 年 6 月下旬组织有关专家审定并于 2020 年 7 月 15 日通过、发布。

　　经专家反复论证、讨论审定后一致认为：建立吐鲁番杏标准体系是一项促进我市杏产业标准化进程、科学指导我市杏产业持续发展的十分重要而又基础性的工作，对健全我市杏全产业链质量安全管控具有重要意义。《吐鲁番杏标准体系》的内容全面、系统地反映了吐鲁番杏产业发展对标准的需求；整个体系结构合理、内容充实可靠、系统完整、技术先进，能够指导果农和企业提高杏产品质量水平，具有较强的可操作性和创新性，对促进吐鲁番杏产业提质增效、加快杏产业标准化进程、提高杏产业生产力水平具有重要的指导意义。

　　《吐鲁番杏标准体系》是将近年来所有与杏相关的国家标准、行业标准、地方标准等按其内在联系形成的科学有机整体，是目前和今后一定时期内杏产业发展，标准制订、修订和管理工作的基本依据。该标准体系分为定义描述、建园、栽培管理、加工储运、检验检测及进口与出口标准，共六大部分，由国家标准 23 个，行业标准 24 个，地方标准 14 个，共计 61 个标准组成。

　　该体系主要具备以下 3 个特点：

　　1. 完备性

　　主要反映了涉及杏产业的具体性和个性，也体现了对标准化对象杏产业的管理精度，是标准体系适应现实多样性的一个重要方面。体系内的各项标准在内容方面衔接一致，各标准按杏产业发展链条的形式排列起来，各种标准互相补充、互相依存，共同构成一个完整整体。

　　2. 逻辑性

　　该标准体系所有标准按照一定的结构进行逻辑组合，而不是杂乱无序的堆积，体系内每一部分呈现不同的层次结构，有利于了解每一部分中相关标准的全貌，同时也是杏标准化研究领域的重要参考。

　　3. 动态性

　　该标准体系具有一定的灵活性与弹性，体系内的所有标准均采用最新的、现行有效标准，并且该体系随着时间的推移和条件的改变将不断发展更新，从而指导标准化工作，提高标准化工作的科学性、全面性、系统性和预见性。

　　《吐鲁番杏标准体系》适用于吐鲁番杏产业销售、加工、检验、检测等单位，可作为有关部门开展技术培训的教材。为确保该体系的整体性和连续性，部分引用标准在原文内容不改变的前提下，标准格式及页码进行了适当调整。此项体系的完成仅仅是我市杏产业标准化进一步发展的一个阶段，由于产业的发展是一个变化的过程，体系中有些内容还需要进一步完善，如在标准化工作中如何更好地服务果农和企业以及国内外杏产业最新发展趋势掌握得还不够等。因此，我们愿意与国内外同行加强交流，在杏产业标准化工作中不断研究、不断完善、不断发展，以此进一步推动我市杏产业转型升级、加速杏产业发展、加快现代杏产业体系构建。

编　者

2020 年 7 月 26 日

目　录

ICS

DB

吐 鲁 番 市 地 方 标 准

DB6521/T 241—2020

吐鲁番杏标准体系总则

2020 – 06 – 20 发布

2020 – 07 – 15 实施

吐鲁番市市场监督管理局　发 布

前　言

本标准根据 GB/T 1.1—2009《标准化工作导则　第 1 部分标准的结构和编写》进行编写。

本标准由吐鲁番市林果业技术推广服务中心提出。

本标准由吐鲁番市林业和草原局归口。

本标准由吐鲁番市林果业技术推广服务中心负责起草。

本标准主要起草人：刘丽媛、周黎明、王春燕、韩泽云、周慧、武云龙、吾尔尼沙·卡得尔、徐彦兵。

吐鲁番杏标准体系总则

1 范围

本标准规定了吐鲁番杏标准体系编制的基本原则、体系内容和工作程序。

本标准适用于吐鲁番杏标准体系的建立和评价。

2 基本原则

2.1 本标准体系围绕林果产业发展，以吐鲁番杏产品质量标准为主的林果业标准体系。

2.2 本标准体系是以吐鲁番杏作为综合标准化对象，以影响杏产品品质的相关要素形成的体系。

2.3 本标准体系以提高杏产品质量水平为目的。本标准体系的实施对培育吐鲁番杏品牌和指导吐鲁番杏的标准化生产，促进杏产业化发展具有积极的推动作用。

2.4 本标准体系坚持按照先进性、系统性、连续性，不断制定、修订、完善的准则，有计划、有组织地进行体系建设。

2.5 本标准体系的建立由国家标准、行业标准和地方标准相互配套，坚持以生产实践和新技术推广相结合的原则。

3 体系内容

3.1 本标准体系分为定义描述、建园、栽培管理、加工储运、检验检测及进口与出口标准，共六大部分，61 个标准组成。

3.2 第一部分 定义描述

该部分主要收集了杏及其附产品的定义、综述等，共由 13 个标准组成，其中国家标准 5 个，行业标准 8 个。

3.3 第二部分 建园

该部分主要收集了杏的育苗技术规程及产地环境要求等，共由 6 个标准组成，其中行业标准 2 个，地方标准 4 个。

3.4 第三部分 栽培管理

该部分主要收集了有关杏栽培管理的标准共 9 个，其中行业标准 3 个，地方标准 6 个。

3.5 第四部分 加工储运

该部分主要收集了杏果品等级及其制品包装、冷藏及物流运输标准，共由 11 个标准组成，其中国家标准 4 个，行业标准 3 个，地方标准 4 个。

3.6 第五部分　检验检测

该部分主要收集了杏果品农药残留检测等标准，共由 15 个标准组成，其中国家标准 14 个，行业标准 1 个。

3.7 第六部分　进口与出口

该部分主要收集了进口、出口水果检疫标准，共由 7 个标准组成，全部为行业标准。

4　工作程序

4.1　规划阶段

4.1.1　2019 年 1 月由吐鲁番市林果业技术推广服务中心提出标准体系立项申请，编制标准体系规划。

4.1.2　2019 年 2 月吐鲁番市市场监督管理局批准立项。

4.1.3　本标准体系由吐鲁番市市场监督管理局管理。

4.1.4　标准体系建设由吐鲁番市林果业技术推广服务中心承担。

4.2　建设阶段

4.2.1　2019 年 3—12 月由承担单位制订标准体系工作计划，分工起草标准草案。

4.2.2　2020 年 3 月承担单位组织有关专家对标准草案进行初审，修改后形成讨论稿。

4.2.3　2020 年 3—6 月承担单位组织科研小组深入生产基地，进行新标准的现场验证。

4.2.4　2020 年 6 月中旬承担单位在现场验证基础上对标准讨论稿进行修改，形成送审稿。

4.2.5　2020 年 6 月下旬吐鲁番市林果业技术推广服务中心组织有关专家对所有新标准进行审定。

4.3　贯彻阶段

4.3.1　本标准体系由吐鲁番市林业和草原部门组织实施。

4.3.2　本标准体系发布后，有关部门做好宣传工作。

4.3.3　本标准体系由吐鲁番市林业和草原部门组织相关部门评价和验收。

5 标准明细表

序号	类别	标准代号	标准名称
1	定义描述	NY/T 696—2003	鲜杏
2		NY/T 1306—2007	农作物种质资源鉴定技术规程　杏
3		NY/T 2028—2011	农作物优异种质资源评价规范　杏
4		NY/T 2636—2014	温带水果分类和编码
5		NY/T 434—2016	绿色食品　果蔬汁饮料
6		NY/T 2925—2016	杏种质资源描述规范
7		QB/T 1611—2014	杏罐头
8		QB/T 1386—2017	果酱类罐头
9		GB/T 30362—2013	植物新品种特异性、一致性、稳定性测试指南　杏
10		GB/T 31324—2014	植物蛋白饮料　杏仁露
11		GB/T 31121—2014	果蔬汁类及其饮料
12		GB/T 24691—2009	果蔬清洗剂
13		GB 7098—2015	食品安全国家标准　罐头食品
14	建园	DBN6521/T 181—2018	吐鲁番杏育苗技术规程
15		DB6521/T 242—2020	苏勒坦杏苗木质量分级
16		DB6521/T 243—2020	小白杏苗木质量等级
17		DB6521/T 244—2020	新建杏园技术规程
18		NY/T 391—2013	绿色食品　产地环境质量
19		SN/T 2960—2011	水果蔬菜和繁殖材料处理技术要求
20	栽培管理	DBN6521/T 180—2018	吐鲁番市杏栽培技术规程
21		DB6521/T 245—2020	吐鲁番有机杏生产技术规程
22		DB6521/T 246—2020	杏树优质高产管理技术规程
23		DB6521/T 247—2020	小白杏生产技术规程
24		DB6521/T 248—2020	苏勒坦杏生产技术规程
25		DBN6521/T 182—2018	吐鲁番市杏有害生物防治技术规程
26		NY/T 394—2013	绿色食品　肥料使用准则
27		NY/T 393—2013	绿色食品　农药使用准则
28		LY/T 1677—2006	杏树保护地丰产栽培技术规程

序号	类别	标准代号	标准名称
29	加工储运	DBN6521/T 183—2018	吐鲁番杏果实制干技术规程
30		DBN6521/T 184—2018	吐鲁番杏果实保鲜贮运技术规程
31		DB6521/T 249—2020	小白杏果品质量等级
32		DB 6521/T 250—2020	苏勒坦杏果品质量等级
33		NY/T 3338—2018	杏干产品等级规格
34		NY/T 2381—2013	杏贮运技术规范
35		SB/T 10617—2011	熟制杏核和杏仁
36		GB/T 17479—1998/ ISO 2826：1974	杏冷藏
37		GB/T 20452—2006	仁用杏杏仁质量等级
38		GB/T 28843—2012	食品冷链物流追溯管理要求
39		GB/T 33129—2016	新鲜水果、蔬菜包装和冷链运输通用操作规程
40	检验检测	NY/T 1762—2009	农产品质量安全追溯操作规程　水果
41		GB 10468—89	水果和蔬菜产品 pH 值的测定方法
42		GB 14891.5—1997	辐照新鲜水果、蔬菜类卫生标准
43		GB 16325—2005	干果食品卫生标准
44		GB/T 15038—2006	葡萄酒、果酒通用分析方法
45		GB/T 5009.49—2008	发酵酒及其配制酒卫生标准的分析方法
46		GB/T 23380—2009	水果、蔬菜中多菌灵残留的测定高效液相色谱法
47		GB 23200.8—2016	食品安全国家标准　水果和蔬菜中500种农药及相关化学品残留量的测定气相色谱－质谱法
48		GB 23200.17—2016	食品安全国家标准　水果、蔬菜中噻菌灵残留量的测定　液相色谱法
49		GB 23200.19—2016	食品安全国家标准　水果和蔬菜中阿维菌素残留量的测定　液相色谱法
50		GB 23200.21—2016	食品安全国家标准　水果中赤霉酸残留量的测定液相色谱－质谱/质谱法
51		GB 23200.25—2018	食品安全国家标准　水果中噁草酮残留量的检测方法
52		GB 5009.7—2016	食品安全国家标准　食品中还原糖的测定
53		GB 5009.8—2016	食品安全国家标准　食品中果糖、葡萄糖、蔗糖、麦芽糖、乳糖的测定
54		GB 2761—2017	食品安全国家标准　食品中真菌毒素限量

（续表）

序号	类别	标准代号	标准名称
55		SN/T 3272.2—2012	出境干果检疫规程　第2部分：苦杏仁
56	进口与出口	SN/T 3729.2—2013	出口食品及饮料中常见水果品种的鉴定方法　第2部分：杏成分检测实时荧光 PCR 法
57		SN/T 1961.9—2013	出口食品过敏原成分检测　第9部分：实时荧光 PCR 方法检测杏仁成分
58		SN/T 4419.5—2016	出口食品常见过敏原 LAMP 系统检测方法　第5部分：杏仁
59		SN/T 1886—2007	进出口水果和蔬菜预包装指南
60		SN/T 2455—2010	进出境水果检验检疫规程
61		SN/T 4069—2014	输华水果检疫风险考察评估指南

第一部分　定义描述

ICS 67. 080

B 31

中华人民共和国农业行业标准

NY/T 696—2003

鲜 杏

Fresh apricot

2003－12－01 发布　　　　　　　　　　　2004－03－01 实施

中华人民共和国农业部　发 布

前　言

　　本标准的附录 B 为规范性附录，附录 A 为资料性附录。

　　本标准由中华人民共和国农业部提出并归口。

　　本标准起草单位：农业部优质农产品开发服务中心、辽宁省果树科学研究所、北京市林果所、长春市农科院园艺所。

　　本标准主要起草人：俞东平、刘宁、王玉柱、李锋、李连海。

鲜　杏

1　范围

本标准规定了收销鲜杏的术语和定义、要求、检验规则、检验方法、包装及标志、贮藏与运输。本标准适用于鲜杏的商品生产、收购、销售。

2　规范性引用文件

下列文件中的条款通过本标准的引用而成为本标准的条款。凡是注日期的引用文件，其随后所有的修改单（不包括勘误的内容）或修订版均不适用于本标准，然而，鼓励根据本标准达成协议的各方研究是否可使用这些文件的最新版本。凡是不注日期的引用文件，其最新版本适用于本标准。

GB 2762—1994　食品中汞限量卫生标准

GB 4788—1994　食品中甲拌磷、杀螟硫磷、倍硫磷最大残留限量标准

GB/T 5009.17　食品中总汞及有机汞的测定

GB/T 5009.20　食品中有机磷农药残留量的测定

GB/T 10651—1989　鲜苹果

NY/T 439—2001　苹果外观等级标准

SB/T 10090—1992　鲜桃

3　术语和定义

下列术语和定义适用于本标准。

3.1　果形

本品种果实成熟时应具有的形状。果形端正指果实没有不正常的明显凹陷和突起，以及外形偏缺的现象，反之即为畸形果。

3.2　新鲜

果实无失水皱皮、色泽变暗等。

［NY/T 439—2001，定义3.5］

3.3　洁净

果实表面无明显尘土、污垢、药物残留及其他异物。

［NY/T 439—2001，定义3.6］

3.4 异味

果实吸收其他物质的不良气味或因果实变质而产生不正常的气味和滋味。
[GB/T 10651—1989，定义3.4]

3.5 不正常的外来水分

经雨淋或用水冲洗后留在果实表面的水分。
[SB/T 10090—1992，3.7]

3.6 色泽

本品种果实商品成熟和果实生理成熟时应具有的自然色泽。主要有绿白色、白色、乳白色、黄色、绿黄色、黄绿色、橙黄色、鲜红色、紫红色等。

3.7 品种特征

本品种果实商品成熟和果实生理成熟时应具有的各项特征。包括果实形状、单果重、果皮色泽、果点大小及疏密、果皮厚薄、缝合线深浅、片肉是否对称、果梗长短及粗细、顶洼和梗洼深浅、果汁多少、肉质风味、粘离核、杏仁甜苦等。

3.8 果梗

果梗可有可无，但梗洼处应无缺肉伤痕。

3.9 充分发育

果实自然地长成应有的果个和形状。
[NY/T 439—2001，定义3.1]

3.10 成熟

果实的发育已经达到成熟阶段，基本呈现出本品种特有的色、香、味，果肉即将由硬脆变韧或柔软。

3.11 成熟度

表示果实成熟的不同阶段，鲜果一般分以下三个等级。
A：采收成熟度，果实达到正常的基本大小，果实底色发生变化，耐贮运，经贮藏后可食用。
B：鲜食成熟度，果实具有品种成熟的基本特征。
C：生理成熟度，果实完全成熟。

3.12 单果重

单个果实的质量。是确定果实大小的依据，以克为单位。

3.13 果面缺陷

人为或自然因素对果面造成的损伤。

3.14　刺伤

果实在采摘时或采后处理过程中果皮被刺破或划破，伤及果肉而造成的损伤。

［GB/T 10651—1989，定义 3.17］

3.15　碰压伤

由于果实因受碰击或外界压力，而对果皮造成的人为损伤。轻微碰压伤系指果实受碰压以后，果皮未破，伤面稍微凹陷，变色不明显，无汁液外溢现象。

［GB/T 10651—1989，定义 3.18］

3.16　磨伤

由于果皮表面受枝、叶摩擦而形成的褐色或黑色伤痕，可分为块状磨伤和网状磨伤，块状磨伤按合并面积计算，网状磨伤按分布面积计算。轻微磨伤系指细小色浅不变黑的瑕疵或轻微薄层，十分细小浅色的痕迹可作果锈处理。

［GB/T 10651—1989，定义 3.19］

3.17　日灼

也称烧伤、晒伤或日烧病，系指果实表面因受强烈日光照射形成变色的斑块。晒伤部分轻微者呈桃红色或稍微发白，严重者变成黄褐色。

［GB/T 10651—1989，定义 3.21］

3.18　药害

是因喷洒农药在果面上残留的药斑或伤害，轻微药斑是指点粒细小、稀疏的斑点和不明显的轻微网状薄层。

［GB/T 10651—1989，定义 3.22］

3.19　雹伤

果实在生长期间受冰雹击伤，果皮被击破伤及果肉者为重度雹伤。果皮未破，伤处略现凹陷，皮下果肉受伤较浅，而且愈合良好者为轻微雹伤。任何等级都不允许未愈合的破皮新雹伤。

［GB/T 10651—1989，定义 3.23］

3.20　裂果

果实表皮上的自然裂痕，不允许有未愈合风干的新鲜裂口。

［GB/T 10651—1989，定义 3.24］

3.21　生理性病害

主要有缺硼症、果肉褐变、冷害、二氧化碳中毒等。

3.22　侵染性病害

主要有细菌性穿孔病、杏疔病、褐腐病、炭疽病、疮痂病等。

3.23 虫果

经食心虫危害的果实，果面上有虫眼，周围变色，入果后蛀食果肉或果心，虫眼周围或虫道中留有虫粪，影响食用。危害杏的食心虫有李小食心虫、桃小食心虫、梨小食心虫和桃蛀螟等。

3.24 其他虫害

桃粉蚜、象鼻虫、杏仁蜂等蛀食果皮和果肉引起的果面伤痕。虫伤面积包括伤口及周围已木栓化部分。

3.25 容许度

由于果实在采后分级中可能存在疏忽，以及在采后处理和贮运过程中可能产生的品质变化，规定一个低于本等级质量的允许限度，称为容许度。

[GB/T 10651—1989，定义 3.32]

3.26 粘离核

果实的果肉与果核粘着程度。

3.26.1 粘核
果实的果肉与果核完全粘着。

3.26.2 半离核
果实的果肉与果核脱离，但不完全。

3.26.3 离核
果实的果肉与果核完全脱离，只有维管束相连。

3.27 果实成熟期

从开花到果实成熟所需的天数为果实发育期，按果实发育期分为早熟（<70 天）；中熟（71 天～80 天）；晚熟（>80 天）。

4 要求

4.1 等级规格

杏果实等级规格应符合表 1 规定。

表 1 　　　　　　　　　　　　杏等级规格指标

等级	特等果	一等果	二等果
基本要求	果实基本发育成熟，完整、新鲜洁净，无异味、不正常外来水分、刺伤、药害及病害。具有适于市场或贮存要求的成熟度		
色泽	具有本品种商品成熟时应具有的色泽		
果形	端正	比较端正	可有缺陷，但不可畸形

等级		特等果	一等果	二等果
可溶性 固形物/（%）	早熟品种	≥11.5	11.4~10.0	9.9~8.0
	中熟品种	≥12.5	12.4~11.0	10.9~9.0
	晚熟品种	≥13.0	12.9~11.5	11.4~10.5
果面缺陷	磨伤	无	无	允许面积小于0.5cm²轻微摩擦伤一处
	日灼	无	无	允许轻微日灼，面积不超过0.4cm²
	雹伤	无	无	允许有轻微雹伤，面积不超过0.2cm²
	碰压伤	无	无	允许面积小于0.5cm²碰压伤一处
	裂果	无	无	允许有轻微裂果，面积小于0.5cm²
	病斑	无	无	允许有轻微干缩病斑，面积小于0.1cm²
	虫伤	无	无	允许干枯虫伤，面积不超过0.1cm²

注1：果面缺陷，二等果不得超过三项。
注2：果实含酸量不能低于0.6%。

4.2 果实大小等级

按不同品种的单果重大小分为1A级、2A级、3A级和4A级四类。每类型中又分三级（特等、一等、二等果）。1A级单果重＜50g；2A级单果重（50g~79g）；3A级单果重（80g~109g）；4A级单果重（≥110g）。

4.3 理化指标

共有可溶性固形物含量、固酸比两个理化指标，不作为具体分级指标。具体规定见附录A（资料性附录）。

4.4 卫生指标

按GB 2762—1994中第3章、GB 4788—1994中第3章水果类规定指标执行。

5 检验规则

5.1 产地或收购点收购鲜杏时，同品种、同等级、同一批鲜杏作为一个检验批次。

5.2 杏产地集中的生产单位或生产户交售产品时，应分清品种、等级、自行定量包装或代包装、写明交售件数和质量。收购者如发现等级不清，件数不符，包装不符合规定者，应由原包装单位重新整理后，进行重验，以一次为限。

5.3 分散零担收购的杏也应分清品种和等级，按规定的指标分等验收，验收后由收购单位按规定要求称量包装。

5.4 按以下方式进行抽样。

5.4.1 抽取样品应具有代表性，应在一个检验批次的不同部位，按规定数量抽样。

5.4.2 抽样数量：一次检验批次在50件以内的抽取2件，51件~100件的抽取3件，100件以上者，以100件抽样3件为基数，每增加100件抽1件，不足100件者以100计，分散零担收购的样果抽取数量不得少于100个。

5.4.3　在检验中如发现杏的问题，可以扩大抽样范围，抽样数量较正常抽样增加一倍。

5.5　检重：按SB/T 10090—1992中7.4规定执行。

5.6　包装检查：按SB/T 10090—1992中7.5规定执行。

5.7　批检应以感官鉴定为主，按本标准等级指标规定（4.1）的各项技术要求对样果逐个检查，将各种不合格的果拣出分别记录，计算后作为评定的依据，理化检验作为评定的参考，不作收购检验的质量指标。如在鉴定中对果实质量和成熟度及卫生条件不能作出明确判定时，可对照理化、卫生检验结果作为判定果实内在质量的依据。理化、卫生检验的取样应选该批具有代表性的样果30个～40个。

5.8　验收容许度如下：

5.8.1　各等级容许度：按NY/T 439—2001中5.1.1规定执行。

5.8.2　容许度的测定：按NY/T 439—2001中5.1.2规定执行。

5.8.3　容许度规定的百分率计算：按NY/T 439—2001中5.1.4规定执行。

5.8.4　判定规则如下：

5.8.4.1　特等果应≤1%的一等果。

5.8.4.2　一等果应≤3%的果实不符合本等级规定的品质要求，其中串等果应≤1%，损伤果应≤1%，病虫果应≤1%。

5.8.4.3　二等果应≤7%的果实中不符合本等级规定，其中串等果应≤4%，损伤果应≤2%，病虫果应≤2%。

5.8.4.4　各等级不符合单果重规定范围的果实应≤5%，整批杏果外观大小基本一致。

5.8.4.5　经贮藏的杏果，各等级允许不影响外观的生理性病害果，且不超过果面缺陷的规定限额。

5.8.4.6　在整批杏果满足该等级规定容许度的前提下，单个包装件的容许度不得超过规定容许度的1.5倍。

5.8.5　港站验收规定：按SB/T 10090—1992中7.7.4规定执行。

6　检验方法

6.1　等级规格检验

按SB/T 10090—1992的6.1规定执行。但单果重应用小台秤（感量为1g）测定。

6.2　理化检验

按附录B（规范性附录）进行。

6.3　卫生检验

按GB/T 5009.17和GB/T 5009.20规定执行。

7　包装及标志

按SB/T 10090—1992的8.1～8.2规定执行。

7.1 包装

7.1.1 包装容器：按 SB/T 10090—1992 的 8.1.1 规定执行。

7.1.2 采后用于鲜销和短距离运输的包装，用纸箱包装时，每件净含量 5kg～10kg；用透明塑料盒时，每盒 4 个～8 个果；用塑料箱时，每件净含量 5kg～15kg；用木箱时，每件净含量 10kg～20kg。

7.1.3 纸箱应用瓦楞纸箱。箱型比例以长边为宽边的 1.5 倍以上，高度易浅，避免过于立体化包装。

7.1.4 纸箱图案应鲜明、美观，突出产品的风格和自有的品牌。

7.1.5 包装箱内要衬垫清洁、干燥的填充材料，确保商品安全。

7.1.6 捆包：瓦楞纸箱应用胶带粘贴；透明塑料果型模盒可用钉箱机封箱。

7.2 标志

7.2.1 同一批货物的包装标志，应在形式和内容上一致。

7.2.2 果箱应在箱的外部印刷或贴上不易抹掉的文字和标记，应标明商品名、品种、等级、净重或果数、产地和验收日期等，要求字迹清晰易辨。

8 贮藏与运输

参照 SB/T 10090—1992 中 9.1～9.3 规定执行。

8.1 需贮藏的杏果应在采收成熟度时采收。

8.2 杏果采收后应立即按标准规定的质量条件挑选分级、包装验收。验收后的鲜果应根据果实的成熟度和品质情况，迅速组织调运至鲜销地或入库贮存，按等级分别存放。

8.3 鲜果采收后经过预冷放入冷库贮藏，贮藏期限因品种而异，最佳时期为 20d～60d。

8.4 待运的杏，应批次分明，堆放整齐，通风良好，严禁烈日曝晒、雨淋，注意防热。

8.5 堆放和装卸时要轻搬轻入，运输工具应清洁卫生。严禁与有毒、有异味等有害物品混装、混运。

8.6 在库内存放时不应落地或靠墙，并要加强防蝇、防鼠措施。

附录 A
（资料性附录）
鲜杏品质理化指标

鲜杏品质理化指标，见表 A.1。

表 A.1

品种	特级			一级			二级		
	可溶性固形物/（%）不低于	总酸量/（%）不高于	固酸比不低于	可溶性固形物/（%）不低于	总酸量/（%）不高于	固酸比不低于	可溶性固形物/（%）不低于	总酸量/（%）不高于	固酸比不低于
骆驼黄	11.5	1.90	6.1:1	10.0	1.95	5.1:1	9.50	2.00	4.8:1
锦西大红杏	11.0	1.45	7.6:1	10.5	1.50	7.0:1	10.0	1.55	6.5:1
张公园	11.5	1.30	8.9:1	11.0	1.50	7.3:1	10.0	1.50	6.7:1
红玉杏	13.5	2.20	6.4:1	12.5	2.20	5.7:1	10.5	2.20	4.8:1
吨葫芦	12.5	1.30	9.6:1	12.0	1.30	9.2:1	11.5	1.35	8.5:1
华县接杏	12.5	0.90	13.9:1	11.5	0.90	12.8:1	11.0	0.95	11.6:1
沙金红	12.5	1.15	10.9:1	11.5	1.23	9.3:1	10.5	1.30	8.1:1
银香白	12.4	1.80	6.9:1	11.4	1.90	6.0:1	10.5	1.95	5.4:1
大偏头	13.0	1.12	11.6:1	12.0	1.30	9.2:1	10.5	1.40	7.5:1
串枝红	10.0	1.52	6.6:1	10.0	1.60	6.3:1	9.50	1.65	5.8:1
阿克西米西	22.0	0.55	40.0:1	20.0	0.60	33.3:1	20.0	0.80	25.0:1
李光杏	24.0	0.60	40.0:1	22.0	0.7	31.5:1	18.0	0.80	22.5:1
崂山红杏	14.5	1.41	10.3:1	13.5	1.41	9.6:1	12.5	1.50	8.3:1
杨继元	12.0	1.40	8.6:1	11.1	1.50	7.4:1	10.6	1.55	6.8:1
金杏	14.5	1.90	7.6:1	12.5	1.90	6.6:1	11.5	1.90	6.1:1
大红袍	14.0	1.50	9.3:1	13.5	1.50	9.0:1	13.0	1.60	8.1:1
大白玉巴达	12.5	1.67	7.5:1	12.0	1.70	7.1:1	11.5	1.75	6.6:1
青密沙	15.8	1.35	11.7:1	15.0	1.35	11.1:1	14.0	1.40	10.0:1
油杏（湖南）	8.0	2.45	3.27:1	8.0	2.50	3.2:1	7.0	2.50	2.8:1
仰韶黄杏	14.5	1.84	7.9:1	13.5	1.85	7.3:1	13.0	1.90	6.8:1
红金榛	13.0	1.50	8.7:1	12.0	1.50	8.0:1	11.0	1.55	7.1:1
金妈妈	12.5	1.32	9.5:1	12.0	1.40	8.6:1	11.0	1.50	6.8:1
唐王川大接杏	15.8	1.15	13.7:1	14.5	1.20	12.1:1	13.0	1.20	10.8:1

（续表）

品种	特级			一级			二级		
	可溶性固形物/（%）不低于	总酸量/（%）不高于	固酸比不低于	可溶性固形物/（%）不低于	总酸量/（%）不高于	固酸比不低于	可溶性固形物/（%）不低于	总酸量/（%）不高于	固酸比不低于
兰州大接杏	14.5	1.12	12.9:1	13.5	1.20	11.3:1	12.0	1.25	9.6:1
红荷包	13.0	1.83	7.1:1	11.5	1.83	6.3:1	10.0	1.85	5.4:1
二转子	12.2	0.93	13.1:1	11.5	0.90	12.8:1	11.0	1.00	11.0:1
凯特杏	13.5	1.95	6.9:1	12.0	2.04	5.8:1	10.0	2.2	4.5:1
房山桃杏	13.5	2.00	6.8:1	12.5	2.00	6.3:1	11.0	2.05	5.3:1

注：入库贮藏的果实理化指标参照二级果标准。

附录 B
（规范性附录）
杏果理化检验方法

B.1 可溶性固形物

B.1.1 仪器：手持糖量计（手持折光仪）。

B.1.2 测试方法：校正好仪器标尺的焦距和位置，从果实中挤出汁液 2 滴 ~ 3 滴，滴在棱镜平面的中央，迅速关合上辅助棱盖，静置 1min，趋向光源明亮处调节消色环，视野内出现明暗分界线及与之相应的读数，即果实汁液在 20℃ 下所含可溶性固形物的百分数。若检验环境不是 20℃ 时，可按仪器侧面所附补偿温度计表示的加减数进行校正。连续使用仪器测定不同试样时，应在每次用完后用清水冲洗洁净，再用干燥的镜纸擦干才可继续进行测试。

B.2 总酸量（可滴定酸）

B.2.1 原理：果实中的有机酸以酚酞作指示剂，应用中和法进行滴定，以所消耗的氢氧化钠标准溶液的毫升数计算总酸量。

B.2.2 使用以下试剂：

B.2.2.1 1% 的酚酞指示剂：称取酚酞 1g 溶于 100mL 95% 的乙醇中。

B.2.2.2 0.1mol/L 氢氧化钠标准溶液：准确称取化学纯氢氧化钠 4g（精确至 0.1mg），置于 100mL 容量瓶中，加新煮沸放冷的蒸馏水溶解后，加水至刻度，摇匀，按下面的方法标定溶液浓度。

准确称取邻二甲酸氢钾（化学纯，已经 120℃ 烘 2h）0.3g ~ 0.4g（精确至 0.1mg），置于 200mL 锥形瓶中，加入新煮沸放冷的蒸馏水 100mL，待溶解后摇匀，加酚酞指示剂 2 滴 ~ 3 滴，用氢氧化钠溶液滴至微红色为终点，按式（B.1）计算氢氧化钠标准溶液的浓度。

$$c = \frac{m}{V \times 0.204\,1} \quad\cdots\cdots\cdots\cdots\cdots\cdots\cdots\cdots\cdots\cdots\cdots\cdots\cdots \quad (B.1)$$

式中：

c——氢氧化钠标准溶液的浓度，单位为摩尔每升（mol/L）；

V——滴定时消耗氢氧化钠标准溶液的体积，单位为毫升（mL）；

m——邻二甲酸氢钾的质量，单位为克（g）。

B.2.3 主要仪器：

a）天平：感量 0.1mg；

b）电烘箱；

c）高速捣碎机或研钵；

d）滴定管：刻度 0.05mL；

e）容量瓶：1 000mL、250mL、100mL；

f）移液管：50mL；

g）锥形瓶、玻璃漏斗、电炉等。

B.2.4 试样制备：将测定硬度后的果实 10 个，逐个纵向分切成八瓣，每一果实取样四瓣，去皮和剜去不可食部分后，切成小块或擦成细丝，以四分法取果样 100mg，加蒸馏水 100mg，置入捣碎机或研钵内迅速研磨成浆，装入清洁容器内备用。

B.2.5 测定方法：准确称取试样 20g（精确至 0.1mg）于小烧杯中，用新煮沸放冷的蒸馏水 50mL～80mL，将试样洗入 250mL 的容量瓶中，置 75℃～80℃ 水浴上加温 30min，冷却后定容至刻度，摇匀，用脱脂棉过滤，吸取滤液 50mL 于锥形瓶中，加酚酞指示剂 2 滴～3 滴，用氢氧化钠标准溶液滴至微红色。

B.2.6 总酸含量按式（B.2）进行计算。

$$X = \frac{c \times V \times 0.067 \times 5}{m} \qquad\qquad\qquad\qquad\qquad (B.2)$$

式中：

X——总酸含量；

c——氢氧化钠标准溶液的浓度，单位为摩尔每升（mol/L）；

V——滴定时消耗氢氧化钠标准溶液的体积，单位为毫升（mL）；

m——试样质量（试样浆液 20g 相当 10g），单位为克（g）。

平行试验允许差为 0.05%，取其平均值。

B.3 固酸比

固酸比按式（B.3）计算：

$$固酸比 = \frac{可溶性固形物}{总酸量} \qquad\qquad\qquad\qquad\qquad (B.3)$$

ICS 65. 020. 20

B 04

中 华 人 民 共 和 国 农 业 行 业 标 准

NY/T 1306—2007

农作物种质资源鉴定技术规程 杏

Technical Code for Evaluating Germplasm Resources
Apricot (*Armeniaca* Mill.)

2007 –04 –17 发布

2007 –07 –01 实施

中华人民共和国农业部 发 布

前　言

本标准由中华人民共和国农业部提出并归口。

本标准起草单位：辽宁省果树科学研究所、中国农业科学院农业质量标准与检测技术研究所。

本标准主要起草人：刘宁、刘威生、郁香荷、赵锋、张玉萍、孙猛、徐铭、钱永忠。

农作物种质资源鉴定技术规程　杏

1　范围

　　本标准规定了李属（*Prunus* L.）杏亚属中的普通杏（*P. armeniaca* L.）、西伯利亚杏（*P. sibirica* L.）、东北杏（*P. mandshurica* Koehne）等种质资源鉴定的技术要求和方法。

　　本标准适用于李属杏亚属种质资源的主要植物学特征、生物学特性、果实性状的鉴定。

2　规范性引用文件

　　下列文件中的条款通过本标准的引用而成为本标准的条款。凡是注日期的引用文件，其随后所有的修改单（不包括勘误的内容）或修订版均不适用于本标准，然而，鼓励根据本标准达成协议的各方研究是否可使用这些文件的最新版本。凡是不注日期的引用文件，其最新版本适用于本标准。

　　GB/T 6194　水果、蔬菜可溶性糖测定方法

　　GB/T 6195　水果、蔬菜维生素 C 含量测定方法（2，6-二氯靛酚滴定法）

　　GB/T 12293　水果、蔬菜制品可滴定酸度的测定方法

　　GB/T 12295　水果、蔬菜制品可溶性固形物含量的测定——折射仪法

3　术语和定义

　　下列术语和定义适用于本标准。

3.1　花　flower

　　杏树的花为两性花。根据花器官雌蕊的发育程度，分为四种类型花：①雌蕊长于雄蕊；②雌雄蕊等长；③雌蕊短于雄蕊；④雌蕊退化。

　　3.1.1　完全花　completely-developed flower

　　雌蕊长于雄蕊花和雌雄蕊等长花为完全花。

　　3.1.2　不完全花　uncompletely-developed flower

　　雌蕊短于雄蕊花和雌蕊退化花为不完全花或败育花。

4　要求

4.1　样本采集

　　应在处于盛果期的生长正常的植株上采集样本。

4.2 鉴定内容

鉴定内容见表1。

表1 杏种质资源鉴定内容

性状	鉴定项目
植物学特征	树姿、一年生枝颜色、一年生枝皮孔数量、一年生枝节间长度、一年生枝长度、一年生枝粗度、幼叶颜色、叶片颜色、叶面状态、叶片形状、叶尖形状、叶基形状、叶缘、叶片长度、叶片宽度、叶柄长度、花瓣颜色、花瓣类型、花瓣形状、花冠直径
生物学特性	完全花百分率、自然坐果率、自花坐果率、裂果率、萌芽率、成枝力、萌芽期、初花期、盛花期、末花期、果实成熟期、落叶期
果实性状	单果重、果实底色、果实盖色、着色程度、着色类型、果面茸毛、果实形状、果顶形状、果实对称性、缝合线深浅、香气、果肉硬度、果肉颜色、果肉质地、纤维粗细、汁液、可溶性固形物含量、可溶性糖含量、可滴定酸含量、维生素C含量、核粘离、核鲜重、果核形状、核干重、仁干重、仁味、耐贮性

5 鉴定方法

5.1 植物学特征

5.1.1 树姿

休眠期，测量3个基部主枝中心轴线与主干的夹角，依据夹角的平均值确定树姿。树姿分为：直立（夹角＜40°）、半开张（40°≤夹角＜60°）、开张（60°≤夹角＜90°）、下垂（夹角≥90°）。

5.1.2 一年生枝颜色

在休眠期，从树冠外围不同部位剪口处，选择发育充实的一年生枝10个，用标准比色卡按最大相似原则确定枝条中部向阳面的颜色。

5.1.3 一年生枝皮孔数量

用5.1.2中的样本，计数枝条中部节间单位面积的皮孔数量，结果以平均值表示，精确到0.1个/cm²。

5.1.4 一年生枝节间长度

用5.1.2中的样本，测量枝条中部节间的长度，结果以平均值表示，精确到0.1mm。

5.1.5 一年生枝长度

用5.1.2中的样本，测量枝条长度，结果以平均值表示，精确到0.1cm。

5.1.6 一年生枝粗度

用5.1.2中的样本，测量距基部5cm处枝条粗度，结果以平均值表示，精确到0.1mm。

5.1.7 幼叶颜色

在叶芽展叶初期观察幼叶，用标准比色卡按最大相似原则确定幼叶颜色。

5.1.8 叶片颜色

在春梢停止生长期，选择树冠外围春梢基部向上1/3～1/2处或结果枝顶部的成熟叶片，用标准比色卡按最大相似原则确定叶片颜色。

5.1.9 叶面状态

用5.1.8中的样本,按图1确定叶片表面的自然伸展状态。叶面状态分为平展、抱合、反卷、皱缩。

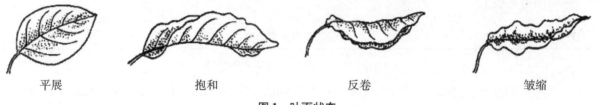

| 平展 | 抱和 | 反卷 | 皱缩 |

图1 叶面状态

5.1.10 叶片形状

用5.1.8中的样本,按图2确定叶片形状。叶片形状分为卵形、卵圆形、倒卵圆形、椭圆形、圆形、阔圆形。

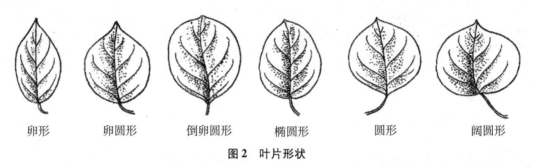

| 卵形 | 卵圆形 | 倒卵圆形 | 椭圆形 | 圆形 | 阔圆形 |

图2 叶片形状

5.1.11 叶尖形状

按5.1.8中的样本,按图3确定叶尖形状。叶尖形状分为钝尖、渐尖、突尖、长尾尖。

| 钝尖 | 渐尖 | 突尖 | 长尾尖 |

图3 叶尖形状

5.1.12 叶基形状

用5.1.8中的样本,按图4确定叶基形状。叶基形状分为楔形、圆形、截形、心形。

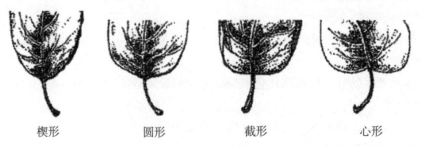

| 楔形 | 圆形 | 截形 | 心形 |

图4 叶基形状

5.1.13 叶缘

用5.1.8中的样本，按图5确定叶缘。叶缘分为钝锯齿、粗锯齿、细锯齿、复锯齿。

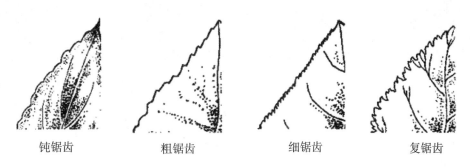

| 钝锯齿 | 粗锯齿 | 细锯齿 | 复锯齿 |

图5 叶缘

5.1.14 叶片长度

在春梢停止生长期，选择树冠外围春梢基部向上1/3～1/2处的成熟叶片10片，按图6测量叶片最大长度，结果以平均值表示，精确到0.1cm。

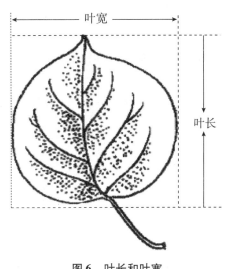

图6 叶长和叶宽

5.1.15 叶片宽度

用5.1.14中的样本，按图6测量叶片最大宽度，结果以平均值表示，精确到0.1cm。

5.1.16 叶柄长度

用5.1.14中的样本，测量叶柄长度，结果以平均值表示，精确到0.1cm。

5.1.17 花瓣颜色

在盛花期，从树冠外围短果枝上，选择完全开放的10朵中心花，用标准比色卡按最大相似原则确定花瓣颜色。

5.1.18 花瓣类型

用5.1.17中的样本，观察花瓣的类型。花瓣类型分为单瓣、重瓣。

5.1.19 花瓣形状

用5.1.17中的样本，按图7确定花瓣形状。花瓣形状分为卵圆形、圆形、椭圆形、披针形。

卵圆形　　　　　圆形　　　　　椭圆形　　　　　披针形

图7　花瓣形状

5.1.20　花冠直径

用5.1.17中的样本，测量花朵的最大直径，结果以平均值表示，精确到0.1cm。

5.2　生物学特性

5.2.1　完全花百分率

在大蕾期，选择有代表性的大枝1个，调查总花数；盛花后7d～10d，统计大枝上剩余的完全花数，计算完全花占总花数的比率，精确到0.1%。

5.2.2　自然坐果率

用5.2.1中的样本，盛花后4周调查坐果数，计算坐果数占总花数的比率，精确到0.1%。

5.2.3　自花坐果率

在大蕾期，选择有代表性的大枝1个，调查总花数，套袋隔离；盛花后4周去袋并调查坐果数，计算坐果数占总花数的比率，精确到0.1%。

5.2.4　裂果率

在果实成熟期，选择有代表性的大枝1个，统计裂果数和总果数，计算裂果率，精确到0.1%。

5.2.5　萌芽率

选择树冠外围一年生枝条10个，统计其萌芽数和正常总芽数，计算萌芽数占正常总芽数的百分比，精确到0.1%。

5.2.6　成枝力

落叶后，选择树冠外围一年生枝条10个，统计其上抽生30cm以上的长枝数量。

5.2.7　萌芽期

记录整株树约有5%的叶芽鳞片裂开，顶端露出叶尖的日期，表示方法为"月日"。

5.2.8　初花期

记录整株树约有5%花朵开放的日期，表示方法为"月日"。

5.2.9　盛花期

记录整株树约有25%花朵开放的日期，表示方法为"月日"。

5.2.10　末花期

记录整株树约有75%花瓣变色、开始落瓣的日期，表示方法为"月日"。

5.2.11　果实成熟期

记录整株树约有25%果实成熟的日期，表示方法为"月日"。

5.2.12　落叶期

记录整株树约有25%叶片自然脱落的日期，表示方法为"月日"。

5.3　果实性状

5.3.1　单果重

在果实成熟期，选取树冠外围有代表性的果实 10 个，称重，结果以平均单果质量表示，精确到 0.1g。

5.3.2　果实底色

用5.3.1中的样本，用标准比色卡按最大相似原则确定果实底色。

5.3.3　果实盖色

用5.3.1中的样本，用标准比色卡按最大相似原则确定果实盖色。

5.3.4　着色程度

用5.3.1中的样本，观察果实的着色程度。着色程度分为无、少（盖色面积＜25%）、中（盖色面积25%～75%）、多（盖色面积≥75%）。

5.3.5　着色类型

用5.3.1中的样本，观察果实的着色类型。着色类型分为无、斑点（果面上的果点）、晕（着色连片，但深浅不一）、片（着色连片，且深浅一致）。

5.3.6　果面茸毛

用5.3.1中的样本，观察并触摸果面，确定果面茸毛多少。果面茸毛分为无、少、多。

5.3.7　果实形状

用5.3.1中的样本，面对缝合线观察，按图8确定果实形状。果实形状分为扁圆形、圆形、卵圆形、椭圆形、心脏形、不规则圆形。

5.3.8　果顶形状

用5.3.1中的样本，按图9确定果实顶部形状。果顶形状分为凹入、平、圆凸、尖圆。

5.3.9　果实对称性

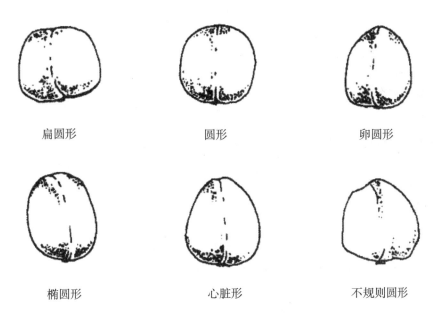

扁圆形　　　　圆形　　　　卵圆形

椭圆形　　　　心脏形　　　　不规则圆形

图8　果实形状

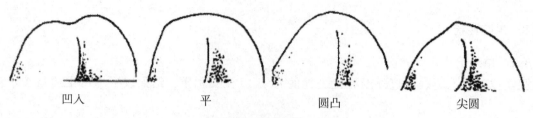

| 凹入 | 平 | 圆凸 | 尖圆 |

图 9 果顶形状

用 5.3.1 中的样本，面对缝合线观察果实片肉的对称性。果实对称性分为不对称、对称。

5.3.10 缝合线深浅

用 5.3.1 中的样本，观察缝合线的深浅程度。缝合线分为平、浅、中、深。

5.3.11 香气

用 5.3.1 中的样本，用鼻嗅方式确定果实香气。果实香气分为无、淡、浓。

5.3.12 果肉硬度

用 5.3.1 中的样本，测量果实阳面胴部去皮果肉硬度，结果以平均值表示，精确到 0.1kg/cm^2。

5.3.13 果肉颜色

用 5.3.1 中的样本，切开果肉，用标准比色卡按最大相似原则确定果肉颜色。

5.3.14 果肉质地

品尝 5.3.13 中刚切开的果肉，确定果肉质地。果肉质地分为绵（组织疏松，果汁极少，有沙面的感觉）、软溶质（组织疏松，汁液多）、硬溶质（组织致密，汁液中～多）、脆（组织致密，果汁中～多，咀嚼有清脆声）。

5.3.15 纤维粗细

品尝 5.3.13 中刚切开的果肉，确定果肉中纤维的粗细。纤维粗细分为粗、中、细。

5.3.16 汁液

观察、品尝 5.3.13 中刚切开的果肉，确定汁液多少。汁液分为少（去皮后，果面有汁感但用手挤不出汁液）、中（去皮后，果面有汁感用手能挤出汁液，但不会下滴）、多（去皮后，用手能挤出下滴的汁液）。

5.3.17 可溶性固形物含量

按 GB/T 12295 执行。

5.3.18 可溶性糖含量

按 GB/T 6194 执行。

5.3.19 可滴定酸含量

按 GB/T 12293 执行。

5.3.20 维生素 C 含量

按 GB/T 6195 执行。

5.3.21 核粘离

用 5.3.1 中的样本，沿缝合线切开果肉，观察确定杏核与果肉的粘离程度。核粘离分为离（核上不带果肉）、半离（核与果肉略有相连，但不紧密）、粘（核与果肉紧密相连）。

5.3.22 核鲜重

用 5.3.21 中的样本，去除果肉，称核鲜重，结果以平均值表示，精确到 0.1g。

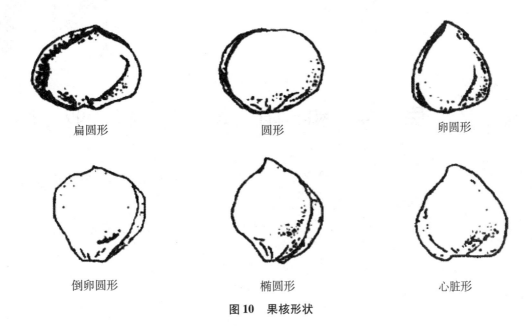

| 扁圆形 | 圆形 | 卵圆形 |
| 倒卵圆形 | 椭圆形 | 心脏形 |

图 10　果核形状

5.3.23　果核形状

用 5.3.22 中的样本，按图 10 确定果核形状。果核形状分为扁圆形、圆形、卵圆形、倒卵圆形、椭圆形、心脏形。

5.3.24　核干重

用 5.3.22 中的样本，将杏核自然阴干，称核干重，结果以平均值表示，精确到 0.1g。

5.3.25　仁干重

用 5.3.24 中的样本，取出杏仁，称仁干重，结果以平均值表示，精确到 0.01g。

5.3.26　仁味

在果实成熟期，随机选取有代表性的果实杏仁 10 个，品尝，确定仁味。仁味分为甜、苦。

5.3.27　耐贮性

在果实成熟期，随机选取有代表性的果实 100 个，在 25℃ 的室温条件下贮藏，每隔 1d～2d 观察记录果实变软或腐烂情况。当 10% 的果实变软或腐烂时，计算果实的贮藏天数。根据贮藏天数确定耐贮性。耐贮性分为强（贮藏天数 ≥7d）、中（贮藏天数 4d～6d）、弱（贮藏天数 ≤3d）。

ICS 65.020.20
B 05

中华人民共和国农业行业标准

NY/T 2028—2011

农作物优异种质资源评价规范　杏

Evaluating standards for elite and rare germplasm resources—
Apricot (*Prunus* Subgenus. *Armeniaca* Mill.)

2011 –09 –01 发布
2011 –12 –01 实施

中华人民共和国农业部　发布

前　言

本标准按照 GB/T 1.1—2009 给出的规则起草。

本标准由中华人民共和国农业部种植业管理司提出。

本标准由全国果品标准化技术委员会（SAC/TC 510）归口。

本标准起草单位：中国农业科学院茶叶研究所、辽宁省果树科学研究所。

本标准主要起草人：刘宁、张玉萍、刘威生、江用文、郁香荷、孙猛、熊兴平、徐铭、章秋平、王宏、张同喜、赵锋。

农作物优异种质资源评价规范　杏

1　范围

本标准规定了李属杏亚属（*Prunus Subgenus. Armeniaca* Mill.）植物鲜食杏优异种质资源评价的术语定义、技术要求、鉴定方法和判定。

本标准适用于李属杏亚属（*Prunus Subgenus. Armeniaca* Mill.）植物鲜食杏优异种质资源评价。

2　规范性引用文件

下列文件对于本文件的应用是必不可少的。凡是注日期的引用文件，仅注日期的版本适用于本文件。凡是不注日期的引用文件，其最新版本（包括所有的修改单）适用于本文件。

GB/T 12456　食品中总酸的测定

NY/T 1306　农作物种质资源鉴定技术规程　杏

3　术语和定义

NY/T 1306 界定的以及下列术语和定义适用于本文件。

3.1　优良种质资源　elite germplasm resources

主要经济性状表现优良且具有重要价值的种质资源。

3.2　特异种质资源　rare germplasm resources

性状表现特殊、稀有的种质资源。

3.3　优异种质资源　elite and rare germplasm resources

优良种质资源和特异种质资源的总称。

4　技术要求

4.1　样品采集

按 NY/T 1306 的规定执行。

4.2　鉴定数据

每个性状应至少进行 3 年的重复鉴定，性状观测值取其 3 年平均值进行判定。

4.3 指标

4.3.1 优良种质资源指标
优良种质资源指标见表1。

表1   优良种质资源指标

序号	性状	指标
1	单果重	≥50g（串枝红）
2	可溶性固形物含量	≥11.0%（沙金红）
3	耐贮性	≥5d（巴斗）
4	自然坐果率	≥10%（串枝红）
5	完全花百分率	≥70%（银香白）
6	杏疮痂病抗性	病情指数≤40（泰安杏梅）

注：指标中提供的参照种质信息是为了方便本标准的使用，不代表对该种质的认可和推荐。任何可以得到与参照种质结果相同的种质均可作为参照样品。

4.3.2 特异种质资源指标
特异种质资源指标见表2。

表2   特异种质资源指标

序号	性状	指标
1	一年生枝节间长度	≤1.0cm（华县大接杏）
2	叶片颜色	除绿色以外的颜色，如：紫红、红色
3	花瓣类型	重瓣（≥10瓣）
4	花瓣形状	条形
5	花瓣颜色	除粉白、白色以外的颜色，如：深粉红、红
6	完全花百分率	≥80.0%（张公园、晚杏）
7	自花结实率	≥6.0%（Moorpark）
8	花期	比正常花期晚3d（太谷沙金红）
9	果实发育期	≤55d（骆驼黄）或≥90d（串枝红杏）
10	果核	软核（露仁杏、软核杏）
11	需冷量	≤600h
12	单果重	≥95g（二转子）
13	香气	浓（烟黄1号杏）
14	可溶性固形物含量	≥16.0%（秋白、白胡外那）
15	可滴定酸含量	≥3.0%（友谊白杏）或≤0.5%（白胡外那）

（续表）

序号	性状	指标
16	耐贮性	≥7d（马串铃、红脸杏）
17	抗寒性	冻害临界温度≤－40℃（631杏）
18	杏疮痂病抗性	病情指数≤20（张公园）

注：指标中提供的参照种质信息是为了方便本标准的使用，不代表对该种质的认可和推荐。任何可以得到与参照种质结果相同的种质均可作为参照样品。

5 鉴定方法

5.1 一年生枝节间长度

按 NY/T 1306 的规定执行。

5.2 叶片颜色

按 NY/T 1306 的规定执行。

5.3 花瓣类型

按 NY/T 1306 的规定执行。

5.4 花瓣形状

按 NY/T 1306 的规定执行。

5.5 花瓣颜色

按 NY/T 1306 的规定执行。

5.6 完全花百分率

按 NY/T 1306 的规定执行。

5.7 自花结实率

按 NY/T 1306 的规定执行。

5.8 自然坐果率

按 NY/T 1306 的规定执行。

5.9 花期

按 NY/T 1306 的规定执行。

5.10 果实发育期

记录盛花期至果实成熟期的天数，单位为 d。

5.11 果核

在果实成熟期，选取树冠外围有代表性的果实 10 个，切开果肉，观察杏核情况。分为有核、无核、软核。

5.12 需冷量

参照附录 A。

5.13 单果重

按 NY/T 1306 的规定执行。

5.14 香气

按 NY/T 1306 的规定执行。

5.15 可溶性固形物含量

按 NY/T 1306 的规定执行。

5.16 可滴定酸含量

按 GB/T 12456 的规定执行。

5.17 耐贮性

按 NY/T 1306 的规定执行。

5.18 抗寒性

参照附录 B。

5.19 杏疮痂病抗性

参照附录 C。

6 判定

6.1 优良种质资源判定

优良种质资源应符合表 1 中单果重、可溶性固形物含量和其他任意一项（含 1 项）或若干项指标。

6.2 特异种质资源判定

特异种质资源应符合表 2 中任意 1 项以上（含 1 项）指标。

6.3 其他

具有除表 1、表 2 规定外的其他优良和特异性状指标的种质资源。

<h1 style="text-align:center">附录 A</h1>
（资料性附录）
<h2 style="text-align:center">杏种质资源需冷量的测定</h2>

A.1 范围

本附录适用于杏种质资源需冷量的测定。

A.2 仪器设备

自动记录仪。

A.3 取样

当植株开始进入休眠时，每间隔5d～7d，选取树冠外围带有花芽的生长发育良好的一年生枝条5个，截取中部30cm～40cm段，剪平每个枝条基部，作为待测样品备用。

A.4 测定步骤

A.4.1 测定条件

设定温室环境温度为：昼25℃/夜15℃，自然光照为：14h，避光黑暗：10h，空气湿度为：50%～65%的条件。

A.4.2 测定

将待测样品插入水槽中，每间隔3d换1次水并剪去基部2mm～3mm，枝条连续培养20d后，对花芽、叶芽萌发状态进行调查。

A.4.3 萌芽率调查

枝条叶芽、花芽萌芽数按表A.1的标准进行调查。

表 A.1　　　　　　　　　　　　叶芽、花芽调查分级标准

发芽级别	1级	2级	3级	4级	5级
叶芽	未萌动	萌动	顶尖露绿	叶伸出	叶开放
花芽	未萌动	萌动	顶尖露绿	顶端露白	花朵开放

$$萌芽率 = \sum_{i=1}^{5} iX_i \Big/ \sum_{i=1}^{5} X_i \quad\cdots\cdots\cdots\cdots\cdots\cdots\cdots\cdots\cdots (A.1)$$

式中：

i——花芽或叶芽萌发级别；

X_i——萌芽数，单位为个。

计算算结果表示到小数点后一位。

A.5 需冷量计算

如测定种质枝条的萌发率等于或大于2.5，则认为该种质已经打破休眠，记录种质名称与采集时间。

根据温度自动记录仪的田间温度数据，以秋季日平均温度稳定通过7.2℃为有效低温的起点，计算该种质打破休眠所需要的0℃~7.2℃累积的低温小时数，即为该种质的需冷量，单位为h。

附录 B

（资料性附录）

杏种质资源抗寒性鉴定

B.1 范围

本附录适用于杏种质资源抗寒性鉴定。

B.2 仪器设备

B.2.1 低温冰箱。

B.2.2 电导率仪。

B.2.3 具塞刻度试管，20mL。

B.2.4 水培培养箱，60cm×40cm×20cm。

B.3 采样

当植株开始进入休眠后，随机选取盛果期树冠外围生长健壮、发育正常的10cm～15cm长的一年生枝作为鉴定材料。每个品种3株，每株取5个枝条。

B.4 鉴定步骤

B.4.1 鉴定条件

在实验室内用低温箱冷冻处理，从室温开始，降温速度为3℃/h。温度梯度设－20℃、－25℃、－30℃、－35℃、－40℃、－45℃、－50℃七种处理，每种温度下处理12h。以未进行冷冻处理的枝条作为对照。

B.4.2 鉴定方法

外渗电导法　将样品用无离子水冲洗干净，取0.5g放入具塞刻度试管中，加10mL去离子水，置室温下10h。用玻璃棒搅拌均匀，然后用电导仪测电导值分别为T_1。再将试管放入沸水中10min，待其冷却至室温后，测得电导值为T_2，按式（B.1）计算电解质渗出率（Y）。

$$Y = T_1/T_2 \times 100 \quad\cdots\cdots\cdots\cdots\cdots\cdots\cdots\cdots\cdots\cdots\cdots\cdots\cdots \quad (B.1)$$

式中：

Y——电解质渗出率，单位为百分率（%）；

T_1、T_2——电导值。

利用温度与其相对应的电解质渗出率配合Logistic方程$y = k/(1 + ae^{-hr})$，计算拐点温度$LT_{50} = \ln a/b$，即组织半致死温度。用半致死温度作为该种质的冻害临界温度。

B.5 评价标准

将冻害临界温度按表B.1中五级分类评价种质抗寒性：

表 B. 1   冻害临界温度评价标准

冻害临界温度,℃	评价标准	参照品种
≥ -30	极弱	政和杏
-30. 1 ~ -35	弱	沙金红杏
-35. 1 ~ -40	中等	串枝红杏
-40. 1 ~ -45	强	631 杏
≤ -45	极强	西伯利亚杏

附录 C
（资料性附录）
杏种质资源疮痂病抗性鉴定

C.1 范围

本附录适用于杏种质资源疮痂病抗性的鉴定。

C.2 仪器设备

C.2.1 显微镜，40 倍镜。

C.2.2 血球计数板。

C.2.3 生化培养箱。

C.2.4 普通冰箱。

C.3 鉴定方法

C.3.1 菌种制备

将病原菌接种在 PDA 培养基上，培养皿在 24℃ 恒温培养箱中培养 3d，然后将 PDA 平板置黑光灯下照射培养 4d，诱发孢子产生，用无菌水将孢子从培养皿上洗脱，通过光学显微镜检测孢子浓度，用无菌水稀释到 5×10^5 个/mL 作为接种菌液。

C.3.2 接种

在田间对供试种质进行疮痂病抗性鉴定。用小型手持喷雾器将接种菌液均匀地喷布在杏果实上，接种后用塑料袋包裹果实，保湿 24h，24h 后去除塑料袋，进行正常的田间管理。每品种 3 个处理，每处理 1 株。

C.4 结果计算

C.4.1 感病分级

于接种后 15d 左右调查发病情况，每株随机调查 50 个果实。记录病果数及病情级别。

病情分级标准如表 C.1：

表 C.1   病情分级标准

级别	病情
0	无病症
1	果实表面产生暗褐色圆形小点，数量较少，病斑不扩大
2	病斑扩展较慢，病斑面积占果实面积的 1/5 以下
3	病斑扩展较快，病斑面积占果实面积的 1/5 ~ 1/3
4	病斑连片，病斑面积占果实面积的 1/3 ~ 2/3
5	病斑变黑，大面积连片发生，占果实面积的 2/3 以上

C.4.2 病情指数

病情指数以 DI 表示，按式（C.1）计算：

$$DI = \sum (s_i n_i) / 5N \times 100 \quad\text{……………………（C.1）}$$

式中：

DI——病情指数；

s_i——发病级别；

n_i——相应发病级别的果数，单位为个；

i——病情分级的各个级别；

N——调查总果数，单位为个。

计算结果表示到小数点后一位。

C.5 评价标准

将杏疮痂病的抗性依果实病情指数分为 5 级。见表 C.2。

表 C.2   疮痂病抗性评价标准

感病级别	评价	病情指数	参照品种
1	高抗（HR）	$DI < 20$	紫杏
3	抗病（R）	$20 \leq DI < 40$	沙金红 1 号
5	中抗（MR）	$40 \leq DI < 60$	串枝红
7	感病（S）	$60 \leq DI < 80$	红玉杏
9	高感（HS）	$DI \geqslant 80$	华阴杏

ICS 67. 080. 01

B 31

中 华 人 民 共 和 国 农 业 行 业 标 准

NY/T 2636—2014

温带水果分类和编码

Classification and coding for temperate fruits

2014 – 10 – 17 发布

2015 – 01 – 01 实施

中华人民共和国农业部　发布

前　言

本标准按照 GB/T 1.1—2009 给出的规则起草。

本标准由农业部种植业管理司提出。

本标准由全国果品标准化技术委员会（SAC/TC 510）归口。

本标准起草单位：中国农业科学院果树研究所、农业部果品及苗木质量监督检验测试中心（兴城）。

本标准主要起草人：聂继云、李志霞、李静、毋永龙、李海飞、闫震、宣景宏。

温带水果分类和编码

1 范围

本标准规定了温带水果的分类和编码。

本标准适用于温带水果生产、贸易、物流、管理和统计，不适用于温带水果的植物学或农艺学分类。

2 规范性引用文件

下列文件对于本文件的应用是必不可少的。凡是注日期的引用文件，仅注日期的版本适用于本文件。凡是不注日期的引用文件，其最新版本（包括所有的修改单）适用于本文件。

GB/T 7027 信息分类和编码的基本原则与方法

GB/T 7635.1 全国主要产品分类与代码 第1部分：可运输产品

GB/T 10113 分类与编码通用术语

3 术语和定义

GB/T 10113 界定的下列术语和定义适用于本文件。为便于使用，以下重复列出了 GB/T 10113 中的术语和定义。

3.1 线分类法 method of linear classification

将分类对象按选定的若干属性或特征，逐次地分为若干层级，每个层级又分为若干类目。同一分支的同层级类目之间构成并列关系，不同层级类目之间构成隶属关系。

3.2 编码 coding

给事物和概念赋予代码的过程。

3.3 代码 code

表示特定事物或概念的一个或一组字符。

注：这些字符可以是阿拉伯数字、拉丁字母或便于人和机器识别与处理的其他符号。

3.4 层次码 layer code

能反映编码对象为隶属关系的代码。

4 温带水果分类

采用线分类法,按果实构造将温带水果分为仁果类、核果类、浆果类、坚果类和西甜瓜类五个大类,各大类中的水果见表1,实例图片参见附录A。

5 温带水果编码

5.1 代码结构

采用层次码,代码分6个层次,依次为大部类、部类、大类、中类、小类、细类,见图1。

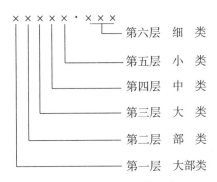

图1 温带水果代码结构示意图

5.2 编码方法

代码用8位阿拉伯数字表示。第一层至第五层各用1位数字表示,按照 GB/T 7635.1 中代码规定,第一层代码为0,第二层代码为1,第三层代码为3,第四层代码为4或6,第五层代码为1、2或9。第六层采用顺序码和系列顺序码,用3位数字表示,代码为010~999。

5.3 分类编码表

主要温带水果分类代码见表1。

表1 主要温带水果分类代码

序号	名称	英文名	拉丁名	代码
一、仁果类				
1	苹果	Apple	*Malus domestica* Borkh.	01342・011
2	梨	Pear	*Pyrus* spp.	01342・014
3	山楂	Hawthorn	*Crataeguspinnatifida* Bge.	01342・023
二、核果类				
4	桃	Peach	*Amygdalus persica* L.	01342・015
5	杏	Apricot	*Armeniaca* Mill.	01342・016

（续表）

序号	名称	英文名	拉丁名	代码
6	枣	Jujube	*Zizyphus jujuba* Mill.	01342·017
7	李	Plum	*Prunus* spp.	01342·024
8	梅	Japanese apricot	*Armeniaca mume* Sieb.	01342·025
9	樱桃	Cherry	*Cerasus* spp.	01342·026

三、浆果类

序号	名称	英文名	拉丁名	代码
10	柿	Persimmon	*Diospyros* spp.	01342·018
11	猕猴桃	Kiwifruit	*Actinidia* spp.	01342·027
12	石榴	Pomegranate	*Punica granatum* L.	01342·028
13	葡萄	Grape	*Vitis* L.	01342·034
14	草莓	Strawberry	*Fragaria* spp.	01349·011
15	穗醋栗	Current	*Ribes* L.	01349·012
16	树莓	Raspberry	*Rubus* L.	01349·013
17	蓝莓	Blueberry	*Vaccinium* spp.	01349·014

四、坚果类

序号	名称	英文名	拉丁名	代码
18	核桃	Walnut	*JugIans regia* L.	01361·011
19	山核桃	Cathay hickory	*Carya cathayensis* Sarg.	01361·012
20	板栗	Chinese chestnut	*Castanea mollissima* Blume.	01361·013
21	榛子	Hazelnut	*Corylus* spp.	01361·014
22	香榧	Chinese torreya	*Torreya grandis* Fort.	01361·015
23	松子	Pine nut	*Pinus* spp.	01361·016
24	扁桃	Almond	*Amygdalus communis* L.	01361·018
25	银杏	Ginkgo	*Ginkgo biloba* L.	01361·021

五、西甜瓜类

序号	名称	英文名	拉丁名	代码
26	西瓜	Watermelon	*Citrullus* Schrad.	01341·100
27	甜瓜	Oriental sweet melon	*Cucumis melo* L.	01341·010

附录 A
（资料性附录）
主要温带水果图示

主要温带水果图示见图 A.1 ～ 图 A.27。

图 A.1　苹果

图 A.2　梨

图 A.3　山楂

图 A.4　桃

图 A.5　杏

图 A.6　枣

图 A.7 李

图 A.8 梅

图 A.9 樱桃

图 A.10 柿

图 A.11 猕猴桃

图 A.12 石榴

图 A.13　葡萄

图 A.14　草莓

图 A.15　穗醋栗

图 A.16　树莓

图 A.17　蓝莓

图 A.18　核桃

图 A.19　山核桃

图 A.20　板栗

图 A.21　榛子

图 A.22　香榧

图 A.23　松子

图 A.24　扁桃

图 A. 25　银杏

图 A. 26　西瓜

图 A. 27　甜瓜

ICS 67. 080. 01
X 24

中华人民共和国农业行业标准

NY/T 434—2016
代替 NY/T 434—2007

绿色食品　果蔬汁饮料

Green food—Fruit and vegetable drinks

2016 – 10 – 26 发布

2017 – 04 – 01 实施

中华人民共和国农业部　发布

前　言

本标准按照 GB/T 1.1—2009 给出的规则起草。

本标准代替 NY/T 434—2007《绿色食品　果蔬汁饮料》。与 NY/T 434—2007 相比，除编辑性修改外，主要技术变化如下：

——增加了果蔬汁饮料的分类；

——增加了展青霉素项目及其指标值；

——增加了赭曲霉毒素 A 项目及其指标值；

——增加了化学合成色素新红及其铝色淀、赤藓红及其铝色淀项目及其指标值；

——增加了食品添加剂阿力甜项目及其指标值；

——增加了农药残留项目吡虫啉、啶虫脒、联苯菊酯、氯氰菊酯、灭蝇胺、噻螨酮、腐霉利、甲基硫菌灵、嘧霉胺、异菌脲、2，4-滴项目及其指标值；

——修改了锡的指标值；

——删除了总汞、总砷指标；

——删除了铜、锌、铁、铜锌铁总和指标；

——删除了志贺氏菌、溶血性链球菌指标。

本标准由农业部农产品质量安全监管局提出。

本标准由中国绿色食品发展中心归口。

本标准起草单位：农业部乳品质量监督检验测试中心、山东沾化浩华果汁有限公司、中国绿色食品发展中心。

本标准主要起草人：张进、何清毅、高文瑞、孙亚范、刘亚兵、梁胜国、张志华、陈倩、李卓、程艳宇、朱青、苏希果。

本标准的历次版本发布情况为：

——NY/T 434—2000、NY/T 434—2007。

绿色食品　果蔬汁饮料

1　范围

本标准规定了绿色食品果蔬汁饮料的术语和定义、要求、检验规则、标签、包装、运输和储存。

本标准适用于绿色食品果蔬汁饮料，不适用于发酵果蔬汁饮料（包括果醋饮料）。

2　规范性引用文件

下列文件对于本文件的应用是必不可少的。凡是注日期的引用文件，仅所注日期的版本适用于本文件。凡是不注日期的引用文件，其最新版本（包括所有的修改单）适用于本文件。

GB/T 191　包装储运图示标志

GB 4789.2　食品安全国家标准　食品微生物学检验　菌落总数测定

GB 4789.3　食品安全国家标准　食品微生物学检验　大肠菌群计数

GB 4789.4　食品安全国家标准　食品微生物学检验　沙门氏菌检验

GB 4789.10　食品安全国家标准　食品微生物学检验　金黄色葡萄球菌检验

GB 4789.15　食品安全国家标准　食品微生物学检验　霉菌和酵母计数

GB 4789.26　食品安全国家标准　食品微生物学检验　商业无菌检验

GB 5009.12　食品安全国家标准　食品中铅的测定

GB 5009.16　食品安全国家标准　食品中锡的测定

GB 5009.28　食品安全国家标准　食品中苯甲酸、山梨酸和糖精钠的测定

GB 5009.34　食品安全国家标准　食品中二氧化硫的测定

GB 5009.35　食品安全国家标准　食品中合成着色剂的测定

GB 5009.97　食品安全国家标准　食品中环己基氨基磺酸钠的测定

GB 5009.263　食品安全国家标准　食品中阿斯巴甜和阿力甜的测定

GB 7718　食品安全国家标准　预包装食品标签通则

GB/T 12143　饮料通用分析方法

GB/T 12456　食品中总酸的测定

GB 12695　饮料企业良好生产规范

GB/T 23379　水果、蔬菜及茶叶中吡虫啉残留的测定　高效液相色谱法

GB/T 23502　食品中赭曲霉毒素 A 的测定　免疫亲和层析净化高效液相色谱法

GB/T 31121　果蔬汁类及其饮料

JJF 1070　定量包装商品净含量计量检验规则

NY/T 391　绿色食品　产地环境质量

NY/T 392　绿色食品　食品添加剂使用准则

NY/T 422　绿色食品　食用糖

NY/T 658　绿色食品　包装通用准则

NY/T 761　蔬菜和水果中有机磷、有机氯、拟除虫菊酯和氨基甲酸酯类农药多残留的测定

NY/T 1055　绿色食品　产品检验规则

NY/T 1056　绿色食品　贮藏运输准则

NY/T 1650　苹果和山楂制品中展青霉素的测定　高效液相色谱法

NY/T 1680　蔬菜水果中多菌灵等 4 种苯并咪唑类农药残留量的测定　高效液相色谱法

国家质量监督检验检疫总局令 2005 年第 75 号　定量包装商品计量监督管理办法

3　术语和定义

GB/T 31121 界定的术语和定义适用于本文件。

4　要求

4.1　原料要求

4.1.1　水果和蔬菜原料符合绿色食品要求。

4.1.2　食用糖应符合 NY/T 422 的要求。

4.1.3　其他辅料应符合相应绿色食品标准的要求。

4.1.4　食品添加剂应符合 NY/T 392 的要求。

4.1.5　加工用水应符合 NY/T 391 的要求。

4.1.6　生产过程。

应符合 GB 12695 的规定。

4.2　感官

应符合表 1 的规定。

表 1　　　　　　　　　　　　　　　　感官要求

项　目	要　求	检验方法
色　泽	具有标示的该种（或几种）水果、蔬菜制成的汁液（浆）相符的色泽，或具有与添加成分相符的色泽	取 50g 混合均匀的样品于 100mL 洁净的无色透明烧杯中，置于明亮处目测其色泽、杂质，嗅其气味，品尝其滋味
滋味和气味	具有标示的该种（或几种）水果、蔬菜制成的汁液（浆）应有的滋味和气味，或具有与添加成分相符的滋味和气味；无异味	
杂　质	无肉眼可见的外来杂质	

4.3　理化指标

应符合表 2 的规定。

表 2　　　　　　　　　　　　　　　　　理化指标　　　　　　　　　　　单位为克每百克

项目	指　标											检验方法
	果蔬汁（浆）					浓缩果蔬汁（浆）	果蔬汁（浆）类饮料					
	原榨果汁	果汁	蔬菜汁	果（蔬菜）浆	复合果蔬汁（浆）		果蔬汁饮料	果肉（浆）饮料	复合果蔬汁饮料	果蔬汁饮料浓浆	水果饮料	
可溶性固形物	≥8.0	≥8.0	≥4.0	≥8.0（果浆）≥4.0（蔬菜浆）	≥4.0	≥12.0［浓缩果汁(浆)］≥6.0［浓缩蔬菜汁（浆）］	≥4.0	≥4.5	≥4.0	≥4.0	≥4.5	GB/T 12143
总酸（以柠檬酸计）	≥0.1	≥0.1	—	≥0.1（果浆）	—	≥0.2［浓缩果汁（浆）］	—	≥0.1	—	—	≥0.1	GB/T 12456

主原料包括水果和蔬菜的产品，项目的指标值按蔬菜原料的相应产品执行。

4.4　污染物限量、农药残留限量、食品添加剂限量和真菌毒素限量

污染物限量、农药残留限量、食品添加剂限量和真菌毒素限量应符合食品安全国家标准及相关规定，同时应符合表 3 的规定。

表 3　　　　　　　　　　　污染物、农药残留、食品添加剂和真菌毒素限量

项　　目	指　　标	检验方法
吡虫啉，mg/kg	≤0.1	GB/T 23379
联苯菊酯，mg/kg	≤0.05	NY/T 761
氯氰菊酯，mg/kg	≤0.01	
腐霉利，mg/kg	≤0.2	
异菌脲，mg/kg	≤0.2	
甲基硫菌灵，mg/kg	≤0.5	NY/T 1680
苯甲酸及其钠盐（以苯甲酸计），mg/kg	不得检出（＜5）	GB 5009.28
糖精钠，mg/kg	不得检出（＜5）	
环己基氨基磺酸钠和环己基氨基磺酸钙（以环己基氨基磺酸钠计），mg/kg	不得检出（＜10）	GB 5009.97
锡（以 Sn 计）[a]，mg/kg	≤100	GB 5009.16

（续表）

项　目	指　标	检验方法
新红及其铝色淀（以新红计）[b]，mg/kg	不得检出（<0.5）	GB 5009.35
赤藓红及其铝色淀（以赤藓红计）[b]，mg/kg	不得检出（<0.2）	
阿力甜，mg/kg	不得检出（<2.5）	GB 5009.263
赭曲霉毒素 A[c]，μg/kg	≤20	GB/T 23502

a 仅适用于镀锡薄板容器包装产品。
b 仅适用于红色的产品。
c 仅适用于葡萄汁产品。

4.5　净含量

应符合国家质量监督检验检疫总局令 2005 年第 75 号的要求，检验方法按 JJF 1070 的规定执行。

5　检验规则

申报绿色食品的产品应按照 4.3~4.6 以及附录 A 所确定的项目进行检验。每批产品交收（出厂）前，都应进行交收（出厂）检验，交收（出厂）检验内容包括包装、标志、标签、净含量、感官、可溶性固形物、总酸、微生物。其他要求按 NY/T 1055 的规定执行。

6　标签

按 GB 7718 的规定执行。

7　包装、运输和储存

7.1　包装

按 NY/T 658 的规定执行。包装储运图示标志按 GB/T 191 的规定执行。

7.2　运输和储存

按 NY/T 1056 的规定执行。

附录 A

（规范性附录）

绿色食品果蔬汁饮料产品申报检验项目

表 A.1 和表 A.2 规定了除 4.3～4.6 所列项目外，依据食品安全国家标准和绿色食品生产实际情况，绿色食品申报检验还应检验的项目。

表 A.1 污染物和食品添加剂项目

序号	检验项目	指 标	检验方法
1	铅（以 Pb 计），mg/kg	≤0.05（果蔬汁类） ≤0.5［浓缩果蔬汁（浆）］	GB 5009.12
2	二氧化硫残留量（以 SO_2 计），mg/kg	≤10	GB 5009.34
3	苋菜红及其铝色淀（以苋菜红计）[a]，mg/kg	≤50	GB 5009.35
4	胭脂红及其铝色淀（以胭脂红计）[a]，mg/kg	≤50	
5	日落黄及其铝色淀（以日落黄计）[b]，mg/kg	≤100	
6	柠檬黄及其铝色淀（以柠檬黄计）[b]，mg/kg	≤100	
7	山梨酸及其钾盐（以山梨酸计），mg/kg	≤500	GB 5009.28
8	展青霉素[c]，μg/kg	≤50	NY/T 1650

a 仅适用于红色的产品。
b 仅适用于黄色的产品。
c 仅适用于苹果汁、山楂汁产品。

表 A.2 微生物项目

序号	检验项目	采样方案及限量（若非指定，均以/25g 或/25mL 表示）				检验方法
		n	c	m	M	
1	菌落总数，CFU/g	≤100				GB 4789.2
2	大肠菌群，MPN/g	<3				GB 4789.3
3	霉菌和酵母[b]，CFU/g	≤20				GB 4789.15
4	沙门氏菌	5	0	0	—	GB 4789.4
5	金黄色葡萄球菌	5	1	100 CFU/g（mL）	1 000 CFU/g（mL）	GB 4789.10

罐头包装产品的微生物要求仅为商业无菌，检验方法按 GB 4789.26 的规定执行。
注：n 为同一批次产品应采集的样品件数；c 为最大可允许超出 m 值的样品数；m 为致病菌指标可接受水平的限量值；M 为致病菌指标的最高安全限量值。

ICS 67. 080. 10
B 31

中华人民共和国农业行业标准

NY/T 2925—2016

杏种质资源描述规范

Descriptors for apricot germplasm resources

2016 – 10 – 26 发布　　　　　　　　　　　2017 – 04 – 01 实施

中华人民共和国农业部　发 布

前　言

本标准按照 GB/T 1.1—2009 给出的规则起草。

本标准由农业部种植业管理司提出。

本标准由全国果品标准化技术委员会（SAC/ TC 510）归口。

本标准起草单位：辽宁省果树科学研究所、中国农业科学院茶叶研究所。

本标准主要起草人：章秋平、刘威生、熊兴平、刘宁、江用文、魏潇、刘硕、徐铭、张玉萍。

杏种质资源描述规范

1 范围

本标准规定了李属杏亚属（*Prunus Subgenus Armeniaca* Mill.）种质资源的描述内容和描述方式。
本标准适用于杏亚属内各类种质资源性状的描述。

2 规范性引用文件

下列文件对于本文件的应用是必不可少的。凡是注日期的引用文件，仅所注日期的版本适用于本
文件。凡是不注日期的引用文件，其最新版本（包括所有的修改单）适用于本文件。

GB/T 2260 中华人民共和国行政区划代码

GB/T 2659 世界各国和地区名称代码

3 描述内容

描述内容见表1。

表1   杏种质资源描述内容

描述类别	描述内容
基本信息	全国统一编号、引种号、采集号、种质名称、种质外文名、科名、属名、学名、原产国、原产省、原产地、海拔、经度、纬度、来源地、系谱、选育单位、育成年份、选育方法、种质类型、图像、观测地点
植物学特征	树形、树姿、一年生枝颜色、叶枕大小、皮孔大小、皮孔多少、幼叶颜色、叶片状态、叶片颜色、叶面光滑度、叶上表皮毛、叶下表皮毛、叶片形状、叶尖形状、叶尖长短、叶缘形状、叶缘锯齿深浅、叶基形状、叶片最宽处位置、叶片长度、叶片宽度、叶形指数、叶柄粗、叶柄蜜腺、叶炳长、花类型、花瓣形状、花瓣颜色、花萼颜色、萼片状态、花冠直径、果梗长
生物学特性	树势、萌芽率、成枝力、一年生枝长度、一年生枝粗度、节间长度、花束状果枝率、短果枝率、中果枝率、长果枝率、裂果率、花芽萌动期、叶芽萌动期、初花期、盛花期、落花期、展叶期、果实成熟期、果实发育期、落叶期、营养生长期、需冷量
产量性状	始果年龄、完全花百分率、自然坐果率、自花坐果率、采前落果程度、丰产性、单果重
果实性状	果实整齐度、果实形状、对称性、果顶形状、果尖、缝合线深浅、梗洼、果面茸毛、果面光泽、果皮底色、果实盖色、着色类型、着色程度、果点大小、果点密度、果实纵径、果实横径、果实侧径、带皮硬度、去皮硬度、果肉颜色、果肉质地、纤维、汁液、风味、香气、异味、可溶性固形物含量、可溶性糖含量、可滴定酸含量、维生素C含量、常温储藏性、核粘离性、核形状、核面、仁饱满程度、仁风味、核鲜重、核干重、仁干重、出仁率
抗性性状	抗寒性、流胶病抗性、细菌性穿孔病抗性、果实疮痂病抗性、桑白蚧抗性、朝鲜球坚蜡蚧抗性、桃蚜抗性

4 描述方式

4.1 基本信息

4.1.1 全国统一编号

杏种质的唯一标识号,全国统一编号由"XC"加"4位顺序号"组成,由6位字符串组成,由农作物种质资源管理机构命名。如XC0001。

4.1.2 引种号

从国外引入时赋予的编号。由"年份""4位顺序号"顺次连续组合而成,"年份"为4位数,"4位顺序号"每年分别编号,每份引进种质具有唯一的引种号。

4.1.3 采集号

在国内野外收集或采集时赋予的编号。由"年份""省(自治区、直辖市)代号""4位顺序号"顺次连续组合而成。"年份"为4位数,"省(自治区、直辖市)代号"按照GB/T 2260的规定执行,"4位顺序号"为当年采集时的编号,每年分别编号。

4.1.4 种质名称

种质的中文名称。国内种质的原始名称,如果有多个名称,可以放在括号内,用逗号分隔。国外引进种质如果没有中文译名,可以直接用种质的外文名。

4.1.5 种质外文名

国外引进种质的外文名或国内种质的汉语拼音名。国内种质中文名称为3字(含3字)以下的,所有汉字拼音连续组合在一起,首字母大写;中文名称为4字(含4字)以上的,以词组为单位,首字母大写。

4.1.6 科名

杏种质在植物分类学上的科名。按照植物学分类,杏为蔷薇科(Rosaceae)。

4.1.7 属名

杏种质在植物分类学上的属名。按照植物学分类,杏为李属杏亚属(*Armeniaca*)。

4.1.8 学名

杏种质在植物分类学上的种名或变种名。如普通杏学名为 *A. vulgaris* Lam.(普通杏);普通杏中野杏变种的学名为 *A. vulgaris* var. *ansu* Maxim.。

4.1.9 原产国

原产国家名称、地区名称或国际组织名称。国家和地区名称按照GB/T 2659的规定执行,如该国家已不存在,应在原国家名称前加"原"。国际组织名称用该组织的正式英文缩写。

4.1.10 原产省

原产省份名称,省名称按照GB/T 2260的规定执行;国外引进种质原产省用原产国家一级行政区的名称。

4.1.11 原产地

原产县、乡、村名称,县名按照GB/T 2260的规定执行。

4.1.12 海拔

原产地的海拔,单位为米(m)。

4.1.13 经度

原产地的经度,单位为度(°)和分(′)。格式为"DDDFF",其中"DDD"为度,"FF"为分。

东经为正值，西经为负值。

4.1.14 纬度

原产地的纬度，单位为度（°）和分（′）。格式为"DDFF"，其中"DD"为度，"FF"为分。北纬为正值，南纬为负值。

4.1.15 来源地

来源国家、省、县或机构名称。

4.1.16 系谱

选育品种（系）在世代中的系谱位置。

4.1.17 选育单位

选育品种（系）的单位或个人名称，名称应写全称。

4.1.18 育成年份

品种（系）培育成功的年份，通常为通过审定、备案或登记发表的年份。

4.1.19 选育方法

品种（系）的育种方法，分为：1. 人工杂交；2. 自然实生；3. 芽变选种；4. 其他。

4.1.20 种质类型

种质资源的类型，分为：1. 野生资源；2. 地方品种；3. 选育品种；4. 品系；5. 特殊遗传材料；6. 其他。

4.1.21 图像

杏种质的图像文件名。文件名由该种质全国统一编号、连字符"-"和图像序号组成。图像格式为 .jpg。

4.1.22 观测地点

种质的观测地点，记录到省和县名，如辽宁省鲅鱼圈。

4.2 植物学特征

4.2.1 树形

自然状态下树冠的轮廓，分为：1. 开心形；2. 半开心形；3. 直立形；4. 丛状形。

4.2.2 树姿

未整形时植株自然分枝习性，分为：1. 直立；2. 半开张；3. 开张；4. 下垂。

4.2.3 一年生枝颜色

树冠外围一年生枝条中部向阳面的表皮颜色，分为：1. 绿色；2. 灰褐色；3. 黄褐色；4. 红褐色。

4.2.4 叶枕大小

树冠外围枝条基部叶柄着生处的突起程度，分为：1. 小；2. 中；3. 大。

4.2.5 皮孔大小

树冠外围一年生枝条中部皮孔的大小，分为：1. 小；2. 中；3. 大。

4.2.6 皮孔多少

树冠外围一年生枝条中部单位面积皮孔数量多少，分为：1. 少；2. 中；3. 多。

4.2.7 幼叶颜色

叶芽展叶初期，幼叶的颜色，分为：1. 黄绿色；2. 绿色；3. 红色；4. 红褐色。

4.2.8 叶片状态

春梢停止生长期，叶片表面的伸展状态，分为：1. 平展；2. 卷曲；3. 反卷；4. 皱缩。

4.2.9 叶片颜色

树冠外围夏季正常生长的成熟叶片颜色，分为：1. 浅绿色；2. 绿色；3. 深绿色；4. 紫红色。

4.2.10 叶面光滑度

叶片的上表面光滑程度，分为：1. 光滑；2. 粗糙。

4.2.11 叶上表皮毛

叶片的上表皮毛状附属物有无，分为：0. 无；1. 有。

4.2.12 叶下表皮毛

叶片下表皮着生毛状附属物的疏密程度，分为：0. 无；1. 少；2. 中；3. 多。

4.2.13 叶片形状

叶片的叶面形状（见图1），分为：1. 卵圆形；2. 倒卵圆形；3. 椭圆形；4. 圆形；5. 阔圆形。

| 1 | 2 | 3 | 4 | 5 |

图1 叶片形状

4.2.14 叶尖形状

叶片尖端的形状，分为：1. 尖锐；2. 尖；3. 钝尖；4. 极钝尖。

4.2.15 叶尖长短

叶片尖端的长短，分为：1. 非常短或缺失；2. 短；3. 中；4. 长。

4.2.16 叶缘形状

叶片上半部叶缘锯齿深浅，分为：1. 钝锯齿；2. 复钝锯齿；3. 锐锯齿；4. 复锐锯齿。

4.2.17 叶缘锯齿深浅

叶片上半部位叶缘的锯齿深浅，分为：1. 浅；2. 中；3. 深。

4.2.18 叶基形状

叶片基部的形状，分为：1. 楔形；2. 圆形；3. 截形；4. 心形。

4.2.19 叶片最宽处位置

叶片最宽处在叶面整个轮廓中的位置，分为：1. 中上；2. 中；3. 中下。

4.2.20 叶片长度

从叶基切线至叶尖基部的长度，单位为厘米（cm），精确至0.1cm。

4.2.21 叶片宽度

叶片最宽处的长度，单位为厘米（cm），精确至0.1cm。

4.2.22 叶形指数

叶片长/宽的比值，精确至0.01。

4.2.23 叶柄粗

叶柄的粗细程度，单位为毫米（mm），精确至0.1mm。

4.2.24 叶柄蜜腺

叶柄上着生蜜腺的多少，分为：1. 少；2. 中；3. 多。

4.2.25 叶柄长

完整叶柄的长度，单位为厘米（cm），精确至0.1cm。

4.2.26 花类型

花瓣的重复类型，分为：1. 单瓣（5片）；2. 复瓣（5片～10片）；3. 重瓣（≥10片）。

4.2.27 花瓣形状

花瓣完全展开时的形状（见图2），分为：1. 卵圆形；2. 圆形；3. 椭圆形。

图2 花瓣形状

4.2.28 花瓣颜色

盛花期完全开放的花瓣颜色，分为：1. 白色；2. 浅粉红色；3. 深粉红色；4. 红色。

4.2.29 花萼颜色

盛花期花萼的颜色，分为：1. 黄色；2. 绿色；3. 紫绿色；4. 紫红色；5. 红褐色。

4.2.30 萼片状态

盛花期花萼的裂片状态，分为：1. 直立；2. 反折。

4.2.31 花冠直径

盛花期花朵的最大直径，单位为厘米（cm），精确至0.1cm。

4.2.32 果梗长

果实成熟期果梗的长度，分为：1. 短；2. 长。

4.3 生物学特性

4.3.1 树势

在正常条件下植株生长所表现出的强弱程度，分为：1. 强；2. 中；3. 弱。

4.3.2 萌芽率

树冠外围一年生枝条上萌芽数占总芽数的百分比，以百分率（%）表示，精确至0.1%。

4.3.3 成枝率

长枝数量占萌芽数的百分比，以百分率（%）表示，精确至0.1%。

4.3.4 一年生枝长度

树冠外围一年生枝平均长度，单位为厘米（cm），精确至0.1cm。

4.3.5 一年生枝粗度

树冠外围枝条基部上5cm处的粗度，单位为毫米（mm），精确至0.1mm。

4.3.6 节间长度

树冠外围一年生枝条中部节间的长度，单位为厘米（cm），精确至0.1cm。

4.3.7 花束状果枝率

休眠期，长度<5cm的果枝数占总枝数的百分比，以百分率（%）表示，精确至0.1%。

4.3.8 短果枝率

休眠期，长度在5cm～15cm的果枝数占总枝数的百分比，以百分率（%）表示，精确至0.1%。

4.3.9 中果枝率

休眠期，长度在15cm~30cm的果枝数占总枝数的百分比，以百分率（%）表示，精确至0.1%。

4.3.10 长果枝率

休眠期，长度30cm~60cm的果枝数占总枝数的百分比，以百分率（%）表示，精确至0.1%。

4.3.11 裂果率

果实膨大期发生的裂果数占总果数的百分比，以百分率（%）表示，精确至0.1%。

4.3.12 花芽萌动期

记录整株树约有5%的花芽鳞片裂开。顶端绽开或露白的日期。以"年月日"表示，格式"YYYYMMDD"。

4.3.13 叶芽萌动期

整株树约有5%的叶芽鳞片裂开，顶端露出叶尖的日期。以"年月日"表示，格式"YYYYMMDD"。

4.3.14 初花期

整株树约有5%花朵开放的日期。以"年月日"表示，格式"YYYYMMDD"。

4.3.15 盛花期

整株树约有25%花朵开放的日期。以"年月日"表示，格式"YYYYMMDD"。

4.3.16 落花期

整株树约有75%花瓣变色、开始落瓣的日期。以"年月日"表示，格式"YYYYMMDD"。

4.3.17 展叶期

整株树约有25%叶芽第一片叶展开的日期。以"年月日"表示，格式"YYYYMMDD"。

4.3.18 果实成熟期

整株树约有25%果实成熟的日期。以"年月日"表示，格式"YYYYMMDD"。

4.3.19 果实发育期

盛花期至果实成熟期的天数，单位为天（d）。

4.3.20 落叶期

整株树约有50%叶片自然脱落的日期。以"年月日"表示，格式"YYYYMMDD"。

4.3.21 营养生长期

花芽萌动期至落叶期的天数，单位为天（d）。

4.3.22 需冷量

树体正常通过自然休眠所需的低温累积量，单位为时（h）。

4.4 产量性状

4.4.1 始果年龄

植株从实生播种或嫁接至开始结果的年龄，单位为年。

4.4.2 完全花百分率

完全花占总花数的百分比，以百分率（%）表示，精确至0.1%。

4.4.3 自然坐果率

自然状态下，坐果数占总花朵数的百分比，以百分率（%）表示，精确至0.1%。

4.4.4 自花坐果率

同一资源内授粉后，坐果数占总花朵数的百分比，以百分率（%）表示，精确至0.1%。

4.4.5 采前落果程度

转色期至采收成熟前，果实脱落的程度，分为：1. 轻；2. 中；3. 重。

4.4.6 丰产性

正常年份树干单位横截面积的产量，单位为千克每平方米（kg/m²），精确到 0.1kg/m²。

4.4.7 单果重

单个成熟果实的重量，单位为克（g），精确至 0.1g。

4.5 果实性状

4.5.1 果实整齐度

成熟果实的整齐程度，包括颜色、大小和形状等，分为：1. 整齐；2. 一般；3. 不整齐。

4.5.2 果实形状

果实成熟期果实的腹观面形状（见图 3），分为：1. 扁圆形；2. 圆形；3. 卵圆形；4. 椭圆形；5. 心脏形；6. 不规则圆形。

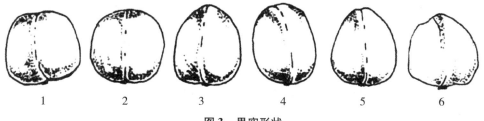

图 3 果实形状

4.5.3 对称性

成熟期果实缝合线两侧的片肉是否对称，分为：0. 不对称；1. 对称。

4.5.4 果顶形状

果实顶部的形状（见图 4），分为：1. 凹入；2. 平；3. 圆凸；4. 尖圆。

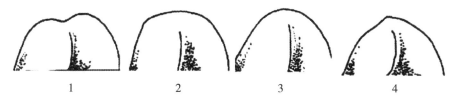

图 4 果顶形状

4.5.5 果尖

果实顶部突起，分为：0. 无；1. 有。

4.5.6 缝合线深浅

果实缝合线的深浅程度，分为：1. 平；2. 浅；3. 中；4. 深。

4.5.7 梗洼

果实梗洼处的深浅程度，分为：1. 浅；2. 中；3. 深。

4.5.8 果面茸毛

成熟果实的表面是否着生茸毛，分为：0. 无；1. 有。

4.5.9 果面光泽

成熟果实表面的光泽度，分为：0. 无；1. 有。

4.5.10 果皮底色

成熟果实果皮呈现的底色，分为：1. 白色；2. 淡黄色；3. 黄色；4. 橙色；5. 绿黄色；6. 绿色。

4.5.11 果实盖色

成熟果实果皮底色上覆盖的颜色，分为：0. 无色；1. 粉红色；2. 橙红色；3. 红色；4. 紫红色。

4.5.12 着色类型

成熟果实果皮所着盖色的类型，分为：0. 无；1. 点；2. 片；3. 条。

4.5.13 着色程度

成熟果实果面所着盖色的面积多少，分为：0. 无；1. 少；2. 中；3. 多。

4.5.14 果点大小

成熟果实果点的大小程度，分为：0. 无；1. 小；2. 中；3. 大。

4.5.15 果点密度

成熟果实果点的疏密程度，分为：0. 无；1. 稀；2. 中；3. 密。

4.5.16 果实纵径

成熟果实从顶部至底部的最大距离，单位为厘米（cm），精确至0.01cm。

4.5.17 果实横径

成熟果实沿缝合切开时的最大横切面宽度，单位为厘米（cm），精确至0.01cm。

4.5.18 果实侧径

成熟果实腹面观时的最大距离，单位为厘米（cm），精确至0.01cm。

4.5.19 带皮硬度

成熟果实阳面近胴部的果皮单位面积所能承受的压力，单位为千克每平方厘米（kg/cm^2），精确至0.01kg/cm^2。

4.5.20 去皮硬度

成熟果实阳面近胴部的去皮果肉单位面积所能承受的压力，单位为千克每平方厘米（kg/cm^2），精确至0.01kg/cm^2。

4.5.21 果肉颜色

成熟果实果肉所呈现的颜色，分为：1. 白色；2. 淡黄色；3. 黄色；4. 橙色；5. 黄绿色。

4.5.22 果肉质地

成熟果实果肉的口感质地，分为：1. 沙面；2. 软溶质；3. 硬溶质；4. 脆。

4.5.23 纤维

成熟果实果肉的纤维多少，分为：3. 多；5. 中；7. 少。

4.5.24 汁液

成熟果实果肉组织中所具有的汁液，分为：3. 多；5. 中；7. 多。

4.5.25 风味

成熟果实果肉的口感的甜酸味道，分为：1. 酸；2. 甜酸；3. 酸甜；4. 甜。

4.5.26 香气

成熟果实中挥发性芳香气味浓淡程度，分为：0. 无；1. 淡；2. 浓。

4.5.27 异味

成熟果实果肉异味有无，分为：0. 无；1. 有。

4.5.28 可溶性固形物含量

成熟果实果肉中可溶性固形物含量的百分比，以百分率（%）表示，精确至0.1%。

4.5.29 可溶性糖含量

成熟果实果肉中可溶性糖的含量，以百分率（%）表示，精确至0.1%。

4.5.30 可滴定酸含量

成熟果实果肉中可滴定酸的含量，以百分率（%）表示，精确至0.1%。

4.5.31 维生素C含量

成熟果实100g鲜果肉中维生素C的含量，单位为毫克每百克（mg/100g），精确至0.1mg/100g。

4.5.32 常温储藏性

成熟果实在室温条件下（20℃）保持果实具有商品性的储藏能力，分为：1. 弱；2. 中；3. 强。

4.5.33 核粘离性

成熟果实果核和果肉可分离的程度，分为：1. 离核；2. 半离核；3. 粘核。

4.5.34 核形状

杏核的形状（见图5），分为：1. 扁圆形；2. 圆形；3. 卵圆形；4. 倒卵圆形；5. 椭圆形；6. 心脏形。

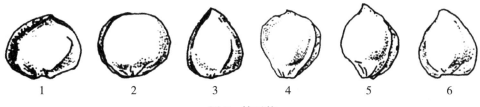

图5 核形状

4.5.35 核面光滑度

杏核表面的光滑程度，分为：1. 平滑；2. 较平滑；3. 粗糙；4. 点纹。

4.5.36 仁饱满程度

杏仁在整个核内的饱满程度，分为：1. 饱满；2. 一般；3. 不饱满。

4.5.37 仁风味

杏仁的口感苦味有无，分为：0. 无；1. 有。

4.5.38 核鲜重

去除果肉后新鲜核的重量，单位为克（g），精确至0.1g。

4.5.39 核干重

杏核阴干后的重量，单位为克（g），精确至0.1g。

4.5.40 仁干重

杏仁阴干后的重量，单位为克（g），精确至0.1g。

4.5.41 出仁率

干仁重占干核重的百分比，以百分率（%）表示，精确到0.1%。

4.6 抗性性状

4.6.1 抗寒性

休眠期植株对低温的忍耐或抵抗能力，根据植株受害程度分为：1. 极弱；3. 弱；5. 中等；7. 强；9. 极强。

4.6.2 流胶病抗性

植株对流胶病（*Botryosphaeria ribis* Gross. Et Dugg. ）的抗性强弱，分为：1. 高感；3. 感；5. 中

抗；7. 抗；9. 高抗。

4.6.3 细菌性穿孔病抗性

植株对细菌性穿孔病［*Xanthomonas pruni* (Smith) Dowson.］的抗性强弱，分为：1. 高感；3. 感；5. 中抗；7. 抗；9. 高抗。

4.6.4 果实疮痂病抗性

杏果实对疮痂病（*Cladosporium carpophilum* Thumen.）的抗性强弱，分为：1. 高感；3. 感；5. 中抗；7. 抗；9. 高抗。

4.6.5 桑白蚧抗性

植株对桑白阶［*Pseudaulacaspis pentagona* (Targioni-Tozzetti)］的抗性强弱，分为：1. 高感；3. 感；5. 中抗；7. 抗；9. 高抗。

4.6.6 朝鲜球坚蜡蚧抗性

植株对朝鲜球坚蜡蚧（*Didesmococcus koreanus* Borchs.）的抗性强弱，分为：1. 高感；3. 感；5. 中抗；7. 抗；9. 高抗。

4.6.7 桃蚜抗性

植株对桃蚜［*Myzus persicae* (Sulzer)］的抗性强弱，分为：1. 高感；3. 感；5. 中抗；7. 抗；9. 高抗。

ICS 67.080.10
分类号：X 74
备案号：46045-2014

中华人民共和国轻工行业标准

QB/T 1611—2014
代替 QB/T 1611—1992

杏罐头

Canned apricot

(CODEX STAN 242—2003，Standard for canned stone fruits，NEQ)

2014－05－06发布
2014－10－01实施

中华人民共和国工业和信息化部　发布

前　言

本标准按照 GB/T 1.1—2009 给出的规则起草。

本标准代替 QB/T 1611—1992《糖水杏罐头》，与 QB/T 1611—1992 相比，除编辑性修改外主要技术变化如下：

——标准名称修改为"杏罐头"；

——扩大标准适用范围并调整相应分类和要求；

——产品质量等级修改为"优级品和合格品"；

——原料要求中增加食品添加剂和营养强化剂的要求；

——修改产品固形物含量、可溶性固形物含量要求；

——删除"缺陷"要求，在感官要求中增加"杂质"要求。

本标准参考国际食品法典委员会（CAC）CODEX STAN 242—2003《核果罐头》（英文版）编制，与 CODEX STAN 242—2003 的一致性程度为非等效。

本标准由中国轻工业联合会提出。

本标准由全国食品发酵标准化中心归口。

本标准起草单位：中国食品发酵工业研究院、中国罐头工业协会、大连真心罐头食品有限公司。

本标准主要起草人：仇凯、邵云龙、谢德海。

本标准所代替标准的历次版本发布情况为：

——QB/T 1611—1992；

——QB 280—1976。

杏罐头

1 范围

本标准规定了杏罐头的术语和定义、产品分类及代号、要求、试验方法、检验规则和标志、包装、运输、贮存。

本标准适用于以杏为原料，经预处理、装罐、加汤汁、密封、杀菌、冷却而制成的杏罐藏食品。

2 规范性引用文件

下列文件对于本文件的应用是必不可少的。凡是注日期的引用文件，仅注日期的版本适用于本文件。凡是不注日期的引用文件，其最新版本（包括所有的修改单）适用于本文件。

GB 317　白砂糖

GB 2760　食品安全国家标准　食品添加剂使用标准

GB 2762　食品安全国家标准　食品中污染物限量

GB 4789.26　食品安全国家标准　食品微生物学检验　商业无菌检验

GB 5749　生活饮用水卫生标准

GB/T 10786　罐头食品的检验方法

GB 14880　食品安全国家标准　食品营养强化剂使用标准

GB/T 20882　果葡糖浆

QB/T 1006　罐头食品检验规则

QB/T 4631　罐头食品包装、标志、运输和贮存

3 术语和定义

下列术语和定义适用于本文件。

3.1　斑点　spot

与正常果实颜色明显不同的褐色点。

3.2　过度修整　excessive trim

明显影响果形外观的修整。

3.3　破损果　broken apricot

整装杏罐头中被压碎后失去原有形状的果实。

3.4 变形果 deformation apricot

整装杏罐头中被挤压或加工而变形的果实。

3.5 裂口果 splitting apricot

片装杏罐头中有明显断裂或裂口的果片。

4 产品分类及代号

4.1 产品分类

4.1.1 根据汤汁不同分为：
——糖水型：汤汁为白砂糖或糖浆的水溶液；
——果汁型：汤汁为水和果汁的混合液；
——混合型：汤汁为果汁、白砂糖、果葡糖浆、甜味剂 4 种中不少于两种的水溶液。

4.1.2 根据固形物形状分为：
——整装杏罐头；
——片装杏罐头。

4.2 产品代号

见表1。

表1 产品代号

项目	产品代号		
	糖水型	果汁型	混合型
整装杏罐头	614	614J	614M
片装杏罐头	614 1	614J 1	614M 1

5 要求

5.1 原辅材料

5.1.1 杏

应新鲜、冷藏或速冻良好，大小适中、成熟适度，风味正常，粗纤维少，无严重畸形、干瘪，无病虫害及机械伤所引起的腐烂现象。

可采用罐藏水果，罐藏水果应符合本标准质量要求。

5.1.2 白砂糖

应符合 GB 3I7 的要求。

5.1.3 果葡糖浆

应符合 GB/T 20882 的要求。

5.1.4 水

应符合 GB 5749 的要求。

5.1.5 果汁

应符合相应标准的要求。

5.1.6 食品添加剂和营养强化剂

应符合相应标准的要求。

5.2 感官要求

应符合表2的规定。

表2　　　　　　　　　　　　　　　　　　感官要求

项目	优级品	合格品
色泽	果实呈黄色或橙黄色，有光泽，色泽大致均匀。汤汁透明，基本无果肉碎屑	果实呈黄色或橙黄色，稍有光泽，同一罐内色泽较均匀。汤汁较透明，可有少量果肉碎屑
滋味、气味	具有杏罐头应有滋味和风味，无异味	
组织形态	整装杏罐头：果实完整带核，软硬适度，同一罐内大小均匀，果实横径在 30mm 以上，无机械损伤，无过度修整。每罐破损果及变形果不超过 1 个，斑点果不超过 2 个，每 500g 残留果皮不超过 600mm^2。 片装杏罐头：软硬适度，横径在 30mm 以上，片厚不小于 10mm，厚薄大致均匀，过度修整果不超过 1 片，斑点果不超过 2 片，裂口果不超过 2 片	整装杏罐头：果实完整带核，软硬较适度，同一罐内大小较均匀，果实横径在 28mm 以上，可有轻微机械损伤，每罐破损果及过度修整果不超过 2 个，斑点果不超过 5 个，每 500g 残留果皮不超过 800mm^2。 片装杏罐头：软硬较适度，横径在 25mm 以上，片厚不小于 5mm，厚薄较均匀，过度修整果、斑点果、裂口果不超过固形物的 15%
杂质	无外来杂质	

5.3 理化指标

5.3.1 净含量

应符合相关标准和规定。每批产品平均净含量不低于标示值。

5.3.2 固形物含量

5.3.2.1　优级品：产品的固形物含量不应低于 55%；合格品：产品的固形物含量不应低于 50%。

5.3.2.2　每批产品的平均固形物含量不应低于标示值。

5.3.3　可溶性固形物含量（20℃，按折光计法）应在 8%～22%。

5.4 污染物限量

应符合 GB 2762 对应条款的规定。

5.5 微生物指标

应符合罐头食品商业无菌的要求。

5.6 食品添加剂和营养强化剂的使用

5.6.1 食品添加剂的使用应符合 GB 2760 的规定。

5.6.2 食品营养强化剂的使用应符合 GB 14880 的规定。

6 试验方法

6.1 感官要求

按 GB/T 10786 规定的方法进行试验。

6.2 理化指标

6.2.1 净含量

按 GB/T 10786 规定的方法进行测定。

6.2.2 固形物含量

按 GB/T 10786 规定的方法进行测定。

6.2.3 可溶性固形物含量

按 GB/T 10786 规定的方法进行测定。

6.3 污染物限量

按 GB 2762 规定的方法进行测定。

6.4 微生物指标

按 GB 4789.26 规定的方法进行检验。

7 检验规则

应符合 QB/T 1006 的规定。其中,感官要求、净含量、固形物含量、可溶性固形物含量、微生物指标为出厂检验项目。

8 标志、包装、运输和贮存

应符合 QB/T 4631 有关规定。

ICS 67.080.10

分类号：X 74

备案号：60670 2018

中 华 人 民 共 和 国 轻 工 行 业 标 准

QB/T 1386—2017

代替 QB/T 1386 ~ 1391—1991，QB/T 2390—1998

QB/T 3609—1999

果酱类罐头

Canned fruit jam

2017 –11 –07 发布   2018 –04 –01 实施

中华人民共和国工业和信息化部　发 布

前 言

本标准按照 GB/T 1.1—2009 给出的规则起草。

本标准代替 QB/T 1386—1991《杏酱罐头》、QB/T 1387—1991《菠萝酱罐头》、QB/T 1388—1991《苹果酱罐头》、QB/T 1389—1991《西瓜酱罐头》、QB/T 1390—1991《什锦果酱罐头 苹果山楂型》、QB/T 1391—1991《猕猴桃酱罐头》、QB/T 2390—1998《桃酱罐头》、QB/T 3609—1999《草莓酱罐头》。

本标准与原行业标准相比，除编辑性修改外主要技术变化如下：

——修改标准名称为"果酱类罐头"；

——扩大标准适用范围并调整相应分类和要求；

——产品质量等级修订为优级品和合格品；

——增减了部分原料要求；

——调整了产品的可溶性固形物含量要求；

——取消了总糖量要求；

——取消"缺陷"要求，在感官指标中增加"杂质"要求。

本标准参考国际食品法典委员会 CODEX STAN 17—1981《苹果沙司罐》编制，与 CODEX STAN 17—1981 的一致性程度为非等效。

本标准由中国轻工业联合会提出。

本标准由全国食品发酵标准化中心归口。

本标准起草单位：厦门市工业产品生产许可证审查技术中心、湛江市欢乐家食品有限公司、上海梅林正广和股份有限公司、中国食品发酵工业研究院、中国罐头工业协会。

本标准主要起草人：李仲超、郭丽蓉、陈军、仇凯、晁曦。

本标准所代替标准的历次版本发布情况为：

——QB/T 1386～1391—1991，QB/T 2390—1998，QB/T 3609—1999。

果酱类罐头

1 范围

本标准规定了果酱类罐头的相关术语和定义、产品分类、要求、试验方法、检验规则，以及标签、包装、运输、贮存。

本标准适用于以新鲜或经速冻冷藏的一种或几种水果为原料，经预处理、打浆（切片）、调配、浓缩、装罐、密封、杀菌、冷却等制成的罐藏食品，主要包括杏酱罐头、菠萝酱罐头、苹果酱罐头、西瓜酱罐头、猕猴桃酱罐头、桃酱罐头、草莓酱罐头、什锦果酱罐头等。

2 规范性引用文件

下列文件对于本文件的应用是必不可少的。凡是注日期的引用文件，仅所注日期的版本适用于本文件。凡是不注日期的引用文件，其最新版本（包括所有的修改单）适用于本文件。

GB/T 317　白砂糖

GB 7098　食品安全国家标准　罐头食品

GB 7718　食品安全国家标准　预包装食品标签通则

GB/T 10786　罐头食品的检验方法

GB 14880　食品安全国家标准　食品营养强化剂使用标准

GB 28050　食品安全国家标准　预包装食品营养标签通则

QB/T 1006　罐头食品检验规则

QB 2683　罐头食品代号的标示要求

QB/T 4631　罐头食品包装、标志、运输和贮存

3 术语和定义

下列术语和定义适用于本文件。

3.1 块状果酱罐头 canned jam

含有块状果肉和果泥的果酱罐头。

3.2 果泥果酱罐头 canned fruit puree

只含有果泥的果酱罐头。

3.3 混合果酱罐头 canned mixed fruit jam

由不少于两种（含两种）不同品种水果混合加工或不同原果酱混合而成的果酱罐头。

3.4 软胶凝状 semi – jellied texture

在室温20℃时,取果酱样品10g~20g置白瓷盘中,在1min内酱体徐徐下塌,不流散的状态。

3.5 徐徐流散 slowly flowing

在室温20℃时,取果酱样品10g~20g置白瓷盘中,在1min内酱体向四面扩散的现象。

3.6 汁液析出 sweating

在室温20℃时,取果酱样品10g~20g置白瓷盘中,在1min内酱体表面析出糖液的现象。

3.7 结晶 graining

糖浆中由于还原糖比例过低或其他原因造成糖浆中出现砂糖析出的现象。

4 产品分类及代号

4.1 按照内容物形态分类

——块状果酱罐头;
——泥状果酱罐头。

4.2 产品代号应符合QB 2683的规定

5 要求

5.1 原辅料要求

5.1.1 果实原料
果实新鲜良好,成熟适度,风味正常,无霉烂、变质和病虫害,色泽基本一致。
5.1.2 白砂糖
应符合GB/T 317的要求。
5.1.3 其他辅料
应符合相应标准的要求。

5.2 感官要求

应符合表1的要求。

表1 感官要求

项目	优级品	合格品
色泽	具有该产品应有的色泽	
滋味、气味	无异味,甜酸适口,口味纯正,具有该产品应有的滋味和气味	

(续表)

项目	优级品	合格品
组织形态	块状果酱：酱体呈软胶凝状，徐徐流散，保持部分果块，无汁液析出，无糖的结晶； 泥状果酱：酱体细腻均匀，徐徐流散，无明显分层和汁液析出，无糖的结晶	块状果酱：酱体呈软胶凝状，徐徐流散，保持部分果块，允许轻微汁液析出，无糖的结晶； 泥状果酱：酱体尚细腻、均匀，徐徐流散，允许轻微汁液析出，无糖的结晶
杂质	无外来杂质	

5.3 理化要求

5.3.1 净含量

应符合相关标准和规定。每批产品平均净含量不应低于标示值。

5.3.2 可溶性固形物含量（20℃）

开罐时按折光计，不应小于45%。

5.4 食品安全要求

应符合 GB 7098 的要求

6 试验方法

6.1 感官要求

按 GB/T 10786 规定的方法检验。

6.2 理化要求

6.2.1 净含量

按 GB/T 10786 规定的方法检验。

6.2.2 可溶性固形物含量

按 GB/T 10786 规定的方法检验。

6.2.3 食品安全要求

按 GB 7098 规定的方法检验。

7 检验规则

应符合 QB/T 1006 的规定。感官要求、净含量、可溶性固形物含量、微生物指标为出厂检验项目。

8 标签、包装、运输和贮存

8.1 产品的标签应符合 GB 7718、GB 28050 及有关规定。

8.2 产品的包装、标志、运输和贮存应符合 QB/T 4631 的有关规定。

ICS 65.020.20
B 05

GB

中 华 人 民 共 和 国 国 家 标 准

GB/T 30362—2013

植物新品种特异性、一致性、
稳定性测试指南　杏

Guidelines for the conduct of tests for distinctness,
uniformity and stability—Apricot (*Prunus armeniaca* Lam.)

2013 – 12 – 31 发布　　　　　　　　　　2014 – 06 – 22 实施

中华人民共和国国家质量监督检验检疫总局
中国国家标准化管理委员会　发布

前　言

本标准按照 GB/T 1.1—2009 给出的规则起草。

本标准由国家林业局提出并归口。

本标准起草单位：北京市农林科学院林业果树研究所、国家林业局植物新品种保护办公室。

本标准主要起草人：王玉柱、孙浩元、杨丽、张俊环、周建仁、黄发吉、杨玉林。

植物新品种特异性、一致性、
稳定性测试指南 杏

1 范围

本标准规定了蔷薇科杏（*Prunus armeniaca* L.）植物新品种特异性、一致性、稳定性测试技术要求。

本标准适用于所有杏新品种的测试。

2 规范性引用文件

下列文件对本文件的应用是必不可少的。凡是注日期的引用文件，仅注日期的版本适用于本文件。凡是不注日期的引用文件，其最新版本（包括所有的修改单）适用于本文件。

GB/T 19557.1—2004 植物新品种特异性、一致性和稳定性测试指南 总则

3 术语和定义

GB/T 19557.1—2004 界定的术语和定义适用于本文件。

4 缩略语

下列缩略语适用于本文件。

QL：qualitative characteristics，质量特征。

QN：quantitative characteristics，数量特征。

PQ：pseudo-qualitative characteristics，假性质量特征。

MG：measurement for a group of plants，针对一组植株或植株部位进行单次测量得到单个记录。

MS：measurement for a number of single plants，针对一定数量的植株或植株部位分别进行测量得到多个记录。

VG：visual observation for a group of plants，针对一组植株或植株部位进行单次目测得到单个记录。

VS：visual observation for a number of single plants，针对一定数量的植株或植株部位分别进行目测得到多个记录。

5 DUS测试技术要求

5.1 测试材料

5.1.1 品种权申请人按规定时间、地点提交符合数量和质量要求的测试品种植物材料。从非测

试地国家或地区提交的材料，申请人应按照进出境和运输的相关规定提供海关、植物检疫等相关文件。

5.1.2 提交的测试材料应为接穗（每个接穗至少应有 10 个充实饱满的芽）或植株（高 0.8m～1m，基径 1cm 以上）。

5.1.3 提交的测试材料数量不得少于 50 个接穗或 5 株～10 株。

5.1.4 待测新品种材料应为无病虫害感染、生长正常的植株或接穗。

5.1.5 提交的植物材料不应进行任何影响性状表达的额外处理。如果已经被处理，应提供处理的详细信息。

5.2 测试方法

5.2.1 测试周期和时间
在符合测试条件的情况下，至少测试两个生长周期。

5.2.2 测试地点
测试应在指定的测试基地和实验室中进行。

5.2.3 测试条件
测试应在待测新品种相关特征能够完整表达的条件下进行，申请品种和对照品种的田间管理要严格一致。

5.2.4 测试设计

5.2.4.1 待测新品种在测试区应栽种 5 株～10 株，与标准品种和相似品种种植在相同地点和环境条件下。

5.2.4.2 如果测试需要提取植株某些部位作为样品时，样品采集不得影响测试植株整个生长周期的观测。

5.2.4.3 除非特别声明，所有的观测应针对 5 株～10 株植株或取自 5 株～10 株植株的相同部位上的材料进行。

5.2.5 同类特征的测试方法
见附录 A 中的表 A.1。

花：进入盛花期，选取健壮植株、正常生长的树冠中上部枝条的中上段（每株测试植株 3 个～4 个花枝，10 朵花）作为花特征的测试材料。

枝条：选取测试植株的当年生枝条的中上部（每株测试植株 3 个～4 个枝条）作为枝条特征的测试材料。如果以枝条特征作为新品种特异性的评价特征，申请人应在技术问卷（参见附录 B）中明确说明。

叶：新梢生长期选取测试植株树冠外围枝中部完全展开的成熟叶片（每株测试植株 3 个～4 个枝条、每个枝条 3 片～4 片叶）作为测试材料。

果实：果实成熟期，选取不同测试植株不同部位的 10 个成熟果实作为测试材料。

5.2.6 个别特征的测试方法

5.2.6.1 成枝能力（见附录 A 中的表 A.1 性状特征序号 3）特征
待测新品种成枝能力按照下列标准分级：短截一年生枝后，在春季新梢停止生长期，观测计算剪口下发出的长枝占总萌生枝条的百分率，观测至少 10 个一年生枝。

5.2.6.2 叶片宽度（见附录 A 中的表 A.1 性状特征序号 7）特征
测量叶片最宽处的长度，计算平均值。

5.2.6.3　花径（见附录 A 中的表 A.1 性状特征序号 19）特征

花瓣压平展后测量，计算平均值。

5.2.6.4　果实大小（见附录 A 中的表 A.1 性状特征序号 21）特征

称量果实鲜重（平均单果重），计算平均值。

5.2.6.5　果实重量/果核重量（见附录 A 中的表 A.1 性状特征序号 45）特征

将采集的果实称鲜重，然后去除果肉称量鲜核重量，计算其比值，取平均值。

5.2.6.6　果实可溶性固形物含量（见附录 A 中的表 A.1 性状特征序号 48）特征

切取果实中间部位的一块果肉，取其汁液滴到手持式折光仪上，测定果肉可溶性固形物含量，精确到 0.1。

5.2.6.7　核仁大小（见附录 A 中的表 A.1 性状特征序号 52）特征

取不同植株不同部位的成熟果实内核仁，测量自然风干后核仁的重量，计算平均值。

5.2.6.8　初花期（见附录 A 中的表 A.1 性状特征序号 54）特征

当 5%～10% 花开放时，记录为初花期。

5.2.6.9　果实成熟期（见附录 A 中的表 A.1 性状特征序号 55）特征

观测果实，记录成熟日期，推算果实发育期。

6　特异性、一致性和稳定性评价

6.1　特异性

6.1.1　差异恒定

如果待测新品种与相似品种间差异非常清楚，只需要一个生长周期的测试。在某些情况下因环境因素的影响，使待测新品种与相似品种间差异不清楚时，则至少需要两个或两个以上生长周期的测试。

6.1.2　差异显著

质量特征的特异性评价：待测新品种与相似品种只要有一个特征有差异，则可判定该品种具备特异性。

数量特征的特异性评价：待测新品种与相似品种至少有两个特征有差异，或者一个特征的两个代码（见附录 A 中的表 A.1）有差异，则可判定该品种具备特异性。

假性质量特征的特异性评价：待测新品种与相似品种至少有两个特征有差异，或者一个特征的两个不连贯代码有差异，则可判定该品种具备特异性。

6.2　一致性

一致性判断采用异型株法。根据 1% 群体标准和 95% 可靠性概率，5 株观测植株中不允许出现异型株。

6.3　稳定性

6.3.1　申请品种在测试中符合特异性和一致性要求，可认为该品种具备稳定性。

6.3.2　特殊情况或存在疑问时，需要通过再次测试一个生长周期，或者由申请人提供新的测试材料，测试其是否与先前提供的测试材料表达出相同的特征。

7 品种分组

7.1 品种分组说明

依据分组特征确定待测新品种的分组情况，并选择相似品种，使其包含在特异性的生长测试中。

7.2 分组特征

7.2.1 果实：大小（见附录 A 中的表 A.1 性状特征序号 21）。

7.2.2 果实：底色（见附录 A 中的表 A.1 性状特征序号 36）。

7.2.3 果实：着色面积（见附录 A 中的表 A.1 性状特征序号 37）。

7.2.4 果实：果肉颜色（见附录 A 中的表 A.1 性状特征序号 41）。

7.2.5 核仁：大小（见附录 A 中的表 A.1 性状特征序号 52）。

7.2.6 果实成熟期（见附录 A 中的表 A.1 性状特征序号 55）。

8 性状特征和相关符号说明

8.1 特征类型

8.1.1 星号特征［见附录 A 中的表 A.1 被标注（＊）的特征］：是指新品种审查时为协调统一特征描述而采用的重要的品种特征，进行 DUS 测试时应对所有星号特征进行测试。

8.1.2 加号特征［见附录 A 中的表 A.1 被标注（＋）的特征］：是指对附录 A 中的表 A.1 中进行图解说明的特征（见附录 A 中的图 A.1～图 A.8）。

8.2 表达状态及代码

附录 A 中的表 A.1 中性状特征描述已经明确给出每个特征表达状态的标准定义，为便于对特征表达状态进行描述并分析比较，每个表达状态都有一个对应的数字代码。

8.3 表达类型

GB/T 19557.1—2004 已经提供特征的表达类型：质量特征、数量特征和假性质量特征的名词解释。

8.4 标准品种

用于准确、形象地演示某一特征表达状态的品种。

附录 A

（规范性附录）
品种性状特征

A.1 性状特征表

见表 A.1。

表 A.1　　　　　　　　　　　　　　　　　性状特征表

序号	测试方法	性状特征	性状特征描述	标准品种 中文名	标准品种 学名	代码	性状特征性质	性状特征类型
1	VG	植株：生长势	很弱			1	QN	
			弱	辣椒杏	*P. armeniaca* 'Lajiao xing'	3		
			中	西农25	*P. armeniaca* 'Xinong 25'	5		
			强	骆驼黄	*P. armeniaca* 'Luotuohuang'	7		
			很强			9		
2	VG	植株：树姿	直立	陕梅杏	*P. armeniaca* 'Shanmei xing'	1	PQ	（＊）（＋）
			半开张	骆驼黄	*P. armeniaca* 'Luotuohuang'	2		
			开张	串枝红	*P. armeniaca* 'Chuanzhihong'	3		
			下垂	垂枝杏	*P. armeniaca* 'Chuizhi xing'	4		
3	MG^a	植株：成枝能力	弱	串枝红	*P. armeniaca* 'Chuanzhihong'	3	QN	
			中	骆驼黄	*P. armeniaca* 'Luotuohuang'	5		
			强	杨继元	*P. armeniaca* 'Yangjiyuan'	7		
4	VG	枝条：花芽的着生位置	主要花束状果枝	西农25	*P. armeniaca* 'Xinong 25'	1	PQ	（＊）
			主要花束状果枝和一年生枝	青密沙	*P. armeniaca* 'Qingmisha'	2		
			主要一年生枝	红金臻	*P. armeniaca* 'Hongjinzhen'	3		
5	VG	枝条：一年生枝阳面颜色	黄褐色	红荷包	*P. armeniaca* 'Honghebao'	1	PQ	
			红褐色	骆驼黄	*P. armeniaca* 'Luotuohuang'	2		
			紫褐色	串枝红	*P. armeniaca* 'Chuanzhihong'	3		
6	MS	叶片：长度	短	李光杏	*P. armeniaca* 'Liguang xing'	3	QN	（＊）
			中	龙王帽	*P. armeniaca* 'Longwangmao'	5		
			长	串铃	*P. armeniaca* 'Chuanling'	7		
7	MS^b	叶片：宽度	窄	垂枝杏	*P. armeniaca* 'Chuizhi xing'	3	QN	（＊）
			中	杨继元	*P. armeniaca* 'Yangjiyuan'	5		
			宽	骆驼黄	*P. armeniaca* 'Luotuohuang'	7		

（续表）

序号	测试方法	性状特征	性状特征描述	标准品种		代码	性状特征性质	性状特征类型
				中文名	学名			
8	MS	叶片：长度/宽度	很小			1	QN	
			小	李光杏	*P. armeniaca* 'Liguang xing'	3		
			中	骆驼黄	*P. armeniaca* 'Luotuohuang'	5		
			大	串枝红	*P. armeniaca* 'Chuanzhihong'	7		
			很大	仰韶黄杏	*P. armeniaca* 'Yangshaohuang xing'	9		
9	VG	叶片：叶表的绿色程度	浅	垂枝杏	*P. armeniaca* 'Chuizhi xing'	3	QN	
			中	杨继元	*P. armeniaca* 'Yangjiyuan'	5		
			深	串枝红	*P. armeniaca* 'Chuanzhihong'	7		
10	VG	叶片：叶基形状	楔形	仰韶黄杏	*P. armeniaca* 'Yangshaohuang xing'	1	PQ	（＊）
			钝圆形	骆驼黄	*P. armeniaca* 'Luotuohuang'	2		（＋）
			平圆形	红金臻	*P. armeniaca* 'Hongjinzhen'	3		
			心形	黄甜核	*P. armeniaca* 'Huangtianhe'	4		
11	VG	叶片：尖端夹角	锐角	骆驼黄	*P. armeniaca* 'Luotuohuang'	1	QN	（＊）
			直角	Canino	*P. armeniaca* 'Canino'	2		（＋）
			中等钝角	仰韶黄杏	*P. armeniaca* 'Yangshaohuang xing'	3		
			大钝角	Hargrand	*P. armeniaca* 'Hargrand'	4		
12	VG	叶片：叶尖长度	无或很短	红金臻	*P. armeniaca* 'Hongjinzhen'	1	QN	（＊）
			短	北安河大黄杏	*P. armeniaca* 'Beianhedahuang xing'	3		
			中	串枝红	*P. armeniaca* 'Chuanzhihong'	5		
			长	白玉扁	*P. armeniaca* 'Baiyubian'	7		
13	VG	叶片：叶缘锯齿	圆锯齿			1	PQ	（＊）
			双圆锯齿			2		（＋）
			尖锯齿			3		
			双尖锯齿			4		
14	VG	叶片：叶缘起伏	弱	崂山红杏	*P. armeniaca* 'Laoshanhong xing'	3	QN	（＊）
			中	白阿克西米西	*P. armeniaca* 'Baiakeximixi'	5		
			强	豫早冠	*P. armeniaca* 'Yuzaoguan'	7		
15	MS	叶片：叶柄长度	短	红玉杏	*P. armeniaca* 'Hongyu xing'	3	QN	（＊）
			中	串枝红	*P. armeniaca* 'Chuanzhihong'	5		
			长	红金臻	*P. armeniaca* 'Hongjinzhen'	7		

（续表）

序号	测试方法	性状特征	性状特征描述	标准品种 中文名	标准品种 学名	代码	性状特征性质	性状特征类型
16	MS	叶片：叶片长/叶柄长	小	红金臻	*P. armeniaca* 'Hongjinzhen'	3		
			中	串枝红	*P. armeniaca* 'Chuanzhihong'	5	QN	
			大	山黄杏	*P. armeniaca* 'Shanhuang xing'	7		
17	MG	叶片：叶柄蜜腺数	无或1个	骆驼黄	*P. armeniaca* 'Luotuohuang'	1		
			2个~3个	红金臻	*P. armeniaca* 'Hongjinzhen'	2	QL	（*）
			多于3个	熊岳大扁杏	*P. armeniaca* 'Xiongyuedabian xing'	3		
18	VG	花：瓣型	单瓣	骆驼黄	*P. armeniaca* 'Luotuohuang'	1	QL	（*）
			重瓣	陕梅杏	*P. armeniaca* 'Shanmei xing'	9		
19	MSᵉ	花：花径	小	Portici	*P. armeniaca* 'Portici'	3		
			中	Polonais	*P. armeniaca* 'Polonais'	5	QN	（*）
			大	Hargrand	*P. armeniaca* 'Hargrand'	7		
20	VG	花：花瓣下部颜色	白	骆驼黄	*P. armeniaca* 'Luotuohuang'	1		
			浅粉红	蜜陀罗	*P. armeniaca* 'Mituoluo'	2	PQ	
			深粉红	菜籽黄杏	*P. armeniaca* 'Caizihuang xing'	3		
21	MGᵈ	果实：大小	极小	小白杏	*P. armeniaca* 'Xiaobai xing'	1		
			小	李光杏	*P. armeniaca* 'Liguang xing'	3		
			中	骆驼黄	*P. armeniaca* 'Luotuohuang'	5	QN	（*）
			大	红金臻	*P. armeniaca* 'Hongjinzhen'	7		
			极大	二转子	*P. armeniaca* 'Erzhuanzi'	9		
22	VG	果实：形状	扁圆形	青密沙	*P. armeniaca* 'Qingmisha'	1		
			圆形	骆驼黄	*P. armeniaca* 'Luotuohuang'	2		
			卵圆形	杨继元	*P. armeniaca* 'Yangjiyuan'	3		
			椭圆形	红荷包	*P. armeniaca* 'Honghebao'	4	PQ	（+）
			长圆形	辣椒杏	*P. armeniaca* 'Lajiao xing'	5		
			心脏形	葫芦杏	*P. armeniaca* 'Hulu xing'	6		
23	MG	果实：纵径	短	李光杏	*P. armeniaca* 'Liguang xing'	3		（*）
			中	骆驼黄	*P. armeniaca* 'Luotuohuang'	5	QN	（+）
			长	杨继元	*P. armeniaca* 'Yangjiyuan'	7		
24	MG	果实：侧径	窄	辣椒杏	*P. armeniaca* 'Lajiaoxing'	3		（*）
			中	骆驼黄	*P. armeniaca* 'Luotuohuang'	5	QN	（+）
			宽	红金臻	*P. armeniaca* 'Hongjinzhen'	7		
25	MG	果实：横径	窄	晚熟杏	*P. armeniaca* 'Wanshu xing'	3		（*）
			中	骆驼黄	*P. armeniaca* 'Luotuohuang'	5	QN	（+）
			宽	红金臻	*P. armeniaca* 'Hongjinzhen'	7		

序号	测试方法	性状特征	性状特征描述	标准品种		代码	性状特征性质	性状特征类型
				中文名	学名			
26	MG	果实：纵径/横径	小	山黄杏	*P. armeniaca* 'Shanhuang xing'	3	QN	
			中	骆驼黄	*P. armeniaca* 'Luotuohuang'	5		
			大	杨继元	*P. armeniaca* 'Yangjiyuan'	7		
27	MG	果实：侧径/横径	极小	龙王帽	*P. armeniaca* 'Longwangmao'	1	QN	
			小	红荷包	*P. armeniaca* 'Honghebao'	3		
			中大	骆驼黄	*P. armeniaca* 'Luotuohuang'	5		
			大	青密沙	*P. armeniaca* 'Qingmisha'	7		
			极大			9		
28	VG	果实：对称性	对称	骆驼黄	*P. armeniaca* 'Luotuohuang'	1	PQ	
			较对称	李光杏	*P. armeniaca* 'Liguang xing'	2		
			不对称	大偏头	*P. armeniaca* 'Dapiantou'	3		
29	VG	果实：缝合线深浅	平	Priboto	*P. armeniaca* 'Priboto'	1	PQ	（*）
			浅	杨继元	*P. armeniaca* 'Yangjiyuan'	2		
			中	骆驼黄	*P. armeniaca* 'Luotuohuang'	3		
			深	新世纪	*P. armeniaca* 'Xinshiji'	4		
30	VG	果实：梗洼	浅	菜籽黄	*P. armeniaca* 'Caizihuang'	3	QN	
			中	红金臻	*P. armeniaca* 'Hongjinzhen'	5		
			深	串枝红	*P. armeniaca* 'Chuanzhihong'	7		
31	VG	果实：果顶形状	尖圆	杨继元	*P. armeniaca* 'Yangjiyuan'	1	PQ	（*）
			圆凸	葫芦杏	*P. armeniaca* 'Hulu xing'	2		（+）
			平	骆驼黄	*P. armeniaca* 'Luotuohuang'	3		
			凹	菜籽黄	*P. armeniaca* 'Caizihuang'	4		
32	VG	果实：果顶尖	无			1	QL	（+）
			有			9		
33	VG	果实：果面	光滑			1	QL	
			粗糙			2		
34	VG	果实：果皮茸毛	无			1	QL	
			有			9		
35	VG	果实：果皮茸毛、无光泽	无或弱			1	QN	
			中	Harcot	*P. armeniaca* 'Harcot'	2		
			强	李光杏	*P. armeniaca* 'Liguang xing'	3		

（续表）

序号	测试方法	性状特征	性状特征描述	标准品种 中文名	学名	代码	性状特征性质	性状特征类型
36	VG	果实：果实底色	绿白 白 淡黄 黄 橙黄	马串铃 阿克西米西 青密沙 北安河大黄杏 北寨红杏	*P. armeniaca* 'Machuanling' *P. armeniaca* 'Akeximixi' *P. armeniaca* 'Qingmisha' *P. armeniaca* 'Beianhedahuang xing' *P. armeniaca* 'Beizhaihong xing'	1 2 3 4 5	PQ	（*）
37	VG	果实：果实着色面积	无或很小 小 中 大	马串铃 西农25 杨继元	*P. armeniaca* 'Machuanling' *P. armeniaca* 'Xinong 25' *P. armeniaca* 'Yangjiyuan'	1 3 5 7	QN	（*）
38	VG	果实：果实着色类型	无 粉红 红 紫	新世纪 崂山红杏 杨继元	*P. armeniaca* 'Xinshiji' *P. armeniaca* 'Laoshanhong xing' *P. armeniaca* 'Yangjiyuan'	1 2 3 4	PQ	
39	VG	果实：着色深浅	浅 中 深	大玉巴达 二花槽杏 沙金红	*P. armeniaca* 'Dayubada' *P. armeniaca* 'Erhuacao xing' *P. armeniaca* 'Shajinhong'	3 5 7	QN	
40	VG	果实：果实着色样式	斑点 片状 密布细点	菜籽黄 杨继元 房山香白	*P. armeniaca* 'Caizihuang' *P. armeniaca* 'Yangjiyuan' *P. armeniaca* 'Fangshanxiangbai'	1 2 3	PQ	
41	VG	果实：果肉颜色	绿白 白 黄绿 浅黄 黄 橙黄 橙红	银香白 阿克西米西 李光杏 青密沙 西农25 骆驼黄 红金臻	*P. armeniaca* 'Yinxiangbai' *P. armeniaca* 'Akeximixi' *P. armeniaca* 'Liguang xing' *P. armeniaca* 'Qingmisha' *P. armeniaca* 'Xinong 25' *P. armeniaca* 'Luotuohuang' *P. armeniaca* 'Hongjinzhen'	1 2 3 4 5 6 7	PQ	（*）
42	VG	果实：果肉质地	细腻 中 粗糙	青密沙 蜜陀罗 马串铃	*P. armeniaca* 'Qingmisha' *P. armeniaca* 'Mituoluo' *P. armeniaca* 'Machuanling'	3 5 7	QN	
43	VG	果实：果肉纤维	少 中 多	青密沙 蜜陀罗 东宁1号	*P. armeniaca* 'Qingmisha' *P. armeniaca* 'Mituoluo' *P. armeniaca* 'Dongning1'	3 5 7	QN	

（续表）

序号	测试方法	性状特征	性状特征描述	标准品种		代码	性状特征性质	性状特征类型
				中文名	学名			
44	MG[h]	果实：果实硬度	很软	Viceroy	P. armeniaca 'Viceroy'	1	QN	
			软	骆驼黄	P. armeniaca 'Luotuohuang'	3		
			中	山黄杏	P. armeniaca 'Shanhuang xing'	5		
			硬	串枝红	P. armeniaca 'Chuanzhihong'	7		
			很硬	Harogem	P. armeniaca 'Harogem'	9		
45	MG[e]	果实：果实重量/果核重量	小	龙王帽	P. armeniaca 'Longwangmao'	3	QN	
			中	大偏头	P. armeniaca 'Dapiantou'	5		
			大	骆驼黄	P. armeniaca 'Luotuohuang'	7		
46	MG	果实：果实香气	无或弱	骆驼黄	P. armeniaca 'Luotuohuang'	1	QN	（＊）
			中	杨继元	P. armeniaca 'Yangjiyuan'	3		
			浓	青密沙	P. armeniaca 'Qingmisha'	5		
47	VG	果实：果实汁液	少	串枝红	P. armeniaca 'Chuanzhihong'	3	QN	
			中	骆驼黄	P. armeniaca 'Luotuohuang'	5		
			多	青密沙	P. armeniaca 'Qingmisha'	7		
48	MG[f]	果实：可溶性固形物含量	少	串枝红	P. armeniaca 'Chuanzhihong'	3	QN	（＊）
			中	青密沙	P. armeniaca 'Qingmisha'	5		
			多	崂山红杏	P. armeniaca 'Laoshanhong xing'	7		
49	VG	果实：果肉与果核的粘离性	离	西农25	P. armeniaca 'Xinong 25'	3	QN	（＊）
			半离	山黄杏	P. armeniaca 'Shanhuang xing'	5		
			粘	骆驼黄	P. armeniaca 'Luotuohuang'	7		
50	VG	果核：形状	扁圆	大李光	P. armeniaca 'Daliguang'	1	PQ	（＊）（＋）
			圆	李光杏	P. armeniaca 'Liguang xing'	2		
			卵圆	骆驼黄	P. armeniaca 'Luotuohuang'	3		
			倒卵圆	葫芦杏	P. armeniaca 'Hulu xing'	4		
			椭圆	崂山红杏	P. armeniaca 'Laoshanhong xing'	5		
			长圆	辣椒杏	P. armeniaca 'Lajiao xing'	6		
51	MG	核仁：苦味	无或弱	骆驼黄	P. armeniaca 'Luotuohuang'	1	QN	（＊）
			中	大偏头	P. armeniaca 'Dapiantou'	2		
			强	Viceroy	P. armeniaca 'Viceroy'	3		
52	MS[g]	核仁：大小	极小	山黄杏	P. armeniaca 'Shanhuang xing'	1	QN	（＊）
			小	一窝蜂	P. armeniaca 'Yiwofeng'	3		
			中等	串枝红	P. armeniaca 'Chuanzhihong'	5		
			大	优1	P. armeniaca 'You 1'	7		
			极大	龙王帽	P. armeniaca 'Longwangmao'	9		

（续表）

序号	测试方法	性状特征	性状特征描述	标准品种 中文名	标准品种 学名	代码	性状特征性质	性状特征类型
53	VG	果核：核仁饱满程度	不饱满	骆驼黄	*P. armeniaca* 'Luotuohuang'	3	QN	
			中等	垂枝杏	*P. armeniaca* 'Chuizhi xing'	5		
			饱满	龙王帽	*P. armeniaca* 'Longwangmao'	7		
54	MS[h]	初花期	很早	Ninfa	*P. armeniaca* 'Ninfa'	1	QN	（＊）
			早	Harcot	*P. armeniaca* 'Harcot'	3		
			中	Portici	*P. armeniaca* 'Portici'	5		
			晚	Bergeron	*P. armeniaca* 'Bergeron'	7		
			很晚	Harglow	*P. armeniaca.* 'Harglow'	9		
55	MS[i]	果实成熟期	很早	骆驼黄	*P. armeniaca.* 'Luotuohuang'	1	QN	（＊）
			早	山黄杏	*P. armeniaca* 'Shanhuang xing'	3		
			中	西农25	*P. armeniaca.* 'Xinong 25'	5		
			晚	串枝红	*P. armeniaca* 'Chuanzhihong'	7		
			很晚	晚熟杏	*P. armeniaca* 'Wanshu xing'	9		

a 测试方法见 5.2.6.1。
b 测试方法见 5.2.6.2。
c 测试方法见 5.2.6.3。
d 测试方法见 5.2.6.4。
e 测试方法见 5.2.6.5。
f 测试方法见 5.2.6.6。
g 测试方法见 5.2.6.7。
h 测试方法见 5.2.6.8。
i 测试方法见 5.2.6.9。

A.2 性状特征图解

注：各图中出现的 1, 2, 3, 4, 5, 6 等表示的是表 A.1 中的代码，不是数字编号。

A.2.1 表 A.1 中序号 2 品种性状特征（植株：树姿）图解见图 A.1。

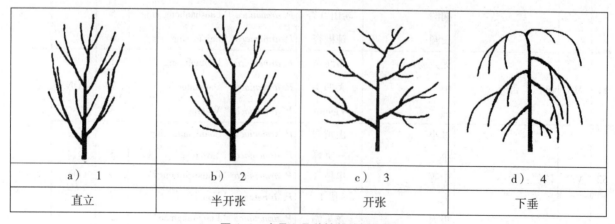

a）1	b）2	c）3	d）4
直立	半开张	开张	下垂

图 A.1 序号 2 品种性状特征图解

A.2.2 表 A.1 中序号 10 品种性状特征（叶片：叶基形状）图解见图 A.2。

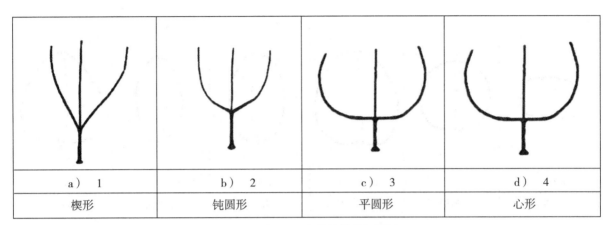

a) 1	b) 2	c) 3	d) 4
楔形	钝圆形	平圆形	心形

图 A.2　序号 10 品种性状特征图解

A.2.3 表 A.1 中序号 11 品种性状特征（叶片：尖端夹角）图解见图 A.3。

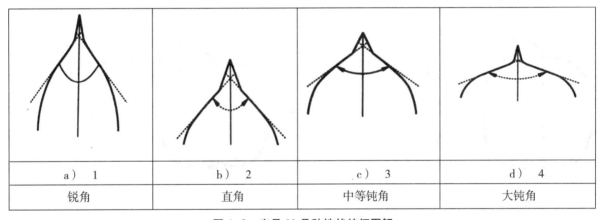

a) 1	b) 2	c) 3	d) 4
锐角	直角	中等钝角	大钝角

图 A.3　序号 11 品种性状特征图解

A.2.4 表 A.1 中序号 13 品种性状特征（叶片：叶缘锯齿）图解见图 A.4。

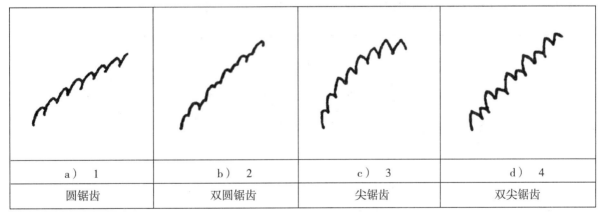

a) 1	b) 2	c) 3	d) 4
圆锯齿	双圆锯齿	尖锯齿	双尖锯齿

图 A.4　序号 13 品种性状特征图解

A.2.5 表 A.1 中序号 22 品种性状特征（果实：形状）图解见图 A.5。

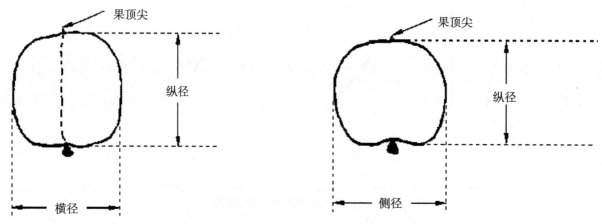

a）1	b）2	c）3	d）4	e）5	f）6
扁圆形	圆形	卵圆形	椭圆形	长圆形	心脏形

图 A.5　序号 22 品种性状特征图解

A.2.6 表 A.1 中序号 23、24、25、32 品种性状特征（果实：纵径；果实：侧径；果实：横径；果实：果顶尖）图解见 A.6。

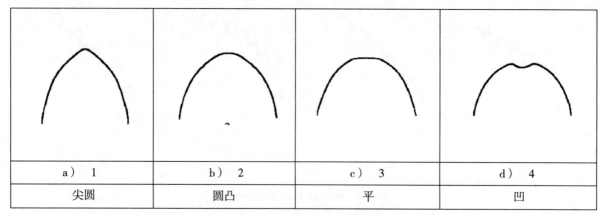

图 A.6　序号 23、24、25、32 品种性状特征图解

A.2.7 表 A.1 中序号 31 品种性状特征（果实：果顶形状）图解见图 A.7。

a）1	b）2	c）3	d）4
尖圆	圆凸	平	凹

图 A.7　序号 31 品种性状特征图解

A.2.8 表 A.1 序号中 50 品种性状特征（果核：形状）图解见图 A.8。

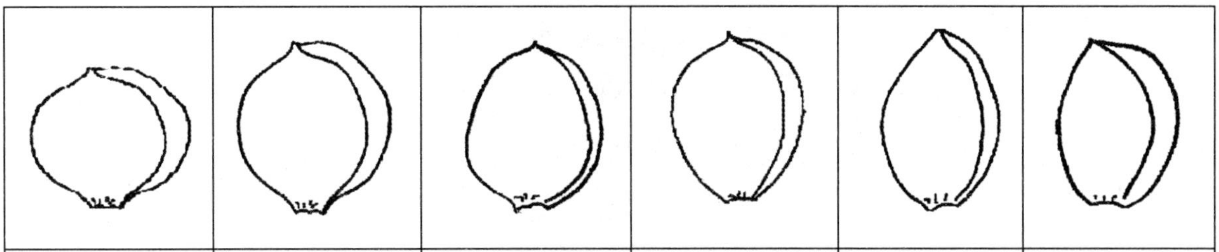

a） 1	b） 2	c） 3	d） 4	e） 5	f） 6
扁圆	圆形	卵圆形	倒卵圆形	椭圆形	长圆形

图 A.8 序号 50 品种性状特征图解

附录 B
（资料性附录）
技术问卷

编号（申请者不必填写）

1 申请注册的品种名称（请注明中文名和学名）：

2 申请人信息
申请人： 共同申请人：
地址：
邮政编码： 电话： 传真： 电子邮箱：

3 品种起源
品种发现者： 发现日期： 育种者： 育种时间：
杂交选育：♀（母本）＿＿＿＿＿＿＿＿ × ♂（父本）＿＿＿＿＿＿＿＿
实生选育：♀（母本）＿＿＿＿＿＿＿＿
其他育种途径：
选育种过程摘要：

4 主要特征（第1栏括弧中的数字为附录 A 中表 A.1 中性状特征序号，请在相符合的特征代码后的［ ］中划"√"）

4.1（21）	果实：大小	1 极小 [ ]　3 小 [ ]　5 中 [ ]　7 大 [ ]　9 极大 [ ]
4.2（36）	果实：底色	1 绿白 [ ]　2 白 [ ]　3 淡黄 [ ]　4 黄 [ ]　5 橙黄 [ ]
4.3（37）	果实：着色面积	1 无或很小 [ ]　3 小 [ ]　5 中 [ ]　7 大 [ ]
4.4（41）	果实：果肉颜色	1 绿白 [ ]　2 白 [ ]　3 黄绿 [ ]　4 浅黄 [ ]　5 黄 [ ]　6 橙黄 [ ]　7 橙红 [ ]
4.5（52）	核仁：大小	1 极小 [ ]　3 小 [ ]　5 中等 [ ]　7 大 [ ]　9 极大 [ ]
4.6（55）	果实成熟期	1 很早 [ ]　3 早 [ ]　5 中 [ ]　7 晚 [ ]　9 很晚 [ ]

5 相似品种比较信息
与该品种相似的品种名称：
与相似品种的典型差异：

6 品种特征综述（按照附录 A 中表 A.1 的内容详细描述）

7 附加信息（能够区分品种的性状特征等）

7.1 抗逆性和适应性（抗旱、抗寒、耐涝、抗盐碱、抗病虫害等特性）：

7.2 繁殖要点：

7.3 栽培管理要点：

7.4 其他信息：

8 测试要求（该品种测试所需特殊条件等）

9 有助于辨别申请品种的其他信息

*上述表格各条款与留空格不足时可另附 A4 纸补充说明。

申请者签名：_____日期：_____年_____月_____日

ICS 67. 160. 20
X 50

GB

中 华 人 民 共 和 国 国 家 标 准

GB/T 31121—2014

果蔬汁类及其饮料

Fruit & vegetable juices and fruit & vegetable beverage（nectars）

2014－09－03发布   2015－06－01实施

中华人民共和国国家质量监督检验检疫总局
中 国 国 家 标 准 化 管 理 委 员 会   发布

前　言

本标准按照 GB/T 1.1—2009 给出的规则起草。

本标准由中国轻工业联合会提出。

本标准由全国饮料标准化技术委员会（SAC/TC 472）归口。

本标准起草单位：中国饮料工业协会技术工作委员会、北京汇源饮料食品集团有限公司、杭州娃哈哈集团有限公司、农夫山泉股份有限公司、百事亚洲研发中心有限公司、统一企业（中国）投资有限公司、康师傅饮品投资（中国）有限公司、可口可乐饮料（上海）有限公司、烟台北方安德利果汁股份有限公司。

本标准主要起草人：王金玉、杨永兰、李绍振、翟鹏贵、周力、程缅、黄莹萍、刘元、沈康克、曲昆生。

果蔬汁类及其饮料

1 范围

本标准规定了果蔬汁类及其饮料的术语和定义、分类、技术要求、试验方法、检验规则和标志、包装、运输、贮存。

本标准适用于以水果和（或）蔬菜（包括可食的根、茎、叶、花、果实）等为原料，经加工或发酵制成的液体饮料。

2 规范性引用文件

下列文件对于本文件的应用是必不可少的。凡是注日期的引用文件，仅所注日期的版本适用于本文件。凡是不注日期的引用文件，其最新版本（包括所有的修改单）适用于本文件。

GB 2760 食品安全国家标准 食品添加剂使用标准

GB 7718 食品安全国家标准 预包装食品标签通则

GB/T 12143 饮料通用分析方法

GB 14880 食品安全国家标准 食品营养强化剂使用标准

GB 28050 食品安全国家标准 预包装食品营养标签通则

3 术语和定义

下列术语和定义适用于本文件。

3.1 水浸提 water extracted

以不宜采用机械方法直接制取汁液、浆液的干制或含水量较低的水果或蔬菜为原料，直接采用水浸泡提取汁液或经水浸泡后采用机械方法制取汁液、浆液的工艺。

4 分类

4.1 果蔬汁（浆）

以水果或蔬菜为原料，采用物理方法（机械方法、水浸提等）制成的可发酵但未发酵的汁液、浆液制品；或在浓缩果蔬汁（浆）中加入其加工过程中除去的等量水分复原制成的汁液、浆液制品。

可使用糖（包括食糖和淀粉糖）或酸味剂或食盐调整果蔬汁（浆）的口感，但不得同时使用糖（包括食糖和淀粉糖）和酸味剂，调整果蔬汁（浆）的口感。

可回添香气物质和挥发性风味成分，但这些物质或成分的获取方式必须采用物理方法，且只能来源于同一种水果或蔬菜。

106

可添加通过物理方法从同一种水果和（或）蔬菜中获得的纤维、囊胞（来源于柑橘属水果）、果粒、蔬菜粒。

只回添通过物理方法从同一种水果或蔬菜获得的香气物质和挥发性风味成分，和（或）通过物理方法从同一种水果和（或）蔬菜中获得的纤维、囊胞（来源于柑橘属水果）、果粒、蔬菜粒，不添加其他物质的产品可声称100%。

4.1.1 原榨果汁（非复原果汁）

以水果为原料，采用机械方法直接制成的可发酵但未发酵的、未经浓缩的汁液制品。

采用非热处理方式加工或巴氏杀菌制成的原榨果汁（非复原果汁）可称为鲜榨果汁。

4.1.2 果汁（复原果汁）

在浓缩果汁中加入其加工过程中除去的等量水分复原而成的制品。

4.1.3 蔬菜汁

以蔬菜为原料，采用物理方法制成的可发酵但未发酵的汁液制品，或在浓缩蔬菜汁中加入其加工过程中除去的等量水分复原而成的制品。

4.1.4 果浆/蔬菜浆

以水果或蔬菜为原料，采用物理方法制成的可发酵但未发酵的浆液制品，或在浓缩果浆或浓缩蔬菜浆中加入其加工过程中除去的等量水分复原而成的制品。

4.1.5 复合果蔬汁（浆）

含有不少于两种果汁（浆）或蔬菜汁（浆）、或果汁（浆）和蔬菜汁（浆）的制品。

4.2 浓缩果蔬汁（浆）

以水果或蔬菜为原料，从采用物理方法制取的果汁（浆）或蔬菜汁（浆）中除去一定量的水分制成的、加入其加工过程中除去的等量水分复原后具有果汁（浆）或蔬菜汁（浆）应有特征的制品。

可回添香气物质和挥发性风味成分，但这些物质或成分的获取方式必须采用物理方法，且只能来源于同一种水果或蔬菜。

可添加通过物理方法从同一种水果和（或）蔬菜中获得的纤维、囊胞（来源于柑橘属水果）、果粒、蔬菜粒。

含有不少于两种浓缩果汁（浆）、或浓缩蔬菜汁（浆）、或浓缩果汁（浆）和浓缩蔬菜汁（浆）的制品为浓缩复合果蔬汁（浆）。

4.3 果蔬汁（浆）类饮料

以果蔬汁（浆）、浓缩果蔬汁（浆）、水为原料，添加或不添加其他食品原辅料和（或）食品添加剂，经加工制成的制品。

可添加通过物理方法从水果和（或）蔬菜中获得的纤维、囊胞（来源于柑橘属水果）、果粒、蔬菜粒。

4.3.1 果蔬汁饮料

以果汁（浆）、浓缩果汁（浆）或蔬菜汁（浆）、浓缩蔬菜汁（浆）、水为原料，添加或不添加其他食品原辅料和（或）食品添加剂，经加工制成的制品。

4.3.2 果肉（浆）饮料

以果浆、浓缩果浆、水为原料，添加或不添加果汁、浓缩果汁、其他食品原辅料和（或）食品添加剂，经加工制成的制品。

4.3.3 复合果蔬汁饮料

以不少于两种果汁（浆）、浓缩果汁（浆）、蔬菜汁（浆）、浓缩蔬菜汁（浆）、水为原料，添加或不添加其他食品原辅料和（或）食品添加剂，经加工制成的制品。

4.3.4 果蔬汁饮料浓浆

以果汁（浆）、蔬菜汁（浆）、浓缩果汁（浆）或浓缩蔬菜汁（浆）中的一种或几种、水为原料，添加或不添加其他食品原辅料和（或）食品添加剂，经加工制成的，按一定比例用水稀释后方可饮用的制品。

4.3.5 发酵果蔬汁饮料

以水果或蔬菜、或果蔬汁（浆）、或浓缩果蔬汁（浆）经发酵后制成的汁液、水为原料，添加或不添加其他食品原辅料和（或）食品添加剂的制品。如苹果、橙、山楂、枣等经发酵后制成的饮料。

4.3.6 水果饮料

以果汁（浆）、浓缩果汁（浆）、水为原料，添加或不添加其他食品原辅料和（或）食品添加剂，经加工制成的果汁含量较低的制品。

注：果蔬汁类及其饮料分类的英文名称可参照附录 A 中的表 A.1。

5 技术要求

5.1 原辅料要求

5.1.1 原料应新鲜、完好，并符合相关法规和国家标准等。可使用物理方法保藏的，或采用国家标准及有关法规允许的适当方法（包括采后表面处理方法）维持完好状态的水果、蔬菜或干制水果、蔬菜。

5.1.2 其他原辅料应符合相关法规和国家标准等。

5.2 感官要求

应符合表 1 的规定。

表 1　　　　　　　　　　　　　　　　感官要求

项　目	要　求
色泽	具有所标示的该种（或几种）水果、蔬菜制成的汁液（浆）相符的色泽，或具有与添加成分相符的色泽
滋味和气味	具有所标示的该种（或几种）水果、蔬菜制成的汁液（浆）应有的滋味和气味，或具有与添加成分相符的滋味和气味；无异味
组织状态	无外来杂质

5.3 理化要求

应符合表 2 的规定。

表2   理化要求

产品类别	项目	指标或要求	备注
果蔬汁（浆）	果汁（浆）或蔬菜汁（浆）含量（质量分数）/%	100	至少符合一项要求
	可溶性固形物含量/%	符合附录B中表B.1和表B.2的要求	
浓缩果蔬汁（浆）	可溶性固形物的含量与原汁（浆）的可溶性固形物含量之比　　　　　　　　≥	2	—
果汁饮料复合果蔬汁（浆）饮料	果汁（浆）或蔬菜汁（浆）含量（质量数）/% ≥	10	—
蔬菜汁饮料	蔬菜汁（浆）含量（质量分数）/% ≥	5	—
果肉（浆）饮料	果浆含量（质量分数）/% ≥	20	—
果蔬汁饮料浓浆	果汁（浆）或蔬菜汁（浆）含量（质量分数）/% ≥	10（按标签标示的稀释倍数稀释后）	—
发酵果蔬汁饮料	经发酵后的液体的添加量折合成果蔬汁（浆）（质量分数）/% ≥	5	—
水果饮料	果汁（浆）含量（质量分数）/%	≥5且＜10	—

注1：可溶性固形物含量不含添加糖（包括食糖、淀粉糖）、蜂蜜等带入的可溶性固形物含量。
注2：果蔬汁（浆）含量没有检测方法的，按原始配料计算得出。
注3：复合果蔬汁（浆）可溶性固形物含量可通过调兑时使用的单一品种果汁（浆）和蔬菜汁（浆）的指标要求计算得出。

5.4　食品安全要求

5.4.1　食品添加剂和食品营养强化剂要求
应符合 GB 2760 和 GB 14880 的规定。
5.4.2　其他食品安全要求
应符合相应的食品安全国家标准。

6　试验方法

6.1　样品准备

浓缩果蔬汁（浆）和果蔬汁饮料浓浆产品，应按标签标示的使用或食用方法或稀释倍数加以稀释后进行检验，其中浓缩果蔬汁（浆）的可溶性固形物测定无须稀释；其他直接饮用的产品可直接进行检验。

6.2　感官检验

取约50mL混合均匀的被测样品于无色透明的容器中，置于明亮处，观察其组织状态及色泽，并在室温下，嗅其气味，品尝其滋味。

6.3 理化检验

6.3.1 可溶性固形物

按 GB/T 12143 规定的方法进行检验。

6.3.2 橙、柑、桔汁及其饮料中的果汁含量

按 GB/T 12143 规定的方法进行检验。

6.3.3 其他果蔬汁（浆）及其饮料中的果蔬汁（浆）含量

按照原始配料计算，其他果蔬汁（浆）及其饮料中的果蔬汁（浆）含量的计算见式（1）：

$$P = \left[(W \times T_k) / (1\,000 \times S_L \times T_d) \right] \times 100\% \quad\cdots\cdots\cdots\cdots\cdots\cdots (1)$$

式中：

P——终产品所需的果蔬汁（浆）含量质量分数,%；

W——饮料中浓缩果蔬汁（浆）的添加量，单位为克每升（g/L）；

T_k——浓缩果蔬汁（浆）的可溶性固形物含量（以白利糖度计）,°Brix；

S_L——终饮料产品的比重，单位为千克每升（kg/L）；

T_d——单一果蔬汁（浆）的可溶性固形物含量（以白利糖度计）,°Brix。

7 检验规则

7.1 组批

由生产企业的质量管理部门按照其相应的规则确定产品的批次。

7.2 出厂检验

每批产品出厂时，除对感官要求进行检验外，还应对菌落总数、大肠菌群进行检验。

注：按照商业无菌要求进行质量管理的产品，也可选择进行菌落总数和大肠菌群的出厂检验。

7.3 型式检验

7.3.1 型式检验项目：本标准 5.2 ~ 5.4 规定的全部项目。

7.3.2 一般情况下，每年需要对产品进行一次型式检验。发生下列情况之一时，应进行型式检验。

——原料、工艺发生较大变化时；

——停产后重新恢复生产时；

——出厂检验结果与平常记录有较大差别时。

7.4 判定规则

7.4.1 检验结果全部合格时，判定整批产品合格。若有三项以上（含三项）不符合本标准，直接判定整批产品为不合格品。

7.4.2 检验结果中有不超过两项（含两项）不符合本标准时，可在同批产品中加倍抽样进行复检，以复检结果为准。若复检结果仍有一项不符合本标准，则判定整批产品为不合格品。

7.4.3 当供需双方对检验结果有异议时，可由有关各方协商解决，或委托有关单位进行仲裁检验。出口产品按合同执行。

8 标志、包装、运输、贮存

8.1 标签和声称

预包装产品标签除应符合 GB 7718、GB 28050 的有关规定外，还应符合下列要求：

a）加糖（包括食糖和淀粉糖）的果蔬汁（浆）产品，应在产品名称［如××果汁（浆）］的邻近部位清晰地标明"加糖"字样。

b）果蔬汁（浆）类饮料产品，应显著标明（原）果汁（浆）总含量或（原）蔬菜汁（浆）总含量，标示位置应在"营养成分表"附近位置或与产品名称在包装物或容器的同一展示版面。

c）果蔬汁（浆）的标示规定：只有符合"声称100%"要求的产品才可以在标签的任意部位标示"100%"，否则只能在"营养成分表"附近位置标示"果蔬汁含量：100%"。

d）若产品中添加了纤维、囊胞、果粒、蔬菜粒等，应将所含（原）果蔬汁（浆）及添加物的总含量合并标示，并在后面以括号形式标示其中添加物（纤维、囊胞、果粒、蔬菜粒等）的添加量。例如某果汁饮料的果汁含量为10%，添加果粒5%，应标示为：果汁总含量为15%（其中果粒添加量为5%）。

8.2 包装

产品包装应符合相关的食品安全国家标准和有关规定，外包装箱内不应使用过度的隔板。

8.3 运输和贮存

8.3.1 产品在运输过程中应避免日晒、雨淋、重压；需冷链运输贮藏的产品，应符合产品标示的贮运条件。

8.3.2 不应与有毒、有害、有异味、易挥发、易腐蚀的物品混装、运输或贮存。

8.3.3 应在清洁、避光、干燥、通风、无虫害、无鼠害的仓库内贮存。

8.3.4 产品的封口部位不应长时间浸泡在水中，以防止造成污染。

附录 A
（资料性附录）
果蔬汁类及其饮料分类名称中英文对照表

表 A.1　　　　　　　　　　　果蔬汁类及其饮料分类名称中英文对照表

分类中文名称	分类英文名称
果蔬汁（浆）	fruit & vegetable juice（puree）
原榨果汁（非复原果汁）	not from concentrated fruit juice
果汁（复原果汁）	fruit juice（fruit juice from concentrated）
蔬菜汁	vegetable juice
果浆/蔬菜浆	fruit puree & vegetable puree
复合果蔬汁（浆）	blended fruit & vegetable juice（puree）
浓缩果蔬汁（浆）	concentrated fruit & vegetable juice（puree）
果蔬汁（浆）类饮料	fruit & vegetable juice（puree）beverage
果蔬汁饮料	fruit & vegetable juice beverage
果肉（浆）饮料	fruit nectar
复合果蔬汁饮料	blended fruit & vegetable juice beverage
果蔬汁饮料浓浆	concentrated fruit & vegetable juice beverage
发酵果蔬汁饮料	fermented fruit & vegetable juice beverage
水果饮料	fruit beverage

附录 B
（规范性附录）
复原果蔬汁和复原果蔬浆的最小可溶性固形物要求

表 B.1   20℃下复原果汁和复原果浆的最小可溶性固形物要求

植物学拉丁名	水果中文俗名/英文名	可溶性固形物（以°Brix 计）
Actinidia deliciosa （A. Chev.） C. F. Liang & A. R. Fergoson	猕猴桃/Kiwifruit	8.0
Ananas comosus （L.） Merrill Ananas sativis L. Schult. f.	菠萝/Pineapple	10.0
Averrhoa carambola L.	杨桃/Starfruit	7.5
Carica papaya L.	番木瓜（木瓜）/Papaya	9.0
Citrullus lanatus （Thunb.） Matsum. & Nakai var. Lanatus	西瓜/Watermelon	8.0
Citrus aurantifolia （Christm.） Swingle	来檬（青柠）/Lime	5.0
Citrus aurantium L.	酸橙[a]/Sour Orange	—
Citrus limon （L.） Burm. f. Citrus limonum Rissa	柠檬/Lemon	5.0[b]
Citrus limon （L.） Burm. f. X Fortunella Swingle	卡曼橘/Calamansi	8.0
Citrus paradisi Macfad	葡萄柚（西柚）/Grapefruit	10.0
Citrus reticulata	柑/Mandarin	11.2
Citrus reticulata Blanca	橘/Tangerine	10.0
Citrus sinensis （L.）	甜橙/Sweet Orange	10.0
Citrus sinensis （L.）	纽荷尔脐橙/Newhall Navel Orange	11.2
Citrus sinensis （L.）	哈姆林甜橙/Hamlin Sweet Orange	9.5
Cocos nucifera L.	椰子水/Coconut	5.0
Crataegus pinnatifida	山楂/Hawthorn	7.5
Cucumis melo Inodorus	卡斯巴甜瓜/Casaba Melon	7.5
Cucumis melo Inodorus	蜜瓜/Honeydew Melon	10.0
Cucumis melo L.	甜瓜/Melon	8.0
Cucumis melo var. saccharinus	哈密瓜/Hami Melon	10.0
Dimocarpus longgana Lour.	龙眼[a]（桂圆）/Longan	—
Diospyros khaki Thunb.	柿子[a]/Persimmon	—
Eribotrya japonesa	枇杷[a]/Loquat	—
Ficus carica L.	无花果/Fig	18.0

（续表）

植物学拉丁名	水果中文俗名/英文名	可溶性固形物（以°Brix 计）
Fortunella swingle sp.	金橘/Kumquat	8.0
Fragaria x. ananassa Duchense（Fragaria chiloensis Duchesne x Fragaria virginiana Duchesne）	草莓/Strawberry	6.3
Fructus Tamarindi Indicae Tamarindus indica L.	酸角[a]（酸豆）/Tamarind Pulp	—
Hippophae elaeguacae	沙棘/Sea Buckthorn	10.0
Hylocereus undatus	火龙果[a]/Dragon fruit	—
Litchi chinensis Sonn.	荔枝/Litchi/Lychee	11.2
Lycium chinense	枸杞[a]/Medlar	—
Malpighia punicifolia L. or Malpighia glabra L.	西印度针叶樱桃/Acerola	8.0
Malus domestica Borkh.	苹果/Apple	10.0
Malus prunifolia（Willd.）Borkh. Malus sylvestris Mill.	海棠果/Crab Apple	15.4
Mammea americana L.	曼密苹果[a]（牛油果）/American Mammea	—
Mangifera indica L.	芒果[a]/Mango	—
Morus sp.	桑葚/Mulberry	10.5
Musa species including M. acuminata and M. paradisiaca but excluding other plantains	香蕉/Banana	17.0
Myrica rubra（Lour.）Seb. et Zucc.	杨梅/Chinese Bayberry, Chinese Waxmyrtle	6.0
Pasiflora edulis Sims. f. edulus Passiflora edulis Sims. f. Flavicarpa O. Def.	西番莲（百香果）/Passion Fruit	12.0
Prunus armeniaca L.	杏/Apricot	11.5
Prunus cerasifera	樱桃李/Cherry Plum	10.0
Prunus cerasus L.	黑樱桃/Morello cherry	13.0
Prunus Domestica L.	西梅/Prune	12.0
Prunus domestica L. subsp. Domestica	李/Plum	12.0
Prunus mume	梅（酸梅、乌梅）/Mei（Mune）；Japanese apricot	6.0
Prunus persica（L.）Batsch var. nucipersica（Suckow）c. K. Schneid.	油桃/Nectarine	10.5
Prunus persica（L.）Batsch var. persica	桃/Peach	9.0
Prunus pseudocerasus	樱桃/Cherry	8.0
Psidium guajava L.	番石榴/Guava	8.0

（续表）

植物学拉丁名	水果中文俗名/英文名	可溶性固形物（以°Brix 计）
Punica granatum L.	石榴/Pomegranate	12.0 根据产区不同，要求不同： 枣庄石榴 13.0 陕西石榴 14.8
Pyrus communis L.	梨/Pear	10.0
Ribes nigrum L.	黑加仑/Black Currant	10.5
Rubus fruitcosus L.	黑莓/Blackberry	9.0
Rubus idaeus L. Rubus strigosus Michx.	红覆盆子（山莓、树莓、红悬钩子）/Red Raspberry	8.0
Rubus occidentalis L.	黑覆盆子（黑悬钩子、黑树莓）/Black Raspberry	10.0
Saccharum	甘蔗/Sugar Cane	12.0
Sanbucus nigra L.	接骨木莓/Elderberry	10.5
Solanum muricatum	人参果[a]/Sapodilla	—
Vatica astrotricha Hance	青梅/Stellatehair Vatica	6.0
Vaccinium bracteatum Thunb.	乌饭果（南烛）/Bilberry/Oriental Blueberry	11.0
Vaccinium macrocarpon Aiton Vaccinium oxy – coccos L.	蔓越莓/Cranberry	7.0
Vaccinium myrtillus L. Vaccinium corymbosum L. Vaccinium angustifolium	蓝莓/Bilberry/Blueberry	10.0
Vaccinium vitis – idaea L.	越桔/Lingonberry	10.0
Vitis Vinifera L. or hybrids thereof Vitis Labrusca or hybrids thereof	葡萄/Grape	11.0
Vitis vinifera subsp. vinifera	葡萄干用葡萄/Raisin Grape	16.0
Ziziphus jujuba var. spinosa（Bunge）Hu	酸枣/Spine Date	8.0
Ziziphus zizyphus	枣/Jujube（Chinese date）	14.0

注：本表未列出国内外的全部水果品种，未列入品种按相关标准或规定执行。

[a] 无数据。复原果汁的最小可溶性固形物应以生产浓缩果汁的水果的可溶性固形物表示。

[b] 柠檬也可以柠檬酸计，柠檬酸含量≥4.0%。

表 B.2　　　　　　　20℃下复原蔬菜汁和复原蔬菜浆的最小可溶性固形物要求

植物学拉丁名	蔬菜中文俗名/英文名	可溶性固形物（以°Brix 计）
Allium cepa L.	洋葱/Onion	7.0
Allium porrum L.	韭葱/Leek	8.0
Allium sativum L.	大蒜/Galic	3.5

（续表）

植物学拉丁名	蔬菜中文俗名/英文名	可溶性固形物（以°Brix 计）
Apium graveolens L. var rapaceum	块根芹/Celeriac	5.0
Apium graveolens L. var. dulce	芹菜/Celery	5.0
Asparagus officinalis L.	芦笋/Asparagus	4.0
Benincasa hispida Cogn.	冬瓜/Fat melon	2.0
Beta vulgaris L.	红甜菜ᵃ/Red beet	—
Brassica oleracea L.	甘蓝/Cabbage	8.0
Brassica oleracea L. var. cymosa	西兰花/Broccoli	6.0
Brassica oleracea L. var. capitata L.	紫甘蓝/Purple cabbage	8.0
Brassica oleracea var. botrytis	花椰菜/Cauliflower	5.0
Brassica Oleracea var. acephala f. tricolor.	羽衣甘蓝/Kale	10.0
Caspicum annuum L.	红甜椒/Red pepper	7.5
Caspicum annuum L.	绿甜椒/Green pepper	5.0
Caspicum annuum L.	黄甜椒/Yellow pepper	7.0
Cucumis sativus L.	黄瓜/Cucumber	3.5
Cucurbita maxima duschesne L.	南瓜/Pumpkin	7.0
Cucurbita pepo L.	西葫芦/Zucchini	4.0
Daucus carota L.	胡萝卜/Carrot	5.0
Daucus carota L.	紫胡萝卜/Purple carrot	7.5
Eleocharis dulcis	荸荠（马蹄）/Water-chestnuts	9.0
Ipomoea batatas Lam	甘薯/Sweet Potato	12.0
Lactuca satiua L.	莴苣/Lettuce	3.0
Lycopersicum esculentum L.	番茄/Tomato	4.5
Spinacia oleracea L.	菠菜/Spinach	5.0
Zingiber officinale Roscoe	生姜ᵃ/Ginger	—

注：本表未列出国内外的全部蔬菜品种，未列入品种按相关标准或规定执行。

ᵃ 无数据。复原蔬菜汁的最小可溶性固形物应以生产浓缩蔬菜汁的蔬菜的可溶性固形物表示。

GB/T 31121—2014《果蔬汁类及其饮料》
国家标准第 1 号修改单

（本修改单经国家标准化管理委员会于 2018 年 9 月 17 日批准，自 2019 年 10 月 1 日起实施。）

一、将 4.1.1 原榨果汁（非复原果汁）和 4.1.2 果汁（复原果汁）修改为：

4.1.1　果汁

以水果为原料，采用物理方法制成的可发酵但未发酵的汁液制品，或在浓缩果汁中加入其加工过程中除去的等量水分复原而成的制品。

4.1.1.1　原榨果汁（非复原果汁）

以水果为原料，通过机械方法直接制成的为原榨果汁即非复原果汁，其中采用非热处理方式加工或巴氏杀菌制成的原榨果汁为鲜榨果汁。

4.1.1.2　复原果汁

在浓缩果汁中加入其加工过程中除去的等量水分复原而成的为复原果汁。

二、将附录 A 中表 A.1 原榨果汁（非复原果汁）和果汁（复原果汁）的分类中文名称和分类英文名称修改为：

分类中文名称	分类英文名称
果汁 ——原榨果汁（非复原果汁） ——鲜榨果汁 ——复原果汁	Fruit juice ——not from concentrated fruit juice ——fresh fruit juice ——fresh fruit from concentrated

ICS 71. 100. 40

Y 43

GB

中 华 人 民 共 和 国 国 家 标 准

GB/T 24691—2009

果蔬清洗剂

Cleaning agent for fruit and vegetable

2009－11－30 发布　　　　　　　　2010－05－01 实施

中华人民共和国国家质量监督检验检疫总局
中国国家标准化管理委员会　发 布

前　言

本标准的附录 A、附录 B、附录 C、附录 D、附录 E、附录 F 为规范性附录。

本标准由中国轻工业联合会提出。

本标准由全国食品用洗涤消毒产品标准化技术委员会归口。

本标准起草单位：西安开米股份有限公司、广州蓝月亮实业有限公司、国家洗涤用品质量监督检验中心（太原）、北京绿伞化学股份有限公司、广州立白企业集团有限公司、安利（中国）日用品有限公司。

本标准主要起草人：于文、张宝莲、何琼、赵新宇、金玉华、周炬、强鹏涛。

果蔬清洗剂

1 范围

本标准规定了果蔬清洗剂产品的技术要求、试验方法、检验规则和标志、包装、运输、贮存要求。本标准适用于主要以表面活性剂和助剂等配制而成，用于清洗水果和蔬菜的洗涤剂。

2 规范性引用文件

下列文件中的条款通过本标准的引用而成为本标准的条款。凡是注日期的引用文件，其随后所有的修改单（不包括勘误的内容）或修订版均不适用于本标准，然而，鼓励根据本标准达成协议的各方研究是否可使用这些文件的最新版本。凡是不注日期的引用文件，其最新版本适用于本标准。

GB/T 4789.2 食品卫生微生物学检验 菌落总数测定

GB/T 4789.3 食品卫生微生物学检验 大肠菌群计数

GB/T 6368 表面活性剂 水溶液 pH 值测定 电位法（GB/T 6368—2008，ISO 4316：1977，IDT）

GB 9985—2000 手洗餐具用洗涤剂

GB/T 13173—2008 表面活性剂 洗涤剂试验方法

GB 14930.1 食品工具、设备用洗涤剂卫生标准

GB/T 15818 表面活性剂生物降解度试验方法

QB/T 2951 洗涤用品检验规则

QB/T 2952 洗涤用品标识和包装要求

JJF 1070 定量包装商品净含量计量检验规则

《定量包装商品计量监督管理办法》国家质量监督检验检疫总局令〔2005〕第 75 号

3 要求

3.1 材料要求

果蔬清洗剂产品配方中所用表面活性剂的生物降解度应不低于 90%；所用材料应使果蔬清洗剂产品配方的急性经口毒性 LD_{50} 大于 5 000mg/kg；所用防腐剂、着色剂、香精应符合 GB 14930.1 中相关的使用规定。

3.2 感官指标

3.2.1 外观：液体产品不分层，无悬浮物或沉淀；粉状产品均匀无杂质，不结块。

3.2.2 气味：无异味，符合规定香型。

3.2.3 稳定性（液体产品）：于 –5℃±2℃的冰箱中放置 24h，取出恢复至室温时观察，无沉淀

和变色现象，透明产品不浑浊；40℃±1℃的保温箱中放置24h，取出恢复至室温时观察，无异味，无分层和变色现象，透明产品不混浊。

注：稳定性是指样品经过测试后，外观前后无明显变化。

3.3 理化指标

果蔬清洗剂的理化指标应符合表1规定。

表1 果蔬清洗剂的理化指标

项目		指标
总活性物含量/%	≥	10
pH值（25℃，1：10水溶液）		6.0～10.5
甲醇含量/（mg/kg）	≤	1 000
甲醛含量/（mg/kg）	≤	100
砷含量（1%溶液中以砷计）/（mg/kg）	≤	0.05
重金属含量（1%溶液中以铅计）/（mg/kg）	≤	1
荧光增白剂		不应检出

3.4 微生物指标

果蔬清洗剂的微生物指标应符合表2规定。

表2 果蔬清洗剂的微生物指标

项目		指标
细菌总数/（CFU/g）	≤	1 000
大肠菌群/（MPN/100g）	≤	3

3.5 当产品标称可洗除果蔬上残留农药时，应对残留农药洗除效果进行验证。

3.6 定量包装要求

果蔬清洗剂销售包装净含量应符合国家质量监督检验检疫总局令〔2005〕第75号的要求。

4 试验方法

除非另有说明，在分析中仅使用确认为分析纯的试剂和蒸馏水或去离子水或相当纯度的水。

4.1 外观

取适量样品，置于干燥洁净的透明实验器皿内，在非直射光条件下进行观察，按指标要求进行评判。

4.2 气味

感官检验。

4.3 总活性物含量的测定

一般情况下，总活性物含量按 GB/T 13173—2008 中的第 7 章规定进行。当产品配方中含有不溶于乙醇的表面活性剂组分时，或客商订货合同书中规定有总活性物含量检测结果不包括水助溶剂，要求用三氯甲烷萃取法测定时，总活性物含量按 GB/T 13173—2008 中的第 7 章（B 法）规定进行。

4.4 pH 值的测定

按 GB/T 6368 的规定进行。

4.5 甲醇含量的测定（对于液体产品）

按 GB 9985—2000 附录 D 的规定配制标准溶液后，进行测定。

4.6 甲醛含量的测定（对于液体产品）

按 GB 9985—2000 附录 E 的规定进行。

4.7 砷含量的测定

按 GB 9985—2000 附录 F 的规定进行。

4.8 重金属含量的测定

按 GB 9985—2000 附录 G 的规定进行。

4.9 荧光增白剂的测定

按 GB 9985—2000 附录 C 的规定进行。

4.10 微生物检验

细菌总数和大肠菌群分别按 GB/T 4789.2 和 GB/T 4789.3 的规定进行。

4.11 表面活性剂生物降解度的测定

果蔬清洗剂产品配方中所用表面活性剂的生物降解度按 GB/T 15818 的规定进行。

4.12 净含量的测定

果蔬清洗剂销售包装净含量的检验、抽样方法及判定规则按 JJF 1070 的规定进行。

4.13 残留农药洗除效果验证

对残留农药洗除效果的验证按附录 A 进行。

4.14 清洗剂残留的测定

如需对产品使用后清洗剂残留进行定性、定量测定，测定方法可按附录 B、附录 C、附录 D、附录 E、附录 F 进行。

5 检验规则

按 QB/T 2951 执行。

出厂检验项目包括产品的感官指标、总活性物含量、pH 值及定量包装要求。

6 标志、包装、运输、贮存

6.1 标志、包装

按 QB/T 2952 执行。

产品标注适用于餐具清洗时，各指标值应同时符合餐具洗涤剂标准要求。

当配方中使用不完全溶于乙醇的表面活性剂或要求用三氯甲烷萃取法测定总活性物含量时，应注明。

6.2 运输

产品在运输时应轻装轻卸，不应倒置，避免日晒雨淋，不应在箱上踩踏和堆放重物。

6.3 贮存

6.3.1 产品应贮存在温度不高于40℃和不低于 - 10℃，通风干燥且不受阳光直射的场所。

6.3.2 堆垛要采取必要的防护措施，堆垛高度要适当，避免损坏大包装。

7 保质期

在本标准规定的运输和贮存条件下，在包装完整未经启封的情况下，产品的保质期自生产之日起为十八个月以上。

附录 A

（规范性附录）

果蔬清洗剂对残留农药洗除效果的验证方法

A.1 范围

本方法规定了农药乳液和蔬菜表面含农药样本的制备方法，蔬菜表面含农药样本的清洗方法和农药去除率的测定方法。

本方法适用于以表面活性剂和助剂复配的果蔬清洗剂对氯氰菊酯、残杀威农药去除率的测定。

本方法的检出范围为氯氰菊酯 $4.3\mu g/mL \sim 430.0\mu g/mL$，残杀威 $1.5\mu g/mL \sim 150.0\mu g/mL$。

A.2 引用标准

GB/T 13174 衣料用洗涤剂去污力及抗污渍再沉积能力的测定。

A.3 方法原理

制备超标数倍农药的蔬菜样品；模拟实际洗涤情况，用 0.2% 果蔬清洗剂溶液清洗后，用萃取、浓缩的方法获取残留农药；采用高效液相色谱测定清洗前后果蔬表面农药残留量，并计算得出残留农药去除率；与一定硬度水洗后的残留农药去除率比较，其比值为果蔬清洗剂对残留农药洗除效果的评价结果。

A.4 试剂

除非另有说明，在分析中仅使用确认的分析纯试剂和蒸馏水或去离子水或纯度相当的水（适用本标准所有附录）。

A.4.1 无水乙醇；

A.4.2 乙腈；

A.4.3 冰乙酸；

A.4.4 无水硫酸镁；

A.4.5 无水醋酸钠；

A.4.6 氯化钙（$CaCl_2$）；

A.4.7 硫酸镁（$MgSO_4 \cdot 7H_2O$）；

A.4.8 氯氰菊酯，大于 95%；

A.4.9 残杀威；

A.4.10 萃取液

0.1% 的冰乙酸乙腈液；

A.4.11 250mg/kg 标准硬水

称取氯化钙（A.4.6）16.7g 和硫酸镁（A.4.7）24.7g，配制 10L，即为 2 500mg/kg 硬水。使用时取 1L 冲至 10L 即为 250mg/kg 硬水。

A.5 仪器

A.5.1 高效液相色谱仪；

A.5.2 电子秤，0.01g；

A.5.3 高速组织匀浆机，转速 11 000r/min～24 000r/min；

A.5.4 离心机，转速不低于 2 000r/min，离心管 50mL；

A.5.5 超声波清洗器，超声频率 30/40/50（kHz）、超声功率 180W；

A.5.6 水浴锅；

A.5.7 果蔬脱水器（图 A.1），规格外筒 ø26.5cm×17.8cm、内筒 ø24cm×13cm；

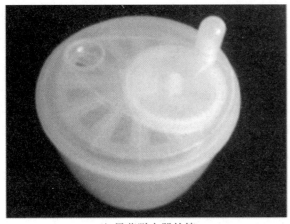 

a）果蔬脱水器外筒　　　　　　　　　　b）果蔬脱水器内筒

图 A.1　果蔬脱水器

A.5.8 烧杯，500mL、1 000mL；

A.5.9 容量瓶，50mL；

A.5.10　不锈钢桶，容量 10L。

A.6　试样制备

A.6.1　果蔬样本

选取大小相同、无断裂，边角无开口、无损伤的甜豆角为本实验的蔬菜样本（见图 A.2）。

图 A.2　蔬菜样本（甜豆角）

A.6.2 农药乳液制备

称取 5.00g 氯氰菊酯和 2.50g 残杀威溶于 500g 无水乙醇溶液中，搅拌均匀后，用 250mg/kg 硬水定量至 5 000g，混匀，备用。农药乳液浓度为：含氯氰菊酯 0.1%、含残杀威 0.05%。

A.6.3 含农药蔬菜的制备

将甜豆角浸没于农药乳液中 20min 后取出，甩去表面残留液滴，于室温阴凉处放置 24h。将制备好的蔬菜样品分成 3 组，未洗（未洗涤蔬菜样品表面载附的农药量以 140mg/kg～200mg/kg 为宜）、水洗、果蔬清洗剂溶液洗涤各为 1 组，每组 2 份，每份 80g，备用。

A.7 清洗方法

A.7.1 水洗涤方法

洗涤温度 30℃，硬水 800mL（A.4.11）。

洗涤：取 800mL 硬水（A.4.11）加入果蔬脱水器中，同时放入一份已制备好的蔬菜（A.6.3），浸泡 1min 后开始匀速洗涤 4min，洗涤搅拌方式为顺时针一圈，逆时针一圈，频率约为 19r/min～21r/min。

漂洗：将洗涤后的蔬菜样品放入干净的果蔬脱水器内筒，先用 1 000mL 硬水（A.4.11）冲洗一遍后弃去，再加入 1 000mL 硬水（A.4.11）以上述同样的洗涤搅拌方式洗涤 30s（顺时针一圈，逆时针一圈，频率约为 19r/min～21r/min），弃去第二次漂洗水，再以同样方式进行第三次漂洗。

同时进行平行试验。

A.7.2 果蔬清洗剂洗涤方法

用硬水（A.4.11）配制浓度为 0.2% 果蔬清洗剂溶液，洗涤温度为 30℃。

洗涤：在果蔬脱水器中加入浓度为 0.2% 果蔬清洗剂溶液 800mL，同时放入一份已制备好的蔬菜（A.6.3），浸泡 1min 后开始匀速洗涤 4min，洗涤搅拌方式为顺时针一圈，逆时针一圈，频率约为 19r/min～21r/min。

漂洗：将经浸泡、洗涤后的蔬菜样品放入另一个干净的果蔬脱水器内筒中，用 1 000mL 硬水（A.4.11）冲洗后弃去，再加入 1 000mL 硬水（A.4.11），以同样的洗涤方式洗涤 30s（顺时针一圈，逆时针一圈，频率约为 19r/min～21r/min），弃去第二次漂洗水，以同样方式进行第三次漂洗。

同时进行平行试验。

以未洗涤蔬菜样品（A.6.3）作为清洗前残留农药量测定用样，将水洗涤后试样（A.7.1）和果蔬清洗剂溶液洗涤后试样（A.7.2）甩去表面残留液滴，于室温阴凉处放置 12h，分别用于农药去除率测定。

A.8 农药去除率试验方法

A.8.1 匀浆

取 1 份已制备好的试样，用剪刀剪成小块，采用匀浆机匀浆至糊状，从中取出 60g 备用。

A.8.2 萃取

将 A.8.1 匀浆后的 1 份试样 60g 置于 500mL 烧杯中，加入 100mL 萃取液（A.4.10），再加入 6g 无水醋酸钠（A.4.5）和 18g 无水硫酸镁（A.4.4），用玻璃棒搅拌均匀，置于超声波清洗器（50Hz）中，清洗 3min 后取出，倒出萃取清液于 500mL 烧杯中，以上述方法重复萃取 2 次，合并萃取清液。将样品残渣放入 50mL 离心管中，离心 4min（转速为 4 000r/min），将离心管中的清液合并到以上萃取清液中。

A.8.3 浓缩

将 A.8.2 制备的萃取清液置于（80±2）℃水浴中浓缩至 5mL～8mL，将浓缩液转移到 50mL 容量瓶中，用萃取液（A. 4. 10）定容至50mL，备用。

A. 8. 4　仪器检测

高效液相色谱条件：

流动相：A：甲醇：水：冰乙酸 = 80：20：0. 1；

　　　　B：水。

色谱柱：C18柱，4. 6mm×150mm。

柱温：30℃。

波长：276nm。

梯度：见表A. 1。

表A. 1　　　　　　　　　　　　　　　　梯度

时间/min	A/%	B/%	流速/mL/min
0	60	40	1. 0
6	100	0	1. 5
20	100	0	1. 5
21	60	40	1. 0
25	60	40	1. 0

进样量：20μL。

工作站Quest，二极管阵列检测器。

A. 8. 4. 1　标液配制及外标法定量

精确称量0. 5g（精确至0. 000 1g）氯氰菊酯标准品和0. 25g（精确至0. 000 1g）残杀威标准品于100mL容量瓶中用萃取液（A. 4. 10）稀释至刻度，该溶液浓度为5 000mg/mL，再根据需要将其稀释为不同浓度，即1μg/mL～500μg/mL。依次进样，制作工作曲线，计算出回归方程（见图A. 3～图A. 7）。

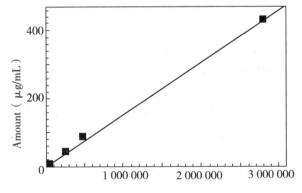

（4. 249μg/mL　8. 596μg/mL　42. 98μg/mL
85. 95μg/mL　429. 8μg/mL）

回归方程：$y = 0.000\ 152\ 559x + 3.932\ 57$

相关系数：0. 999 145

图A. 3　氯氰菊酯工作曲线

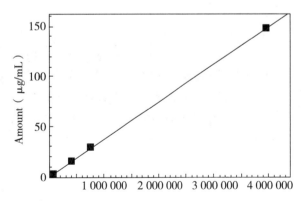

（1. 478μg/mL　2. 95μg/
14. 75μg/mL　29. 5μg/mL　147. 5μg/mL）

回归方程：$y = 3.724\ 39e{-}005x + 0.322\ 733$

相关系数：0. 999 789

图A. 4　残杀威工作曲线

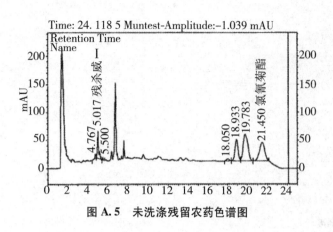

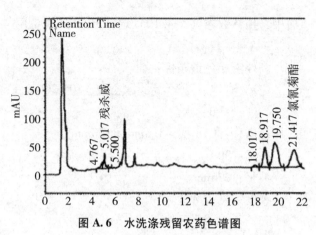

图 A.5　未洗涤残留农药色谱图　　　　　　图 A.6　水洗涤残留农药色谱图

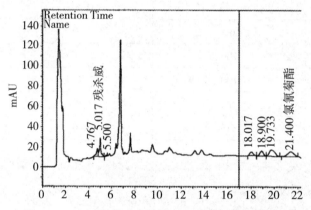

图 A.7　0.2%果蔬清洗剂溶液洗涤残留农药色谱图

A.9　结果计算与效果评价

A.9.1　残留农药去除率的计算［见式（A.1）~式（A.3）］

$$M = (M_0 - M_1)/M_0 \times 100 \quad \cdots\cdots\cdots\cdots\cdots (A.1)$$

式中:

M——残留农药去除率,%;

M_0——试样清洗前农药残留量, 单位为毫克每千克（mg/kg）;

M_1——试样清洗后农药残留量, 单位为毫克每千克（mg/kg）。

结果以算术平均值表示至小数点后一位。

在重复性条件下获得的两次独立测定结果的绝对差值不大于3.5%, 以大于3.5%的情况不超过5%为前提。

$$M_0 = \frac{c_0 V_0 \times 10^{-3}}{m_0 \times 10^{-3}} \quad \cdots\cdots\cdots\cdots\cdots (A.2)$$

式中:

c_0——未清洗试样经萃取后定容至50mL的残留农药浓度, 单位为微克每毫升（μg/mL）;

V_0——50mL;

m_0——称取试样的质量。

$$M_1 = \frac{c_1 V_1 \times 10^{-3}}{m_1 \times 10^{-3}} \quad \cdots\cdots\cdots\cdots\cdots (A.3)$$

式中：

c_1——经清洗的试样萃取后定容至50mL的残留农药浓度，单位为微克每毫升（μg/mL）；

V_1——50mL；

m_1——称取试样的质量。

A.9.2　残留农药去除率比值〔见式（A.4）〕

$$P = \frac{M_S}{M_X} \quad\text{……………………………………………}\quad (A.4)$$

式中：

P——残留农药去除率的比值；

M_S——果蔬清洗剂试样溶液对残留农药的去除率；

M_X——水对残留农药的去除率。

结果以算术平均值表示至小数点后一位。

A.9.3　果蔬清洗剂对残留农药去除效果的评价

0.2%果蔬清洗剂溶液对残留农药的洗除率与水对残留农药的洗除率之比值应为P大于等于4。

附录 B
（规范性附录）
果蔬清洗剂残留量的定性测定

B.1 方法原理

由一定量的蔬菜表面所携带最终漂洗水的量，作为果蔬清洗剂残留量测定时的移取量。以阴离子表面活性剂作为代表性残留物，测定残留于漂洗液中的阴离子表面活性剂和酸性混合指示剂中的阳离子染料生成溶解于三氯甲烷中的盐，此盐使三氯甲烷层呈现由阴离子表面活性剂含量决定的由浅至深的粉红色。

B.2 试剂

B.2.1 月桂基硫酸钠标准溶液，$c = 2mg/kg$

称取月桂基硫酸钠（含量以100%计）0.1g（准确至0.001g），用水溶解并定容至100mL，用移液管移取上述溶液2.0mL至1 000mL容量瓶中，用水溶解、混匀备用。

B.2.2 酸性混合指示剂

按 GB/T 5173—1995 中4.8规定进行配制。

B.2.3 250mg/kg 标准硬水

按 GB/T 13174—2008 中7.1规定进行配制。

B.2.4 三氯甲烷

B.3 仪器

B.3.1 具塞玻璃量筒，100mL；

B.3.2 移液管，2mL、10mL、50mL；

B.3.3 容量瓶，1 000mL；

B.3.4 不锈钢镊子。

B.4 操作程序

B.4.1 准确称取4.0g果蔬清洗剂试样，用硬水（B.2.3）稀释定容至2 000mL。

B.4.2 称取绿叶蔬菜250g，均匀地浸泡于已制备好的试样溶液（B.4.1）中，浸泡5min，蔬菜应完全浸泡在清洗剂溶液中，每隔1min将蔬菜完全翻转1次。

B.4.3 将浸泡后的蔬菜用镊子夹出，立刻用硬水（B.2.3）连续漂洗两次，每次用硬水2 000mL，漂洗2min，每隔0.5min将蔬菜翻转1次。漂洗完两次后，第三次漂洗用硬水1 000mL，浸漂10min（尽量将蔬菜上的洗涤剂残留溶入漂洗水中），每隔1min将蔬菜翻转1次。将第三次的漂洗水保留备用。

B.4.4 用移液管移取第三次的漂洗水20.0mL（相当于250g绿叶蔬菜表面的附着量）于具塞量筒中，加三氯甲烷15.0mL，酸性混合指示剂10.0mL，充分振摇、静置分层备用。

B.4.5 移取浓度为2mg/kg的月桂基硫酸钠标准溶液20.0mL于具塞量筒中，加三氯甲烷15.0mL，酸性混合指示剂10.0mL，充分振摇，静置分层备用。

B.4.6　将静置分层后的试样溶液（B.4.4）氯仿层与标准溶液（B.4.5）氯仿层进行目视比色，当试样溶液比标准溶液的粉红色相当或更浅，即可认定为残留于250mg蔬菜上的阴离子表面活性剂小于等于2.0mg/kg。

附录 C
（规范性附录）
阴离子表面活性剂的测定——亚甲基蓝法
（果蔬清洗剂残留量的定量测定）

C.1　方法概要

阴离子表面活性剂与亚甲基蓝形成的络合物用三氯甲烷萃取，然后用分光光度法测定阴离子表面活性剂含量。

C.2　应用范围

本方法适用于含磺酸基和硫酸基的阴离子表面活性剂。

C.3　试剂

C.3.1　阴离子表面活性剂标准溶液

取相当于100%的参照物（按GB/T 5173测定纯度）1g（准确至0.001g），用水溶解、转移并定容至1 000mL，混匀。此溶液阴离子表面活性剂浓度为1g/L。移取此溶液10.0mL，于1 000mL容量瓶中，加水定容，混匀，则该使用溶液阴离子表面活性剂浓度为0.01mg/mL。

C.3.2　硫酸。

C.3.3　磷酸二氢钠洗涤液

将磷酸二氢钠50g溶于水中，加入硫酸（C.3.2）6.8mL，定容至1 000mL。

C.3.4　亚甲基蓝溶液

称取亚甲基蓝0.1g，用水溶解并稀释至100mL，移取此溶液30mL，用磷酸二氢钠洗涤液（C.3.3）稀释至1 000mL。

C.3.5　三氯甲烷。

C.4　仪器

普通实验室仪器；
分光光度计，波长360nm～800nm。

C.5　工作曲线的绘制

准确移取浓度为0.01mg/mL阴离子表面活性剂使用溶液（C.3.1）0mL（作为空白参比液）、3.0mL、6.0mL、9.0mL、12.0mL、15.0mL，分别于250mL分液漏斗中，加水使总体积达100mL。加入亚甲基蓝溶液（C.3.4）25mL，混匀后加入三氯甲烷（C.3.5）15mL，振荡30s，静置分层；若水层中蓝色褪去，应补加亚甲基蓝溶液10mL，再振荡30s，静置10min。

将三氯甲烷层放入另一支250mL分液漏斗中（切勿将界面絮状物随三氯甲烷带出），重复萃取至三氯甲烷层无色。

在合并的三氯甲烷萃取液中加入磷酸二氢钠溶液（C.3.3）50mL，振荡30s，静置10min，将三氯甲烷层通过洁净的脱脂棉过滤到100mL容量瓶中，加入三氯甲烷5mL于分液漏斗中，重复萃取至三氯甲烷层无色，所有的三氯甲烷层均经脱脂棉过滤至 100mL 容量瓶中，再以少许三氯甲烷淋洗脱脂棉，定容，混匀。

用分光光度计于波长 650nm，用 10mm 比色池，以空白参比液做参比，测定试液的净吸光值。以表面活性剂质量（μg）为横坐标，净吸光值为纵坐标，绘制工作曲线或以一元回归方程计算 $y = a + bx$。

C.6　漂洗试液中表面活性剂含量的测定

准确移取适量漂洗试液（B.4.3）于 250mL 分液漏斗中，加水至 100mL，加入三氯甲烷 5mL 于分液漏斗中，重复萃取至三氯甲烷层无色，所有的三氯甲烷层均经脱脂棉过滤至 100mL 容量瓶中，再以少许三氯甲烷淋洗脱脂棉，定容，混匀。

以同样程序测定空白试验液。

用分光光度计于波长 650nm，用 10mm 比色池，以空白试验液做参比，测定试液的净吸光值，由净吸光值与工作曲线或 $y = a + bx$ 计算得到表面活性剂浓度，以 μg/mL 表示。

C.7　结果计算

阴离子表面活性剂的浓度按式（C.1）计算：

$$c_2 = \frac{M_2}{V_2} \quad\cdots\cdots\cdots\cdots\cdots\cdots\cdots\cdots\cdots\cdots\cdots\cdots\cdots\cdots\cdots\cdots\quad (C.1)$$

式中：

c_2——阴离子表面活性剂的浓度，单位为微克每毫升（μg/mL）；

M_2——从工作曲线或计算得到的试液中阴离子表面活性剂含量，单位为微克（μg）；

V_2——移取试液体积，单位为毫升（mL）。

附录 D
（规范性附录）
乙氧基型表面活性剂的测定——硫氰酸钴法
（果蔬清洗剂残留量的定量测定）

D.1 方法概要

乙氧基型表面活性剂与硫氰酸钴所形成的络合物用三氯甲烷萃取，然后用分光光度法测定表面活性剂含量。

D.2 应用范围

本方法适用于聚氧乙烯型单链 EO 加合数 3～40，双链、三链、四链总 EO 加合数 6～60 的表面活性剂以及聚乙二醇（摩尔质量 300～1 000）、聚醚等表面活性剂。

D.3 试剂

D.3.1 乙氧基型表面活性剂标准溶液

称取相当于 100% 的参照物（按 GB/T 13173—2008 中的第 8 章测定纯度）1g（准确至 0.001g），用水溶解，转移并定容至 1 000mL，混匀。此溶液表面活性剂浓度为 1g/L。移取此溶液 25.0mL 于 250mL 容量瓶中，加水定容，混匀，则该使用溶液表面活性剂浓度为 0.1mg/L。

D.3.2 硫氰酸铵。

D.3.3 硝酸钴（六水合物）。

D.3.4 苯。

D.3.5 硫氰酸钴铵溶液

将 620g 硫氰酸铵（D.3.2）和 280g 硝酸钴（D.3.3）溶于少量水中，混合均匀后定容至 1 000mL，然后分别用 30mL 苯萃取两次后备用。

D.3.6 氯化钠。

D.3.7 三氯甲烷。

D.4 仪器

普通实验室仪器和紫外分光光度计，波长 200nm～800nm。

D.5 工作曲线的绘制

准确移取浓度为 0.1mg/mL 表面活性剂使用溶液（D.3.1）0mL（作为空白参比液）、5.0mL、10.0mL、20.0mL、25.0mL、30.0mL、35mL，分别于 250mL 分液漏斗中，加水使总体积达 100mL，加入硫氰酸钴铵溶液（D.3.5）15mL，稍混匀加入 35.5g 氯化钠（D.3.6），充分振荡 1min，静置 15min 后加入三氯甲烷（D.3.7）15mL，再振荡 1min，静置 15min 后将三氯甲烷层放入 50mL 容量瓶中（切勿将界面絮状物随三氯甲烷层带出），再重复萃取两次，用三氯甲烷定容，混匀。

用紫外分光光度计于波长 319nm，用 10mm 石英池，以空白参比液做参比，测定试液的净吸光值。以表面活性剂质量（μg）为横坐标，净吸光值为纵坐标，绘制工作曲线或以一元回归方程计算

$y = a + bx$。

D.6 漂洗试液中表面活性剂含量的测定

移取适量漂洗试液（B.4.3）于 250mL 分液漏斗中，加水 50mL，加入硫氰酸钴铵溶液（D.3.5）15mL，稍混匀加入 35.5g 氯化钠（D.3.6），充分振荡 1min，静置 15min 后加入三氯甲烷（D.3.7）15mL，再振荡 1min，静置 15min 后将三氯甲烷层放入 50mL 容量瓶中（切勿将界面絮状物随三氯甲烷层带出），再重复萃取两次，用三氯甲烷定容，混匀。

以同样程序测定空白试验液。

用紫外分光光度计于波长 319nm，用 10mm 比色池，以空白试验液做参比，测定试液的净吸光值。由净吸光值与工作曲线或 $y = a + bx$ 计算得到表面活性剂浓度，以 μg/mL 表示。

D.7 结果计算

乙氧基型表面活性剂的浓度按式（D.1）计算：

$$c_3 = \frac{M_3}{V_3} \quad\cdots\cdots\cdots\cdots\cdots\cdots\cdots\cdots\cdots\cdots\cdots\cdots\cdots\cdots\cdots\cdots (D.1)$$

式中：

c_3——乙氧基型表面活性剂浓度，单位为微克每毫升（μg/mL）；

M_3——从工作曲线或计算得到的试液中乙氧基型表面活性剂含量，单位为微克（μg）；

V_3——试样移取体积，单位为毫升（mL）。

注：阴离子表面活性剂、阳离子表面活性剂、两性表面活性剂及聚乙二醇的存在，会影响分析结果的准确性，应预先分离除去。聚乙二醇的分离见 GB/T 5560；其他表面活性剂的分离见 GB/T 13173。

附录 E
（规范性附录）
两性离子表面活性剂的测定　金橙-2 法
（果蔬清洗剂残留量的定量测定）

E.1　方法概要

两性离子表面活性剂与金橙-2 在 pH = 1 的缓冲条件下形成的络合物用三氯甲烷萃取，然后用分光光度法测定两性离子表面活性剂含量。

E.2　应用范围

本方法适用于两性离子表面活性剂，也适用于阳离子表面活性剂及二者的混合物。

E.3　试剂

E.3.1　脂肪烷基二甲基甜菜碱标准溶液

准确称取相当 100% 的脂肪烷基二甲基甜菜碱（按 QB/T 2344 测定纯度）1.0g（准确至 0.001g），用水溶解，转移并定容至 1 000mL，混匀。此溶液表面活性剂浓度为 1g/L。移取此溶液 10.0mL 于 1 000mL 容量瓶中，加水定容，混匀，则该使用溶液表面活性剂浓度为 0.01mg/mL。

E.3.2　金橙-2

称取 0.1g 金橙-2 溶于 100mL 水中，混匀。

E.3.3　盐酸

0.2mol/L 盐酸溶液。

E.3.4　氯化钾

0.2mol/L 氯化钾溶液。

E.3.5　缓冲溶液，pH = 1

量取 0.2mol/L 盐酸溶液（E.3.3）97mL，0.2mol/L 氯化钾溶液（E.3.4）53mL，加水 50mL 摇匀备用。

E.3.6　三氯甲烷

E.4　仪器

普通实验室仪器和分光光度计，波长 360nm ~ 800nm。

E.5　工作曲线的绘制

准确移取浓度为 0.01 mg/mL 表面活性剂使用溶液（E.3.1）0 mL（作为空白参比液）、5.0 mL、10.0 mL、15.0 mL、20.0 mL、25.0 mL、30.0 mL、35.0 mL 分别于 250 mL 分液漏斗中，加水使体积达 100 mL，加入 pH = 5 缓冲溶液（E.3.5）10 mL，金橙-2 溶液（E.3.2）3 mL，混匀后加入三氯甲烷 10 mL，振荡 30 s，静置 10 min 后放入 50 mL 容量瓶中（切勿将絮状物随三氯甲烷带出），重复萃取，直至三氯甲烷无色，用三氯甲烷定容，混匀。

用分光光度计于波长 485nm，用 10mm 比色池，以空白参比液做参比，测定试液的净吸光值。

以表面活性剂质量（μg）为横坐标，净吸光值为纵坐标，绘制工作曲线或以一元回归方程计算 $y = a + bx$。

E.6 漂洗试液中表面活性剂含量的测定

移取适量漂洗试液（B.4.3）于250mL分液漏斗中，加水使体积达100mL，加入 pH = 5 缓冲溶液（E.3.5）10mL，金橙-2溶液（E.3.2）3mL，混匀后加入三氯甲烷10mL，振荡30s，静置10min后放入50mL容量瓶中（切勿将絮状物随三氯甲烷带出），重复萃取，直至三氯甲烷无色，用三氯甲烷定容，混匀。

以同样程序测定空白试验液。

用分光光度计于波长485nm，用10mm比色池，以空白试验液做参比，测定试液的净吸光值。由净吸光值与工作曲线或 $y = a + bx$ 计算得到表面活性剂浓度，以 μg/mL 表示。

E.7 结果计算

两性离子表面活性剂的浓度按式（E.1）计算：

$$c_4 = \frac{M_4}{V_4} \quad\cdots\cdots (E.1)$$

式中：

c_4——两性离子表面活性剂浓度，单位为微克每毫升（μg/mL）；

M_4——从工作曲线或计算得到的试液中两性离子表面活性剂含量，单位为微克（μg）；

V_4——移取试液体积，单位为毫升（mL）。

附录 F
（规范性附录）
烷基糖苷类表面活性剂的测定——蒽酮法
（果蔬清洗剂残留量的定量测定）

F.1 方法概要

烷基糖苷类表面活性剂在酸性体系中水解生成的糖可与蒽酮反应，生成绿色的络合物，以分光光度法测定表面活性剂含量。

F.2 应用范围

本方法适用于烷基糖苷类和糖酯类的表面活性剂。

F.3 试剂

F.3.1 烷基糖苷标准溶液
称取相当于100%的烷基糖苷（按GB/T 19464测定纯度）1.0 g（准确至0.001 g），用水溶解，转移并定容至1 000 mL，混匀。此溶液表面活性剂浓度为1 g/L。移取此溶液5.0 mL用水稀释至100 mL，混匀，则该使用溶液表面活性剂浓度为0.05mg/mL。

F.3.2 蒽酮。

F.3.3 硫酸。

F.3.4 蒽酮硫酸试剂
取0.08g蒽酮溶于100mL硫酸中（此溶液需保存在冰箱内，隔数日应重新更换）。

F.4 仪器

普通实验室仪器和
F.4.1 分光光度计，360 nm～800 nm；
F.4.2 纳氏比色管，10 mL。

F.5 工作曲线的绘制

准确移取浓度为0.05μg/mL的表面活性剂（F.3.1）使用溶液0 mL（作为空白参比液）、0.25 mL、0.50 mL、1.00 mL、1.50 mL、2.00 mL于纳氏比色管（F.4.2）中，加水至2.0 mL，滴加5.0 mL蒽酮硫酸试剂（F.3.4）加盖置沸水浴中加热5 min后，取出立即冷却，摇匀，放置50 min后用分光光度计于波长625 nm，用10 mm比色池，以空白参比液做参比，测定试液的净吸光值。以表面活性剂质量（μg）为横坐标，净吸光值为纵坐标，绘制工作曲线或以一元回归方程计算 $y = a + bx$。

F.6 漂洗试液中表面活性剂含量的测定

适量移取漂洗试液（B.4.3）2.0 mL于纳氏比色管（F.4.2）中，以下步骤按F.5中"滴加5.0 mL蒽酮硫酸试剂，……摇匀"程序进行。

用同样程序测定空白试验液。

138

用分光光度计于波长 625nm，用 10mm 比色池，以空白试验液做参比，测定试液的净吸光值。由净吸光值与工作曲线或 $y = a + bx$ 计算得到表面活性剂浓度，以 μg/mL 表示。

F.7 结果计算

烷基糖苷类表面活性剂的浓度按式（F.1）计算：

$$c_5 = \frac{M_5}{V_5} \quad\text{...} \quad (F.1)$$

式中：

c_5——烷基糖苷类表面活性剂浓度，单位为微克每毫升（μg/mL）；

M_5——从工作曲线或计算得到的试液中烷基糖苷类表面活性剂含量，单位为微克（μg）；

V_5——移取试液体积，单位为毫升（mL）。

GB

中 华 人 民 共 和 国 国 家 标 准

GB 7098—2015

食品安全国家标准
罐头食品

2015 –11 –13 发布

2016 –11 –13 实施

中 华 人 民 共 和 国
国家卫生和计划生育委员会
发 布

前　言

本标准代替了 GB 7098—2003《食用菌罐头卫生标准》、GB 11671—2003《果、蔬罐头卫生标准》、GB 13100—2005《肉类罐头卫生标准》以及 GB 14939—2005《鱼类罐头卫生标准》。

本标准与被代替标准相比，主要变化如下：

——标准名称修改为"食品安全国家标准 罐头食品"；

——修改了适用范围；

——修改了术语和定义；

——修改了感官检验方法；

——修改了理化指标；

——取消了农药残留限量。

食品安全国家标准 罐头食品

1 范围

本标准适用于罐头食品。

本标准不适用于婴幼儿罐装辅助食品。

2 术语和定义

2.1 罐头食品

以水果、蔬菜、食用菌、畜禽肉、水产动物等为原料，经加工处理、装罐、密封、加热杀菌等工序加工而成的商业无菌的罐装食品。

2.2 胖听

由于罐头内微生物活动或化学作用产生气体，形成正压，使一端或两端外凸的现象。

2.3 商业无菌

罐头食品经过适度热杀菌后，不含有致病性微生物，也不含有在通常温度下能在其中繁殖的非致病性微生物的状态。

3 技术要求

3.1 原料要求

原料应符合相应的食品标准和有关规定。

3.2 感官要求

感官要求应符合表1的规定。

表1 感官要求

项目	要求	检验方法
容器	密封完好，无泄漏、无胖听。容器外表无锈蚀，内壁涂料无脱落	GB/T 10786
内容物	具有该品种罐头食品应有的色泽、气味、滋味、形态	

3.3 理化指标

表2   理化指标

项目		指标	检验方法
组胺[a]/（mg/100 g）	≤	10^2	GB/T 5009.208
米酵菌酸[b]/（mg/kg）	≤	0.25	GB/T 5009.189

[a] 仅适用于鲐鱼、鲹鱼、沙丁鱼罐头。

[b] 仅适用于银耳罐头。

3.4 污染物限量和真菌毒素限量

3.4.1 污染物限量应符合 GB 2762 的规定。

3.4.2 真菌毒素限量应符合 GB 2761 的规定。

3.5 微生物限量

3.5.1 应符合罐头食品商业无菌要求，按 GB 4789.26 规定的方法检验。

3.5.2 番茄酱罐头霉菌计数（％视野）≤50，按 GB 4789.15 规定的方法检验。

3.6 食品添加剂和食品营养强化剂

3.6.1 食品添加剂的使用应符合 GB 2760 的规定。

3.6.2 食品营养强化剂的使用应符合 GB 14880 的规定。

ICS 67. 160. 20
X 51

中 华 人 民 共 和 国 国 家 标 准

GB/T 31324—2014

植物蛋白饮料　杏仁露

Plant protein beverage—Almond beverage

2014 -10 -14 发布　　　　　　　　　　　　　2015 -12 -01 实施

中华人民共和国国家质量监督检验检疫总局
中国国家标准化管理委员会　发布

前 言

本标准按照 GB/T 1.1—2009 给出的规则起草。

本标准由中国饮料工业协会提出。

本标准由全国饮料标准化技术委员会（SAC/TC 472）归口。

本标准起草单位：中国饮料工业协会技术工作委员会、河北承德露露股份有限公司、中国食品发酵工业研究院。

本标准主要起草人：王金玉、王旭昌、张金泽、左爱东、林静、康晓斌。

引　言

　　《植物蛋白饮料 杏仁露》QB/T 2438—2006 行业标准发布实施后，对行业的发展起到了一定的推动作用。为更好地规范市场，保证产品质量和食品安全，保护消费者利益，本标准在该行业标准的基础上，对理化要求中的项目和指标进行了修改，删除了 pH 和可溶性固形物的要求，对蛋白质、脂肪含量做出新的规定，调整了棕榈烯酸、亚麻酸、花生酸和山嵛酸在总脂肪酸中的百分含量；此外，本标准还对杏仁露脂肪酸的测定方法进行了完善。出于安全生产、节能降耗和行业诚信的考虑，本标准增加了对产品包装中使用泡沫隔板的限制。

植物蛋白饮料　杏仁露

1　范围

本标准规定了杏仁露的术语和定义、技术要求、试验方法、检验规则和标志、包装、运输和贮存。本标准适用于 3.1 所定义的杏仁露。

2　规范性引用文件

下列文件对于本文件的应用是必不可少的。凡是注日期的引用文件，仅注日期的版本适用于本文件。凡是不注日期的引用文件，其最新版本（包括所有的修改单）适用于本文件。

GB 5009.5　食品安全国家标准　食品中蛋白质的测定

GB/T 5009.6—2003　食品中脂肪的测定

GB 7718　食品安全国家标准　预包装食品标签通则

GB/T 10789　饮料通则

GB 23350　限制商品过度包装要求　食品和化妆品

GB 28050　食品安全国家标准　预包装食品营养标签通则

3　术语和定义

GB/T 10789 中界定的以及下列术语和定义适用于本文件。

3.1　杏仁露　almond beverage

以杏（*Armeniaca*）仁为原料，可添加食品辅料、食品添加剂，经加工、调配后制得的植物蛋白饮料。

4　技术要求

4.1　原辅材料要求

4.1.1　杏仁及其他食品辅料应符合相应的国家标准、行业标准等有关规定。杏仁应选用成熟、饱满、断面呈乳白色或微黄色、无哈喇味、无霉变、无虫蛀的果仁。

4.1.2　杏仁露原料中去皮杏仁的添加量在产品中的质量比例应大于 2.5%。

4.1.3　不得使用除杏仁外的其他杏仁制品及其他含有蛋白质和脂肪的植物果实、种子、果仁及其制品。

4.2　感官要求

应符合表 1 的规定。

表1   感官要求

项目	要求
色泽	乳白色或微灰白色，或具有与添加成分相符的色泽
滋味与气味	具有杏仁应有的滋味和气味，或具有与添加成分相符的滋味和气味；无异味
组织状态	均匀液体，无凝块，允许有少量蛋白质沉淀和脂肪上浮，无可见外来杂质

4.3 理化要求

应符合表2的规定。

表2   理化要求

项目		指标要求
蛋白质/（g/100g）	≥	0.55
脂肪/（g/100g）	≥	1.30
棕榈烯酸/总脂肪酸/%	≥	0.50
亚麻酸/总脂肪酸/%	≤	0.12
花生酸/总脂肪酸/%	≤	0.12
山嵛酸/总脂肪酸/%	<	0.05

4.4 食品安全要求

应符合相应的食品安全国家标准的规定。

5 试验方法

5.1 感官检查

取约50mL混合均匀的被测样品于无色透明的容器中，置于明亮处，迎光观察其组织状态及色泽，并在室温下，嗅其气味，品尝其滋味。

5.2 理化检验

5.2.1 蛋白质
按GB 5009.5规定的方法测定，蛋白质换算系数为6.25。
5.2.2 脂肪
按GB/T 5009.6—2003规定的"第二法 酸水解法"测定。
5.2.3 脂肪酸
按附录A规定的方法测定。

5.3 食品安全指标

按照食品安全标准规定的方法进行测定。

6 检验规则

6.1 组批

由生产企业的质量管理部门按照其相应的规则确定产品的批次。

6.2 出厂检验

6.2.1 产品出厂前由企业检验部门按本标准进行检验，符合标准要求方可出厂。

6.2.2 出厂检验项目：感官要求、蛋白质、菌落总数和大肠菌群。

6.3 型式检验

6.3.1 型式检验项目：本标准 4.2 ~ 4.4 规定的全部项目。

6.3.2 一般情况下，每年需对产品进行一次型式检验。发生下列情况之一时，应进行型式检验。

——原料、工艺发生较大变化时；

——停产后重新恢复生产时；

——出厂检验结果与平常记录有较大差别时。

6.4 判定规则

6.4.1 检验结果全部合格时，判定整批产品合格。若有三项以上（含三项）不符合本标准，直接判定整批产品为不合格品。

6.4.2 检验结果中有不超过两项（含两项）不符合本标准时，可在同批产品中加倍抽样进行复检，以复检结果为准。若复检结果仍有一项不符合本标准，则判定整批产品为不合格品。

7 标志、包装、运输和贮存

7.1 标志

预包装产品标签应符合 GB 7718、GB 28050 等国家标准。

7.2 包装

包装材料和容器应符合国家相关标准和 GB 23350 的有关规定。不应采用过度包装和使用过多的防护隔板。金属罐包装的产品，若使用防护隔板，最小独立包装产品与最大外包装容器的内壁之间隔板，以及最小独立包装的产品间的隔板的厚度之和，应小于产品最小独立包装的容器直径的四分之三。

7.3 运输和贮存

7.3.1 产品在运输过程中应避免日晒、雨淋、重压；需冷链运输贮藏的产品，应符合产品标示的贮运条件。

7.3.2 不应与有毒、有害、有异味、易挥发、易腐蚀的物品混装、运输或贮存。

7.3.3 应在清洁、避光、干燥、通风、无虫害、无鼠害的仓库内贮存。

7.3.4 产品的封口部位不应长时间浸泡在水中，以防止造成污染。

附录 A
（规范性附录）
杏仁露中脂肪酸的测定方法

A.1　方法提要

用正己烷提取杏仁露中的脂肪，经离心分离得到的正己烷-脂肪液，用氢氧化钾-甲醇溶液在室温下甲酯化，形成挥发性甲酯衍生物，进入气相色谱仪，用面积归一化法测定其组分。

A.2　试剂和材料

A.2.1　氢氧化钾（分析纯）。

A.2.2　脂肪酸甲酯标准品（纯度不低于99%）：棕榈酸甲酯、棕榈烯酸甲酯、硬脂酸甲酯、油酸甲酯、亚油酸甲酯、亚麻酸甲酯、花生酸甲酯、花生烯酸甲酯、山嵛酸甲酯。

A.2.3　甲醇（分析纯）。

A.2.4　正己烷（色谱纯）。

A.2.5　盐酸（分析纯）。

A.2.6　盐酸溶液：1+1。

A.2.7　0.5%氢氧化钾-甲醇溶液：称取0.5 g氢氧化钾，溶于100 mL甲醇中，置于冰箱保存。此溶液应每个月重新配置。

A.2.8　脂肪酸甲酯标准品混合溶液：分别称取棕榈酸甲酯0.2 g、棕榈烯酸甲酯0.05 g，硬脂酸甲酯0.1 g、油酸甲酯0.3 g、亚油酸甲酯0.3 g、亚麻酸甲酯0.1 g、花生酸甲酯0.05 g、花生烯酸甲酯0.05 g，山嵛酸甲酯0.05 g（以上均精确至0.001 g），用正己烷定容至10 mL，得到混合溶液。

A.3　仪器和设备

A.3.1　气相色谱仪：带氢火焰离子化检测器（FID）。

A.3.2　色谱柱：聚乙二醇（PEG）毛细管柱（WAX毛细管柱）或同等分离效果的色谱柱。

A.3.3　高速离心机。

A.3.4　漩涡混合器。

A.3.5　具塞刻度试管：10mL、100mL。

A.4　气相色谱参考条件

A.4.1　检测器温度：250℃。

A.4.2　进样口温度：250℃。

A.4.3　载气（氮气，99.999%）；燃气（氢气，99.9%）；助燃气（空气）；分流比约：20∶1。

A.4.4　进样量：1.0 μL。

A.4.5　柱温：初始温度150℃，以5℃/min程序升温至200℃，保持6 min，再以3℃/min程序升温至230℃，保持4min。

载气、燃气、助燃气的流速等色谱条件随仪器而异，应通过试验选择最佳条件，以获得完全分离为准。

A.5 分析步骤

A.5.1 试液的制备

将待检杏仁露样品充分振摇，使其均匀一致，没有明显分层后，迅速量取 30.0 mL 样品，置于 100 mL 具塞试管内，加入 0.1 mL 盐酸（A.2.6），20 mL 正己烷（A.2.4），充分振摇 3 min（上下振摇，并小心开塞放出气体），将处理后的样品倒入离心管中，置于高速离心机中，离心 10 min（如果样品分层不充分，则需要再次离心 10 min），吸取上清液（正己烷相）于具塞试管中，备用。

A.5.2 脂肪酸甲酯溶液的制备

取 2.0mL 试液（A.5.1）于 10 mL 具塞刻度试管中，加入 0.8 mL 氢氧化钾-甲醇溶液（A.2.7），在漩涡混合器中充分振荡 1 min，静置 10 min，吸取上层澄清液，将其转移到样品瓶中备用，制备好的溶液应在 24 h 内完成分析。

A.5.3 测定

A.5.3.1 吸取脂肪酸甲酯标准品混合液（A.2.8）1.0μL 注入色谱仪，得到 9 种标准品的出峰次序和保留时间（见图 A.1）。

A.5.3.2 吸取样品脂肪酸甲酯溶液（A.5.2）1.0μL 注入气相色谱仪，得到各脂肪酸的色谱图。

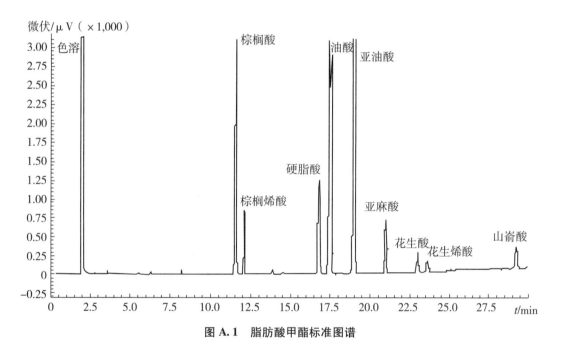

图 A.1 脂肪酸甲酯标准图谱

A.6 结果计算

将测定得到的脂肪酸组成色谱图与图 A.1 对比定性，并进行面积归一化处理，用气相色谱数据处理软件计算各种脂肪酸占总脂肪酸的百分含量，或按式（A.1）计算各种脂肪酸占总脂肪酸的百分含量。

$$DP_i = \frac{A_i}{\sum A_i} \times 100 \quad \cdots\cdots\cdots\cdots\cdots\cdots\cdots\cdots\cdots\cdots\cdots \text{（A.1）}$$

式中：

DP_i——某脂肪酸占总脂肪酸的百分含量，%；

A_i——某脂肪酸甲酯衍生物的峰面积；

$\sum A_i$——所有脂肪酸甲酯衍生物的峰面积。

测定结果保留两位小数。

A.7　允许差

某脂肪酸占总脂肪酸的百分含量大于 5% 时，在重复性条件下获得的两次独立测定结果的绝对差值不得超过算术平均值的 10%。

某脂肪酸占总脂肪酸的百分含量小于或等于 5% 时，在重复性条件下获得的两次独立测定结果的绝对差值不得超过算术平均值的 20%。

第二部分　建园

ICS

DBN

吐 鲁 番 市 农 业 地 方 标 准

DBN6521/T 181—2018

吐鲁番杏育苗技术规程

2018－10－30发布　　　　　　　2018－11－10实施

吐鲁番市质量技术监督局　发布

前　言

本标准根据 GB/T 1.1—2009《标准化工作导则　第 1 部分标准的结构和编写》和 DB 65/T 2035.2—2003《标准体系工作导则第 2 部分农业标准体系框架与要求》编写。

本标准由吐鲁番市林果业技术推广服务中心提出。

本标准由吐鲁番市林业局归口。

本标准由吐鲁番市林果业技术推广服务中心负责起草。

本标准主要起草人：吾尔尼沙·卡得尔、王春燕、周慧、阿得力·阿不都古力、韩泽云。

吐鲁番杏育苗技术规程

1 范围

本标准规定了杏育苗的术语和定义，圃地选择，砧木苗的繁育，嫁接及苗木管理，苗木分级、检验、包装、保管、运输。

本标准适用于吐鲁番杏培育。

2 规范性引用文件

下列文件对于本文件的应用是必不可少的。凡是注日期的引用文件，仅所注日期的版本适用于本文件。凡是不注日期的引用文件，其最新版本（包括所有的修改单）适用于本文件。

DB65/T 591 杏苗木

3 定义

下列术语和定义适用于本标准。

3.1 苗圃

繁育杏苗木的园地，包括母本园和繁殖区两部分。

3.2 母本园

用于采集接穗和砧木种子的区域。

3.3 繁殖区

繁育苗木的园地。

3.4 砧木苗

种子播种长成的，用作砧木的苗木。

3.5 嫁接苗

栽培品种接穗嫁接在砧木上长成的苗木。

4 圃地选择

4.1 母本园

砧木种子母本园要求品种纯正或类型一致，可与防护林带相结合；接穗母本园要求品种纯正，生长势强，病虫害较轻，可与管理水平较高的生产园相结合。

4.2 繁殖区

4.2.1 位置
交通方便，无检疫对象及病虫害。无土壤、水分、空气等环境污染，具有良好的灌溉条件和防护林设施。

4.2.2 地势
地势平坦，光照充足。

4.2.3 土壤
应选用土层深厚、有机质含量高、排水良好、盐碱较轻的壤土和沙壤土，地下水位低于1.5m。

5 砧木苗的繁育

5.1 种子采集

应选用无病虫害，充分成熟的果实采集砧木种子。一般选用毛杏和野杏做砧木种子，采集的果实及时剥去果肉，洗净果核，摊放在阴凉通风处晾干，严防暴晒。

5.2 层积处理

用于春季播种的种子，在播种前应进行层积处理。方法是播种前80d~90d在窖内或坑内将种子浸湿后，与种子体积3倍的清洁湿河沙或湿锯末混合，拌匀后在1℃~5℃温度下堆放，并用湿麻袋等材料覆盖。层积期间要经常检查和翻动，防止种子发霉。

5.3 播种

5.3.1 播种时期
可以春播和秋播。春播在早春土壤化冻后（3月底至4月初）及时进行；秋播在土壤结冻前（11月中上旬）进行。秋播用种子不需要层积处理，只需要用清水浸泡吸足水即可。

5.3.2 苗圃地准备
每亩施农家肥2t~3t，复合肥30kg，深翻30cm，平整土地。

5.3.3 播种量
根据种核大小和质量确定，一般每亩播种30kg~50kg。

5.3.4 播种方法
一般采用宽窄行（窄行30cm，宽行50cm~60cm）。沿行向开成3cm~5cm深度沟，种粒距离5cm，然后覆土并稍踏实。

5.3.5 播后管理
春播出苗前不要灌水，春季可采用地膜覆盖。秋播后灌水一次，如土地封冻前墒情差，可再浇一次水。

5.3.6 肥水管理
出苗后，苗高达10cm~15cm，开始间苗定苗并浇水。5月至6月，每隔10d~15d浇水一次。5月中旬和6月中旬于浇水前每亩沟施尿素8kg~10kg各一次。

5.3.7 其他管理
在幼苗期，抹除距地面20cm以内的侧枝。苗高50cm时进行摘心、断根。断根时间，宜选择苗木高度达 20cm～30cm 时，在距地表 15cm～20cm 处切断主根。断根后，及时进行病虫害防治。

6 嫁接和管理

6.1 嫁接前准备工作

2 月采集嫁接接穗，应从品种纯正、生长健壮、无病虫害的母树上剪取一年生枝条。嫁接高度为距地面 10cm～30cm 处。

6.2 嫁接方法

包括芽接和枝接。

6.2.1 芽接

芽接可采用带木质部嵌芽接法，时间以 3 月中下旬为宜，嫁接高度距地面 10cm～15cm。

6.2.2 枝接

枝接多采用劈接、切接或舌接法。在春季 3 月中下旬树液开始流动时进行，砧木的嫁接部位直径应达到 0.8cm 以上，剪除砧木主干上嫁接部位以上的侧枝。

6.3 嫁接后的管理

苗木嫁接成活后适时解绑，春季风害严重地区应插杆固定加以保护。

7 苗木分级、检验、保管

按 DB 65/T 591 执行。

8 苗木出圃

8.1 出圃时间

春季嫁接的苗木于当年秋季落叶后或第二年春季发芽前出圃。
夏秋季芽接的苗木，于第二年秋季或第三年春季出圃。

8.2 起苗

首先要保证土壤湿润，苗木含水量充足。其次要保证苗木有较多的须根。

8.3 苗木假植

起苗后苗木不能及时栽植，需采取临时假植。方法是将苗木根部和苗干下部临时埋在湿润的土中，一般不超过 5d～10d。

8.4 苗木贮藏

秋季起的苗可利用冷藏库、冰窖、地窖、地下室等进行低温贮藏苗木，温度多控制在 1℃～5℃，同时控制湿度和通风，避免苗木霉变、腐烂和受冻。

8.5　苗木消毒

常用的苗木消毒化学药剂有石硫合剂、波尔多液、升汞、硫酸铜等。

8.6　苗木包装和运输

运输时间在 1d 以内，可直接用大车散装运输，车底垫湿秸秆或湿麻袋，苗木摆放整齐，并与湿润秸秆（或麻袋）分层堆积，外覆毡布即可。

如果运输时间超过 1d，必须将苗木根部糊湿泥浆，并经常检查苗木包的温度和湿度，尽量减少苗木失水。

ICS

中 华 人 民 共 和 国 农 业 行 业 标 准

DB6521/T 242—2020

苏勒坦杏苗木质量分级

2020 –06 –20 发布
2020 –07 –15 实施

吐鲁番市市场监督管理局　发 布

前　言

本标准根据 GB/T 1.1—2009《标准化工作导则　第 1 部分标准的结构和编写》进行编写。

本标准由吐鲁番市林果业技术推广服务中心提出。

本标准由吐鲁番市林业和草原局归口。

本标准由吐鲁番市林果业技术推广服务中心、新疆农业科学院吐鲁番农业科学研究所负责起草。

本标准主要起草人：周慧、刘丽媛、韩泽云、罗闻芙、徐彦兵、古亚汗·沙塔尔、徐桂香。

苏勒坦杏苗木质量分级

1 范围

本标准规定了苏勒坦杏苗木技术要求、检验及其签证、保管、包装与运输要求。

本标准适用于吐鲁番苏勒坦杏嫁接苗。

2 规范性引用文件

下列文件中的条款通过本标准中引用成为本标准的条款，凡是注日期的引用文件，仅所注日期的版本适用于本标准。凡是不注日期的引用文件，其最新版本（包括所有的修改单）适用于本文件。

DB65/591 杏苗木

3 术语和定义

本标准采用下列定义。

3.1 根茎

苗木根和茎的交界部位。

3.2 苗高

自根茎至苗木顶端已充分木质化部分的总长度。

3.3 干粗

接合部以上5cm处的主干直径。

3.4 接合部

嫁接品种与砧木接合部位。

3.5 主根

根茎部直接向下垂直生长的根。

3.6 主根长度

从根茎至主根断根处的距离。

3.7 侧根

直接着生在主根上的根。

3.8 侧根长度

从侧根基部至侧根断根处的距离。

3.9 侧根粗度

侧根距基部 1.5cm 处的直径。

3.10 损伤

包括自然、人、畜、机械、病虫等造成的损伤，无愈伤组织者为新损伤，已形成环状愈伤组织者为旧损伤。

3.11 假植

起苗后如不能立即栽植或外运，为防止风吹日晒，需进行短期栽植，即将根系及苗木基部埋入湿地中。

3.12 出圃

苗木长成标准株形后起苗时从苗圃地连根挖出。

3.13 苗木

播种后当年嫁接，第二年春季剪砧，秋季出圃的苗木。

4 技术要求

4.1 苗木基本要求

4.1.1 品种要求
品种性状完全符合本品种特征、特性，无混杂、变异，接穗采自优良单株。

4.1.2 出圃时间
秋季：苗木落叶后至土壤结冻之前。
春季：苗木萌芽前。

4.1.3 苗木整修
苗木起出后立即整修，剪除过长、过密、未成熟、带病虫伤残和劈裂的枝梢和根系，具体参照 DB65/591 执行。

4.1.4 检疫
苗木及其包装物检疫按国家苗木检验检疫相关法规进行。

4.2 苗木质量分级

4.2.1 苗木质量指标分类

4.2.1.1 主要项目
苗高、干粗、主根长度、侧根数量。

4.2.1.2 一般项目

接合部、芽、侧根长度、侧根粗度、根、干损伤。

4.2.2 苗木质量分级指标见表1

表1 苗木质量分级指标

项目		等级	一级	二级
干	苗高 cm	≥	130	100
	茎粗 cm	≥	2.0	1.5
	接合部		充分愈合	
芽眼			主干上60cm～100cm以上芽体充实饱满	
主根长度 cm		≥	40	30
侧根	数量（条）	≥	5	3
	长度 cm	≥	20	10
	粗度 cm	≥	0.4	0.3
根、干损伤			无劈裂，表皮无干缩	
病虫害			无病虫害	

5 苗木检验

5.1 检验方法

5.1.1 各质量检测项目中，苗高、干粗、主根长度、侧根数量、侧根长度、侧根粗度为数值检测项目。长度以钢卷尺测量，数值精确至厘米；粗度用游标卡尺测量，精确到毫米。

5.1.2 芽、接合部、根、干损伤为感官检验项目，依据表1和杏品种植物学特征，进行感官检验。

5.2 检验规则

5.2.1 检验地点

检验苗木需在原苗圃地或收购地点进行，同一批苗木统一检验。

5.2.2 抽样

苗木检验采用随机抽样法。999株以下抽样10%，千株以上，在999株以下抽样10%的基础上，对其余株数再抽样2%。

999株以下抽样=具体株数×10%

千株以上抽样数=999株以下抽样数+（具体株数−999株）×2%

数值精确到0.01，四舍五入取整数。

5.2.3 判定规则

按原报送等级每株若有一项以上（含一项）主要项目，或三项以上（含三项）；一般项目劣于标准者，定为不合格株。不合格苗总数超过抽样总数5%者，降低一级，但其他指标不得低于原等级指标。如对所定等级有争议，可对苗木整理后复检，所定等级为最终等级。

6 签证、包装，保管与运输

6.1 签证

苗木全部质量指标检验结束后，经综合评定，符合标准者，需填写苗木质量检验合格证书一式两份，由购销双方收存。

6.2 包装

6.2.1 苗木分级后，运输前应按品种、等级分类包装按每捆 50 株从主茎下部中部捆紧无误。苗根须包裹湿润的稻草、草帘、麻袋等保湿材料，以不霉、不烂、不干不冻、不受损伤等为准。

6.2.2 苗木包装应规范，如发现混淆或错乱，包装不符合规定等，不予验收。

6.2.3 包内、外须附有苗木标签系挂牢固。

6.3 保存

6.3.1 临时存放

起苗后随即依次进行修整、分级，不得延误。如因故拖延，须将苗木置于阴凉潮湿处，根部以湿土掩埋或保湿物覆盖。不能立即栽植或外运的苗木须临时假植。

6.3.2 越冬保管

保管在保持一定湿度的假植沟中。假植沟要选有背风向阳、高燥处。

6.4 运输

苗木运输要注意适时，保证质量。运输中做好防雨、防冻、防火等工作。

6.5 其他事项

苗木运输、存放、假植过程中，需采取必要措施防止混杂、霉烂、冻、晒、鼠害等。

ICS

DB

吐 鲁 番 市 地 方 标 准

DB6521/T 243—2020

小白杏苗木质量等级

2020 - 06 - 20 发布　　　　　　　　　　2020 - 07 - 15 实施

吐鲁番市市场监督管理局　发 布

前　言

本标准根据 GB/T 1.1—2009《标准化工作导则　第 1 部分标准的结构和编写》进行编写。

本标准由吐鲁番市林果业技术推广服务中心提出。

本标准由吐鲁番市林业和草原局归口。

本标准由吐鲁番市林果业技术推广服务中心负责起草。

本标准由吐鲁番市市场监督管理局发布。

本标准主要起草人：周慧、刘丽媛、周黎明、王春燕、徐彦兵、王婷。

小白杏苗木质量等级

1 范围

本标准规定了小白杏苗木的术语和定义、等级质量指标、检测、标签、包装和运输。
本标准适用于吐鲁番小白杏苗木的生产和经营。

2 规范性引用文件

下列文件对于本文件的应用是必不可少的。凡是注日期的引用文件，仅所注日期的版本适用于本文件。凡是不注日期的引用文件，其最新版本（包括所有的修改单）适用于本文件。

GB 15569 农业植物调运检疫规程

3 术语和定义

下列术语和定义适用于本文件。

3.1 砧木

嫁接时承受接穗的植株。

3.2 接穗

用于嫁接的枝或芽。

3.3 侧根

指主根或不定根直接长出的根。

3.4 砧段长度

各种砧木根颈部至基部嫁接口的距离。

3.5 苗木高度

苗木根颈至茎顶芽之间的长度。

3.6 苗木粗度

嫁接口以上 5cm 处的直径。

4 苗木等级质量指标

4.1 苗木类型

本标准所指苗木为小白杏嫁接苗。

4.2 质量指标

具体见表1。

表1 小白杏苗木等级质量指标

项目	1 级	2 级	3 级
砧木类型	毛杏、普通杏砧木	毛杏、普通杏砧木	毛杏、普通杏砧木
根系要求	侧根 5 条以上，基部粗度 0.40cm 以上；主根长度 40cm 以上；根系分布均匀，舒展而不卷曲	侧根 3 条~5 条，基部粗度 0.3cm 以上；主根长度 30cm 以上；根系分布均匀，舒展而不卷曲	侧根 2 条~3 条以上，基部粗度 0.25cm 以上；主根长度 25cm 以上；根系分布均匀，舒展而不卷曲
苗干要求	砧段长度 15cm ~ 20cm，苗粗度 2.0cm 以上，苗高度 150cm 以上	砧段长度 10cm ~ 15cm，苗粗度 1.0cm 以上，苗高度 130cm~150cm	砧段长度 8cm ~ 10cm，苗粗度 0.6cm 以上，苗高度 110cm~130cm
芽眼	充实、饱满	充实、饱满	充实、饱满
病虫害	无病虫害	无病虫害	无病虫害

5 检测

5.1 检验

5.1.1 同一等级同一批次的苗木作为一个检验批次。

5.1.2 出售苗木时，必须按标准分出等级，并按规定报验。购苗方如发现苗木等级混淆不清、数量不符合要求，可不予验收，须由销售方加以整理后再进行抽样检验。

5.2 抽样

5.2.1 苗木的抽取样品必须具有代表性，检验按规定随机抽样。抽样率按表2执行。

表2 小白杏苗木规格检验的抽样率

小白杏苗木数量（株）	抽样率%
<500	4
501 ~ 1 000	3
1 001 ~5 000	2
>5 000	1

5.2.2　如在检验中发现问题，可以酌情增加抽样数量。

5.2.3　检验时，将不符合规定的苗木检出，按下式计算百分率，精确到 0.1。

$$苗木不合格率（\%）= \frac{单项不合格苗数}{检验总苗数} \times 100 \quad \cdots\cdots\cdots\cdots\cdots\cdots\cdots（1）$$

注：各单项不合格百分率即为该批苗木不合格的百分率。

5.3　允许度

苗木检验允许范围，即对抽取的样本苗木，按照苗木分级要求逐株进行检测，每一个检验批次中单项不合格率≤5%，判该批苗木为合格；当苗木单项不合格率＞5%时，判该批苗木不符合该等级规格要求，为不合格苗木。

5.4　品种纯度和砧木类型的检测

根据植物学特征检验砧木或品种，苗木的品种纯度应＞95%。

$$S（\%）= \frac{P}{P + P'} \times 100 \quad \cdots\cdots\cdots\cdots\cdots\cdots\cdots\cdots\cdots（2）$$

式中：

S——品种纯度%；

P——本品种的苗木株数；

P'——混杂品种的苗木株数。

5.5　检测方法

5.5.1　用游标卡尺测定苗木粗度和侧根粗度，读数精确到 0.05cm；用钢卷尺测量砧段长度和苗木高度，读数精确到 1cm。

5.5.2　苗木调运按 GB 15569 执行。

6　苗木标签

品种名称、砧木类型、苗木数量、苗木等级、产地。标签正面用记号笔填写。

7　包装与运输

7.1　检疫合格的苗木，按照品种、砧木和苗木等级分别包装，并附以标签。

7.2　苗木运输途中要防裸露、雨淋、冻害，并持有苗木质量合格证和植物检疫合格证。

ICS

DB

吐 鲁 番 市 地 方 标 准

DB6521/T 244—2020

新建杏园技术规程

2020 – 06 – 20 发布   2020 – 07 – 15 实施

吐鲁番市市场监督管理局   发 布

前　言

本标准根据 GB/T 1.1—2009《标准化工作导则　第 1 部分标准的结构和编写》进行编写。

本标准由吐鲁番市林果业技术推广服务中心提出。

本标准由吐鲁番市林业和草原局归口。

本标准由吐鲁番市林果业技术推广服务中心负责起草。

本标准主要起草人：周黎明、刘丽媛、武云龙、吾尔尼沙·卡得尔、韩泽云、古亚汗·沙塔尔、吴玉华。

新建杏园技术规程

1 范围

本标准规定了新建杏园的园地规划、园地选择、灌溉系统、道路建设、防护林带设置、授粉树的配置、土壤准备、栽植方式和栽植密度、苗木的栽植时期、苗木栽植方法、苗木栽植后管理等内容。

本标准适用于吐鲁番杏树建园及栽培。

2 规范性引用文件

下列文件中的条款通过本标准中引用成为本标准的条款，凡是注日期的引用文件，仅所注日期的版本适用于本标准。凡是不注日期的引用文件，其最新版本（包括所有的修改单）适用于本文件。

NY/T 391　绿色食品　产地环境质量标准

NY/T 496　肥料合理使用准则

3 术语和定义

下列术语和定义适用于本标准。

定干：苗木栽植后对植株进行修剪，以确定直立的、没有侧枝的主枝。

4 园地选择

4.1 选择壤土或砂壤土地作为苗圃。环境条件符合 NY/T 391 要求。

4.2 杏树栽植应选在村庄附近，以防止花期受到风尘、霜冻的危害；大面积建园时建在排水通气良好的缓坡地、沙滩地，低洼地区一般不宜建园。

4.3 杏园应该建立在交通便利的地方，园址靠近公路或者大道，尤其是以鲜食品种为主的杏园，应靠近城市，临近市场，减少运输过程带来的损失。

5 园地规划

5.1 作业区

根据地形、坡向、气候和土壤性质等因素进行划分作业区，在同一作业小区内，条件好的可每100 亩～150 亩划分一个小区；条件变化较大的，每 50 亩～100 亩划分小区；地形、地势较为复杂的或风害严重的地区，每 20 亩～30 亩划分一个小区。一般小区为长方形，长边与刮风方向垂直，南北向为最佳。

5.2 灌溉渠

设在小区内，要贯穿全园，位置要高，设在果园的一边。在大型杏园或地形变化较大的杏园中，应设置支渠和农渠，两者垂直相连。各级渠的交接处应设置闸门，在渠道与道路的相交处要架设桥梁。在盐碱较重的园地可设置排水系统。

5.3 道路设施

主路贯穿全园，与外部公路相连，内与支路相通。主路宽 5m ~ 8m。干路与主路垂直，宽 4m ~ 6m。支路设果树行间，宽 2m ~ 4m。小型果园只设支路即可。辅助建筑物，结合小区的划分，要规划管理用房、贮藏室、农具室、包装场等建筑设施。

5.4 防护林的设置

防护林树种应选用适应性强、生长快、寿命长、树冠高、枝多冠密、与杏树无共同病虫害并有较高经济价值的树种。适用树种有：小叶白蜡、胡杨、沙枣等。

主林带与常年主风向垂直，主林带设计 4 行 ~ 6 行，3 行 ~ 5 行乔木，1 行灌木；副林带 3 行 ~ 4 行，2 行乔木，1 行灌木，林带栽植行距 1.5m ~ 4.0m，株距 1m ~ 2m。防护林，南面林带距离果树边行不小于 10m，北面林带距离果树边行不小于 7m。

6 品种和授粉树配置

6.1 品种的选择

建园时栽植优良品种，品种选择时应当选择对当地环境条件适应、丰产、抗病果实综合性优良、宜生食或加工、耐贮运、预测市场行情看好的品种。主栽品种可选择小白杏、苏勒坦杏、吊干（树上干杏）、赛买提、胡安娜、克孜郎等。

6.2 授粉树的配置

配置 1 个 ~ 2 个授粉品种，与主栽品种比例以 6 : 1 ~ 8 : 1 为宜，要求授粉品种与主栽品种花期一致，授粉亲和良好，并且果实具有较高的经济价值。

7 园地准备

7.1 土壤要深厚、肥沃，并深翻以 30cm 左右后，每公顷施腐熟有机肥 45 000kg ~ 52 500kg，做畦。

7.2 新建果园如果在往年核果类基地，应彻底清除以往的核果残根，并对土壤进行消毒。

8 栽植

8.1 栽植密度

密植园，株距 3m ~ 4m，行距 4m ~ 5m，每公顷栽植 495 株 ~ 825 株为宜。

8.2 栽植时期

8.2.1 春季栽植：在土壤解冻之后，杏树苗萌发以前进行。一般在 3 月中上旬进行。

8.2.2 秋季栽植：在落叶后，土壤封冻以前进行。

8.3 栽植方法

8.3.1 挖定植穴

先在地面上标明定植点。在定植点上挖长、宽、深 80cm×80cm×80cm 的定植穴。穴中取出的表土和底土分开放置，将表土和基肥混合，先在穴底填入 15cm 厚的碎秸秆然后将腐熟的有机肥与表土混合后回填定植穴中，浇水沉实待植。

8.3.2 苗木定植

将苗木放入定植穴中央使其前后左右对齐，培土 1/3 时，朝上轻轻提苗，使根系自然朝下舒展并与土壤紧密结合，栽植深度以原来苗木的根颈部分稍稍低于土面为宜。栽植嫁接苗时嫁接口需要略高出地面。

9 苗木栽植后的管理

9.1 定植后及时浇水。

9.2 定干：杏苗栽植好之后立即进行定干，定干高度一般为 80cm～100cm 为宜。定干时最上部的剪口芽应保留一个壮芽，剪口距离该芽上方 1.0cm～1.5cm 为宜。

9.3 疏枝：定植苗上枝条较多时，进行疏枝或重短截，较粗壮的枝条距离地面 30cm 以下也要疏除。

9.4 摘心：待新梢长到 45cm 左右时，对选做主枝的新梢进行摘心，加快树冠成形。

10 补植

苗木定植后检查成活情况，发现有死株和病株及时拔除补栽。

11 肥水管理

肥料应符合 NY/T 496 的要求。

11.1 在定植后发芽时，施第一次肥，以后每 15d～20d 追肥 1 次，以氮肥为主，结合磷、钾及有机肥施用。

11.2 5 月中下旬结合施速效氮肥和钾肥进行追施有机肥一次，并灌透水。

11.3 7 月初停止追肥，并适当控水。10 月初施基肥（以有机肥和磷肥为主）。

11.4 第二年于 3 月上旬、4 月中旬、6 月下旬各追肥一次，以氮肥配合磷钾施用，于 10 月初施基肥。

ICS 65.020.01

B 00

中华人民共和国农业行业标准

NY/T 391—2013

代替 NY/T 391—2000

绿色食品 产地环境质量

Green food—Environmental quality for production area

2013－12－13 发布   2014－04－01 实施

中华人民共和国农业部 发布

前　言

本标准按照 GB/T 1.1—2009 给出的规则起草。

本标准代替 NY/T391—2000《绿色食品 产地环境技术条件》，与 NY/T 391—2000 相比，除编辑性修改外主要技术变化如下：

——修改了标准中英文名称；

——修改了标准适用范围；

——增加了生态环境要求；

——删除了空气质量中氮氧化物项目，增加了二氧化氮项目；

——增加了农田灌溉水中化学需氧量、石油类项目；

——增加了渔业水质淡水和海水分类；删除了悬浮物项目，增加了活性磷酸盐项目；修订了 pH 项目；

——增加了加工用水水质、食用盐原料水质要求；

——增加了食用菌栽培基质质量要求；

——增加了土壤肥力要求；

——删除了附录 A。

本标准由农业部农产品质量安全监管局提出。

本标准由中国绿色食品发展中心归口。

本标准起草单位：中国科学院沈阳应用生态研究所、中国绿色食品发展中心。

本标准主要起草人：王莹、王颜红、李国琛、李显军、宫凤影、崔杰华、王瑜、张红。

本标准的历次版本发布情况为：

——NY/T 391—2000。

引　言

绿色食品指产自优良生态环境、按照绿色食品标准生产、实行全程质量控制并获得绿色食品标志使用权的安全、优质食用农产品及相关产品。发展绿色食品，要遵循自然规律和生态学原理，在保证农产品安全、生态安全和资源安全的前提下，合理利用农业资源，实现生态平衡、资源利用和可持续发展的长远目标。

产地环境是绿色食品生产的基本条件，NY/T 391—2000 对绿色食品产地环境的空气、水、土壤等制定了明确要求，为绿色食品产地环境的选择和持续利用发挥了重要指导作用。近几年，随着生态环境的变化，环境污染重点有所转移，同时标准应用过程中也遇到一些新问题，因此有必要对 NY/T 391—2000 进行修订。

本次修订坚持遵循自然规律和生态学原理，强调农业经济系统和自然生态系统的有机循环。修订过程中主要依据国内外各类环境标准，结合绿色食品生产实际情况，辅以大量科学实验验证，确定不同产地环境的监测项目及限量值，并重点突出绿色食品生产对土壤肥力的要求和影响。修订后的标准将更加规范绿色食品产地环境选择和保护，满足绿色食品安全优质的要求。

绿色食品　产地环境质量

1　范围

本标准规定了绿色食品产地的术语和定义、生态环境要求、空气质量要求、水质要求、土壤质量要求。

本标准适用于绿色食品生产。

2　规范性引用文件

下列文件对于本文件的应用是必不可少的。凡是注日期的引用文件，仅所注日期的版本适用于本文件。凡是不注日期的引用文件，其最新版本（包括所有的修改单）适用于本文件。

GB/T 5750.4　生活饮用水标准检验方法　感官性状和物理指标

GB/T 5750.5　生活饮用水标准检验方法　无机非金属指标

GB/T 5750.6　生活饮用水标准检验方法　金属指标

GB/T 5750.12　生活饮用水标准检验方法　微生物指标

GB/T 6920　水质　pH值的测定　玻璃电极法

GB/T 7467　水质　六价铬的测定　二苯碳酰二肼分光光度法

GB/T 7475　水质　铜、锌、铅、镉的测定　原子吸收分光光度法

GB/T 7484　水质　氟化物的测定　离子选择电极法

GB/T 7485　水质　总砷的测定　二乙基二硫代氨基甲酸银分光光度法

GB/T 7489　水质　溶解氧的测定　碘量法

GB 11914　水质　化学需氧量的测定　重铬酸盐法

GB/T 12763.4　海洋调查规范　第4部分：海水化学要素调查

GB/T 15432　环境空气　总悬浮颗粒物的测定　重量法

GB/T 17138　土壤质量　铜、锌的测定　火焰原子吸收分光光度法

GB/T 17141　土壤质量　铅、镉的测定　石墨炉原子吸收分光光度法

GB/T 22105.1　土壤质量　总汞、总砷、总铅的测定　原子荧光法　第1部分：土壤中总汞的测定

GB/T 22105.2　土壤质量　总汞、总砷、总铅的测定　原子荧光法　第2部分：土壤中总砷的测定

HJ 479　环境空气　氮氧化物（一氧化氮和二氧化氮）的测定　盐酸萘乙二胺分光光度法

HJ 480　环境空气　氟化物的测定　滤膜采样氟离子选择电极法

HJ 482　环境空气　二氧化硫的测定　甲醛吸收—副玫瑰苯胺分光光度法

HJ 491　土壤　总铬的测定　火焰原子吸收分光光度法

HJ 503　水质　挥发酚的测定　4-氨基安替比林分光光度法

HJ 505　水质　五日生化需氧量（BOD_5）的测定　稀释与接种法

HJ 597　水质　总汞的测定　冷原子吸收分光光度法

HJ 637　水质　石油类和动植物油类的测定　红外分光光度法

LY/T 1233　森林土壤有效磷的测定

LY/T 1236　森林土壤速效钾的测定

LY/T 1243　森林土壤阳离子交换量的测定

NY/T 53　土壤全氮测定法（半微量开氏法）

NY/T 1121.6　土壤检测　第6部分：土壤有机质的测定

NY/T 1377　土壤 pH 的测定

SL 355　水质　粪大肠菌群的测定—多管发酵法

3　术语和定义

下列术语和定义适用于本文件。

3.1　环境空气标准状态　ambient air standard state

指温度为273K，压力为101.325kPa时的环境空气状态。

4　生态环境要求

绿色食品生产应选择生态环境良好、无污染的地区，远离工矿区和公路、铁路干线，避开污染源。

应在绿色食品和常规生产区域之间设置有效的缓冲带或物理屏障，以防止绿色食品生产基地受到污染。

建立生物栖息地，保护基因多样性、物种多样性和生态系统多样性，以维持生态平衡。

应保证基地具有可持续生产能力，不对环境或周边其他生物产生污染。

5　空气质量要求

应符合表1要求。

表1　空气质量要求（标准状态）

项目	指标		检测方法
	日平均[a]	1 小时[b]	
总悬浮颗粒物，mg/m^3	≤0.30	—	GB/T 15432
二氧化硫，mg/m^3	≤0.15	≤0.50	HJ 482
二氧化氮，mg/m^3	≤0.08	≤0.20	HJ 479
氟化物，mg/m^3	≤7	≤20	HJ 480

[a] 日平均指任何一月的平均指标；

[b] 1 小时指任何一小时的指标。

6 水质要求

6.1 农田灌溉水质要求

农田灌溉用水，包括水培蔬菜和水生植物，应符合表2要求。

表2　　　　　　　　　　　　　农田灌溉水质要求

项目	指标	检测方法
pH	5.5~8.5	GB/T 6920
总汞，mg/L	≤0.001	HJ 597
总镉，mg/L	≤0.005	GB/T 7475
总砷，mg/L	≤0.05	GB/T 7485
总铅，mg/L	≤0.1	GB/T 7475
六价铬，mg/L	≤0.1	GB/T 7467
氟化物，mg/L	≤2.0	GB/T 7484
化学需氧量（COD_{cr}），mg/L	≤60	GB 11914
石油类，mg/L	≤1.0	HJ 637
粪大肠菌群[a]，个/L	≤10 000	SL 355

[a]灌溉蔬菜、瓜类和草本水果的地表水需测粪大肠菌群，其他情况不测粪大肠菌群。

6.2 渔业水质要求

渔业用水应符合表3要求。

表3　　　　　　　　　　　　　渔业水质要求

项目	指标		检测方法
	淡水	海水	
色、臭、味	不应有异色、异臭、异味		GB/T 5750.4
pH	6.5~9.0		GB/T 6920
溶解氧，mg/L	>5		GB/T 7489
生化需氧量（BOD_5），mg/L	≤5	≤3	HJ 505
总大肠菌群，MPN/100mL	≤500（贝类50）		GB/T 5750.12
总汞，mg/L	≤0.000 5	≤0.000 2	HJ 597
总镉，mg/L	≤0.005		GB/T 7475
总铅，mg/L	≤0.05	≤0.005	GB/T 7475
总铜，mg/L	≤0.01		GB/T 7475

（续表）

项目	指标		检测方法
	淡水	海水	
总砷，mg/L	≤0.05	≤0.03	GB/T 7485
六价铬，mg/L	≤0.1	≤0.01	GB/T 7467
挥发酚，mg/L	≤0.005		HJ 503
石油类，mg/L	≤0.05		HJ 637
活性磷酸盐（以P计），mg/L	—	≤0.03	GB/T 12763.4

水中漂浮物质需要满足水面不应出现油膜或浮沫要求。

6.3 畜禽养殖用水要求

畜禽养殖用水，包括养蜂用水，应符合表4要求。

表4 畜禽养殖用水要求

项目	指标	检测方法
色度[a]	≤15，并不应呈现其他异色	GB/T 5750.4
浑浊度[a]（散射浑浊度单位），NTU	≤3	GB/T 5750.4
臭和味	不应有异臭、异味	GB/T 5750.4
肉眼可见物[a]	不应含有	GB/T 5750.4
pH	6.5~8.5	GB/T 5750.4
氟化物，mg/L	≤1.0	GB/T 5750.5
氰化物，mg/L	≤0.05	GB/T 5750.5
总砷，mg/L	≤0.05	GB/T 5750.6
总汞，mg/L	≤0.001	GB/T 5750.6
总镉，mg/L	≤0.01	GB/T 5750.6
六价铬，mg/L	≤0.05	GB/T 5750.6
总铅，mg/L	≤0.05	GB/T 5750.6
菌落总数[a]，CFU/mL	≤100	GB/T 5750.12
总大肠菌群，MPN/100mL	不得检出	GB/T 5750.12

[a] 散养模式免测该指标。

6.4 加工用水要求

加工用水包括食用菌生产用水、食用盐生产用水等，应符合表5要求。

表5   加工用水要求

项目	指标	检测方法
pH	6.5~8.5	GB/T 5750.4
总汞，mg/L	≤0.001	GB/T 5750.6
总砷，mg/L	≤0.01	GB/T 5750.6
总镉，mg/L	≤0.005	GB/T 5750.6
总铅，mg/L	≤0.01	GB/T 5750.6
六价铬，mg/L	≤0.05	GB/T 5750.6
氰化物，mg/L	≤0.05	GB/T 5750.5
氟化物，mg/L	≤1.0	GB/T 5750.5
菌落总数，CFU/mL	≤100	GB/T 5750.12
总大肠菌群，MPN/100mL	不得检出	GB/T 5750.12

6.5 食用盐原料水质要求

食用盐原料水包括海水、湖盐或井矿盐天然卤水，应符合表6要求。

表6   食用盐原料水质要求

项目	指标	检测方法
总汞，mg/L	≤0.001	GB/T 5750.6
总砷，mg/L	≤0.03	GB/T 5750.6
总镉，mg/L	≤0.005	GB/T 5750.6
总铅，mg/L	≤0.01	GB/T 5750.6

7 土壤质量要求

7.1 土壤环境质量要求

按土壤耕作方式的不同分为旱田和水田两大类，每类又根据土壤 pH 的高低分为三种情况，即 pH < 6.5、6.5≤pH≤7.5、pH > 7.5。应符合表7要求。

表7   土壤质量要求

项目	旱田			水田			检测方法
	pH < 6.5	6.5≤pH≤7.5	pH > 7.5	pH < 6.5	6.5≤pH≤7.5	pH > 7.5	NY/T 1377
总镉，mg/L	≤0.30	≤0.30	≤0.40	≤0.30	≤0.30	≤0.40	GB/T 17141
总汞，mg/L	≤0.25	≤0.30	≤0.35	≤0.30	≤0.40	≤0.40	GB/T 22105.1
总砷，mg/L	≤25	≤20	≤20	≤20	≤20	≤15	GB/T 22105.2

（续表）

项目	旱田			水田			检测方法
	pH<6.5	6.5≤pH≤7.5	pH>7.5	pH<6.5	6.5≤pH≤7.5	pH>7.5	NY/T 1377
总铅，mg/L	≤50	≤50	≤50	≤50	≤50	≤50	GB/T 17141
总铬，mg/L	≤120	≤120	≤120	≤120	≤120	≤120	HJ 491
总铜，mg/L	≤50	≤60	≤60	≤50	≤60	≤60	GB/T 17138

注1：果园土壤中铜限量值为旱田中铜限量值的2倍。

注2：水旱轮作的标准值取严不取宽。

注3：底泥按照水田标准执行。

7.2 土壤肥力要求

土壤肥力按照表8划分。

表8 土壤肥力分级指标

项目	级别	旱地	水田	菜地	园地	牧地	检测方法
有机质，g/kg	Ⅰ	>15	>25	>30	>20	>20	NY/T 1121.6
	Ⅱ	10~15	20~25	20~30	15~20	15~20	
	Ⅲ	<10	<20	<20	<15	<15	
全氮，g/kg	Ⅰ	>1.0	>1.2	>1.2	>1.0	—	NY/T 53
	Ⅱ	0.8~1.0	1.0~1.2	1.0~1.2	0.8~1.0	—	
	Ⅲ	<0.8	<1.0	<1.0	<0.8	—	
有效磷，mg/kg	Ⅰ	>10	>15	>40	>10	>10	LY/T 1233
	Ⅱ	5~10	10~15	20~40	5~10	5~10	
	Ⅲ	<5	<10	<20	<5	<5	
速效钾，mg/kg	Ⅰ	>120	>100	>150	>100	—	LY/T 1236
	Ⅱ	80~120	50~100	100~150	50~100	—	
	Ⅲ	<80	<50	<100	<50	—	
阳离子交换量，cmoL（+）/kg	Ⅰ	>20	>20	>20	>20	—	LY/T 1243
	Ⅱ	15~20	15~20	15~20	15~20	—	
	Ⅲ	<15	<15	<15	<15	—	

注：底泥、食用菌栽培基质不做土壤肥力检测。

7.3 食用菌栽培基质质量要求

土培食用菌栽培基质按7.1执行，其他栽培基质应符合表9要求。

表9   食用菌栽培基质要求

项目	指标	检测方法
总汞，mg/kg	≤0.1	GB/T 22105.1
总砷，mg/kg	≤0.8	GB/T 22105.2
总镉，mg/kg	≤0.3	GB/T 17141
总铅，mg/kg	≤35	GB/T 17141

中华人民共和国出入境检验检疫行业标准

SN/T 2960—2011

水果蔬菜和繁殖材料处理技术要求

Technical requirements for dis-infestation of fruit,
vegetable and propagation materials

2011 - 05 - 31 发布

2011 - 12 - 01 实施

中 华 人 民 共 和 国
国家质量监督检验检疫总局

发 布

前　言

本标准按照 GB/T 1.1—2009 给出的规则起草。

本标准由国家认证认可监督管理委员会提出并归口。

本标准起草单位：中华人民共和国辽宁出入境检验检疫局、中国检验检疫科学院、中华人民共和国宁波出入境检验检疫局、中华人民共和国江苏出入境检验检疫局。

本标准主要起草人：姜丽、王有福、葛建军、顾建锋、粟寒、刘伟、王秀芬。

水果蔬菜和繁殖材料处理技术要求

1 范围

本标准规定了水果蔬菜和繁殖材料冷处理、热处理、溴甲烷熏蒸处理和辐照处理等除害处理技术指标。

本标准适用于进出口水果蔬菜和繁殖材料冷处理、热处理、溴甲烷熏蒸处理和辐照处理等检疫除害处理。

2 规范性引用文件

下列文件对于本文件的应用是必不可少的。凡是注日期的引用文件，仅注日期的版本适用于本文件，凡是不注日期的引用文件，其最新版本（包括所有的修改单），适用于本文件。

SN/T 1123 帐幕熏蒸处理操作规程

SN/T 1124 集装箱熏蒸规程

SN/T 1143 植物检疫 简易熏蒸库熏蒸操作规程

3 术语和定义

下列术语和定义适用于本文件。

3.1 植物繁殖材料 plant propagating materials

用于繁殖的植物全株或部分，如植株、苗木、种子、砧木接穗、插条、块根、块茎、鳞茎、球茎等。

3.2 冷处理 cold treatment

按照官方认可的技术规范，对货物降温直到该货物到达并维持规定温度直至满足规定时间的过程。

3.3 出口前冷处理 pre – export cold treatment

借助冷处理设施在货物出口运输前进行的冷处理。

3.4 运输途中冷处理 intransit cold treatment

借助冷藏集装箱在货物运输途中进行的冷处理。

3.5 热处理 heat treatment

按照官方认可的技术规范，对货物加热直到该货物达到并维持规定温度直至满足规定时间的过程。

3.6　蒸汽热处理　steam – heated treatment

利用热饱和水蒸气使货物的温度提高到规定的要求，并在规定的时间内使温度维持在稳定状态，通过水蒸气冷凝作用释放出来的潜热，均匀而迅速地使被处理的水果升温，使可能存在于果实内部的昆虫死亡的处理方法。主要用于控制水果中的实蝇或其他寄生性幼虫。

3.7　热水处理　hot water treatment

利用样品与有害生物耐热性的差异，选择适宜的水温和处理时间以杀死害虫而不损害处理样品的处理方法。主要用于鳞球茎、植株及植物繁殖切条上的线虫和其他有害生物以及带病种子的处理。

3.8　熏蒸　Fumigation

借助于熏蒸剂一类的化学药剂，在一定的时间和密闭空间内将有害生物杀灭的技术或方法。

3.9　辐照处理　irradiation treatment

用低剂量 γ 射线辐照新鲜水果和蔬菜，使水果蔬菜中携带或可能携带的害虫不育或不能羽化，从而达到消灭害虫的目的。

4　仪器、用具和试剂

冷处理和热处理：温度探针、标准温度计、记录仪、保温器皿、电子天平、恒温水浴箱。
熏蒸处理：熏蒸处理仪器和用具见 SN/T 1124、SN/T 1123 和 SN/T 1143，溴甲烷。
辐照处理：商业钴 60 辐照源，γ 射线计数器。

5　处理技术要素

5.1　冷处理

5.1.1　运输途中冷处理
5.1.1.1　处理设施要求
运输途中冷处理应在冷藏集装箱（俗称冷柜）中进行。冷藏集装箱应是自身（整体）制冷的运输集装箱，具有能达到和保持所需温度的制冷设备。
5.1.1.2　记录仪要求
5.1.1.2.1　温度探针和温度记录仪的组合应符合相关标准要求，能容纳所需的探针数。

5.1.1.2.2　能够记录并贮存处理过程的数据，应至少每小时记录所有探针一次，且达到对探针所要求的精度。

5.1.1.2.3　能下载并打印包含每个探针号码、时间、温度及记录仪和集装箱的识别号等信息。
5.1.1.3　装柜
货物装入冷藏集装箱之前，要低温保存。果肉温度要求在4℃或以下。整个柜内货物包装箱堆放高度要尽可能保持同一水平状态，且不能超出冷柜内标志的红色警戒线，装货时需确保托盘底部与托盘间有等同的气流，包装箱堆叠应松散。

5.1.1.4　温度探针的校正

按附录 A 的方法对探针进行校正。

5.1.1.5　探针的安插

5.1.1.5.1　每个冷藏集装箱至少应安插 3 个果温探针和 2 个空间温度探针。

5.1.1.5.2　果温探针安插方法见附录 B。

5.1.1.5.3　果温探针的安置位置分别是：

——一个安在集装箱内货物首排顶层中央位置；

——一个安在距冷藏集装箱门 1.5m（40ft 标准集装箱）或 1m（20ft 标准集装箱）的中央，并在所装货物高度一半的位置；

——一个安在距集装箱门 1.5m（40ft 标准集装箱）或 1m（20ft 标准集装箱）的左侧，并在货物高度一半的位置。

5.1.1.5.4　空间温度探针分别安置在集装箱的入风口和回风口处。

5.1.1.5.5　所有探针的安插应在获得授权的检疫员的监督或指导下进行。

5.1.1.6　冷藏集装箱的封识

装好待处理货物后，由检疫员用编码封条对冷藏集装箱的门进行封识。

5.1.1.7　处理技术指标

进出口水果冷处理技术指标分别见表 1 和表 2。

表1　　　　　　　　　　　　　出口水果冷处理技术指标

序号	水果种类	输往国家	有害生物	处理技术指标*
1	荔枝	澳大利亚	实蝇 *Tephritidae*	≤0℃（32°F）　10d； 或≤0.56℃（33°F）　11d； 或≤1.11℃（34°F）　12d； 或≤1.67℃（35°F）　14d
2	龙眼	澳大利亚	实蝇 *Tephritidae*	≤0.99℃　13d； 或≤1.38℃　18d
3	龙眼或荔枝	澳大利亚	实蝇 *Tephritidae* 荔枝蒂蛀虫（*Conopomorpha sinensis*）	≤1℃　15d； 或≤1.39℃　18d
4	荔枝和龙眼	美国	桔小实蝇（*Bactrocera dosalis*） 荔枝蒂蛀虫（*Conopomorpha sinensis*）	≤1℃　15d； 或≤1.39℃　18d
5	鲜梨	美国		≤0.0℃　10d； 或≤0.56℃　11d； 或≤1.11℃　12d； 或≤1.67℃　14d
6	鲜梨	墨西哥	食心虫类害虫	0℃±0.5℃　40d

* 表中的时间均为连续时间。

表2   **进口水果冷处理技术指标**

序号	产地	水果种类	有害生物	处理技术指标*
1	墨西哥、哥伦比亚	葡萄柚、红桔、李、柑桔	墨西哥实蝇（*Anastrepha ludens*）	≤0.56℃　18d； 或≤1.11℃　20d； 或≤1.66℃　22d
2	秘鲁	葡萄	实蝇 *Tephritidae*	≤1.5℃　19d
3	阿根廷	苹果、杏、樱桃、葡萄、李、梨	按实蝇属 *Anastrepha spp.*	≤0.0℃　　11d； 或≤0.56℃　13d； 或≤1.11℃　15d； 或≤1.66℃　17d

＊表中的时间均为连续时间。

5.1.1.8　处理的启动与冷处理报告的寄送

可以任何时间启动记录。但是只有所有果温探针都达到指定的温度时，才能正式开始计算处理时间。冷处理温度记录由船运公司负责下载，提交入境港口的检验检疫机构。一些海上航行可能使得冷处理在船运到达相应口岸之前就已完成，可允许在途中下载温度等记录并传送到对方国家或地区以便审核；但在对方国家或地区检验检疫部门完成温度探针再校正前，不能认为该处理有效。因此，是否在到达对方国家或地区相应口岸之前中止冷处理（如：逐渐提升运输温度）是一个商业决定。如果处理未能完成的，或上述处理失败时，处理可以在抵达后完成。

5.1.1.9　结果判定

经核查，符合相应的处理技术指标要求和操作要求，加之处理后现场检疫和样品检测结果符合要求的，判定为冷处理有效。有不符合上述要求的，判定为冷处理无效。

5.1.2　设施内冷处理

5.1.2.1　处理设施要求

出口前冷处理设施需经注册（参见附录C），且具有能达到和保持所需温度的制冷设备，并配有足够数量的探针。

5.1.2.2　记录仪要求

同5.1.1.2。

5.1.2.3　探针的校正

在处理开始前，应按照附录A的方法对探针进行校正。在处理结束后，探针应按附录A的方法再校正，校正记录应备案以备审核。

5.1.2.4　货物装置

货物应按相关要求包装好，并进行预冷。货物装入处理室时应松散堆叠，并确保托盘底部与托盘间有充足的气流。

5.1.2.5　探针要求的安置

5.1.2.5.1　至少用2个探针（分别在入风口和回风口）测量室温，至少要安插以下4个探针测量鲜果的温度。

5.1.2.5.2　果温探针安插方法见附录B。

5.1.2.5.3　果温探针的位置如下：

——一个位于冷处理室中部所装货物的中心；

——一个位于冷处理室中部所装货物顶层的角落；

——一个位于所装货物中部近回风口处；

——一个位于所装货物顶层近回风口处。

5.1.2.5.4　室温探针分别安置在入风口和回风口附近处。

5.1.2.5.5　所有探针的安置应在获得授权的检疫员的监督或指导下进行。

5.1.2.6　处理技术指标

见表1。

5.1.2.7　处理及结束要求

5.1.2.7.1　可随时启动记录，当所有果温探针都达到5.1.1.7指定的温度时，处理时间才能正式开始计算。

5.1.2.7.2　当只用最小数量的探针时，如果有任何探针连续超出4h失效，则该处理无效，应重新开始。

5.1.2.7.3　如果处理记录表明各处理参数符合5.1.1.7处理技术指标要求，当地检验检疫机构可以授权结束处理。

5.1.2.8　冷处理记录的填写

下载、打印输出的温度记录要有适当的数据统计。当地检验检疫机构应在确认某处理成功之前背书上述记录和统计值，且应按对方要求，能提供上述背书的记录以供审核。

5.1.2.9　结果判定

经核查，符合相应的处理技术指标要求和操作要求，加之处理后现场检疫和样品检测结果符合要求的，判定为冷处理有效。有不符合上述要求的，判定为冷处理无效。

5.2　热处理

5.2.1　处理技术指标

水果和繁殖材料热处理技术指标分别见表3和表4。

表3　　　　鳞球茎、块根、块茎等繁殖材料热水处理技术指标

序号	繁殖材料种类	处理技术指标		有害生物
		水温℃（°F）	时间 min	
1	蛇麻草地下茎	50（122）	10	美洲剑线虫
		51.7（125）	5	*Xipinema americanum*
2	马铃薯块茎	45.5（114）	120	爪哇根结线虫 *Meloidogyne javanica*
		45~50	60	最短短体线虫 *Pratylenchus brachyurus*
3	大丽花属、芍药属、块茎（polyantkes）	47.8（118）	30	根结线虫 *Meloidogyne spp.*

◎ 吐鲁番杏标准体系

表4   水果热处理技术指标

序号	处理类型	处理技术指标	适合处理的果实种类	有害生物
1	蒸汽热处理	1. 逐步提高处理设施温度，使果肉中心温度在8h内达43.3℃（110°F）；将果肉中心温度保持在43.3℃或以上并维持6h	葡萄柚 芒果 柑桔类	墨西哥实蝇 *Anastrepha ludens*
		2. 提高处理设施温度，使果肉在6h内达到43.3℃（其中前2h要迅速提温；后4h逐渐加温）；保持果心温度43.3℃ 4h		
		3. 以44.4℃（112°F）饱和水蒸气，在规定时间内使果温达到约44.4℃，保持果温在44.4℃ 8.75h，然后立即冷却	番木瓜 山番木瓜	地中海实蝇 *Ceratitis capitata* 桔小实蝇 *Bactrocera dosalis* 瓜实蝇 *Bactrocera cucurbitae*
		4. 使荔枝果肉温度升达30℃（86°F）；在50min内，使荔枝果肉温度从30℃上升到41℃（106°F）；让果肉温度继续上升到46.5℃（116°F）（此时库内饱和水蒸气温度在46.6℃或以上）并维持10min（完成蒸热处理后过冰水槽降温）	荔枝	桔小实蝇
2	强制热空气处理	1）处理开始时的果肉温度需在21.1℃（77°F）或以上； 2）加热使处理室中气流温度达40℃（104°F），并维持120min； 3）继续加热，使气流温度达到50℃（122°F），并维持90min； 4）再加热，使气流温度达到52.2℃（126°F），维持该温度直至果心温度达47.8℃（118°F）	葡萄柚（适用于早熟和中熟品种；且直径≥9cm、质量≥262g）	墨西哥实蝇
		加热使处理室中的气流温度达到50℃。维持该温度直至果心温度达47.8℃时，即可结束处理（具体处理时间依据果实大小及同批处理量而定）	芒果（适用于果实直径在8cm~14cm；果实质量不超过700g）	墨西哥实蝇 西印度实蝇 *Anastrepha obliqua* 暗色实蝇 *Anastrepha serpentina*

194

序号	处理类型	处理技术指标	适合处理的果实种类	有害生物
3	热水处理	1）处理开始时的果肉温度需在21.1℃或以上； 2）处理的水温为46.1℃； 3）处理时间依该批最大果实的质量而定，如： —≤500g，处理75min； —≥500g和<700g，处理90min； —≥700g和<900g，处理110min； 4）在处理过程中，前5min水温可允许降到45.4℃；5min结束时，水温应恢复到46.1℃或以上； 5）整个过程，水温在45.4℃～46.1℃之间的时间累积不能超过10min（75min的处理）或15min（90min的处理）或20min（110min的处理）	芒果	地中海实蝇 按实蝇属 *Anastrepha spp.*

5.2.2 处理设施要求

热处理设施应位于相应的包装厂内，并经当地检验检疫机构注册（参见附录E）。热水处理设施应包括大容量热水加热、绝热系统和水循环系统，保证热水处理过程中水温的稳定。蒸汽热处理设施应包括热饱和蒸汽发生装置、蒸汽分配管和气体循环风扇、温度监测系统等。

5.2.3 记录仪要求

5.2.3.1 能够连接所需的探针数。

5.2.3.2 能够记录并贮存处理过程的数据，直到该数据信息得到查验和确认。

5.2.3.3 能按一定的时间间隔（如每隔2min）记录一次所设探针的温度；记录显示的精确度为0.1℃。

5.2.3.4 能打印输出每个探针在各设定时间中的温度，同时打印出相应记录仪的识别号。

5.2.4 操作技术要求

5.2.4.1 探针的校正

在处理季节，应每天对探针进行校正。探针的校正方法见附录D。

5.2.4.2 探针安置要求

5.2.4.2.1 每一处理设施的探针数将依处理设施的品牌和样式而定。用筐浸处理的每个热水处理池至少安装2个温度探针，连续处理的则至少安装10个温度探针（其中3个为果温探针）。

5.2.4.2.2 果温探针的安插方法见附录B。

5.2.4.2.3 果肉探针安置时，需同时考虑上层、中层和下层果肉温度。

5.2.4.3 处理的启动与结束

5.2.4.3.1 处理样品应根据要求按质量和（或）大小分级，分别进行处理。

5.2.4.3.2 针对热水处理，处理样品应浸在处理池水面10cm以下。

5.2.4.3.3 当温度探针和果温探针达到所需处理温度时，开始计时。

5.2.4.3.4 在规定的处理温度或以上并维持到所需的时间时，处理便可结束。

5.2.5 结果判定

经核查，符合相应的处理技术指标要求和操作要求，加之处理后现场检疫和样品检测结果符合要求的，判定为热处理有效。有不符合上述要求的，判定为热处理无效。

5.3 熏蒸处理

5.3.1 处理技术指标

水果蔬菜和繁殖材料溴甲烷（熏蒸室或帐幕）常压熏蒸处理技术指标见表5～表7。

表5 　　　　　　　　　　　　　　水果溴甲烷熏蒸处理技术指标

序号	水果种类	有害生物	温度 ℃（℉）	计量 g/m³	密闭时间 h	最低浓度 g/m³			随后冷处理		
						0.5h	2h	4h		温度 ℃	时间 d
1	鳄梨	地中海实蝇（*Ceratitis capitata*）、桔小实蝇（东方果）（*Bactrocera dorsalis*）、瓜（大）实蝇（*Bactrocera cucurbitar*）	≥21.1（70）	32	4	26	16	14			
2	葡萄柚	按实蝇属（*Anastrepha spp.*）	21～29.5	40	2						
3	草莓	外食性害虫	≥26.7	24	2	19	14				
			21～26	32	2	26	19				
			15.5～20.5	40	2	32	24				
			10～15	48	2	38	29				
4	苹果梨葡萄	淡褐卷蛾（*Epiphyas spp.*）	≥10	24	2	23	20		0.55	21	
			4.5～9.5	32	2	30	25				

注1：冷藏处理前通风2h左右。

注2：熏蒸结束与冷藏处理之间间隔不超过24h。

表6 　　　　　　　　　　　　　　蔬菜溴甲烷熏蒸处理技术指标

序号	蔬菜种类	有害生物	温度 ℃	剂量 g/m³	密闭时间 h	最低浓度 g/m³	
						0.5h	2h
1	南瓜、黄瓜	外食性害虫	≥26.7	24	2	19	14
			21.1～26.1	32	2	26	19
			15.6～20.6	40	2	32	24

（续表）

序号	蔬菜种类	有害生物	温度 ℃	剂量 g/m³	密闭时间 h	最低浓度 g/m³	
						0.5h	2h
2	绿色豆荚蔬菜（四季豆、菜豆、长豇豆、豌豆、木豆和扁豆）	小卷蛾（*Cydia fabivora*）、夜小卷蛾（*Epinotia aporema*）、豆荚（野）螟（*Maruca testulalis*）、豆荚卷叶蛾（*Lespeyresia legume*）	≥26.5	24	2	19	14
			21~26	32	2	26	19
			15.5~20.5	40	2	32	24
			10~15	48	2	38	29
			4.5~9.5	56	2	48	38

表7　　　　　　　　　　　　　　　繁殖材料溴甲烷熏蒸处理技术指标

序号	繁殖材料种类	有害生物	温度 ℃	剂量 g/m³	密闭时间 h	最低浓度 g/m³		
						0.5h	2h	24
1	水仙属	球茎狭跗线螨 *Steneotarsonem luticeps*	32.5~35.6	48	2			
			26.7~31.7	56	2			
			21.1~26.1	64	2			
			15.6~20.6	64	2.5			
			10.0~15.0	64	3			
			4.4~9.4	64	3.5			
2	百合鳞茎	钻蛀性害虫	32.2~35.6	32	3			
			26.7~31.7	40	3			
			21.1~26.1	48	3			
			15.6~20.6	48	3.5			
			10.0~15.0	48	4			
			4.4~9.4	48	4.5			
3	棉籽	表面害虫	≥15.6	80	24	40	40	20
			4.4~15.0	96	24	48	48	24

注1：冷藏处理前应通风2h左右。

注2：熏蒸结束与冷藏处理之间、间隔不超过24h。

注3：装载容量50%。

5.3.2　操作技术要求

5.3.2.1　帐幕熏蒸：按 SN/T 1123 操作。

5.3.2.2　集装箱熏蒸：按 SN/T 1124 操作。

5.3.2.3　简易熏蒸库熏蒸：按 SN/T 1143 操作。

5.3.3　结果判定

经核查，符合相应的处理技术指标要求和操作要求，加之处理后现场检疫和样品检测结果符合要求的，判定为熏蒸处理有效。有不符合上述要求的，判定为熏蒸处理无效。

5.4　辐照处理

5.4.1　处理技术指标

处理技术指标见表8。

表8　　　　　　　　　　　　　　　γ 射线低剂量辐照处理

序号	水果蔬菜	害虫	辐射均匀度 %	剂量 Gy
1	各种水果蔬菜	寡毛实蝇（*Dacus spp.*） 地中海实蝇（*Ceratitis capitata*）等检疫性实蝇	16～18	150～300
2	芒果	芒果象甲 （*Sternochetus frigidus S. mangiferae S. olivieri*）	16～18	400～700

注：具体剂量根据货物种类及其大小、外形、包装不同而定。

5.4.2　处理要求

用 γ 射线低剂量辐照，辐照不均匀度低于18%，剂量率 10Gy/min～30Gy/min。处理时不需拆包。

5.4.3　结果判定

经核查，符合相应的处理技术指标要求和操作要求，加之处理后现场检疫和样品检测结果符合要求的，判定为辐照处理有效。有不符合上述要求的，判定为辐照处理无效。

附录 A
（规范性附录）
冷处理温度探针的校正

A.1 将碎冰块放入保温器皿内，然后加入洁净的水，直至冰和水的体积比约为 1 : 1，制成冰水混合物。

A.2 将标准温度计（经国家标准机构校正）与待校正的探针同时插入冰水混合物中，并不断搅动冰水，当标准温度计显示的温度达到 0℃时，记录探针显示的温度。

A.3 按上述方法，重复校正 3 次。

A.4 探针读数的精确度需达到 0.1℃；同一探针至少 2 次连续的重复校正读数应一致，并以该读数作为校正值，任何读数超出 0℃ ±0.3℃的探针都应更换。

附录 B
（规范性附录）
果温探针的安插

B.1 果温探针需安插在每批处理果实中的最大果实。

B.2 探针插入果肉的方位尽可能与果核方位平行。

B.3 探针感温部分插入果肉中心部位但不能触到果核。

附录C
（规范性附录）
冷处理处理设施注册要求

C.1 由出口国的检验检疫机构对处理设施进行注册管理。

C.2 注册每年审核一次，且需保留或能提供以下内容的文件：

——所有设施的位置以及所有者/操作者的详细联系方式；

——设施的尺寸及容量；

——墙壁、天花板和地板的隔热类型；

——制冷压缩机及蒸发机/空气循环系统的牌子、样式、类型和容量等。

第三部分　栽培管理

ICS

DBN

吐 鲁 番 市 农 业 地 方 标 准

DBN6521/T 180—2018

吐鲁番杏栽培技术规程

2018 –10 –30 发布   2018 –11 –10 实施

吐鲁番市质量技术监督局   发 布

前　言

本标准根据 GB/T 1.1—2009《标准化工作导则　第 1 部分标准的结构和编写》和 DB65/T 2035.2—2003《标准体系工作导则第 2 部分农业标准体系框架与要求》编写。

本标准由吐鲁番市林果业技术推广服务中心提出。

本标准由吐鲁番市林业局归口。

本标准由吐鲁番市林果业技术推广服务中心负责起草。

本标准主要起草人：罗闻芙、古亚汗·沙塔尔、周慧、周黎明、武云龙。

吐鲁番杏栽培技术规程

1 范围

本规程规定了杏建园的园地选择、园地规划、土地平整、土壤改良、品种选择、苗木定植、整形修剪、花果管理、水肥管理、防冻害技术等要求。

本规程适用于吐鲁番及相近气候区域的杏树栽培。

2 规范性引用文件

下列文件对于本文件的应用是必不可少的。凡是注日期的引用文件，仅所注日期的版本适用于本文件。凡是不注日期的引用文件，其最新版本（包括所有的修改单）适用于本文件。

DB 65/T 591　杏苗木

NY/T 394　绿色食品　肥料使用准则

3 定义

3.1 主栽品种

按当地自然条件及产品用途而选用的主要栽培品种。

3.2 授粉品种

为确保主栽品种有较高坐果率而配置的其他提供花粉的品种。

3.3 幼树期

定植后以长树为主的时期。

3.4 盛果期

果实产量达到最高稳定的树龄时期。

3.5 衰老期

树体生长变弱，骨干枝下垂，树冠内部光秃，产量及品质下降的时期。

4 园地选择

4.1 园址

土壤、水源、空气无污染及其他不利条件，需考虑交通运输及销售加工条件，地形较平整，有灌溉条件。

4.2 气候

年平均气温 6℃ ~ 14℃，最冷月平均气温 –11℃ 以上，极端最低气温 –24℃ 以上。年日照时数 1 800h ~ 3 400h，无霜期 100d ~ 350d，降雨量 50mm ~ 1 600mm。

4.3 土壤

建园时应选用地势平坦、土层深厚达 1.5m 以上、排水良好、地下水位 2.0m 以下、没有长时间积水和盐碱较轻的沙质壤土。

4.4 品种选择

根据气候、土壤及品种特性，同时考虑生产目的、市场销售等因素，选择不同类型的品种，确定主栽品种，并合理配置成熟期，以符合鲜食、加工需要。

5 园地规划

面积较大时要划分成小区，小区面积 40 亩 ~ 50 亩为宜。留出灌排系统、道路、房舍、防护林带等位置。

6 土地平整和土壤改良

定植前对土地进行平整，使坡度小于 3%，坡向便于灌溉。如土壤条件不符合本标准 4.3 的要求，需进行改良。

7 苗木定植

7.1 定植时间

以春季土壤解冻后至杏树萌芽前栽植为主，具体时间为 3 月中旬；秋季以杏树落叶休眠后至土壤封冻前栽植，具体时间为 11 月中旬。

7.2 授粉品种

授粉品种与主栽品种的比例为 1∶8，采用梅花式配置。授粉树宜采用花粉量较多、花期与主栽品种一致或早于主栽品种 1d ~ 2d、花期较长的品种。

7.3 苗木准备及栽前处理

按栽植计划培育或购置足够的优质嫁接苗。苗木质量按 DB 65/T 591 中的规定执行。当地产苗木，应边起边栽植。外地运入的苗木，在运输和存放期间必须严防风干、霉烂、混杂、整形带内芽眼破损及鼠害等。栽植前对苗木进行修剪，剪除干枯、霉烂、劈裂伤残部分，并用水浸泡根部 24h，可用生根粉处理。

7.4 行向

根据地势和土地方位而定，以南北行向为宜，山坡地、丘陵地栽植行宜沿等高线延伸。

7.5 栽植密度

常见行距5m~6m，株距4m~5m。

7.6 栽植穴

先开沟，再于沟中挖穴栽植，沟宽0.8m、深0.2m，穴直径0.6m、深0.6m。

7.7 基肥

栽植时每株施腐熟有机肥15kg，复合肥0.2kg。事先于栽植穴旁与等量表土拌匀备用。

7.8 栽植要求

严格按照"三埋、两提、一踩"植树要求，将处理好的苗木按规划品种位置定植穴旁，将拌好的粪土混合物填置穴深的二分之一，再将苗木垂直摆放于穴中央，使根茎与地面相平，根系充分舒展，然后边填土，边抖动根系，边踏实，填至与地面相平后随即开出浇水树沟、小渠，并用地膜覆盖定植穴，浇一次透水，将歪斜苗木扶正后再补浇一次水。

8 水肥管理

8.1 灌溉

根据杏树生长发育需要于花前灌水一次，果实膨大期两次，采收后隔20d灌水一次，土壤封冻前灌水一次。

8.2 施肥

8.2.1 基肥

秋季10月施入有机肥，幼树施用量20kg/株~40kg/株，盛果期为40kg/株~60kg/株，坑施或沟施均可，可适当施入无机肥，无机肥按NY/T 394中的规定执行。每亩施入复合肥20kg~30kg。

8.2.2 追肥

花后至果实膨大期沟施以氮肥为主的氮磷钾肥，成熟期施磷钾肥。花后喷施叶面肥磷酸二氢钾。

9 整形和修剪

9.1 幼树整形修剪

9.1.1 定干

栽植后进行定干，高度50cm~70cm，剪口下留5个~6个芽或枝培养成主枝，多余的芽枝剪除。

9.1.2 整形

主干高度0.5m左右，主干上着生3个~4个均匀错开的主枝，主枝的基角45°~50°。在每个主枝上着生 3 个~4 个侧枝，沿主枝左右排开，侧枝的前后距离 0.5m 左右，侧枝上着生短果枝和结果枝组。

9.1.3 修剪

9.1.3.1 培养骨干枝

使全树枝干主次分明，即主干、主枝、侧枝，依次减弱。通过拉、撑、里芽外蹬、背后枝换头等整形手段开张角度，干高 0.6m，基部保持主枝 3 个~4 个，角度控制在 60°，每主枝上两侧或背后交错分布。侧枝间距 60cm，侧枝角度大于支柱角度，侧枝上培养长中短不等的结果枝组，促使中部及内膛多发枝，短截延长枝。

9.1.3.2 培养结果枝组

培养小枝，增加枝量，对强枝先截后放，夏季摘心，结果后回缩，疏除延长枝，不断更新枝组，长、中、短果枝合理搭配，充分利用长枝轻截缓放，培养背下枝、两侧及背上枝组，弥补空间。

9.2 盛果期的修剪

9.2.1 夏季修剪

果实采收后进行，疏除过密枝、徒长枝，对主枝背上强旺枝要疏除，通过拉、撑、吊等措施开张角度，平衡树势。

9.2.2 冬季修剪

秋季落叶后至春季萌芽前进行。调整或维持树形骨架结构，培养各级骨干枝，扩大树冠体积。调整优化各类结果枝组，分布合理，错落有致，通风透光。疏除密挤枝，回缩过长、过弱枝，更新复壮。

9.3 衰老期的修剪

首先去掉树冠内多余的、分布不合理的、有病虫害的和受损伤的枝条，然后回缩衰弱的多年生枝，一次性回缩到 3 年~4 年生枝，对结果枝组进行更新修剪。

10 花果管理

根据树龄、枝量、花芽量的多少，疏除串花、弱花，达到合理负载。当花量过少或花期气候条件恶劣的年份，需采取保花保果措施。

10.1 增强树势

加强肥水管理，及时防治病虫害。开展生长期修剪，改善树冠通风透光，增加树体贮藏营养。

10.2 人工辅助授粉

采集花粉：在授粉前 2d~3d，采集多品种大气球期花蕾，摘取花药，混合在一起放在光面纸上摊薄阴干，温度保持在 20℃~25℃。1d~2d 后花药开裂散出花粉，将其装入干燥小瓶内，0℃~5℃条件下避光保存备用。还可以从内地购置花粉备用。

人工辅助授粉：在杏树盛花期，将花粉与滑石粉或淀粉按体积 1∶100 的比例混合均匀，用喷粉器喷授。或者按花粉∶葡萄糖∶尿素∶硼酸∶水 = 1∶1∶1∶1∶500 的比例配置成花粉液，混匀后用喷雾器喷授。做到随配粉剂随喷授，喷施均匀。

10.3 花期放蜂

在开花前几天将蜂箱放入杏园内，放蜂 2 箱/亩～3 箱/亩。放蜂期间禁止施用农药，以免造成蜜蜂受害。

10.4 喷施微量元素

在盛花期和幼果期向树冠各均匀喷一次 150mL/L～200mL/L 的硼肥或 0.2%～0.3% 磷酸二氢钾，促进提高坐果率。

11 防冻害技术

11.1 防冻害措施

11.1.1 培土保温
对于 3 年生以下的幼树，采取树干冬季培土（土壤封冻前），培土高度 20cm 以上。

11.1.2 树干涂白
将硫磺、食盐、植物油、生石灰、水按 2.5：1：1：50：200 的重量比配制；生石灰加水溶化后，将硫磺粉与食盐倒入石灰液中，并加入植物油脂和水，充分拌匀。在主干及主枝基部均匀涂白。

11.1.3 树体越冬保护处理
对幼龄树采用麻袋片、布条、毛毡、稻草等防寒物，包扎主干，也可喷施抗寒保护剂。

11.2 花期防霜

11.2.1 熏烟材料
锯末、刨花、杂草、落叶、枯枝及圈渣等。

11.2.2 熏烟方法
将熏烟的材料放置杏园的上风口处，外面覆盖一层薄土，每亩 4 堆～6 堆，每堆 40kg～60kg。当气温降至 1℃ 时，开始点火熏烟。

12 土壤管理

12.1 间作

杏树可间作孜然、棉花等矮秆经济作物。

12.2 中耕除草

4～8 月每次浇水后，对杏园树盘及时中耕除草，保持土壤松散，中耕深度 15cm～20cm。

12.3 土壤深翻

深秋或早春结合施基肥对土壤进行深翻。

12.4 树盘覆盖

将田间杂草或作物秸秆覆盖在树盘下，保温、保湿，腐烂后做有机肥翻入土中。

ICS

DB

吐 鲁 番 市 地 方 标 准

DB6521/T 245—2020

吐鲁番有机杏生产技术规程

2020 –06 –20 发布   2020 –07 –15 实施

吐鲁番市市场监督管理局　发 布

前　言

本标准根据 GB/T 1.1—2009《标准化工作导则　第 1 部分标准的结构和编写》进行编写。

本标准由吐鲁番市林果业技术推广服务中心提出。

本标准由吐鲁番市林业和草原局归口。

本标准由吐鲁番市林果业技术推广服务中心负责起草。

本标准主要起草人：刘丽嫒、王婷、周黎明、王春燕、徐彦兵、韩泽云。

吐鲁番有机杏生产技术规程

1 范围

本标准规定了吐鲁番有机杏生产的基地规划与建设、土壤管理和施肥、病虫草害防治、修剪和采摘等技术。

本标准适用于吐鲁番有机杏生产。

2 规范性引用文件

下列标准所包含的条文，通过在本标准中引用而构成为本标准的条文。本标准发布实施，所示版本均为有效。凡是不注日期的引用文件，其最新版本适用于本标准。

GB/T 19630.1 有机产品

3 术语和定义

下列术语和定义适用于本标准。

3.1 有机杏

指利用有机农业技术、经无工业污染种植、生产且获得有机认证机构认证而成的杏。

3.2 有机杏栽培

指在杏种植生产过程中不使用农药、化肥、生长调节剂、抗生素、转基因技术。

3.3 有机肥

指无公害化处理的堆肥、沤肥、厩肥、沼气肥、绿肥、饼肥及有机杏专用肥。

4 建园

4.1 园地选择

杏园应选择采光性好、周边防风林带健全、附近无污染源及其他不利条件，交通运输便利，地形较为平整，有灌溉条件的地块。

4.2 品种选择

本地主栽杏品种苏勒坦、金太阳、小白杏、丰园红等。

4.3 土壤

土壤符合 GB/T 19630.1 要求。

4.3.1 土壤管理

定期监测土壤肥力水平和重金属元素含量，每 2 年检测一次。根据检测结果，有针对性地采取土壤改良措施。

4.3.2 增施有机肥提高杏园的保土蓄水能力。

4.4 水

灌溉水符合 GB/T 19630.1 要求。

4.5 大气

产地大气符合 GB/T 19630.1 要求。

4.6 防护林

杏园四周种植防护林。以杨树、胡杨为主。

5 定植

5.1 定植时间

春季，以火焰山为界，山南定植时间为 3 月中上旬，山北为 3 月中下旬。

秋季，以火焰山为界，山南定植时间为 10 月中下旬，山北为 10 月中上旬。

5.2 定植穴

定植前要挖定植穴，长×宽×深为 80cm×80cm×80cm。

5.3 定植方法

挖穴时，表土和心土分开堆放。每穴腐熟有机肥 15kg，先将肥料与表土拌均匀，然后填入穴内，进行杏苗栽植。

5.4 株行距

根据品种特性、土壤肥力、种植形式和管理水平确定。一般行距 3.0m～4.0m，株距 2.5m～3.5m。

5.5 补植

第二年后对缺株断行严重、成活率较低的杏园，通过补植缺株、压蔓等措施提高苗木成活率。

6 整形修剪

6.1 主要树形

吐鲁番市杏树栽培管理中主要以开心形，干高 60cm～80cm，成形后控制树高 2.0m～2.5m，全树留 3 个 ~ 4 个均匀错开的主枝，主枝分枝角度 45°左右。

6.2 技术要点

6.2.1 幼树期修剪

幼树以整形为主，主要采用拉枝、短截、甩放等修剪方式。定植后在 60cm ~ 80cm 剪截定干，幼树除位置不好的枝条予以疏除外，一般不疏除枝条。

6.2.2 初果期树的修剪

继续培养各级主干，同时注意开张主、侧枝角度。利用放、缩结合的方法，培养结果枝组。

6.2.3 盛果期树的修剪

主要调节生长和结果之间的关系，保持主枝、侧枝生长势的平衡，实现丰产稳产。

盛果期树注意树膛内光照，夏剪时抹除多余枝梢，防止枝条过密。冬剪时，主枝延长枝短截 1/3；生长势旺盛的营养枝缓放，过弱枝短截，疏除过密枝、病虫枝；长果枝可短截，花束状果枝、短果枝一般不剪，过密的适当疏除，去弱留强。

6.2.4 衰老树的修剪

应在加强肥水的基础上，对骨干枝、结果组回缩重新，以恢复枝势，延长结果年限。

7 花果管理

7.1 花期放蜂

盛花期全园喷清水。

7.2 疏果

疏去小果、病虫害果、畸形果，使果实分布均匀。

8 水肥管理

8.1 施肥

所使用肥料必须在国家农业部登记注册并获得有机认证机构的认证。

8.1.1 基肥

每亩施有机肥 $4m^3 \sim 5m^3$，同时可配施一定数量的有机矿物源肥料和微生物肥料，于当年秋季穴施或开沟施入。

8.1.2 追肥

可结合杏生长规律进行多次，采用腐熟后的有机液肥，结合浇水随水冲施。

8.1.3 叶面肥根据杏生长情况合理使用，但使用的叶面肥必须在国家农业部登记注册并获得有机认证机构的认证。叶面肥料在杏采摘前 10d 停止使用。

8.1.4 禁止使用化学肥料和含有毒、有害物质的城市垃圾、污泥和其他物质等。

8.2 灌水

根据土壤含水量情况灌水，花后至硬核期充足供水，浆果成熟期控制灌水，入冬埋土前灌透冬灌水。

9 病虫害防治

9.1 农业防治

9.1.1 加强栽培管理，增强树势，提高抗性，合理控制负载。

9.1.2 合理施肥，多施有机肥，增强树势，提高树体抗病力。

9.1.3 加强对树体的管理。及时除萌、拉枝、摘心和摘除副梢，防止养分无谓的消耗。

9.1.4 适时灌水和中耕除草，增加土壤的通透性和降低田间湿度，创造有利于树体生长发育的环境条件。

9.1.5 注意清园。生长期及时摘除病叶，剪除有病虫枝、病果，清除地面的烂果，于园外集中挖坑深埋，减少田间菌源，防止再次侵染及交叉感染。

9.1.6 在杏园周边定植核桃树、椿树等趋避性强的树种，能起到防风、驱虫作用。

9.2 物理防治

利用害虫的趋性，进行灯光诱杀、色板诱杀、性诱杀或糖醋液诱杀。田间每亩挂 1 个黄板或每 15 亩设置一个杀虫灯，扑杀害虫。

9.3 生物防治

保护和利用当地杏园中的草蛉、瓢虫和寄生蜂等天敌昆虫，以及蜘蛛、捕食螨鸟类等有益生物，减少人为因素对天敌的伤害。重视当地病虫害天敌等生物及其栖息地的保护，增进生物多样性。

9.4 农药使用准则

允许有条件地使用生物源农药，如微生物源农药、植物源农药和动物源农药。禁止使用和混配化学合成的杀虫剂、杀菌剂、杀螨剂和植物生长调节剂。

10 除草

采用机械或人工方法防除杂草。禁止使用和混配化学合成的除草剂。

11 采收

11.1 采摘

结合品种特性，适时采收。采摘后将杏剪下置于有机专用果筐（箱）内，放置时轻拿轻放，避免破损。

11.2 包装

为了提高果实商品性，应对采回的果实进行分级包装，包装材料应符合国家卫生要求和相关规定，提倡使用可重复、可回收和可生物降解的包装材料。包装应简单，实用、设计醒目，禁止使用接触过禁用物质的包装物或容器。

12 记录控制

有机杏生产者应建立并保护相关记录，从而为有机生产活动可溯源提供有效的证据。记录应清晰准确，记录主要包括以病虫害防治、肥水管理、花果管理等为主的生产记录，为保持可持续生产而进行的土壤培肥记录，与产品流通相关的包装、出入库和销售记录，以及产品的销售后的申请投诉记录等，记录至少保存5年。

ICS

DB

吐 鲁 番 市 地 方 标 准

DB6521/T 246—2020

杏树优质高产管理技术规程

2020 –06 –20 发布

2020 –07 –15 实施

吐鲁番市市场监督管理局　发 布

前　言

本标准根据 GB/T 1.1—2009《标准化工作导则　第 1 部分标准的结构和编写》进行编写。

本标准由吐鲁番市林果业技术推广服务中心提出。

本标准由吐鲁番市林业和草原局归口。

本标准由吐鲁番市林果业技术推广服务中心负责起草。

本标准主要起草人：周黎明、刘丽媛、武云龙、王春燕、徐彦兵、王婷。

杏树优质高产管理技术规程

1 范围

本规范规定了杏树优质高产管理的园地选择、品种选择、定植、肥水管理、花果管理、整形修剪、病虫害防治和采收。

本规范适用于吐鲁番市杏树优质高产栽培。

2 规范性引用文件

下列文件对于本文件的应用是必不可少的。凡是注日期的引用文件，仅注日期的版本适用于本文件。凡是不注日期的引用文件，其最新版本（包括所有的修改单）适用于本文件。

NY/T 391 绿色食品 产地环境质量

NY/T 393 绿色食品 农药使用准则

NY/T 394 绿色食品 肥料使用准则

3 术语和定义

授粉树：

果园中供主栽树授粉用的植株，应选用与主栽树花期相近、花粉多、授粉后结果实率高、丰产优质的品种，且寿命期、结果期、成熟期与主栽树相近。

4 园地的选择

应选择采光性好、周边防风林带健全、附近无污染源及其他不利条件，交通运输便利，地形较为平整，有灌溉条件的地块。园地水、土壤、大气等应符合 NY/T 391 的相关规定。

5 品种选择

选择对当地环境条件适应、丰产性好、果实综合性状优良、耐贮运的品种。适宜我市栽培的品种有小白杏、苏勒坦杏、凯特杏、金太阳等。

6 定植

6.1 定植时间

3 月初苗木萌芽前定植，或 11 月中上旬苗木落叶后进行定植。

6.2 定植沟

定植前要开挖定植沟。沟宽 1.0m ~ 1.2m，深 0.8m ~ 1.0m。

6.3 苗木选择

选择高 1.2m 以上、根茎粗 1.0cm 以上、枝条充实、芽饱满且主根长 40cm 以上的 1 年生苗。

6.4 授粉树配置

按 3：1 或 4：1 比例行间合理搭配授粉品种。

6.5 栽植密度

根据品种特性、土壤肥力、种植形式和管理水平确定。一般每亩栽植 40 株 ~ 60 株为宜，株行距（3m ~ 4m）×4m。

6.6 定干

苗木定植后及时定干，定干高度 60cm ~ 80cm。

7 肥水管理

7.1 施肥

肥料选用应符合 NY/T 394 规定。

7.1.1 基肥

秋季施入基肥，以腐熟的有机肥为主，每公顷施肥量 37.5m³ ~ 45.0m³，同时可配施一定数量的氮磷钾肥，采用穴施或沟施等施肥方法。

7.1.2 追肥

在萌芽前和硬核期，追施速效氮肥，适量配合磷钾肥或微生物肥。采后以追施磷、钾肥为主，少量配合氮肥。总量控制在每株氮素肥 1kg，磷、钾肥各 0.5kg。

7.1.3 叶面肥

分别在果实膨大期、硬核期、果实采收后，前期以氮肥为主，后期以磷钾肥为主，也可喷施微生物叶面肥。

7.2 灌水

全年灌水不少于 5 次，即萌芽期、硬核期、采收后、秋施基肥后和土壤封冻前各浇水一次。

8 花果管理

8.1 花期喷水

盛花期全园喷清水，或水中加入 0.1% 硼砂和 0.1% 尿素喷施。

8.2 疏果

疏去小果、病虫害果、畸形果，使果实分布均匀。

9 整形修剪

9.1 主要树形

吐鲁番生产上常采用自然开心形。即干高80cm～100cm，成形后控制树高2.0m～2.5m，全树留3个～4个均匀错开的主枝，主枝分枝角度45°左右。

9.2 技术要点

9.2.1 幼树期修剪

幼树以整形为主，主要采用拉枝、短截、甩放等修剪方式。定植后在60cm～80cm剪截定干，幼树除位置不好的枝条予以疏除外，一般不疏除枝条。

9.2.2 初果期树的修剪

继续培养各级主干，同时注意开张主、侧枝角度。利用放、缩结合的方法，培养结果枝组。

9.2.3 盛果期树的修剪

主要调节生长和结果之间的关系，保持主枝、侧枝生长势的平衡，实现丰产稳产。盛果期树注意树膛内光照，夏剪时抹除多余枝梢，防止枝条过密。冬剪时，主枝延长枝短截1/3；生长势旺盛的营养枝缓放，过弱枝短截，疏除过密枝、病虫枝；长果枝可短截，花束状果枝、短果枝一般不剪，过密的适当疏除，去弱留强。

9.2.4 衰老树的修剪

应在加强肥水的基础上，对骨干枝、结果枝组，重新放、缩，以恢复枝势，延长结果年限。

10 病虫害防治

10.1 主要防治对象

流胶病、杏疔病、穿孔病、杏仁蜂、杏球坚蚧、桃小食心虫等。

10.2 防治原则

预防为主、综合防治原则，采取农业防治、生物防治和化学防治相结合。

10.3 农业防治

落叶后清洁果园，结合修剪，剪除病虫枝，带出果园集中深埋。

10.4 化学药剂防治

化学药剂防治农药选择、使用应符合NY/T 393规定。

10.4.1 流胶病

刮除流胶病斑，与此同时将石硫合剂原液涂抹在病斑部位。

10.4.2　杏疔病

在杏树展叶时期喷洒 3~5 波美度石硫合剂 3 次，每次要间隔 15d 左右，集中深埋病枝叶和果实。

10.4.3　穿孔病

细菌性穿孔病初期用 10% 农用链霉素可湿性粉剂 500 倍液~1 000 倍液，每隔 10d 喷施 1 次，连续喷 2 次~3 次。

10.4.4　杏仁蜂

越冬幼虫出土期在树下地面喷洒 48% 乐斯本乳油 300 倍液~500 倍液，然后耙松表土防治幼虫。杏树落花后成虫期至初孵幼虫蛀果前，可喷洒 20% 灭扫利、10% 氯氰菊酯。

10.4.5　杏球坚蚧

春季杏芽萌动前喷洒 5~7 波美度石硫合剂，在 5 月下旬到 6 月上旬定期喷洒 50% 马拉硫磷乳剂。杏树开花前若虫口密度大危害严重时，可喷洒 40% 速扑杀乳油 1 500 倍液。

10.4.6　桃小食心虫

在幼虫出土时，地面施用 50% 二嗪磷或 32% 辛硫磷，每亩 0.5kg 加水 50kg，喷洒，再深耕翻入土层内。成虫高峰后约 3 天用来福灵乳油及菊酯类等农药喷布果树。

11　采收

适时收获，采收时轻拿轻放，避免枝条损伤和果实机械损伤。

ICS

DB

吐 鲁 番 市 地 方 标 准

DB6521/T 247—2020

小白杏生产技术规程

2020 – 06 – 20 发布　　　　　2020 – 07 – 15 实施

吐鲁番市市场监督管理局　发布

前　言

本标准根据 GB/T 1.1—2009《标准化工作导则　第 1 部分标准的结构和编写》进行编写。

本标准由吐鲁番市林果业技术推广服务中心提出。

本标准由吐鲁番市林业和草原局归口。

本标准由吐鲁番市林果业技术推广服务中心、新疆农业科学院吐鲁番农业科学研究所负责起草。

本标准主要起草人：武云龙、刘丽媛、古亚汗·沙塔尔、周慧、王婷、阿迪力·阿不都古力、胡西旦·买买提。

小白杏生产技术规程

1 范围

本标准规定了小白杏的整形修剪、花果管理、水肥管理、病虫害防治、采收、包装、贮藏、运输等要求。

本标准适用于吐鲁番小白杏的露地生产及包装、储运。

2 规范性引用文件

下列文件对于本文件的应用是必不可少的。凡是注日期的引用文件，仅所注日期的版本适用于本文件。凡是不注日期的引用文件，其最新版本（包括所有的修改单）适用于本文件。

DBN 6521/T 180　吐鲁番市杏栽培技术规程

DBN 6521/T 182　吐鲁番市杏有害生物防治技术规程

3 术语和定义

下列术语和定义适用于本标准。

3.1 小白杏

原产于新疆，果实呈卵形，色泽浅黄透明，光滑无毛，果肉黄中透白，入口绵甜清爽、离核、杏仁甜而耐嚼，甘味悠长，具有成熟早、营养丰富的特点，是优良的鲜食和加工用品种。

3.2 整形修剪

通过使植株保持一定的外观形状，并且调整杏树树体营养生长和生殖生长的关系、使其正常地生长和结果的一种技术措施。

3.3 花果管理

根据树龄、枝量、花芽量的多少，疏除串花、弱花，达到合理负载。

4 整形修剪

4.1 幼树整形修剪

4.1.1 定干

栽植后进行定干，高度80cm～100cm，剪口下留5个～6个芽或枝培养成主枝，多余的芽枝剪除。

4.1.2 整形

主干高度 80cm 左右，主干上着生 3 个～4 个均匀错开的主枝，主枝的基角 45°～50°。在每个主枝上着生 3 个～4 个侧枝，沿主枝左右排开，侧枝的前后距离 0.5m 左右，侧枝上着生短果枝和结果枝组。

4.1.3 修剪

4.1.3.1 骨干枝

使全树枝干主次分明，即主干、主枝、侧枝，依次减弱。通过拉、撑、背后枝换头等整形手段开张角度，干高 80cm～100cm，基部保持主枝 3 个～4 个，角度控制在 60°，每主枝上两侧或背后交错分布。侧枝间距 60cm，侧枝角度大于支柱角度，侧枝上培养长中短不等的结果枝组，促使中部及内膛多发枝，短截延长枝。

4.1.3.2 结果枝组

培养小枝，增加枝量，对强枝先截后放，夏季摘心结果后回缩，疏除延长枝，不断更新枝组，长、中、短果枝合理搭配，充分利用长枝轻截缓放，培养背下枝、两侧及背上枝组，弥补空间。

4.2 盛果期的修剪

4.2.1 夏季修剪

果实采收后进行，疏除过密枝、徒长枝，对主枝背上强旺枝要疏除，通过拉、撑、吊等措施开张角度，平衡树势。

4.2.2 冬季修剪

秋季落叶后至春季萌芽前进行。调整或维持树形骨架结构，培养各级骨干枝，扩大树冠体积。调整优化各类结果枝组，分布合理，错落有致，通风透光。疏除密挤枝，回缩过长、过弱枝，更新复壮。

4.3 衰老期的修剪

首先去掉树冠内多余的、分布不合理的、有病虫害的和受损伤的枝条，然后回缩衰弱的多年生枝，一次性回缩到 3 年～4 年生枝，对结果枝组进行更新修剪。

5 花果管理

5.1 授粉

采集花粉：在授粉前 2d～3d，采集多品种花蕾，摘取花药，混合在一起放在光面纸上摊薄阴干，温度保持在 20℃～25℃。1d～2d 后花药开裂散出花粉，将其装入干燥小瓶内，0℃～5℃ 条件下避光保存备用。还可以从内地购置花粉备用。

人工辅助授粉：在小白杏盛花期，将花粉与滑石粉或淀粉按体积 1∶100 的比例混合均匀，用喷粉器喷授。或者按花粉∶葡萄糖∶尿素∶硼酸∶水 ＝1∶1∶1∶1∶500 的比例配置成花粉液，混匀后用喷雾器喷授。做到随配粉剂随喷授，喷施均匀。

5.2 花期放蜂

在开花前几天将蜂箱放入杏园内，每 667m² 放蜂 2 箱～3 箱。放蜂期间禁止施用农药，以免造成蜜蜂受害。

5.3 喷施微量元素

在盛花期和幼果期向树冠各均匀喷一次 150mL/L～200mL/L 的硼肥或 0.2%～0.3% 磷酸二氢钾，促进提高坐果率。

6 水肥管理

6.1 灌溉

根据小白杏树生长发育的需要于花前灌水一次，果实膨大期两次，采收后隔 20d 灌水一次，土壤封冻前灌水一次。

6.2 施肥

按照 DBN6521/T 180 的规定执行。

6.3 中耕除草

4～8 月每次浇水后，对杏园树盘及时中耕除草，保持土壤松散，中耕深度 10cm～15cm。

6.4 土壤深翻

深秋或早春结合施基肥对土壤进行深翻。

7 病虫害防治

按照 DBN6521/T 182 规定执行。

8 果实采收

8.1 采收期

当果实达到本品种固有的色泽和风味，可以进行采收。一般 5 月中下旬为小白杏采收的适宜时期。

8.2 采收要求

选晴天早晨露水干后进行。采收后 12h 内必须运达冷库立即预冷，或立即鲜售。

8.3 采收方法

人工采收。采收时轻拿轻放，避免机械损伤。

9 分级和包装

9.1 分级

采收的果实应及时分级和包装，根据果实的大小、外观和内在品质，可将杏果分为若干等级。

9.2 包装

采收后用于鲜食销售尽可能采用较小的包装，一般每箱重量 3kg～5kg 为宜；制干或送加工厂，则可采用较大的果箱（筐）。包装箱可采用瓦楞纸箱、塑料箱等。有条件的可采用单果塑料发泡网或油光纸包装。

10 运输和贮藏

为保证杏果在贮运过程中不被挤压，长距离鲜果销售时，应采用小于 3kg～5kg 的包装。短期的贮藏或鲜销运输，应选用冷藏库和冷藏车。冷藏库和冷藏车设置温度为 3℃～5℃，可保存 20d～30d。如采用气调冷藏，则贮藏时间可超过 30d。

DB

吐 鲁 番 市 地 方 标 准

DB6521/T 248—2020

苏勒坦杏生产技术规程

2020 － 06 － 20 发布 2020 － 07 － 15 实施

吐鲁番市市场监督管理局 发 布

前　言

本标准根据 GB/T 1.1—2009《标准化工作导则　第 1 部分标准的结构和编写》进行编写。

本标准由吐鲁番市林果业技术推广服务中心提出。

本标准由吐鲁番市林业和草原局归口。

本标准由吐鲁番市林果业技术推广服务中心、新疆农业科学院吐鲁番农业科学研究所负责起草。

本标准主要起草人：刘丽媛、周黎明、王春燕、王婷、韩泽云、罗闻芙、艾日肯·卡马力。

苏勒坦杏生产技术规程

1 范围

本规范规定了苏勒坦杏生产的园地选择、定植、肥水管理、花果管理、整形修剪、病虫害防治和采收。

本规范适用于吐鲁番苏勒坦杏生产。

2 规范性引用文件

下列文件对于本文件的应用是必不可少的。凡是注日期的引用文件，仅注日期的版本适用于本文件。凡是不注日期的引用文件，其最新版本（包括所有的修改单）适用于本文件。

GB/T 8321 （所有部分）农药合理使用准则

NY/T 393 绿色食品 农药使用准则

NY/T 394 绿色食品 肥料使用准则

3 术语和定义

3.1 定干

苗木栽植后，对植株进行修剪，以确定直立的、没有侧枝的主枝。

3.2 整形修剪

通过使植株保持一定的外观形状，并且调整树体营养生长和生殖生长的关系、使其正常地生长和结果的一种技术措施。

3.3 短截

对一年生枝条进行剪短，留下一部分枝条进行生长。

4 园地的选择

应选择采光性好、周边防风林带健全、附近无污染源及其他不利条件，交通运输便利，地形较为平整，有灌溉条件的地块。

5 定植

5.1 定植时间

春季月初或秋季11月初。

5.2 定植沟

定植前要开挖定植沟。行距 4m～5m，株距 3m～4m。沟宽 1.0m～1.2m，深 0.8m～1m。

5.3 苗木选择

选择高 1.2m 以上、根茎粗 1.0cm 以上、枝条充实、芽饱满且主根长 40cm 以上的 1 年生苗。

5.4 授粉树配置

按 6∶1～8∶1 比例，行间合理搭配授粉树。

5.5 截干

苗木定植后及时截干，定干高度 80cm～100cm。

6 肥水管理

6.1 杏树的施肥

6.1.1 基肥

秋季施入基肥，以腐熟的有机肥为主，每公顷施肥量 37.5m³～45.0m³，同时可配施一定数量的氮磷钾肥，采用放射状沟施、环状沟施和条沟施等施肥方法。

6.1.2 追肥

在萌芽前和硬核期，追施速效氮肥，适量配合磷钾肥。采后以追施磷、钾肥为主，少量配合氮肥。总量控制在每株氮素肥 1kg，磷、钾肥各 0.5kg。

6.1.3 叶面肥

分别在果实膨大期、硬核期、果实采收后，前期以氮肥为主，后期以磷钾肥为主，也可喷施微生物叶面肥。

6.2 灌水

全年灌水不少于 8 次，即萌芽期灌水 1 次，硬核期灌水 2 次～3 次，采收后灌水 1 次、秋施基肥后灌水 1 次和土壤封冻前灌水 1 次。

7 花果管理

7.1 保花

花期喷 0.1% 硼砂或磷酸二氢钾溶液。

7.2 疏果

疏去小果、病虫害果、畸形果，使果实分布均匀。

8 整形修剪

8.1 主要树形

吐鲁番生产上常采用自然开心形。即干高80cm～100cm，成形后控制树高2.0m～2.5m，全树留3个～4个均匀错开的主枝，主枝分枝角度45°左右。

8.2 技术要点

8.2.1 幼树期修剪

幼树以整形为主，主要采用拉枝、短截等修剪方式。定植后在60cm～80cm剪截定干，幼树除位置不好的枝条予以疏除外，一般不疏除枝条。

8.2.2 初果期树的修剪

继续培养各级主干，同时注意开张主、侧枝角度。利用放、缩结合的方法，培养结果枝组。

8.2.3 盛果期树的修剪

主要调节生长和结果之间的关系，保持主枝、侧枝生长势的平衡，实现丰产稳产。盛果期树注意树膛内光照，夏剪时抹除多余枝梢，防止枝条过密。冬剪时，主枝延长枝短截1/3；生长势旺盛的营养枝缓放，过弱枝短截，疏除过密枝、病虫枝；长果枝可短截，花束状果枝、短果枝一般不剪，过密的适当疏除，去弱留强。

8.2.4 衰老树的修剪

应在加强肥水的基础上，对骨干枝、结果组回缩重新，以恢复枝势，延长结果年限。

9 病虫害防治

9.1 主要防治对象

流胶病、杏疔病、穿孔病、杏仁蜂、杏球坚蚧、桃小食心虫等。

9.2 防治原则

预防为主、综合防治原则，采取农业防治、生物防治和化学防治相结合。

9.3 农业防治

落叶后清洁果园，结合修剪，剪除病虫枝，带出果园集中烧毁或深埋。

9.4 化学药剂防治

化学药剂防治农药选择、使用应符合NY/T 393和GB/T 8321（所有部分）的规定。

9.4.1 流胶病

刮除流胶病斑，与此同时将石硫合剂原液涂抹在病斑部位。

9.4.2 杏疔病

在杏树展叶时期喷洒3～5波美度石硫合剂3次，每次要间隔15d左右，集中深埋病枝叶和果实。

9.4.3　穿孔病

细菌性穿孔病初期用10%农用链霉素可湿性粉剂500倍液~1 000倍液，每隔10d喷施1次，连续喷2次~3次。

9.4.4　杏仁蜂

越冬幼虫出土期在树下地面喷洒48%东斯本乳油300倍液~500倍液，然后耙松表土防治幼虫。杏树落花后成虫期至初孵幼虫蛀果前，可喷洒20%灭扫利、10%氯氰菊酯。

9.4.5　杏球坚蚧

春季杏芽萌动前喷洒5~7波美度石硫合剂，在5月下旬到6月上旬定期喷洒50%马拉硫磷乳剂。杏树开花前若虫口密度大危害严重时，可喷洒40%速扑杀乳油1 500倍液。

9.4.6　桃小食心虫

在幼虫出土时，地面施用50%二嗪磷或32%辛硫磷，每亩0.5kg加水50kg，喷洒，再深耕翻入土层内。成虫高峰后约3d用来福灵乳油及菊酯类等农药喷布果树。

10　采收

适时收获，采收时轻拿轻放，避免枝条损伤和果实机械损伤。

ICS

DBN

吐 鲁 番 市 农 业 地 方 标 准

DBN6521/T 182—2018

吐鲁番杏有害生物防控技术规程

2018 – 10 – 30 发布　　　　　　　　2018 – 11 – 10 实施

吐鲁番市质量技术监督局　发布

前　言

本标准根据 GB/T 1.1—2009《标准化工作导则　第 1 部分标准的结构和编写》和 DB65/T 2035.2—2003《标准体系工作导则第 2 部分农业标准体系框架与要求》编写。

本标准由吐鲁番市林果业技术推广服务中心提出。

本标准由吐鲁番市林业局归口。

本标准由吐鲁番市林果业技术推广服务中心负责起草。

本标准主要起草人：吾尔尼沙·卡得尔、古亚汗·沙塔尔、周黎明、武云龙、韩泽云。

吐鲁番杏有害生物防控技术规程

1 范围

本标准规定了杏有害生物防治的术语和定义、防治技术、农药使用方法。

本标准适用于吐鲁番及相似气候区域杏有害生物防治。

2 规范性引用文件

下列文件对于本文件的应用是必不可少的。凡是注日期的引用文件，仅所注日期的版本适用于本文件。凡是不注日期的引用文件，其最新版本（包括所有的修改单）适用于本文件。

GB 4285　农药安全使用标准

GB 8321.1　农药合理使用准则（一）

GB 8321.2　农药合理使用准则（二）

GB 8321.3　农药合理使用准则（三）

GB 8321.4　农药合理使用准则（四）

GB 8321.5　农药合理使用准则（五）

GB 8321.6　农药合理使用准则（六）

3 术语和定义

下列术语和定义适用于本标准。

3.1 预测预报

指定性或定量估计杏有害生物未来发生期、发生量、危害或流行程度，以及扩散发展趋势，提供病虫情信息和咨询的一种应用技术。

3.2 清园

指果树休眠季节，对果园进行整理、清洁的一项管理措施。

3.3 饵木

根据害虫的生活趋性，诱集灭杀害虫的木质饵料。

4 杏仁蜂

4.1 农业防治

收集园中落杏、杏核，并振落树上干杏，集中深埋，消灭越冬幼虫。

结合秋季深翻，将虫果翻入土下，使成虫来年不能羽化出土，减少越冬成虫基数。

4.2 物理防治

用水淘除被害杏核，去除漂浮于水面的有虫杏核，集中销毁。

4.3 化学防治

初花期、花期末、杏果黄豆粒大小时，叶面喷施48%乐斯本乳油1 000倍液，或20%功夫水乳剂2 000倍液～2 500倍液，也可选用其他低毒高效杀虫剂。

5 小蠹虫

5.1 农业防治

强化建园时苗木调运检疫，严格控制小蠹虫的发生和蔓延。
科学合理施肥，加强栽培管理，适时浇水、中耕除草，以增强树势，提高树体抗虫能力。

5.2 物理防治

结合清园，锯除虫害发生严重枝干，运出杏园后进行剥皮、掩埋或焚烧，消灭虫源。

5.3 生物防治

放养天敌郭公虫、四斑金小蜂等天敌，控制小蠹虫基数。

5.4 饵木诱杀

成虫羽化前，每亩放置1个～3个长约1.5m、直径≥15cm的饵木，诱集成虫产卵后集中销毁。

5.5 化学防治

成虫羽化高峰期，在枝干喷洒杀虫剂杀灭成虫，药剂可选择绿色微雷200倍液～300倍液等长效农药。药泥涂干：可用菊酯类农药掺入秸秆及泥土，加水和成药泥，涂抹树干，每千克药泥含药剂原液0.2g～0.5g，从3月上旬开始涂抹，药泥厚度为1cm以上。

6 蚜虫类

主要包括桃蚜、桃粉蚜和桃瘤蚜。

6.1 农业防治

及时摘除销毁蚜虫集中危害的新梢。

6.2 物理防治

利用蚜虫对黄色的趋性，采用黄板诱杀。

6.3 化学防治

落花后大量卷叶前用10%吡虫啉可湿性粉剂4 000倍液，或者3%啶虫脒乳油2 500倍液均匀喷雾，有良好的防治效果。如果进行绿色或有机食品生产，可以采用95%机油乳剂100倍液，或者0.65%茼蒿素水剂400倍液~500倍液，喷药时要适当增加喷水量。在秋季有翅蚜回迁到杏树上时，用塑料黄板涂抹粘胶诱杀。

7 食心虫

7.1 农业防治

建立新果园时，应避免与桃、李、梨等混栽，应分区种植，相距3m以上。

结合清园，刮除老翘皮，清除和填补树干及枝条裂缝，消灭越冬幼虫。生长季节保持果园清洁，及时清理落果。

7.2 诱杀成虫

初花期、杏果黄豆粒大小时，园中设置糖醋液制成的诱捕器诱杀，密度为4个/667m² ~ 8个/667m²。糖醋液配方为白酒:醋:糖:水 =1:3:6:10。或使用性诱剂制成的诱捕器诱杀，密度为1个/667m² ~ 2个/667m²。

8月下旬，在树干捆绑诱集带（麻袋片等编织物），诱集越冬害虫后销毁。

7.3 物理防治

经常检查果树新梢，剪除销毁受害新梢。

7.4 化学防治

初花期、杏果黄豆粒大小时，及时叶面喷药防治。药剂可选用2.5%功夫乳油2 500倍液 ~ 3 000倍液、25%灭幼脲3号胶悬剂1 500倍液 ~ 2 000倍液、20%灭扫利乳油2 500倍液 ~ 3 000倍液或50%西维因可湿性粉剂400倍液等，进行喷施。

8 蚧壳虫类

主要包括桑白蚧、球坚蚧、糖戚蜡蚧等。

8.1 农业防治

主要是保护自然天敌，在蚧壳虫雌体膨大期和若虫孵化盛期，选择生物农药，尽量少用或不用广谱杀虫剂，减轻对瓢虫、寄生蜂、草蛉等天敌的杀伤，充分利用自然天敌的控制能力。

8.2 物理防治

结合冬季修剪，剪除虫口数量较大的枝条运出杏园及时烧毁或深掩埋。

冬春季采用硬毛刷或钢刷，人工刷除和捏杀枝干上的虫体。

8.3 化学防治

8.3.1 早春花芽萌动期或秋季杏树落叶后，对枝条喷施 7 波美度的石硫合剂。

8.3.2 在 3 月初虫体开始爬动时，叶面喷施杀虫剂 2 000 倍 2.5%溴氰菊酯或 1 000 倍 20%丰收菊酯灭杀若虫，并兼杀蚜虫。4 月底若虫孵化完毕后及时喷药，用 98.8%机油乳剂 100 倍液，或 45%马拉硫磷 800 倍液，40%乐斯本乳油 2 000 倍液，或 25%喹硫磷乳油 800 倍～1 000 倍。

9 流胶病防治技术

9.1 农业防治

秋季树干、大枝进行涂白，避免发生冻害。

注意土壤改良，增施有机肥，防止土壤板结，及时排水。若遇到多雨年份，只要及时排除积水，让树势得到恢复，流胶病也随之治愈。

冬季修剪后，及时用清漆封闭剪口、锯口，防止水分蒸发和病菌侵入。

9.2 物理防治

选择冬季下雪天气，进行刮胶，不会使果树受到损伤。将刮下的胶体清扫干净，并将其集中起来深埋或烧毁，防治再侵染。

9.3 化学防治

刮胶后，在患处涂 402 杀菌素 100 倍液或 40%福美砷 50 倍液～100 倍液或 5 波美度石硫合剂进行枝干病斑治疗。

开春后，当树液开始流动时，在树盘内挖 4 个～5 个直径 30cm、深 30cm 的穴，然后用 50%多菌灵可湿性粉剂 300 倍液灌根。根据树龄确定用药量，1 年～3 年生树，每株用药 100g，树龄较大的每株 200g，将其稀释成 300 倍液灌根。开花坐果后再用相同药量灌根 1 次。

10 农药使用方法

10.1 加强病虫害的预测预报，避免盲目用药。

10.2 花期禁止使用化学农药，采收前 20d 停止用药，严禁使用高毒高残留农药防治病虫害。

10.3 化学防治时，严格按照要求浓度施用，要注意喷药质量，做到雾化良好，喷雾均匀，不重不漏。

10.4 使用新农药前，应做使用效果及安全试验，混配药剂不宜超过 2 种。

10.5 根据天敌发生规律，合理使用农药，尽量少用广谱性杀虫剂。

10.6 农药使用安全要求，按 GB 4285、GB 8321.1、GB 8321.2、GB 8321.3、GB 8321.4、GB 8321.5、GB 8321.6 执行。

ICS 65.080
B 10

中 华 人 民 共 和 国 农 业 行 业 标 准

NY/T 394—2013
代替 NY/T 394—2000

绿色食品　肥料使用准则

Green food – Fertilizer application guideline

2013 –12 –13 发布　　　　　　　　　2014 –04 –01 实施

中华人民共和国农业部　发 布

前　言

本标准按照 GB/T 1.1—2009 给出的规则起草。

本标准代替 NY/T 394—2000《绿色食品　肥料使用准则》。与 NY/T 394—2000 相比，除编辑性修改外主要技术变化如下：

——增加了引言，肥料使用原则，不应使用的肥料种类等内容；

——增加了可使用的肥料品种，细化了使用规定，对肥料的无害化指标进行了明确规定，对无机肥料的用量作了规定。

本标准由农业部农产品质量安全监管局提出。

本标准由中国绿色食品发展中心归口。

本标准主要起草单位：中国农业科学院农业资源与农业区划研究所。

本标准主要起草人：孙建光、徐晶、宗彦耕。

本标准的历次版本发布情况为：

——NY/T 394—2000。

引　言

　　绿色食品是指产自优良生态环境、按照绿色食品标准生产、实行全程质量控制并获得绿色食品标志使用权的安全、优质食用农产品及相关产品。

　　合理使用肥料是保障绿色食品的重要环节，同时也是保护生态环境，提升农田肥力的重要措施。绿色食品的发展对生产用肥提出了新的要求，现有标准已经不适应生产需求。本标准在原标准基础上进行了修订，对肥料使用方法做了更详细的规定。

　　本标准按照保护农田生态环境，促进农业持续发展，保证绿色食品安全的原则，规定优先使用有机肥料，减控化学肥料，不用可能含有安全隐患的肥料。标准的实施将对指导绿色食品生产中的肥料使用发挥作用。

绿色食品 肥料使用准则

1 范围

本标准规定了绿色食品生产中肥料使用原则、肥料种类及使用规定。
本标准适用于绿色食品的生产。

2 规范性引用文件

下列文件对于本文件的应用是必不可少的。凡是注日期的引用文件，仅注日期的版本适用于本文件。凡是不注日期的使用文件，其最新版本（包括所有的修改单）适用于本文件。

GB 20287　农用微生物菌剂

NY/T 391　绿色食品　产地环境质量

NY 525　有机肥料

NY/T 798　复合微生物肥料

NY 884　生物有机肥

3 术语和定义

下列术语和定义适用于本文件

3.1　AA 级绿色食品　AA grade green food

产地环境质量符合 NY/T 391 的要求，遵照绿色食品生产标准生产，生产过程中遵循自然规律和生态学原理，协调种植业和养殖业的平衡，不使用化学合成的肥料、农药、兽药、渔药、添加剂等物质，产品质量符合绿色食品产品标准，经专门机构许可使用绿色食品标志的产品。

3.2　A 级绿色食品　A grade green food

产地环境质量符合 NY/T 391 的要求。遵照绿色食品生产标准生产，生产过程中遵循自然规律和生态学原理，协调种植业和养殖业的平衡，限量使用限定的化学合成生产资料，产品质量符合绿色食品产品标准，经专门机构许可使用绿色食品标准的产品。

3.3　农家肥料　farmyard manure

就地取材，主要由植物和（或）动物残体，排泄物等富含有机物的物料制作而成的肥料。包括秸秆肥、绿肥、厩肥、堆肥、沤肥、沼肥，饼肥等。

3.3.1　秸秆　stalk
以麦秸、稻草、玉米秸、豆秸、油菜秸等作物秸秆直接还田作为肥料。

3.3.2 绿肥 green manure

新鲜植物体作为肥料就地翻压还田或异地施用。主要分为豆科绿肥和非豆科绿肥两大类。

3.3.3 厩肥 barnyard manure

圈养牛、马、羊、猪、鸡、鸭等畜禽的排泄物与秸秆等垫料发酵腐熟而成的肥料。

3.3.4 堆肥 compost

动植物的残体、排泄物等为主要原料，堆制发酵腐熟而成的肥料。

3.3.5 沤肥 waterlogged compost

动植物残体，排泄物等有机物料在淹水条件下发酵腐熟而成的肥料。

3.3.6 沼肥 biogas fertilizer

动植物残体，排泄物等有机物料经沼气发酵后形成的沼液和沼渣肥料。

3.3.7 饼肥 cake fertilizer

含油较多的植物种子经压榨去油后的残渣制成的肥料。

3.4 有机肥料 organic fertilizer

主要来源植物和（或）动物，经过发酵腐熟的含碳有机物料，其功能是改善土壤肥力，提供植物营养，提高作物品质。

3.5 微生物肥料 microbial fertilizer

含有特定微生物活体的制品，应用于农业生产，通过其中所含微生物的生命活动，增加植物养分的供应量或促进植物生长，提高产量，改善农产品品质及农业生态环境的肥料。

3.6 有机—无机复混肥料 organic – inorganic compound fertilizer

含有一定量有机肥料的复混肥料。

注：其中复混肥料是指氮、磷、钾三种养分中，至少有两种养分标明量的电化学方法和（或）掺混方法制成的肥料。

3.7 无机肥料 inorganic fertilizer

主要以无机盐形式存在、能直接植物提供矿质营养的肥料。

3.8 土壤调理剂 soil amendment

加入土壤中用于改善土壤的物理，化学和（或）生物性状的物料，功能包括改良土壤结构、降低土壤盐碱危害、调节土壤酸碱度、改善土壤水分状况，修复土壤污染等。

4 肥料使用原则

4.1 持续发展原则。绿色食品生产中所使用的肥料应对环境无不良影响，有利于保护生态环境，保持或提高土壤肥力及土壤生物活性。

4.2 安全优质原则。绿色食品生产中应使用安全、优质的肥料产品，生产安全、优质的绿色食品。肥料的使用应对作物（营养、味道、品质和植物抗性）不产生不良后果。

4.3 化肥减控原则。在保障植物营养有效供给的基础上减少化肥用量，兼顾元素之间的比例平衡，无机氮素用量不得高于当季作物需求量的一半。

4.4 有机为主原则。绿色食品生产过程中肥料种类的选取应以农家肥料、有机肥料、微生物肥料为主，化学肥料为辅。

5 可使用的肥料种类

5.1 AA级绿色食品生产可使用的肥料种类

可使用3.3、3.4、3.5规定的肥料。

5.2 A级绿色食品生产可使用的肥料种类

除5.1规定的肥料外，还可使用3.6、3.7规定的肥料及3.8土壤调理剂。

6 不应使用的肥料种类。

6.1 添加有稀土元素的肥料。

6.2 成分不明确的、含有安全隐患成分的肥料。

6.3 未经发酵腐熟的人畜粪尿。

6.4 生活垃圾、污泥和含有害物质（如毒气、病原微生物、重金属等）的工业垃圾。

6.5 转基因品种（产品）及其副产品为原料生产的肥料。

6.6 国家法律法规规定不得使用的肥料。

7 使用规定

7.1 AA级绿色食品生产用肥料使用规定

7.1.1 应选用5.1所列肥料种类，不应使用化学合成肥料。

7.1.2 可使用农家肥料，但肥料的重金属限量指标应符合NY 525的要求，粪大肠菌群数、蛔虫卵死亡率应符合NY 884要求，宜使用秸秆和绿肥，配合施用有生物固氮、腐熟秸秆等功效的微生物肥料。

7.1.3 有机肥料应达到NY 525技术指标，主要以基肥施入，用量视地力和目标产品而定，可配施农家肥料和微生物把料。

7.1.4 微生物肥料应符合GB 20287或NY 884或NY/T 798的要求，可与5.1所列其他肥料配合施用，用于拌种，基肥或追肥。

7.1.5 无土栽培可使用农家肥料、有机肥料和微生物肥科，掺混在基质中使用。

7.2 A级绿色食品生产用肥料使用规定

7.2.1 应选用5.2所列肥料种类。

7.2.2 农家肥料的使用按7.1.2的规定执行。耕作制度允许情况下，宜利用秸秆和绿肥，按照约25：1的比例补充化学氮素。厩肥、堆肥、沤肥、沼肥、饼肥等农家肥料应完全腐熟，肥料的重金属限量指标应符合NY 525的要求。

7.2.3 有机肥料的使用按7.1.3的规定执行。可配施5.2所列其他肥料。

7.2.4 微生物肥料的使用按 7.1.4 的规定执行。可配施 5.2 所列其他肥料。

7.2.5 有机—无机复混肥料、无机肥料在绿色食品生产中作为辅助肥料使用，用来补充农家肥料、有机肥料、微生物肥料所含养分的不足。减控化肥用量，其中无机氮素用量按当地同种作物习惯施肥用量减半使用。

7.2.6 根据土壤障碍因素，可选用土壤调理剂改良土壤。

ICS 65.100.01

B 17

中 华 人 民 共 和 国 农 业 行 业 标 准

NY/T 393—2013

代替 NY/T 393—2000

绿色食品 农药使用准则

Green food – Guideline for application of pesticide

2013－12－13 发布

2014－04－01 实施

中华人民共和国农业部 发 布

前　言

本标准按照 GB/T 1.1—2009 给出的规则起草。

本标准代替 NY/T 393—2000《绿色食品　农药使用准则》。与 NY/T 393—2000 相比，除编辑性修改外主要技术变化如下：

——增设引言；

——修改本标准的适用范围为绿色食品生产和仓储（见第 1 章）；

——删除 6 个术语定义，同时修改了其他 2 个术语的定义（见第 3 章）；

——将原标准第 5 章悬置段中有害生物综合防治原则方面的内容单独设为一章，并修改相关内容（见第 4 章）；

——将可使用的农药种类从原准许和禁用混合制改为单纯的准许清单制，删除原第 4 章"允许使用的农药种类"、原第 5 章中有关农药选用的内容和原附录 A，设"农药选用"一章规定农药的选用原则，将"绿色食品生产允许使用的农药和其他植保产品清单"以附录的形式给出（见第 5 章和附录 A）；

——将原第 5 章的标题"使用农药"改为"农药使用规范"，增加了关于施药时机和方式方面的规定，并修改关于施药剂量（或浓度）、施药次数和安全间隔期的规定（见第 6 章）；

——增设"绿色食品农药残留要求"一章，并修改残留限量要求（见第 7 章）。

本标准由农业部农产品质量安全监督局提出。

本标准由中国绿色食品发展中心归口。

本标准起草单位：浙江省农业科学院农产品质量标准研究所、中国绿色食品发展中心、中国农业大学理学院、农业部农产品及转基因产品质量安全监督检验测试中心（杭州）。

本标准主要起草人：张志恒、王强、潘灿平、刘艳辉、陈倩、李振、于国光、袁玉伟、孙彩霞、杨桂玲、徐丽红、郑蔚然、蔡铮。

本标准的历次发布情况为：

——NY/T 393—2000。

引　言

　　绿色食品是指产自优良生态环境、按照绿色食品标准生产、实行全程质量控制并获得绿色食品标志使用权的安全、优质食用农产品及相关产品。规范绿色食品生产中的农药使用行为，是保证绿色食品符合性的一个重要方面。

　　NY/T 393—2000 在绿色食品的生产和管理中发挥了重要作用。但 10 多年来，国内外在安全农药开发等方面的研究取得了很大进展，有效地促进了农药的更新换代；且农药风险评估技术方法、评估结论及使用规范等方面的相关标准法规也出现了很大变化，同时，随着绿色食品产业的发展，对绿色食品的认识趋于深化，在此过程中积累了很多实际经验。为更好地规范绿色食品生产中的农药使用，有必要对 NY/T 393—2000 进行修订。

　　本次修订充分遵循了绿色食品对优质安全、环境保护和可持续发展的要求，将绿色食品生产中的农药使用更严格地限于农业有害生物综合防治的需要，并采用准许清单制进一步明确允许使用的农药品种。允许使用农药清单的制定以国内外权威机构的风险评估数据和结论为依据，按照低风险原则选择农药种类，其中，化学合成农药筛选评估时采用的慢性膳食摄入风险安全系数比国际上的一般要求要提高 5 倍。

绿色食品　农药使用准则

1　范围

本标准规定了绿色食品生产和仓储中有害生物防治原则、农药选用、农药使用规范和绿色食品农药残留要求。

本标准适用于绿色食品的生产和仓储。

2　规范性引用文件

下列文件对于本文件的应用是必不可少的。凡是注日期的引用文件，仅注日期的版本适用于本文件。凡是不注日期的引用文件，其最新版本（包括所有的修改单）适用于本文件。

GB 2763　食品安全国家标准　食品中农药最大残留限量

GB/T 8321　（所有部分）农药合理使用准则

GB 12475　农药贮运、销售和使用的防毒规程

NY/T 391　绿色食品　产地环境质量

NY/T 1667　（所有部分）农药登记管理术语

3　术语和定义

NY/T 1667 界定的及下列术语和定义适用于本文件。

3.1　AA 级绿色食品　AA grade green food

产地环境质量符合 NY/T 391 的要求，遵照绿色食品生产标准生产，生产过程中遵循自然规律和生态学原理，协调种植业和养殖业的平衡，不使用化学合成的肥料、农药、兽药、渔药、添加剂等物质，产品质量符合绿色食品产品标准，经专门机构许可使用绿色食品标志的产品。

3.2　A 级绿色食品　A grade green food

产地环境质量符合 NY/T 391 的要求，遵照绿色食品生产标准生产，生产过程中遵循自然规律和生态学原理，协调种植业和养殖业的平衡，限量使用限定的化学合成生产资料，产品质量符合绿色食品产品标准，经专门机构许可使用绿色食品标志的产品。

4　有害生物防治原则

4.1　以保持和优化农业生态系统为基础，建立有利于各类天敌繁衍和不利于病虫草害孳生的环境条件，提高生物多样性，维持农业生态系统的平衡。

4.2 优先采用农业措施，如抗病虫品种、种子种苗检疫、培育壮苗、加强栽培管理、中耕除草、耕翻晒垡、清洁田园、轮作倒茬、间作套种等。

4.3 尽量利用物理和生物措施，如用灯光、色彩诱杀害虫，机械捕捉害虫，释放害虫天敌，机械或人工除草等。

4.4 必要时合理使用低风险农药。如没有足够有效的农业、物理和生物措施，在确保人员、产品和环境安全的前提下按照第5、6章的规定，配合使用低风险的农药。

5 农药选用

5.1 所选用的农药应符合相关的法律法规，并获得国家农药登记许可。

5.2 应选择对主要防治对象有效的低风险农药品种，提倡兼治和不同作用机理农药交替使用。

5.3 农药剂型宜选用悬浮剂、微囊悬浮剂、水剂、水乳剂、微乳剂、颗粒剂、水分散粒剂和可溶性粒剂等环境友好型剂型。

5.4 AA 级绿色食品生产应按照 A.1 的规定选用农药及其他植物保护产品。

5.5 A 级绿色食品生产应按照附录 A 的规定，优先从表 A.1 中选用农药。在表 A.1 所列农药不能满足有害生物防治需要时，还可适量使用 A.2 所列的农药。

6 农药使用规范

6.1 应在主要防治对象的防治适期，根据有害生物的发生特点和农药特性，选择适当的施药方式，但不宜采用喷粉等风险较大的施药方式。

6.2 应按照农药产品标签或 GB/T 8321 和 GB 12475 的规定使用农药，控制施药剂量（或浓度）、施药次数和安全间隔期。

7 绿色食品农药残留要求

7.1 绿色食品生产中允许使用的农药，其残留量应不低于 GB 2763 的要求。

7.2 在环境中长期残留的国家明令禁用农药，其再残留量应符合 GB 2763 的要求。

7.3 其他农药的残留量不得超过 0.01mg/kg，并应符合 GB 2763 的要求。

附录A
（规范性附录）
绿色食品生产允许使用的农药和其他植保产品清单

A.1　AA级和A级绿色食品生产均允许使用的农药和其他植保产品清单

见表A.1。

表A.1　　　　　　AA级和A级绿色食品生产均允许使用的农药和其他植保产品清单

类　别	组分名称	备　注
I. 植物和动物来源	楝素（苦楝、印楝等提取物，如印楝素等）	杀虫
	天然除虫菊素（除虫菊科植物提取液）	杀虫
	苦参碱及氧化苦参碱（苦参等提取物）	杀虫
	蛇床子素（蛇床子提取物）	杀虫、杀菌
	小檗碱（黄连、黄柏等提取物）	杀菌
	大黄素甲醚（大黄、虎杖等提取物）	杀菌
	乙蒜素（大蒜提取物）	杀菌
	苦皮藤素（苦皮藤提取物）	杀虫
	藜芦碱（百合科藜芦属和喷嚏草属植物提取物）	杀虫
	桉油精（桉树叶提取物）	杀虫
	植物油（如薄荷油、松树油、香菜油、八角茴香油）	杀虫、杀螨、杀真菌、抑制发芽
	寡聚糖（甲壳素）	杀菌、植物生长调节
	天然诱集和杀线虫剂（如万寿菊、孔雀草、芥子油）	杀线虫
	天然酸（如食醋、木醋和竹醋等）	杀菌
	菇类蛋白多糖（菇类提取物）	杀菌
	水解蛋白质	引诱
	蜂蜡	保护嫁接和修剪伤口
	明胶	杀虫
	具有驱避作用的植物提取物（大蒜、薄荷、辣椒、花椒、薰衣草、柴胡、艾草的提取物）	驱避
	害虫天敌（如寄生蜂、瓢虫、草蛉等）	控制虫害
II. 微生物来源	真菌及真菌提取物（白僵菌、轮枝菌、木霉菌、耳霉菌、淡紫拟青霉、金龟子绿僵菌、寡雄腐霉菌等）	杀虫、杀菌、杀线虫
	细菌及细菌提取物（苏云金芽孢杆菌、枯草芽孢杆菌、蜡质芽孢杆菌、地衣芽孢杆菌、多黏类芽孢杆菌、荧光假单胞杆菌、短稳杆菌等）	杀虫、杀菌

（续表）

类　别	组分名称	备　注
Ⅱ. 微生物来源	病毒及病毒提取物（核型多角体病毒、质型多角体病毒、颗粒体病毒等）	杀虫
	多杀霉素、乙基多杀菌素	杀虫
	春雷霉素、多抗霉素、井冈霉素、（硫酸）链霉素、嘧啶核苷类抗菌素、宁南霉素、申嗪霉素和中生菌素	杀菌
	S－诱抗素	植物生长调节
Ⅲ. 生物化学产物	氨基寡糖素、低聚糖素、香菇多糖	防病
	几丁聚糖	防病、植物生长调节
	苄氨基嘌呤、超敏蛋白、赤霉酸、羟烯腺嘌呤、三十烷醇、乙烯利、吲哚丁酸、吲哚乙酸、芸薹素内酯	植物生长调节
Ⅳ. 矿物来源	石硫合剂	杀菌、杀虫、杀螨
	铜盐（如波尔多液、氢氧化铜等）	杀菌，每年铜使用量不能超过 $6kg/hm^2$
	氢氧化钙（石灰水）	杀菌、杀虫
	硫黄	杀菌、杀螨、驱避
	高锰酸钾	杀菌，仅用于果树
	碳酸氢钾	杀菌
	矿物油	杀虫、杀螨、杀菌
	氯化钙	仅用于治疗缺钙症
	硅藻土	杀虫
	黏土（如斑脱土、珍珠岩、蛭石、沸石等）	杀虫
	硅酸盐（硅酸钠，石英）	驱避
	硫酸铁（3价铁离子）	杀软体动物
Ⅴ. 其他	氢氧化钙	杀菌
	二氧化碳	杀虫，用于贮存设施
	过氧化物类和含氯类消毒剂（如过氧乙酸、二氧化氯、二氯异氰尿酸钠、三氯异氰尿酸等）	杀菌，用于土壤和培养基质消毒
	乙醇	杀菌
	海盐和盐水	杀菌，仅用于种子（如稻谷等）处理
	软皂（钾肥皂）	杀虫
	乙烯	催熟等
	石英砂	杀菌、杀螨、驱避
	昆虫性外激素	引诱，仅用于诱捕器和散发皿内
	磷酸氢二铵	引诱，只限用于诱捕器中使用

注1：该清单每年都可能根据新的评估结果发布修改单。

注2：国家新禁用的农药自动从该清单中删除。

A.2 A 级绿色食品生产允许使用的其他农药清单

当表 A.1 所列农药和其他植保产品不能满足有害生物防治需要时，A 级绿色食品生产还可按照农药产品标签或 GB/T 8321 的规定使用下列农药：

a）杀虫剂	
1）S-氰戊菊酯　esfenvalerate	15）抗蚜威　pirimicarb
2）吡丙醚　pyriproxifen	16）联苯菊酯　bifenthrin
3）吡虫啉　imidacloprid	17）螺虫乙酯　spirotetramat
4）吡蚜酮　pymetrozine	18）氯虫苯甲酰胺　chlorantraniliprole
5）丙溴磷　profenofos	19）氯氟氰菊酯　cyhalothrin
6）除虫脲　diflubenzuron	20）氯菊酯　permethrin
7）啶虫脒　acetamiprid	21）氯氰菊酯　cypermethrin
8）毒死蜱　chlorpyrifos	22）灭蝇胺　cyromazine
9）氟虫脲　flufenoxuron	23）灭幼脲　chlorbenzuron
10）氟啶虫酰胺　flonicamid	24）噻虫啉　thiacloprid
11）氟铃脲　hexaflumuron	25）噻虫嗪　thiamethoxam
12）高效氯氰菊酯　beta-cypermethrin	26）噻嗪酮　buprofezin
13）甲氨基阿维菌素苯甲酸盐　emamectin benzoate	27）辛硫磷　phoxim
14）甲氰菊酯　fenpropathrin	28）茚虫威　indoxacard
b）杀螨剂	
1）苯丁锡　fenbutatin oxide	5）噻螨酮　hexythiazox
2）喹螨醚　fenazaquin	6）四螨嗪　clofentezine
3）联苯肼酯　bifenazate	7）乙螨唑　etoxazole
4）螺螨酯　spirodiclofen	8）唑螨酯　fenpyroximate
c）杀软体动物剂	
四聚乙醛　metaldehyde	
d）杀菌剂	
1）吡唑醚菌酯　pyraclostrobin	9）噁霉灵　hymexazol
2）丙环唑　propiconazol	10）噁霜灵　oxadixyl
3）代森联　metriam	11）粉唑醇　flutriafol
4）代森锰锌　mancozeb	12）氟吡菌胺　fluopicolide
5）代森锌　zineb	13）氟啶胺　fluazinam
6）啶酰菌胺　boscalid	14）氟环唑　epoxiconazole
7）啶氧菌酯　picoxystrobin	15）氟菌唑　triflumizole
8）多菌灵　carbendazim	16）腐霉利　procymidone

（续表）

17）咯菌腈　fludioxonil	29）噻菌灵　thiabendazole
18）甲基立枯磷　tolclofos-methyl	30）三乙膦酸铝　fosetyl-aluminium
19）甲基硫菌灵　thiophanate-methyl	31）三唑醇　triadimenol
20）甲霜灵　metalaxyl	32）三唑酮　triadimefon
21）腈苯唑　fenbuconazole	33）双炔酰菌胺　mandipropamid
22）腈菌唑　myclobutanil	34）霜霉威　propamocarb
23）精甲霜灵　metalaxyl-M	35）霜脲氰　cymoxanil
24）克菌丹　captan	36）萎锈灵　carboxin
25）醚菌酯　kresoxim-methyl	37）戊唑醇　tebuconazole
26）嘧菌酯　azoxystrobin	38）烯酰吗啉　dimethomorph
27）嘧霉胺　pyrimethanil	39）异菌脲　iprodione
28）氰霜唑　cyazofamid	40）抑霉唑　imazalil

e）熏蒸剂

1）棉隆　dazomet	2）威百亩　metam-sodium

f）除草剂

1）2 甲 4 氯　MCPA	21）氯氟吡氧乙酸（异辛酸）fluroxypyr
2）氨氯吡啶酸　picloram	22）氯氟吡氧乙酸异辛酯　fluroxypyr-mepthyl
3）丙炔氟草胺　flumioxazin	23）麦草畏　dicamba
4）草铵膦　glufosinate-ammonium	24）咪唑喹啉酸　imazaquin
5）草甘膦　glyphosate	25）灭草松　bentazone
6）敌草隆　diuron	26）氰氟草酯　cyhalofop butyl
7）噁草酮　oxadiazon	27）炔草酯　clodinafop-propargyl
8）二甲戊灵　pendimethalin	28）乳氟禾草灵　Lactofen
9）二氯吡啶酸　clopyralid	29）噻吩磺隆　thifensulfuron-methyl
10）二氯喹啉酸　quinclorac	30）双氧磺草胺　florasulam
11）氟唑磺隆　flucarbazone-sodium	31）甜菜安　desmedipham
12）禾草丹　thiobencarb	32）甜菜宁　phenmedipham
13）禾草敌　molinate	33）西玛津　simazine
14）禾草灵　diclofop-methyl	34）烯草酮　clethodim
15）环嗪酮　hexazinone	35）烯禾啶　sethoxydim
16）磺草酮　sulcotrione	36）硝磺草酮　mesotrione
17）甲草胺　alachlor	37）野麦畏　tri-allate
18）精吡氟禾草灵　fluazifop-P	38）乙草胺　acetochlor
19）精喹禾灵　quizalofop-P	39）乙氧氟草醚　oxyfluorfen
20）绿麦隆　chlortoluron	40）异丙甲草胺　metolachlor

（续表）

41）异丙隆　isoproturon	43）唑草酮　carfentrazone-ethyl
42）莠灭净　ametryn	44）仲丁灵　butralin

g）植物生长调节剂

1）2, 4-滴 2, 4-D（只允许作为植物生长调节剂使用）	5）萘乙酸　1-naphthal acetic acid
2）矮壮素　chlormequat	6）噻苯隆　thidiazuron
3）多效唑　paclobutrazol	7）烯效唑　uniconazole
4）氯吡脲　forchlorfenuron	

注1：该清单每年都可能根据新的评估结果发布修改单。

注2：国家新禁用的农药自动从该清单中删除。

ICS 65. 020. 40
B 66

中华人民共和国林业行业标准

LY/T 1677—2006

杏树保护地丰产栽培技术规程

Technical code for high yield culture of apricot under protection

2006 – 08 – 31 发布　　　　　　　　　　2006 – 12 – 01 实施

国家林业局　发布

前　言

本标准的附录 A、附录 B 和附录 C 为资料性附录。

本标准由山东省林业局提出。

本标准由国家林业局归口。

本标准起草单位：山东省泰安市泰山林业科学研究院。

本标准主要起草人：冯殿齐、王玉山、赵进红、张曰盈。

杏树保护地丰产栽培技术规程

1 范围

本标准规定了杏树保护地丰产栽培技术的保护地选择、设施建造、建园及管理、微环境调控和病虫害防治等技术内容。

本标准适用于我国北纬28°~45°区域（较适宜区域为北纬33°~40°）内的杏树保护地栽培。

2 规范性引用文件

下列文件中的条款通过本标准的引用而成为本标准的条款。凡是注日期的引用文件，其随后所有的修改单（不包括勘误的内容）或修订版均不适用本标准，然而，鼓励根据本标准达成协议的各方研究是否可使用这些文件的最新版本。凡是不注日期的引用文件，其最新版本适用于本标准。

NY/T 696—2003　鲜杏

NY/T 5114—2002　无公害食品　桃生产技术规程

3 术语和定义

下列术语和定义适用于本标准。

3.1 杏树保护地栽培　protected culture of apricot

利用日光温室、塑料大棚来改变或控制杏树生长发育的环境因子（包括温度、湿度、二氧化碳、光照等），达到果实提前成熟的一种栽培环境。

4 保护地选择

4.1 地点选择

采光良好，地面平整，避开风口。

4.2 土壤条件

选择 pH 6~8 的壤土或沙壤土，土壤肥沃，通气良好，地下水位 >1m，土层厚度 >40cm，排灌方便，忌选用核果类、多年生苗圃地。

5 设施的建造

5.1 日光温室

东、西、北三面有固定墙体，主要利用自然光照升温的温室为日光温室。其主要结构参数见表1。

表1 日光温室的主要结构参数

项　目	参　数
建造方位	正南：可稍偏西，但要小于5°
南北跨度	6m～10m，纬度越高跨度越小
棚长度	40m～80m
棚矢高	3.0m～3.4m
屋面角	50°减去当地至太阳高度角
仰角	大于30°
后墙高度	2.2m～2.8m，依中柱高度和仰角定
后墙厚度	0.6m～1.6m，纬度越高墙越厚
塑料薄膜	0.08mm～0.12mm的无滴膜
出入口	开在后墙或东边
通风口	一排在近屋脊处，另一排在后墙上，离地1.0m～1.5m处，东西相隔3.0m
防寒沟	在棚南或四周，深0.3m～0.6m，宽0.3m～0.4m，依冻土层深度而定
保温材料	草苫及保温被等，使室内温度不低于5℃。

5.2 塑料大棚

能支撑起塑料薄膜的棚室。主要结构参数见表2。

表2 塑料大棚的主要结构参数

项　目	参　数
建造方位	南北向延长
跨度	10m～12m
棚长度	40m～60m
棚高	中高2.8m～3.4m，肩高1.2m～1.5m
高跨比	0.25～0.3
塑料棚膜	0.08mm～0.12mm的无滴膜
通风口	一排在棚最高处，两道边缝离地面1.0m～1.2m处

6 杏树栽植

6.1 品种选择

选择早实性、丰产性强、需冷量低、果实发育期短、自花结实力强、品质优良、抗逆性强的鲜食品种。

目前适宜保护地栽培品种有凯特、金太阳、红丰、试管早红、二花曹、玉巴旦、红荷包等。

6.2 配置授粉树

同一棚室内栽植 3 个以上品种，授粉树与主栽树的比例为 1∶3～1∶4。

6.3 栽植密度

密度为 111 株/666.7m²～222 株/666.7m²，株行距 1.5m×2m，2m×3m，宽行密株长方形栽植，南北成行。

6.4 苗木质量

参照 NY/T 5114—2002 执行。

6.5 栽植时期

春栽在土壤解冻后至萌芽前进行，秋栽在落叶后至土壤封冻前进行。

6.6 栽植方法

挖 1m×1m×0.8m 的坑，每坑施 50kg 有机肥（与表土混匀），灌足水并覆 1m² 的地膜。苗木应随起随栽，外地运来的苗木，栽前须在水中浸泡 1h～2h。

6.7 栽后管理

栽好及时定干，日光温室内的南面或塑料大棚内的两侧苗木定干高度在 40cm～60cm，其余定干高度在 60cm～70cm 左右。及早抹芽，保留剪口下萌发的 3 个～4 个旺枝，以备整形用。

7 现有杏园保护地利用

选择园内主栽品种为早熟品种、株行距 3m×4m 以下、矮干低冠、树势健壮、花芽饱满、高产稳产的杏园建立保护地。

8 扣棚时间与人工预冷技术

满足品种的需冷量后，可及时扣棚。不采取人为破眠的日光温室在东北地区、华北地区于 12 月下旬至翌年 1 月上旬扣棚，长江流域在 1 月中旬；塑料大棚扣棚升温时间一般比各地露地杏树开花时间早 30d～45d，多在 2 月上旬扣棚。

目前人工预冷一般多采用人工遮荫措施。

9 杏树管理

9.1 幼树管理

9.1.1 肥水管理

4月份~6月份施肥以促进树体营养生长，每月按2∶1的比例追施1次尿素和磷酸二氢钾，每株次施肥20g~50g；叶面喷肥每隔10d左右1次，时间与土壤追肥相错开，以尿素为主，浓度为0.2%~0.3%。7月上旬后以控长促花为主，肥料以磷钾肥为主，尿素、磷酸二氢钾、硫酸钾的比例为1∶2~1∶3，20d后再追肥1次；叶面喷肥以磷酸二氢钾为主，浓度为0.2%~0.3%。此期适当控水，雨季注意排水防涝，雨后及时除草、中耕松土。

9.1.2 树形

9.1.2.1 "Y"字形

两大主枝向两侧延伸，干高30cm，树高1.8m~2.3m。每个主枝上留4个~5个结果枝组。

9.1.2.2 自然开心形

无主干，干高30cm~50cm，3个~4个主枝，开张角度为40°~60°。每个主枝上着生2个~3个侧枝，开张角度为70°~80°，间距40cm~60cm，侧枝上着生结果枝和结果枝组。

9.1.2.3 改良纺锤形

树高3m以下，干高50cm~80cm，8个~10个主枝，枝间距15cm~20cm，主枝轮生于干上，角度开张大，近水平，主枝上直接着生各类结果枝。

9.1.2.4 多主枝分层开心形

无中心干，树高3m以下，冠径2.5m。主枝4个~6个、基角60°、层间距1m左右。每个主枝配备5个~6个侧枝。

9.1.3 修剪

9.1.3.1 夏季修剪

骨干枝长至50cm左右时，按整形要求拉至50°~60°，辅养枝捋平。新梢反复摘心，直至7月中旬。选留的新梢长至20cm~30cm时摘心，促发二次枝，对直立新梢、竞争梢采取扭梢、拿梢、疏梢等措施，捋平作辅养枝。

9.1.3.2 冬季修剪

11月至12月上旬，对盛果期杏园进行拉枝、撑枝和坠枝，开张角度，降低树体高度，使顶枝低于棚面20cm~40cm，疏除挡光大枝、密生枝、直立大枝组、细弱枝，轻截强壮枝，缓放长硬枝，疏剪内膛直立枝。

新植幼园按设计树形整形修剪，采用拉枝、别枝、坠枝和撑枝等方法整形，尽量少疏枝。

9.1.4 化学促花

7月下旬开始喷300mg/kg~500mg/kg的15%多效唑（PP333）2次~3次，每次间隔10d~15d。

9.1.5 覆盖地膜

扣棚前20d~30d全面覆地膜。覆膜前施足基肥、灌透水。

9.2 扣棚后的管理

9.2.1 病虫害防治

参见附录 A。

9.2.2 花果管理

9.2.2.1 辅助授粉

辅助授粉方式有人工授粉和蜜蜂、壁蜂辅助传粉。一般每棚室内放一箱蜂即可。花期喷洒 0.2%～0.3% 的硼砂。

9.2.2.2 花期环割

谢花后，对开花枝组进行环割，每枝环割 3 道～5 道，环道间距为 2cm～3cm。

9.2.2.3 合理疏果

花后 3 周～4 周进行疏果，去掉病虫果、畸形果和小果，一般花束状果枝留 1 个果，短果枝留 1 个～2 个果，中果枝留 2 个～3 个果，长果枝留 4 个～6 个果。

9.2.3 叶面喷肥

花后 2 周，喷 0.2%～0.3% 尿素液，7d～10d 1 次；进入硬核期后喷 0.2%～0.3% 尿素加 0.2%～0.3% 磷酸二氢钾溶液，7d～10d 喷 1 次，连喷 2 次～3 次。

浇水可结合土壤施肥进行，最好用预温水或深井水。

9.2.4 新梢管理

萌芽后及时抹芽，当新梢长到 10cm 时叶喷 1 次 300mg/kg～500mg/kg 的 15% 多效唑；新梢长到 20cm 左右时对直立新梢扭梢、拿梢等。

9.3 揭棚时间

果实采收后揭棚。

9.4 揭棚后管理

9.4.1 夏季修剪

揭棚后，对新萌发的多余梢进行疏除，对保留梢长到 25cm 以上时摘心，6 月下旬反复摘心 2 次～3 次。7 月下旬，重点疏除背上直立枝、过密枝、拖地枝和细弱枝。骨干枝保留一个延长头，回缩过旺结果枝，果台梢前留一枝平斜新梢，因缩直立大枝组，短截部分遮光新梢。骨干枝和结果枝组上的新梢，长到 25cm 左右时摘心。

适当疏除直立枝和过密枝，回缩细弱枝，短截部分长果枝，同时拉枝开角。

9.4.2 肥水管理

揭棚后及时追施复合肥 50kg/667m² ～80kg/667m²。雨季应注意及时排水，防止积水伤根。落叶后施基肥，每 666.7m² 施 1 000kg～2 000kg，施后浇 1 次透水。叶面喷肥以稀土微肥、磷钾肥等为主，立秋后每隔 10d 左右喷 1 次，连喷 3 次～5 次，多种肥料交替使用。

10 杏树大棚微环境调控

10.1 温度调控

各发育期温度控制要求参见附录 B。

10.2　湿度调控

利用通风换气、改变温度、适时适量灌水、及时增湿等调控方法，使花期相对湿度保持在60%左右，花前期不超过80%，果实发育后期小于60%。

10.3　光照调控

a）选择透光率高的棚膜，并经常清洁棚膜；

b）增强光照，方法有早揭迟盖草苫、人工补光、悬挂反光幕、铺设反光薄膜。

11　采收、分级和包装

按 NY/T 696—2003 规定执行。

附录 A
（资料性附录）
保护地杏树主要病虫害及防治方法

表 A.1　　　　　　　　　　　保护地杏树主要病虫害及防治

种　类	防治措施
流胶病	①避免树体受损伤。若损伤，伤口涂铅油等防腐剂。②及时消灭蛀干害虫，控制氮肥用量。③休眠期用胶体杀菌剂涂抹病斑。④生长期刮除流胶并涂抹 843 康复剂。⑤及时排涝。
杏裂果病	①树盘覆草。②适时适量浇水。③在果实膨大期及着色期，连续喷布两次 200mg/kg "稀土"。④遇高温干旱时，及时叶果喷水。
细菌性穿孔病	①彻底剪除枯枝、落叶，并予以集中烧毁。②药剂防治。落叶后扣棚前，喷布 5 波美度的石硫合剂；若上一年发病严重，则喷 75% 百菌清 400 倍加 40% 乙磷铝 400 倍混合液。展叶后，喷硫酸锌石灰液（按硫酸锌 1 份、消石灰 4 份、水 240 份的比例配制），或喷 65% 福美铁 300 倍液~500 倍液等。
疮痂病	①剪除病枝，集中烧毁。②药剂防治。落花后，喷布 14.5% 的多效灵 1 000 倍水溶液，隔半个月再喷 1 次；或用 70% 甲基托布津 1 000 倍液或 65% 代森锌粉剂 500 倍液喷布。
根腐病	①禁止在粘重地、涝洼地和重茬地建立杏园。②给病树灌根。每株施用 10kg 200 倍硫酸铜或代森铵液灌根。③对重病区幼龄杏树可采用轮换用药的方法进行治疗和预防。在 4 月中下旬，用 200 倍硫酸铜液灌根。在 6 月中下旬用代森铵 200 倍液灌根。
褐腐病	①在春、秋两季，彻底消除僵果和病枝，予以集中烧毁。扣棚前，深翻土壤。②扣棚后发芽前，喷洒 5°Be 的石硫合剂；落花后，喷洒 65% 福美锌，65% 福美铁 400 倍液，或 65% 的代森锌可湿性粉剂 400 倍液~500 倍液，每隔 10d~15d 喷 1 次，连喷 3 次。采果以后，可喷洒 800 倍的退菌特或 75% 的百菌清 400 倍液。
桃蚜	杏芽萌动时，喷洒 1 000 倍的速灭杀丁液；展叶后喷 "一遍净" 或蚜虱净粉剂 3 000 倍液~5 000 倍药液。
桑白蚧、朝鲜球坚蚧	杏树发芽前，喷洒 5% 矿物油乳剂，或 5 波美度石硫合剂。若虫期，选用触杀性强的 2.5% 溴氰菊酯 1 000 倍液。
杏仁蜂	彻底清除园内的落杏、杏核及树上干杏。落花后 20d 左右，喷布 5% 的来福灵 3 000 倍液。

268

附录 B
（资料性附录）
杏树大棚温度管理指标

表 B.1   杏树大棚温度管理指标   单位为摄氏度

温度	花前期	开花期	第一迅速生长期	硬核期	第二迅速生长期
最高气温	18～20	16～18	20～25	26～28	27～32
日均气温	6～11	11～13	13～18	18～22	22～25
最低气温	2	6	7	10	15
10cm 深处地温	6～11	12～13	14～19	19～24	24～27

附录 C
（资料性附录）
杏保护地栽培周年管理历

表 C.1　　　　　　　　　杏保护地栽培周年管理历（以日光温室为例）

月旬	物候期	作业项目
9 月	花芽分化期	秋季修剪
	花芽连续分化期	秋施基肥
10 月中旬	落叶期	大棚墙体建造
10 月下旬	落叶期	秋翻树盘
11 月	休眠期	搭设大棚支架
11 月中下旬	休眠期	灌冻水并覆地膜
12 月	休眠期	冬季修剪
		病虫害防治
		扣棚膜打破休眠
12 月下旬至翌年 1 月中旬	花前期（30d～35d）	大棚升温
		扦插异品种花枝
1 月下旬至 2 月上旬	花期	花前追肥
		温度管理
		辅助授粉
		环境调控
2 月中旬至 3 月上旬	幼果膨大期	花后追肥
		环割
	杏果第一迅速生长期与新梢生长期（28d～34d）	抹芽、摘心
		第一次疏果
		棚内环境调控
3 月中下旬	硬核期（8d～12d）	疏果
		环境调控
4 月	杏果第二迅速生长期与新梢生长期	肥水管理
		夏季修剪
		环境调控
		果实采收
5 月至 8 月	花芽分化期	越夏管理

第四部分　加工储运

ICS

DBN

吐 鲁 番 市 农 业 地 方 标 准

DBN6521/T 183—2018

吐鲁番杏果实制干技术规程

2018－10－30发布

2018－11－10实施

吐鲁番市质量技术监督局　发布

前　言

　　本标准根据 GB/T 1.1—2009《标准化工作导则　第 1 部分标准的结构和编写》和 DB65/T 2035.2—2003《标准体系工作导则第 2 部分农业标准体系框架与要求》编写。

　　本标准由吐鲁番市林果业技术推广服务中心提出。

　　本标准由吐鲁番市林业局归口。

　　本标准由吐鲁番市林果业技术推广服务中心负责起草。

　　本标准主要起草人：吾尔尼沙·卡得尔、周慧、王春燕、阿得力·阿不都古力。

吐鲁番杏果实制干技术规程

1 范围

本标准规定了杏果实制干的品种、原料、加工条件及设施、工艺流程和包装。

本标准适用于吐鲁番以鲜杏为原料经熏硫、干燥制成的杏干的生产。

2 规范性引用文件

下列文件对于本文件的应用是必不可少的。凡是注日期的引用文件，仅所注日期的版本适用于本文件。凡是不注日期的引用文件，其最新版本（包括所有的修改单）适用于本文件。

GB 3150　食品安全国家标准　食品添加剂　硫磺

GB 5749　生活饮用水卫生标准

GB 14881　食品安全国家标准　食品生产通用卫生规范

3 定义

下列术语和定义适用于本标准。

3.1 杏干

以成熟的鲜杏果实为原料，在加工过程中不添加外来糖分，用日晒或其他方法干燥制成的干制产品。

3.2 熏硫

为达到护色效果而采用熏烧硫磺产生的 SO_2 对果品进行密闭熏蒸处理的方法。

3.3 熏硫剂量

使用硫磺熏蒸时硫磺用量占果实鲜重的百分比。

4 制干品种要求

4.1 可溶性固形物含量

果实成熟时可溶性固形物含量应在 22% 以上，以保证杏干的饱满度，提高制干率。

4.2 离核性

果实成熟时，果肉与杏核分离，熏硫后去核容易，效率高，损失少，且容易整形。

4.3 果实硬度

果实成熟时硬度较大，肉质紧韧，短期存放果实不易变软，以利于制干中 SO_2 处理及去核，保证果实在熏硫和晾晒过程中不变形和果实内腔液不外渗。

4.4 果肉色泽

果实成熟时果肉色泽浅，果实表面无红晕或红晕少，处理时容易脱色，以保证杏干的色泽。以果肉为近白色或浅黄色，果皮为绿白色、浅黄色或黄色为好。

4.5 果实大小

果实平均单果重在 25g 以上，以保证杏干的产品等级。

5 原料要求

5.1 果实在树体上自然成熟，表现出品种的固有色泽，果面完整无损伤，无病虫斑，无裂果。

5.2 人工采收，轻拿轻放，按品种分开。

6 加工条件及设施

6.1 场地选择

要求场地开阔平整，空气干燥，通风条件好，周围无防风林带，以地势高燥的戈壁地带为好。

6.2 熏硫设施

熏硫房要求操作方便，密封性好，并设有通风窗。熏硫房内 $1m^2$ 面积放置 80kg~120kg 鲜杏为宜。每间熏硫房放置果实不宜超过 5 000kg。

6.3 熏硫方式

采用外置式熏硫方式。

6.3.1 熏硫室选址

二氧化硫具有腐蚀性和刺激性，因此熏硫室通常建在远离仓库、庄稼和动物的空旷地。

6.3.2 方法

在熏硫前用盐水（盐和水比例为 1：33）喷洒果面。将盛杏果的筛盘送入密闭的熏硫室（有 1 个~2 个排气孔），然后点燃食品级硫磺进行持续熏蒸。硫磺用量与鲜果之比约为 2：1 000~3：1 000，即每公斤鲜杏用 2g~3g 硫磺。当熏硫 3h~4h 后，杏核内应充满汁液。待果实呈黄色半透明状时，开门通风，待硫磺的气味散出后，立即将杏果搬到室外停放 1h~2h 进行干燥。通常硫化时间是 6h~16h。

6.4 晾晒设施

晾晒条件干净卫生，做到地面硬化，符合卫生要求，并设有防雨设施，以防晾晒过程中淋雨、外尘及阳光直射。四周还应设防虫网。

6.5 水质

按 GB 5749 执行。

6.6 生产过程中卫生要求

按 GB 14881 执行。

7 工艺流程

鲜杏→清洗→护色→自然干燥→检验→杀菌→脱水干燥→分级。

7.1 选果

对采摘的果实进行挑选，去除虫蛀果、裂果、有伤果及未成熟果等。

7.2 漂洗

用水洗去杏果实表面的污物、尘土等，以保证熏硫效果及产品的质量。

7.3 熏硫

硫磺质量按 GB 3150 中的 J 执行。

7.4 初步干燥

将经熏硫的杏果实直接摆放在晾晒设施上单层晾晒。

7.5 杀菌

采用热杀菌，将杏干半成品浸泡在85℃~92℃热水中，5min~8min即可。

7.6 干燥

去核后的果实达不到含水量要求，需继续干燥，使其含水量降到18%以下。

7.7 清洗回软

快速清洗去除杏干表面的尘土和其他污染物，并使杏干软化，柔韧适度，改善口感。清洗后如含水量过高，可烘干使含水量控制在22%以下。

7.8 分级

分级前，去除破损严重、变形和粘结的杏干，尽可能保证杏干外观整齐一致。杏干产品按尺寸大小进行分级，简单的分级方法是采用25mm和35mm口径的筛网和振动分级机械进行分级。没有在35mm口径的筛网中漏下去的杏干属于极大，没有在25mm口径的筛网中漏下去的杏干属于大，在25mm口径的筛网中漏下去的杏干属于中。

8 包装

杏干的包装（箱、袋）应牢固，包装容器保持清洁、无异味、无霉变、无污染。

每批杏干的包装规格、单位净含量应该一致。

ICS

DBN

吐 鲁 番 市 农 业 地 方 标 准

DBN6521/T 184—2018

吐鲁番杏果实保鲜贮运技术规程

2018 –10 –30 发布

2018 –11 –10 实施

吐鲁番市质量技术监督局 发 布

前　言

本标准根据 GB/T 1.1—2009《标准化工作导则　第 1 部分标准的结构和编写》和 DB 65/T 2035.2—2003《标准体系工作导则第 2 部分农业标准体系框架与要求》编写。

本标准由吐鲁番市林果业技术推广服务中心提出。

本标准由吐鲁番市林业局归口。

本标准由吐鲁番市林果业技术推广服务中心负责起草。

本标准主要起草人：罗闻芙、王春燕、周黎明、古亚汗·沙塔尔、阿得力·阿不都古力。

吐鲁番杏果实保鲜贮运技术规程

1 范围

本标准规定了杏果实采收、分级和包装、运输和贮藏等。

本标准适用于吐鲁番等相似气候区域杏果实的保鲜与运输。

2 规范性引用文件

下列文件对于本文件的应用是必不可少的。凡是注日期的引用文件，仅所注日期的版本适用于本文件。凡是不注日期的引用文件，其最新版本（包括所有的修改单）适用于本文件。

GB/T 17479—1998 杏冷藏

3 定义

以下定义适用于本标准。

果柄由花柄发育而来。

4 果实采收

4.1 采收期

当果实达到以下标准，即果实完整、果形端正、具有本品种固有的色泽和风味，可以进行采收。一般8~9月为杏果采收的适宜时期。

4.2 采收要求

选晴天早晨露水干后进行。不同品种要分采、分运，采收后12h内必须运达冷库立即预冷，或立即鲜售。

4.3 采收方法

人工采收。采收人员要戴手套、剪指甲，轻轻用手托着果实向上扭使果实脱落，果实带果柄。

5 分级和包装

5.1 分级

采收的果实应及时分级和包装，根据果实的大小、外观和内在品质，可将杏果分为若干等级。

5.2 包装

尽可能采用较小的包装，一般每箱重量3kg~5kg为宜。采收后立即用于制干或送加工厂，则可采用较大的果箱（筐）。包装箱可采用瓦楞纸箱、塑料箱等。

6 运输和贮藏

6.1 运输

为保证杏果在贮运过程中不被挤压，长距离鲜果销售时，应采用小于3kg~5kg的包装。短期的贮藏或鲜销运输，应选用冷藏库和冷藏车，在冷库内鲜果可保存20d~30d。如采用气调冷藏，则贮藏时间可超过30d。

6.2 冷藏

按GB/T 17479—1998中的第4条款执行。

ICS

DB

吐 鲁 番 市 地 方 标 准

DB6521/T 249—2020

小白杏果品质量等级

2020 −06 −20 发布　　　　　　2020 −07 −15 实施

吐鲁番市市场监督管理局　发 布

前 言

本标准根据 GB/T 1.1—2009《标准化工作导则　第 1 部分标准的结构和编写》进行编写。

本标准由吐鲁番市林果业技术推广服务中心提出。

本标准由吐鲁番市林业和草原局归口。

本标准由吐鲁番市林果业技术推广服务中心、新疆农业科学院吐鲁番农业科学研究所负责起草。

本标准主要起草人：周黎明、刘丽媛、徐彦兵、王婷、韩泽云、吾尔尼沙·卡得尔、热西旦·阿木提。

小白杏果品质量等级

1 范围

本规范规定了小白杏果品质量等级的术语和定义、质量等级、检验方法、等级判定等。
本规范适用于小白杏的质量等级划定。

2 规范性引用文件

下列文件对于本文件的应用是必不可少的。凡是注日期的引用文件，仅所注日期的版本适用于本文件。凡是不注日期的引用文件，其最新版本（包括所有的修改单）适用于本文件。

NY/T 2637　水果和蔬菜可溶性固形物含量的测定　折射仪法

3 术语和定义

下列术语和定义适用于本标准。

3.1 小白杏

原产于新疆，果实呈卵形，色泽浅黄透明，光滑无毛，果肉黄中透白，入口绵甜清爽、离核、杏仁甜而耐嚼，甘味悠长，具有成熟早、营养丰富的特点，是优良的鲜食和加工用品种。

3.2 果品特征

成熟期果实在果形、色泽、大小、质地等方面表现出该品种特有的特征。

3.3 果实色泽

具有小白杏独特的白色或浅黄色的色泽。

3.4 果面缺陷

人为或自然因素对果面造成的损伤。

4 质量等级

果实质量等级指标符合表1要求。

表1   小白杏果实质量等级指标

项目		等级			
		特级	一级	二级	三级
基本要求		果实基本发育成熟，果形完整。果实新鲜，无异味。无不正常外来水分、病果、虫果、刺伤，具有采收成熟度			
色泽		具有本品种自然白色或浅黄色	具有本品种自然白色或浅黄色	基本具有本品种自然白色或浅黄色	具有本品种自然白色或浅黄色，偶有生青果
果形		端正	端正	稍不正，但不畸形	微正，有个别畸形
单果重（g）		≥15	≥15	≥12	≥10
可溶性固形物（%）		≥20	≥18	≥16	≥14
破损果实（%）		≤1	≤2	≤3	≤4
果面缺陷	碰压伤（%）	无	无	无	无
	虫蛀果	无	无	无	无
	霉变果	无	无	无	无
	磨伤、日灼、裂果等（%）	无	无	磨伤、日灼、裂果等≤3	磨伤、日灼、裂果等≤5

注：果面缺陷二级果不超过两项。

5 检验方法

5.1 取样方法

包装抽出后，自每件包装的上中下三个部位抽取样品300g～500g，根据检测项目的需要可适当加大样品数量，将所有样品充分混合，按四分法分取所需样品供检验使用。

5.2 外观和感官特性

通过目测和品尝进行鉴定。

5.3 可溶性固形物含量

按照NY/T 2637方法进行。

6 等级判定

6.1 随机称取样品10kg左右，在室内自然光线下目测杂质、破损果、霉变果和虫蛀果等并计量；平均单果重采用称重法；根据三次测定的平均值计算百分率，对照分级标准确定产品等级。

6.2 检验结果全部符合本标准规定的，判定该批产品为合格品。若检验时出现不合格项时，允许加倍抽样复检，如仍有不合格项即判定该批产品不合格。

ICS

DB

吐 鲁 番 市 地 方 标 准

DB6521/T 250—2020

苏勒坦杏果品质量等级

2020 – 06 – 20 发布

2020 – 07 – 15 实施

吐鲁番市市场监督管理局　发布

前　言

本标准根据 GB/T 1.1—2009《标准化工作导则　第 1 部分标准的结构和编写》进行编写。

本标准由吐鲁番市林果业技术推广服务中心提出。

本标准由吐鲁番市林业和草原局归口。

本标准由吐鲁番市林果业技术推广服务中心、新疆农业科学院吐鲁番农业科学研究所负责起草。

本标准主要起草人：韩泽云、刘丽媛、王春燕、王婷、武云龙、周慧、热孜万古丽·阿不都热合曼。

苏勒坦杏果品质量等级

1 范围

本标准规定了苏勒坦杏的术语和定义、质量分级、检验方法、检验规则及标志、包装、运输和贮存。本标准适用于苏勒坦杏的质量分级及检验检测。

2 规范性引用文件

下列文件对于本文件的应用是必不可少的。凡是注日期的引用文件，仅注日期的版本适用于本文件。凡是不注日期的引用文件，其最新版本（包括所有的修改单）适用于本文件。

GB/T 8855　新鲜水果和蔬菜取样方法

GB/T 33129　新鲜水果、蔬菜包装和冷链运输通用操作规程

NY/T 2637　水果和蔬菜可溶性固形物含量的测定　折射仪法

3 术语和定义

下列术语和定义适用于本文件。

苏勒坦杏：新疆吐鲁番托克逊县当地品种，果实近圆形，缝合线明显，单果重37g，果实纵径3.68cm，横径3.83cm。果实表面油亮，底色为浅黄色阳面有红晕，色泽鲜丽，外观品质优良，果肉厚度0.83cm，离核，甜仁，果实中果肉所占比例88.9%，果肉可溶性固形物含量14.1%（Brix），果实风味口感性较好。

4 质量要求

4.1 质量分级

苏勒坦杏质量等级分为特等、一等、二等、三等四个等级，单果重低于25g为等外果。质量等级应符合表1规定。

表1　　　　　　　　　　　苏勒坦杏质量等级

等级	特等	一等	二等	三等
基本特征	果实基本发育成熟、完整、新鲜、洁净，具有本品种固有的风味、无异味；无不正常外来水分、刺伤、药害、病害。具有适于市场或贮存要求的成熟度。符合安全指标要求			
色泽	具有本品种应有的色泽	具有本品种应有的色泽	允许有不超过10%的果实色泽稍浅	允许有不超过20%的果实色泽稍浅

（续表）

等级	特等	一等	二等	三等
果形	果形饱满，具有本品种应有的特征，个大、均匀	果形良好，具有本品种应有的特征，个头均匀	果形正常，个头较均匀	果形正常，个头较均匀
单果重	≥60g	50g～59g	35g～49g	25g～34g
果面缺陷	—	—	≤3	≤5
虫伤	—	—	允许干枯虫伤，面积不超过0.1cm²	允许干枯虫伤，面积不超过0.2cm²

4.2 理化指标

理化指标应符合表2规定。

表2　　　　　　　　　　　　　　　　　理化指标

等级	特等果	一等果	二等果	三等果
可溶性固形物/（%Brix）≥	17	17	15	13

5　检验方法

5.1　质量等级检验

5.1.1　基本特征
从供试样品中（不低于10kg）随机抽取50个果实，对应质量等级标准，风味用品尝和嗅的方法检测，其余项目用目测法检测。记录观察结果。病虫害症状不明显而又有怀疑的，可剖开检测。

5.1.2　色泽
采用色差计测定。

5.1.3　果形与单果重
从供试样杏中按四分法取样1kg，注意观察杏果大小及其均匀程度。如有个数规定者，可查点杏果的数量，按数记录。并检查有无不符合标准规定的等外杏。检验时以单果重与平均果重相差±10%以内为个头均匀。

5.1.4　果面缺陷
果面的损伤由目测或量具测量测定。

5.2　理化指标

可溶性固形物含量、总酸量不作为具体分级指标。

5.2.1　可溶性固形物
参照NY/T 2637执行。

6 检验规则

6.1 组批

田间抽样时，以苏勒坦杏相同栽培条件、同期采收的杏，作为一个检验批次。市场抽样时，以苏勒坦杏同一产地作为一个检验批次。

6.2 抽样

按 GB/T 8855 执行。

6.3 验收检验

6.3.1 每批产品都应进行验收检验。检验合格后，附合格证方可交收。

6.3.2 交收检验项目：外观、标志。

6.4 型式检验

型式检验为全项检查。有下列情况之一时，应进行型式检验：

a) 申请产品认证时；

b) 有关行政主管部门提出型式检验要求时；

c) 前后两次抽样检验结果差异较大时；

d) 人为或自然因素使生产环境发生较大变化时。

6.5 判定规则

6.5.1 从混合的杏样中，随机取样 1kg，用肉眼检查，根据标准规定分别拣出不熟果、病虫果以及其他损伤果。按式（1）计算各项不合格果的百分率。各单项不合格果百分率的总和即为该批不合格果的总百分率。每批受检样品的外观指标，平均不合格率小于 5%。

$$单项不合格果（\%） = \frac{单项不合格果}{样品重量} \times 100$$

6.5.2 一批受检样品中安全指标有一项不合格，即判定该批次为不合格。

7 标志、包装、运输和贮存

7.1 标志

包装箱外标明产品名称、等级、净重、产地、包装日期、封装人员代号，并将同一内容的卡片一张装入箱内。

7.2 包装

按 GB/T 33129 规定选用包装物。

7.3 运输

应防止雨淋，防止挤压，禁止与其他有毒物混合运输。宜使用冷藏车运输。

7. 4　贮存

对短期不能销售的杏果，应采取适当措施进行保鲜贮藏。对于只存放较短时间（6d～8d）的杏果，可采用温度0℃～5℃的简易环境进行贮存。

ICS 67.080.10
B 31

中华人民共和国农业行业标准

NY/T 3338—2018

杏干产品等级规格

Grades and specifications of dried apricots

2018－12－19 发布　　　　　　　　　　2019－06－01 实施

中华人民共和国农业农村部　发布

前　言

本标准按照 GB/T 1.1—2009 给出的规则起草。

本标准由农业农村部乡村产业发展司提出。

本标准由农业农村部农产品加工标准化技术委员会归口。

本标准起草单位：新疆农业科学院农产品贮藏加工研究所、北京市农业质量标准与检测技术研究中心、农业农村部规划设计研究院、中国农业科学院农产品加工研究所。

本标准主要起草人：张谦、冯晓元、刘清、李庆鹏、许铭强、马燕、张婷、邹淑萍、郑素慧、孟伊娜、赵晓梅、过利敏、王蒙、姜楠、郭芹。

杏干产品等级规格

1 范围

本标准规定了杏干产品的术语和定义、要求、检验方法、检验规则、包装与标识。

本标准适用于杏干产品的分等分级。

2 规范性引用文件

下列文件对于本文件的应用是必不可少的。凡是注日期的引用文件，仅注日期的版本适用于本文件。凡是不注日期的引用文件，其最新版本（包括所有的修改单）适用于本文件。

GB/T 191　包装储运图示标志

GB 2760　食品安全国家标准　食品添加剂使用标准

GB 2762　食品安全国家标准　食品中污染物限量

GB 2763　食品安全国家标准　食品中农药最大残留限量

GB 4806.7　食品安全国家标准　食品接触用塑料材料及制品

GB 5009.3　食品安全国家标准　食品中水分的测定

GB/T 6543　运输包装用单瓦楞纸箱和双瓦楞纸箱

GB 7718　食品安全国家标准　预包装食品标签通则

GB/T 8855　新鲜水果和蔬菜　取样方法

GB 29921　食品安全国家标准　食品中致病菌限量

3 术语和定义

下列术语和定义适用于本文件。

3.1　杏干　dried apricot

以鲜杏为原料，未经糖渍，通过自然晾晒或人工干制，水分含量不高于26%，添加或不添加食品添加剂而成的制品。

3.2　饱满度　fullness

杏干产品的果肉厚实程度。

3.3　侧径　lateral diameter（LD）

杏干缝合线中心两边的厚度。

3.4 瑕疵果 defect fruit

表面具有斑痕或斑点的杏干产品。

3.5 干瘪果 shrivelled fruit

肉质干瘪、不饱满的杏干产品。

4 要求

4.1 等级

4.1.1 基本要求

杏干产品应符合以下基本要求：

a）具有产品本身的典型色泽；

b）具有产品本身的典型风味；

c）具有产品本身的饱满度；

d）无可见霉变；

e）无异味。

4.1.2 等级划分

在符合基本要求的前提下，杏干产品分为特级、一级和二级 3 个等级。各等级应符合表 1 的规定。各等级杏干产品参见附录 A 中的图 A.1。

表1　　　　　　　　　　杏干产品等级指标

项目	特级	一级	二级
色泽	黄色	黄褐色	褐色或深褐色
风味	具有本产品典型风味，风味浓郁	具有本产品典型风味，风味较浓郁	基本具有本产品典型风味，无异味
饱满度	产品形态饱满	产品形态较饱满	产品形态基本饱满
瑕疵果	无	≤5%	≤10%
虫蛀果[a]	无	≤5%	≤10%
干瘪果	无	≤1%	≤2%
杂质	无	无	带果梗的果≤5%

一级产品的瑕疵果、虫蛀果和干瘪果合计≤10%；二级产品的瑕疵果、虫蛀果和干瘪果合计≤20%

[a] 有明显虫蛀孔洞的杏干，无可见虫体或碎片。

4.1.3 等级容许度

按杏干颗粒数计，特级容许有 5% 的产品不符合该等级的要求，但应符合一级的要求；

按杏干颗粒数计，一级容许有 10% 的产品不符合该等级的要求，但应符合二级的要求；

按杏干颗粒数计，二级容许有 10% 的产品不符合该等级的要求，但应符合基本要求。

4.2 规格

4.2.1 规格划分

以杏干侧径为指标，查干产品分为大（L）、中（M）、小（S）3 个规格。各规格的划分应符合表 2 的规定。各规格杏干产品参见附录 B 中的图 B.1。

表 2　　　　　　　　　　　　　　　　杏干产品规格

规格	大（L）	中（M）	小（S）
果实侧径（LD），mm	LD≥22	16≤LD<22	LD<16

4.2.2 规格容许度

按杏干颗粒数计，各规格产品容许有 10% 的产品不符合该规格的要求。

4.3 卫生要求

4.3.1 食品添加剂
应符合 GB 2760 的相关规定。

4.3.2 食品中污染物限量
应符合 GB 2762 的相关规定。

4.3.3 食品中农药最大残留限量
应符合 GB 2763 的相关规定。

4.3.4 食品微生物要求
应符合 GB 29921 的相关规定。

5 检验方法

5.1 感官评价

将样品置于自然光下，用目测、鼻嗅和品尝的方法检测色泽、风味、饱满度、瑕疵果、虫蛀果等。

5.2 水分含量

按 GB 5009.3 的规定执行。

5.3 杏干侧径

采用游标卡尺进行测定。

6 检验规则

6.1 抽样方法

按 GB/T 8855 的规定执行。

6.2 批次

将同产地，同等级，同类杏干产品作为一个检验批次。

6.3 判定规则

6.3.1 按标准进行测定，检验结果全部符合本标准要求的，则判定该批次产品为合格产品。

6.3.2 杏干产品分级指标有一项不合格，可重新进行复检，若仍不合格，则判定为不合格产品；若卫生要求有一项不合格，则判定为不合格产品。

6.4 出厂检验

每批产品应对色泽，风味，瑕疵果，杂质及水分含量进行检验，合格方可出厂。

6.5 型式检验

6.5.1 型式检测每年进行 1 次 ~2 次。

6.5.2 型式检测项目为本规定的全部项目，有下列情况之一时，亦应进行型式检验：

a）质量监督机构提出型式检验要求时；

b）当出厂检验结果与型式检验结果有较大差异时；

c）当客户要求时。

7 包装

内包装宜用复合材料真空包装。包装材料符合 CB 4806.7 和 GB/T 6543 的要求。

8 标识

包装上应有明显标识，内容包括产品名称、等级、规格、产品执行标准编号、生产者、地址、净含量和生产日期等，标注应符合 GB 7718 和 GB/T 191 的相关规定。

附录 A

（资料性附录）

杏干产品各等级样品

杏干产品各等级样品见图 A.1。

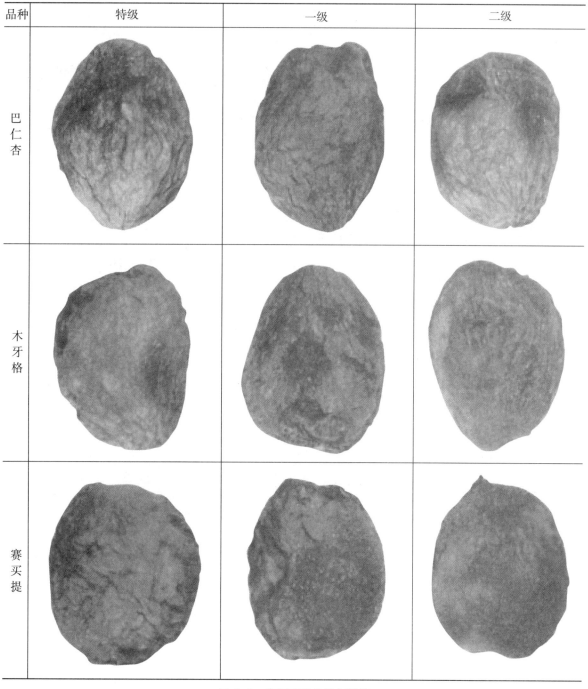

品种	特级	一级	二级
巴仁杏			
木牙格			
赛买提			

图 A.1　杏干产品各等级样品

附录 B
（资料性附录）
杏干产品各规格样品

杏干产品各规格样品见图 B.1。

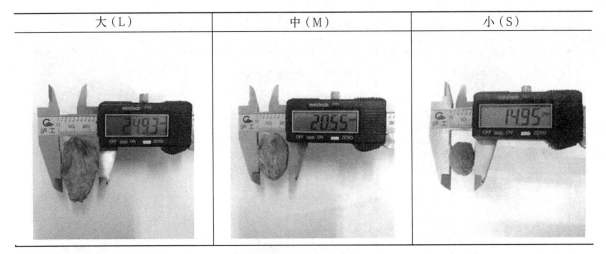

大（L）	中（M）	小（S）

图 B.1　杏干产品各规格样品

ICS 65. 020. 01

B 05

中 华 人 民 共 和 国 农 业 行 业 标 准

NY/T 2381—2013

杏贮运技术规范

Technical specifications of storage and transportation of apricots

2013 – 09 – 10 发布　　　　　　　　　　　2014 – 01 – 01 实施

中华人民共和国农业部　发布

前　言

本标准按照 GB/T 1.1—2009 给出的规则起草。

本标准由农业部种植业管理司提出。

本标准由全国果品标准化技术委员会（SAC/TC 510）归口。

本标准起草单位：北京市农林科学院林业果树研究所、农业部果品及苗木质量监督检验测试中心（北京）、北京农产品质量检测与农田环境监测技术研究中心。

本标准主要起草人：冯晓元、王宝刚、李文生、石磊、杨媛、杨军军、韩平。

杏贮运技术规范

1 范围

本标准规定了鲜杏贮运的贮前质量与采收要求、库房与入库要求、冷藏条件、出库与贮后质量、运输和检验。

本标准适用于鲜杏的贮藏和运输。

2 规范性引用文件

下列文件对于本文件的应用是必不可少的。凡是注日期的引用文件，仅注日期的版本适用于本文件。凡是不注日期的引用文件，其最新版本（包括所有的修改单）适用于本文件。

GB/T 8855　新鲜水果和蔬菜　取样方法

GB/T 26905　杏贮藏技术规程

NY/T 696　鲜杏

NY/T 1778　新鲜水果包装标识　通则

3 贮前质量与采收要求

3.1 贮前质量要求

用于贮藏的杏，其质量应达到 NY/T 696 的要求。

3.2 采收要求

3.2.1　用于贮藏的杏，其成熟度应达到 NY/T 696 中规定的采收成熟度。

3.2.2　果实采前一周，果园停止灌水。果实采摘应避开雨天、露（雨）水未干和高温时段。

3.2.3　手工采摘，保留果柄，置阴凉、干燥处。进行预分级，剔除不合格果实。

3.2.4　果实采收、运输和入贮过程中轻拿轻放，减少机械伤。

4 库房与入贮要求

4.1 库房准备

4.1.1　杏入贮前对库房进行彻底清扫、消毒、通风换气。

4.1.2　检查和调试库房制冷系统。

4.1.3　杏入库前 1d～2d，将库温降至预冷温度。

4.2 预冷及入库

4.2.1 杏采摘后尽快预冷，预冷温度一般为 0℃~5℃，预冷时间以包装容器内部达到贮藏温度为宜。

4.2.2 利用专用预冷间进行强制通风预冷。或利用贮藏库预冷，分批入库，每天每次入库量不超过库容量的 20%。

4.3 包装及码垛

4.3.1 入贮杏采用产地包装。包装容器应符合 NY/T 1778 的要求，设有必要的通气孔。

4.3.2 参照 GB/T 26905 进行堆码，堆码密度为 100kg/m³，码垛应层排整齐稳固，货垛排列方式、走向及垛间隙与库内空气环流方向一致。

5 冷藏条件

5.1 温度

5.1.1 杏适宜冷藏温度因品种而异，贮藏温度一般为 0℃~2℃。

5.1.2 定期测量和记录库温度，每个冷库至少设 3 个有代表性的测温点。

5.1.3 贮藏过程中保持库温稳定，变幅不宜超过 ±0.5℃。

5.2 相对湿度

5.2.1 杏适宜贮藏相对湿度为 90%~95%。湿度过低时可采用地面喷水予以补偿。

5.2.2 定期测量和记录库内相对湿度，测点与测温点一致。

5.3 通风换气

杏冷藏期间及时通风换气，排出过多的二氧化碳、乙烯等气体。通风换气宜选择库内外温差最小时进行，以免库内温度出现大的波动。

5.4 贮藏期

杏贮藏期依品种而异，一般为 20d~30d。延长贮藏期应以不降低果实品质为前提。

6 出库与贮后质量

6.1 出库

杏出库后，逐渐升温，使其与环境之间的温差不超过 10℃。出库后的杏经分选和包装处理后，用于运输或销售。

6.2 贮后质量

贮藏后的杏应保持固有风味和新鲜度，无明显失水、皱缩现象，好果率≥95%，失重率≤5%。

7 运输

7.1 运输温度

运输温度以 0℃ ~ 5℃ 为宜。

7.2 湿度要求

长途或远洋运输中，应采取必要的保湿或增湿措施。

7.3 通风换气

长途或远洋运输中，应进行通风换气。

8 检验

8.1 定期对好果率和失重率进行检查。在库内垛间有代表性的部位取样，取样方法按 GB/T 8855 的规定执行。

8.2 好果率以所调查果实中好果的个数或质量的百分数表示。

8.3 失重率按式（1）计算。

$$X = \frac{m - m_0}{m} \times 100 \quad \text{……………………………………………}(1)$$

式中：

X——失重率，单位为质量百分数（%）；

m——贮前果实质量，单位为千克（kg）；

m_0——测定时果实质量，单位为千克（kg）。

计算结果保留一位小数。

ICS 67. 080. 10
X 24
备案号：33194—2011

SB

中 华 人 民 共 和 国 国 内 贸 易 行 业 标 准

SB/T 10617—2011

熟制杏核和杏仁

Roasted sweet apricot inshell and kernel

2011 –07 –07 发布
2011 –11 –01 实施

中华人民共和国商务部 发 布

前　言

本标准按照 GB/T 1.1—2009 给出的规则起草。

本标准由中国食品工业协会坚果炒货专业委员会提出。

本标准由中华人民共和国商务部归口。

本标准负责起草单位：浙江华隆食品有限公司、江苏阿里山食品有限公司、浙江大好大食品有限公司。

本标准参加起草单位：中国食品工业协会坚果炒货专业委员、洽洽食品股份有限公司、福建百联实业有限公司、山东中粮花生制品进出口有限公司、杭州姚生记食品有限公司、咸阳市彩虹商贸食品有限公司、芜湖市傻子瓜子有限总公司。

本标准主要起草人：赵文革、朱永涛、徐星魏、翁洋洋、宋宗庆、陈居立、朱迪刚、来明乔、张阿妮、季长路。

熟制杏核和杏仁

1 范围

本标准规定了熟制杏核和杏仁的术语和定义、分类、要求、试验方法、检验规则以及标签、标志、包装、运输和贮存的要求。

本标准适用于 3.1 和 3.2 定义的产品的生产、检验和销售。

2 规范性引用文件

下列文件对于本文件的应用是必不可少的。凡是注日期的引用文件，仅注日期的版本适用于本文件。凡是不注日期的引用文件，其最新版本（包括所有的修改单）适用于本文件。

GB/T 191　包装储运图示标志

GB 2760　食品安全国家标准　食品添加剂使用标准

GB 5009.3　食品安全国家标准　食品中水分的测定

GB 7718　食品安全国家标准　预包装食品标签通则

GB 11671　果、蔬罐头卫生标准

GB 14881　食品企业通用卫生规范

GB 16326　坚果食品卫生标准

GB 16565　油炸小食品卫生标准

GB 19300　烘炒食品卫生标准

GB/T 20452　仁用杏杏仁质量等级

GB/T 22165　坚果炒货食品通则

NY 5319　无公害食品　瓜子

JJF 1070　定量包装商品净含量计量检验规则

定量包装商品计量监督管理办法（国家质量监督检验检疫总局令第 75 号〔2005〕）

3 术语和定义

GB/T 22165 中界定的以及下列术语和定义适用于本文件。

3.1 杏核（甜）　sweet apricot inshell

壳杏仁

蔷薇科植物杏的种子，拉丁文名：*Ameniaca vulgaris* Lamarck。

3.2 杏仁（甜）　sweet apricot kernel

蔷薇科植物杏的种子杏核去壳的内仁。

3.3 熟制杏核 roasted sweet apricot inshell

以杏核（甜）为主要原料，添加或不添加辅料，经炒制、干燥、烤制或其他熟制工艺制成的产品。

3.4 熟制杏仁 roasted sweet apricot kernel

以甜杏仁为主要原料，添加或不添加辅料，经炒制、干燥、烤制、油炸或其他熟制工艺制成的产品。

3.5 虫蚀粒 injured kernel

杏核壳表面有虫眼且伤及籽仁的颗粒。

3.6 毒变粒 mould kernel

杏核和杏仁因霉变其仁呈现黑色、棕色、褐色的颗粒。

4 分类

产品按加工工艺的不同分为：
1）烘炒类；
2）油炸类；
3）其他类。

5 要求

5.1 原料

杏仁应符合 GB/T 20452 和 GB 16326 的规定，杏核应符合 GB 16326 和相应国家标准或行业标准的规定。

5.2 辅料

食品添加剂的质量应符合相应标准和有关规定，其他铺料应符合相应国家标准或行业标准的规定。

5.3 感官

感官应符合表1规定。

表 1　　　　　　　　　　感官要求

项目	要求			
	烘炒杏核	烘炒杏仁	油炸杏仁	其他类
外观	颗粒整齐、饱满，大小均匀，其中虫蚀粒≤2.0%，霉变粒≤2.0%	颗粒整齐、饱满，大小均匀，虫蚀粒≤1.5%		颗粒整齐、饱满，大小均匀，其中虫蚀粒≤1.5%、霉变粒≤1.5%

(续表)

项目	要求			
	烘炒杏核	烘炒杏仁	油炸杏仁	其他类
色泽	外壳呈棕黄色，仁淡微黄色，色泽均匀，具有该产品应有之色泽	具有该产品应有之色泽，色泽均匀，杏仁呈淡黄色		具有该产品应有之色泽，色泽均匀
口味	香而酥脆可口，香味、滋味与气味纯正，无异味	香而酥脆可口，香味、滋味与气味纯正，无异味，按不同配料应具有各自的特色风味		除具有杏仁应有的香味、滋味与气味外，按不同配料、加工方法还应具有各自的特色风味
杂质	正常视力无可见外来杂质			

5.4 水分

水分应符合表2要求。

表 2   水分指标

项目	指标		
	烘炒类	油炸类	其他类
水分/（g/100g）≤	8		—

5.5 卫生指标

烘炒类产品应符合 GB 19300 的规定；油炸类产品应符合 GB 16565 的规定；其他类产品重金属指标应符合 GB 11671 的规定，其他指标应符合 GB 19300 的规定；二氧化硫（SO_2）含量应符合 NY 5319 的规定。

5.6 食品添加剂

食品添加剂的使用应符合 GB 2760 的规定。

5.7 净含量要求

净含量应符合《定量包装商品计量监督管理办法》的规定。

5.8 生产加工过程的卫生要求

应符合 GB 14881 的规定。

6 试验方法

6.1 感官要求

6.1.1 通用方法

在光亮度为 300lx~500lx 条件下，将样品置于清洁、干燥的白瓷盘中，用目测检查色泽、颗粒形态和杂质，带壳产品应去除外壳后用目测检查仁的色泽；嗅其气味，尝其滋味与口感，做出评价。

6.1.2 虫蚀粒

用四分法从抽样样品中称取500g左右样品，挑出虫眼粒，带壳的剥开后，数其虫蚀粒数量，按式（1）计算虫蚀粒指标：

$$f_1 = \frac{n_1}{n} \times 100\% \quad \text{……………………………………}（1）$$

式中：

f_1——产品的虫蚀粒指标，%；

n_1——虫蚀粒数，单位为个；

n——称取500g左右样品的总数，单位为个。

6.1.3 霉变粒

取检验过虫蚀粒指标的样品，带壳产品需将其剥开，数其霉变粒数量，按式（2）计算霉变粒指标：

$$f_2 = \frac{n_2}{n} \times 100\% \quad \text{……………………………………}（2）$$

式中：

f_2——产品的霉变粒指标，%；

n_2——霉变粒数，单位为个；

n——称取500g左右样品的总数，单位为个。

6.2 水分

按 GB 5009.3 中规定的方法测定。

6.3 净含量测定

按照 JJF 1070 中有关规定执行。

7 检验规则

7.1 出厂检验

出厂检验包括感官要求、卫生指标中的菌落总数（有此要求的）、大肠菌群、净含量指标。

7.2 型式检验

型式检验项目为5.3～5.7中的所有项目指标，正常情况下每年检验2次，有下列情况之一者，应进行型式检验：

a）工艺或原材料发生重大改变时；

b）产品投产鉴定前；

c）产品停产6个月以上再生产时；

d）国家质量监督部门、检验检疫行政主管部门提出要求时。

7.3 检验组批和抽样

同一班次或同批原料生产的同一品种，为一个检验批，从每批产品不同部位随机抽取6袋（不足

500g 的加量抽取），分别做感官、理化指标、卫生指标检验，留样。

7.4 判定原则

7.4.1 检验结果全部项目符合本标准规定时，判该批产品为合格品。

7.4.2 检验结果中微生物指标有一项不符合本标准规定时，判该批产品为不合格品。

7.4.3 检验结果中除微生物指标外，其他项目不符合本标准规定时，可以在原批次产品中加倍取样对不符合项复检，复检结果全部符合本标准规定时，判该批产品为合格品，复检结果中如仍有指标不符合本标准，则判该批产品为不合格品。

8 标签、标志、包装、运输和贮存

8.1 标签、标志

8.1.1 产品预包装标签应符合 GB 7718 的规定，产品标志应符合相关规定，并标注原料品种或产地。

8.1.2 储运图示的标志应符合 GB/T 191 的规定。

8.2 包装

8.2.1 包装材料应清洁、干燥、无毒、无异味，符合相应的食品包装国家卫生标准的要求，采用马口铁罐或软罐作包装时，应符合相关罐头包装物标准的要求。

8.2.2 销售包装应完整、严密、不易散包。

8.3 运输

运输工具应清洁、干燥、无异味、有篷盖，运输中应轻装、轻卸、防雨、防晒。

8.4 贮存

产品应贮存于通风、干燥、阴凉、清洁的仓库内，不得与有毒、有异味、有腐蚀性、潮湿的物品混贮，产品应堆放在垫板上，且离地 10cm 以上、离墙 20cm 以上，中间留有通道。

ICS

GB

中 华 人 民 共 和 国 国 家 标 准

GB/T 17479—1998
neq ISO 2826：1974

杏冷藏

Apricots – Guide to cold storage

1998 –08 –28 批准   1999 –01 –01 实施

国家质量技术监督局   发 布

前　言

本标准非等效采用国际标准 ISO 2826：1974《杏——冷藏指南》，并根据我国杏果实贮藏性、贮藏技术、贮藏设施的实际情况，本着提高我国杏果实产品与国际标准质量吻合，促进外贸出口而制定的。本标准与 ISO 2826 的不同点是：在技术内容方面具体规定了冷藏杏果实的基本条件、采收、包装、冷藏管理方法；编写规则执行 GB/T 1.1—1993《标准化工作导则　第 1 单元：标准的起草与表述规则第 1 部分：标准编写的基本规定》。

本标准内容包括：冷藏杏果实应选择的果园基本条件；果实成熟度、采收方法和质量要求；冷藏包装容器及包装方法；冷藏技术指标与库房管理方法；果实出库指标和注意事项。附录 A 列出部分杏品种的理化指标；附录 B 介绍乙烯吸附剂制作方法与保存；附录 C 提示杏果实冷藏中的伤害原因及防治方法。

本标准提供的技术指标作为一般性指导。因地理环境、气候条件、栽培技术、品种有差异，在应用本标准时结合当地实际情况，酌情掌握本标准的技术条件。

本标准由原中华人民共和国商业部提出。

本标准由中华全国供销合作总社济南果品研究所归口。

本标准起草单位：中华全国供销合作总社济南果品研究所。

本标准主要起草人：丛欣夫、赵静芳、魏绍冲。

杏冷藏

1 范围

本标准规定了杏贮藏用果实的基本条件、采收方法、贮藏容器、预处理、冷藏技术、检验方法及果实出库质量。

本标准适用于有贮藏价值的普通杏（prunus armeniaca L.）的栽培品种生长的供鲜食或加工用果实的冷藏。主要有以下品种：红玉杏、红榛杏、红金玉杏、白玉杏、华县大接杏、大偏头、串枝红、骆驼黄、兰州大接杏、玉吕克、仰韶黄、沙金红、杨继元、拳杏、荷苞杏、金妈妈。

2 引用标准

下列标准所包含的条文，通过在本标准中引用而构成为本标准的条文。本标准出版时，所示版本均为有效。所有标准都会被修订，使用本标准的各方应探讨使用下列标准最新版本的可能性。

GB/T 6195—86 水果、蔬菜维生素 C 含量测定法（2，6 – 二氯靛粉滴定法）

GB/T 8559—87 苹果冷藏技术

GB/T 10466—89 蔬菜、水果形态学和结构术语（一）

GB/T 12293—90 水果蔬菜制品可滴定酸度的测定

GB/T 12295—90 水果蔬菜制品可溶性固形物含量的测定 折射仪法

SB/T 10091—1992 桃冷藏技术

3 定义

本标准采用下列定义。

3.1 完熟期 ripening

果实表现出杏特有的色泽、风味、香气、质地，达到最佳食用的时期。

3.2 转色期 preclimateric stage

杏果实表面叶绿素已基本消失，类胡萝卜素、花青素已开始显现的时期。此时期果实坚实但已达到成熟。

3.3 色泽 colouring

本品种杏果实成熟时颜色。

3.4 果梗 stalk

果实与枝条的连接部分（GB/T 10466—1989 中 2.24.1）。

4 技术内容

4.1 冷藏杏果实的基本条件

4.1.1 选择树势健壮的成龄果园为冷藏果的基地。

4.1.2 果园应有较高水平的农业技术措施。

4.1.2.1 应多施有机肥和磷、钾肥料。过量施用氮肥的果实，不适于冷藏。

4.1.2.2 应合理修剪。

4.1.2.3 应及时防治病虫害。

4.1.3 果实采收前7d~10d停止灌水，遇雨天应推迟采收时间。

4.2 冷藏杏果实的采收条件

4.2.1 应掌握在果实转色期采收，色泽深度依品种而异。已达完熟期的果实不适于冷藏。

4.2.2 采收时间，应掌握天气晴朗，上午10点前露水消失后或傍晚采收。阴、雨、雾天气或烈日下采收的果实不适于冷藏。

4.2.3 采收方法，应人工采收，采收人员要剪指甲、戴手套，轻轻用手握住果实向上托扭使果实脱落，果实带果梗。采下的果实应轻轻放入带衬的果筐、果箱内。

4.2.4 用采果剪剪平果梗。

4.2.5 采后的果实应及时放在阴凉处，防止日晒、雨淋。

4.3 冷藏杏果实的质量要求

4.3.1 应具有本品种果实大小、形状、色泽、风味特征。

4.3.2 应带果梗。

4.3.3 应无腐烂、伤口、破皮、虫孔、发育性裂口、疮痂、蚧、病虫害、无冰雹及机械伤或其他原因所致的损伤。鲜食果除上述伤害外还应无枝叶磨、锈斑、日烧、污物。

4.3.4 果实成熟度按4.2.1执行。

4.3.5 果实饱满，果肉硬。

4.3.6 果实生理指标参考附录A。生理指标的测定方法：总酸按GB/T 12293执行，固形物按GB/T 12295执行；维生素C按GB/T 6195执行。

4.4 冷藏包装容器

4.4.1 外包装可采用纸箱、木箱、塑箱、条筐等。

4.4.1.1 纸箱容量以5~10kg为宜。箱体应整洁、干燥、坚实牢固、内壁平滑。箱两侧上下应有4个通气孔，孔径1.5cm。

4.4.1.2 木箱、塑箱容量不宜超过15kg。箱体内壁应衬包装纸。装箱前应消毒灭菌，方法按4.6.1执行。

4.4.1.3 条筐容量不宜超过15kg。筐内外壁应光滑，内衬包装纸2层，装筐前应消毒灭菌，方法按4.6.1执行。

4.4.2 内包装可采用高压聚乙烯（PE）或无毒聚氯乙烯（PVC）膜，膜厚度为0.03mm~0.05mm，袋宽应与外包装吻合，袋长应考虑装箱后掩口。

4.4.3 标志按 SB/T 10091 规定执行。

4.5 果实预冷及包装

4.5.1 预冷温度 3℃ ~5℃。

4.5.2 预冷应采用风预冷法。

4.5.3 果实包装方法：

4.5.3.1 果实预冷后包装。果实在箱内要排列整齐，每箱重应按箱容量设定装入果实，应标、重一致。

4.5.3.2 投放乙烯吸附剂，剂量 20g/10kg，参考附录 B。

4.5.3.3 果实装箱后内包装应掩口。不敞口，不扎口。

4.5.3.4 封箱，加盖后待码垛。

4.6 入库前库房处理

4.6.1 库房消毒：库房及包装容器在果实入库前应进行消毒，方法按 GB/T 8559—87 中附录 C 规定执行。

4.6.2 库房降温：库房应在果实入库前三天开机降温，并将库温稳定在 0℃。

4.7 入库

4.7.1 依不同包装容器合理安排货位、堆码形式、货垛大小、高度、排列方式、走向、间距，应力求库房内空气循环流畅，方向有序，管理方便。

4.7.2 按品种、等级、用途、入库时间分库、分垛。有效空间贮量掌握在每立方米不超过 250kg。

4.7.3 果实采收后应掌握在 24h 内入库。若集中入库时，每天、每次入库量不超过库容量的 25% ~30%。

4.7.4 货垛堆码方式按 GB/T 8559—87 中 4.2.4 执行。

4.8 温度

4.8.1 杏果实冷藏条件及库房管理。

4.8.1.1 库房温度应控制在 -0.5℃ ~1℃。

4.8.1.2 温度测定按 GB/T 8559—87 中 4.3.1 执行。

4.8.2 湿度（RH）。

4.8.2.1 库房湿度应控制在 90% ~95%（RH）。

4.8.2.2 湿度测定按 GB/T 8559—87 中 4.3.2.2 执行。

4.8.3 袋内气体成分的二氧化碳气应控制在 1% ~2%，不得超过 3%，超过 3% 应及时开袋放气。

4.8.4 库房空气应更新环流，但温度和湿度应控制在 4.8.1.1 和 4.8.2.1 规定的范围内。方法按 GB/T 8559—87 中 4.3.3 和 4.3.4 规定执行。

4.8.5 定期检查果实所发生的伤害，参考附录 C。

4.9 冷藏杏果的寿命及出库指标

4.9.1 冷藏果实的寿命

在本标准规定的技术条件下，果实可保存 4 ~5 周。

4.9.2　出库指标

4.9.2.1　果实新鲜，应具有本品种的色泽、风味，品味正常，无异味。

4.9.2.2　果实总耗不超过10%。

4.9.2.3　好果率应在90%以上。

4.9.2.4　生理指标可略低于入库前指标。

4.9.3　出库注意事项

4.9.3.1　出库后的果实应缓慢升温，避免果实结露。

4.9.3.2　出库后，果实应轻搬、轻放、轻拿，避免果实伤害。

附录 A
（提示的附录）
部分杏品种的理化指标

品种名称	单果质量 g	可溶性固形物 %	总糖 %	总酸 %	维生素 C mg/100g	产地
红玉杏	80.9	15.9	9.83	1.67	7.99	山东
红金榛杏	92.0	13.9	6.64	1.42	10.23	山东
华县大接杏	84.0	13.6	8.80	0.86	7.45	陕西
兰州大接杏	72.0	10.8	8.50	0.95	5.16	甘肃
大偏头杏	72.0	10.8	8.50	0.95	5.16	甘肃
玉吕克	76.0	9.0	5.30	1.89	1.25	新疆
串枝红	52.5	11.4	5.61	1.66	7.46	河北
仰韶黄杏	42.0	12.0	0.04	1.69	6.77	河南
骆驼黄杏	50.0	11.5	6.99	2.04	5.80	北京
金玉杏	60.0	14.5	9.46	1.65	13.35	北京
沙金红杏	57.0		12.60	1.01		山西
白玉杏	68.4	12.3	6.70	1.07	3.56	山东
杨继元	45.0	13.2	8.20	1.62	6.78	山东
拳杏	88.8	13.6	6.40	1.20	9.30	山东
金妈妈	46.0	10.6	7.04	1.45	6.78	甘肃
荷苞杏	45.33	12.1	7.80	1.83	4.07	山东
泽红杏	46.0	11.0	8.10	1.78	2.18	山东
荷苞榛	56.0	12.5	7.34	1.25	9.67	山东

注：数据来源于山东果树科学研究所杏资源研究组资料。

附录 B
（提示的附录）
乙烯吸附剂制作与保存

B.1　乙烯吸附剂的制作

B.1.1　原料：高锰酸钾（$KMnO_4$）、珍珠岩（建筑材料）。

B.1.2　方法：将高锰酸钾溶于100℃水中，制取饱和溶液（1∶24），将干燥、洁净的珍珠岩浸泡在饱和溶液中2~3min，捞出珍珠岩烘干或晒干即成为乙烯吸附剂。

B.1.3　包装：将制成的乙烯吸附剂，按设定的重量装入0.06~0.08mm的聚乙烯（PE）或聚丙烯（PP）塑料袋中密封。应用时将塑料袋用针扎若干小孔。

B.2　乙烯吸附剂的保存

包装好的乙烯吸附剂再装入0.1mm的塑料袋密封，放置在干燥低温的地方可贮存一年。

附录C
（提示的附录）
杏果实冷藏中的伤害

名称	症状	原因	防治方法
冷害 chilling injury	面有凹陷，果肉、维管束变褐，果肉变疏松	温度过低	防止温度过低或变温处理
二氧化碳伤害 CO_2 toxicity	果肉维管束由内向外变褐，果皮有褐色条纹	二氧化碳过高	调控二氧化碳指标，开袋放气

ICS 67. 080. 10
B 66

中 华 人 民 共 和 国 国 家 标 准

GB/T 20452—2006

仁用杏杏仁质量等级

Standards for the quality of apricot kernel

2006－07－12发布

2006－12－01实施

中华人民共和国国家质量监督检验检疫总局
中国国家标准化管理委员会

发 布

前　言

本标准由国家林业局提出并归口。

本标准由北京市农林科学院林业果树研究所负责起草。

本标准主要起草人：王玉柱、孙浩元、杨丽。

仁用杏杏仁质量等级

1 范围

本标准规定了仁用杏中龙王帽、一窝蜂、柏峪扁和优一等四个甜杏仁（大扁杏）品种杏仁和苦杏仁（山杏杏仁）的质量指标，包括杏仁平均仁质量、色泽、风味、破碎率、不饱满率、虫蛀率、霉变率、杂质率、异种率、含水率、黄曲霉素等。

本标准适用于仁用杏杏仁生产、营销和进出口。

本标准不适用于鲜食杏品种。

2 规范性引用文件

下列文件中的条款通过本标准的引用而成为本标准的条款。凡是注日期的引用文件，其随后所有的修改单（不包括勘误的内容）或修订版均不适用于本标准。然而，鼓励根据本标准达成协议的各方研究可使用这些文件的最新版本。凡是不注日期的引用文件，其最新版本适用于本标准。

GB/T 5009.22　食品中黄曲霉毒素 B_1 的测定

3 术语和定义

下列术语和定义适用于本标准。

3.1 仁用杏　kernel consuming apricot

以获得杏仁为主要生产产品的杏属（*Armeniaea* Mill.）植物栽培种质类型。

3.2 大扁杏　DA – BIAN apricot

以甜杏仁为主要生产产品的杏属（*Armeniaea* Mill.）植物栽培品种的总称。

3.3 破碎率　percentage of broken kernels

抽验样品破碎杏仁质量占抽验样品杏仁质量的百分率。计算公式为：
破碎率 = 抽验样品破碎杏仁质量（g）/抽验样品杏仁质量（g）×100%

3.4 不饱满率　percentage of stunted or shrivelled kernels

指抽验样品不饱满杏仁质量占抽验样品杏仁质量的百分率。计算公式为：
不饱满率 = 抽验样品不饱满杏仁质量（g）/抽验样品杏仁质量（g）×100%

3.5 虫蛀率　percentage of insect damage

抽验样品虫蛀杏仁质量占抽验样品杏仁质量的百分率。计算公式为：

虫蛀率＝抽验样品虫蛀杏仁质量（g）/抽验样品杏仁质量（g）×100%

3.6 霉变率 percentage of mouldy kernels

抽验样品发霉杏仁质量占抽验样品杏仁质量的百分率。计算公式为：
霉变率＝抽验样品发霉杏仁质量（g）/抽验样品杏仁质量（g）×100%

3.7 杏仁杂质率 percentage of foreign matters

抽验样品杂质质量占抽验样品杏仁质量的百分率。计算公式为：
杂质率＝抽验样品杂质质量（g）/抽验样品杏仁质量（g）×100%

3.8 异种率 percentage of other varieties

抽验样品异种杏仁质量占抽验样品杏仁质量的百分率。计算公式为：
异种率＝抽验样品异种杏仁质量（g）/抽验样品杏仁质量（g）×100%

3.9 含水率 percentage of moisture

抽验样品烘干前与烘干后的质量之差占烘干前抽验样品质量的百分率。计算公式为：
含水率＝〔烘干前抽验样品质量（g）－烘干后抽验样品质量（g）〕/烘干前抽验样品质量（g）×100%

4 仁用杏杏仁分类、品质等级及要求

4.1 仁用杏杏仁分类

4.1.1 杏仁按其口感味道分为甜杏仁（大扁杏杏仁）和苦杏仁（山杏杏仁）两类；甜杏仁主栽品种有龙王帽、一窝蜂、柏峪扁和优一等四个品种。

4.1.2 杏仁按其品质（破碎率、不饱满率、虫蛀率、霉变率、杂质率、异种率、含水率、黄曲霉素等）不同，分为一级、二级、三级3个等级。

4.2 仁用杏杏仁等级及要求

4.2.1 甜杏仁
甜杏仁品质等级及要求见表1。

表1

项目	一级				二级				三级			
	龙王帽	一窝蜂	柏峪扁	优一	龙王帽	一窝蜂	柏峪扁	优一	龙王帽	一窝蜂	柏峪扁	优一
平均仁质量/g	＞0.80	＞0.70	＞0.75	＞0.60	0.70~0.80	0.60~0.70	0.65~0.75	0.50~0.60	＜0.70	＜0.60	＜0.65	＜0.50
风味	甜，有余苦	甜，有余苦	香甜	香甜	甜，有余苦	甜，有余苦	香甜	香甜	甜，余苦	甜，余苦	香甜	香甜
种仁色泽	棕黄	棕黄	黄白	棕黄	棕黄	棕黄	黄白	棕黄	棕黄	棕黄	黄白	棕黄

项目	一级				二级				三级			
	龙王帽	一窝蜂	柏峪扁	优一	龙王帽	一窝蜂	柏峪扁	优一	龙王帽	一窝蜂	柏峪扁	优一
破碎率/（%）	<3.0				<3.0				<3.0			
不饱满率/（%）	<2.0				2.0~3.0				≤5.0			
虫蛀率/（%）	0				<0.5				<0.5			
霉变率/（%）	0				<0.5				<0.5			
杂质率/（%）	<0.5				0.5~1.0				<1.5			
异种率/（%）	0				<0.5				<1.0			
含水率/（%）	<7.0				<7.0				<7.0			
黄曲霉素 B_1/（μg/kg）	<5				≤10				≤10			

4.2.2 苦杏仁

苦杏仁品质等级及要求见表2。

表2

项目	一级	二级	三级
种仁色泽	棕黄色	棕黄色	棕黄色
味道	苦	苦	苦
破碎率/（%）	<3.0	<3.0	<3.0
不饱满率/（%）	<2.0	2.0~3.0	≤5.0
虫蛀率/（%）	0	<0.5	<0.5
发霉率/（%）	0	<0.5	<0.5
杂质率/（%）	<0.5	0.5~1.0	<1.5
含水率/（%）	<7.0	<7.0	<7.0
黄曲霉素 B_1/（μg/kg）	<5	≤10	≤10

5 检验

5.1 检验规则

测定杏仁平均仁质量、破碎率、不饱满率、虫蛀率、发霉率、杂质率、异种率和含水率的样品，需要从同一产地、同一样品中抽取。随机选定同一批产品按包装单位（如麻袋）的5%~10%为取样单元，每个单元取样1kg。多单元样品需经均匀混合后，从总样品中抽取2kg作为检测样品。

对检验结果有争议时，应对留存样进行复检，或在同一批次产品中按本标准规定加倍抽样，对不合格项目进行复检，以复检结果为准。

5.2 检验方法

根据表1、表2的品质要求，采用对比、观察及测量进行感官检测。

黄曲霉毒素 B_1 含量的测定按 GB/T 5009.22 的规定执行。

6 包装、运输和贮藏

杏仁的包装、运输和贮藏应符合食品安全包装并在包装上注明生产日期、运输和贮藏的条件，防止与农药、化肥等有污染、异味的物品混放，并保持通风干燥的环境条件。

ICS 67.040
X 08

GB

中 华 人 民 共 和 国 国 家 标 准

GB/T 28843—2012

食品冷链物流追溯管理要求

Management requirement for traceability
in food cold chain logistics

2012 – 11 – 05 发布　　　　　　　　　　　　2012 – 12 – 01 实施

中华人民共和国国家质量监督检验检疫总局
中国国家标准化管理委员会　　发 布

前　言

本标准按照 GB/T 1.1—2009 给出的规则起草。

本标准由全国物流标准化技术委员会（SAC/TC 269）提出并归口。

本标准起章单位：上海市标准化研究院、中国物流技术协会、英格索兰制冷设备有限公司、上海市冷冻食品行业协会、上海海洋大学、河南众品食业股份有限公司。

本标准主要起草人：王晓燕、秦玉青、刘卫战、晏绍庆、王二卫、谢晶、康俊生、金祖卫、刘芳、乐飞红。

食品冷链物流追溯管理要求

1 范围

本标准规定了食品冷链物流的追溯管理总则以及建立追溯体系、温度信息采集、追溯信息管理和实施追溯的管理要求。

本标准适用于包装食品从生产结束到销售之前的运输、仓储、装卸等冷链物流环节中的追溯管理。

2 规范性引用文件

下列文件对于本文件的应用是必不可少的。凡是注日期的引用文件，仅所注日期的版本适用于本文件。凡是不注日期的引用文件，其最新版本（包括所有的修改单）适用于本文件。

GB/T 9829—2008 水果和蔬菜 冷库中物理条件 定义和测量

GB/T 22005 饲料和食品链的可追溯性 体系设计与实施的通用原则和某本要求（ISO 22005：2007，IDT）

3 术语和定义

下列术语和定义适用于本文件。

3.1 食品冷链物流 food cold chain logistics

采用低温控制的方式使预包装食品从生产企业成品库到销售之前始终处于所需温度范围内的物流过程，包括运输、仓储、装卸等环节。

4 追溯管理总则

4.1 冷链物流服务提供方应建立追溯体系、采集追溯信息并在必要时实施追溯。

4.2 冷链物流服务提供方在产品交接时应诚信、协作，互相配合。

4.3 食品冷链物流提供方应建立温度信息记录制度，保证物流全程食品冷链温度可追溯。

5 建立追溯体系

5.1 通用要求

5.1.1 追溯体系的设计和实施应符合 GB/T 22005 的规定，并充分满足客户需求。

5.1.2 追溯体系的设计应将食品冷链物流中的温度信息作为主要追溯内容，建立和完善全程温度监测管理和环节间交接制度，实现温度全程可追溯。

5.1.3 应配置相关的温度测量设备对环境温度和产品温度进行测量和记录。温度测量设备应通过计量检定并定期校准。

5.1.4 应制定详细的食品冷链物流温度监测作业规范，明确食品在不同物流环节的温度监测和记录要求（包括温度测量设备要求、测温点的选择、允许的温度偏差范围、温度监测方法、温度监测结果的记录），以及温度记录保存方法、保存期限等要求。

5.1.5 应制定适宜的培训、监视和审查制度，对操作人员进行必要的培训，使其能够根据检测方法对冷链物流温度进行监测和记录，完成交接确认等操作。

5.1.6 应对食品冷链物流追溯体系进行验证，确保追溯体系的记录连续、真实有效。

5.2 追溯信息

5.2.1 食品冷链物流服务提供方在物流作业过程中应及时、准确、完整地记录各物流环节的追溯信息。

5.2.2 食品冷链物流运输、仓储、装卸环节的追溯信息主要包括客户信息、产品信息、温度信息、收发货信息和交接信息，必要时可增加补充信息，见表1。

表1 食品冷链物流追溯信息

信息类型	信息内容
客户信息	客户名称、服务日期
产品信息	食品名称、数量、生产批号、追溯标识、保质期
温度信息	环境温度记录、产品温度记录（采集时间和温度）、运输载体或仓库名称、运输时间和仓储时间
收发货信息	上、下环节企业或部门名称、收发货时间、收发货地点
交接信息	产品温度确认记录、交接时间、交接地点，外包装良好情况，操作人员签名
补充信息	温度测量设备和方法（包括温度测量设备的名称、精确度、测温位置、测量和记录间隔时间等）；装载前运输载体预冷温度信息（包括预冷时间、预冷温度、装车时间、作业环境温度以及开始装车后的载体内环境温度）；特殊情况追溯信息

5.2.3 常见温度信息采集见第6章。运输和仓储环节追溯温度信息时对环境温度记录有争议的，可通过查验产品温度记录进行追溯。

5.2.4 当食品冷链物流环节中制冷设备或温度记录设备出现异常时，应将出现异常的时间、原因、采取的措施以及采取措施后的温度记录作为特殊情况的温度追溯信息。

5.3 追溯标识

5.3.1 食品冷链物流服务提供方应全程加强食品防护，保证包装完整，并确保追溯标识清晰、完整、未经涂改。

5.3.2 食品冷链物流服务过程中需对食品另行添加包装的，其新增追溯标识应与原标识保持一致。

5.3.3 追溯标识应始终保留在产品包装上，或附在产品的托盘或随附文件上。

5.4 温度记录

5.4.1 追溯体系中的温度记录应便于与外界进行数据交换，温度记录应真实有效，不得涂改。

5.4.2 温度记录载体可以是纸质文件，也可以是电子文件。温度表示可以用数字，也可以用图表。

5.4.3 温度记录在物流作业结束后作为随附文件提交给冷链物流服务需求方。

5.4.4 运输和仓储环节内的温度信息宜采用环境温度，交接时温度信息宜采用产品温度。各环节的产品温度测量方法参见附录 A。

5.4.5 产品交接时应按以下顺序检查、测量并记录温度信息：

a）环境温度记录：检查环境温度监测记录是否符合温控要求，并记录；

b）产品表面温度：测量货物外箱表面温度或内包装表面温度，并记录；

c）产品中心温度：如产品表面温度超出可接受范围，还应测量产品中心温度，或采用双方可接受测温方式测温并记录。

6 温度信息采集

6.1 运输环节

6.1.1 产品装运前应对运输载体进行预冷，查看相关产品质量证明文件，确认承运的货物运输包装完好，测量并记录产品温度，并和上一环节操作人员签字确认。

6.1.2 运输过程中应全程连续记录运输载体内环境温度信息。运输载体的环境温度一般可用回风口温度表示运输过程中的温度，必要时以载体三分之二至四分之三处的感应器的温度记录作为辅助温度记录。

6.1.3 运输过程中需提供产品温度记录时，产品温度测量点选取参见 A.1.2。

6.1.4 运输结束时，应与下一环节的操作人员对产品温度进行测量、记录，并双方签字确认，产品温度测量点的选取参见 A.1.3。

6.1.5 运输服务完成后，根据冷链运输服务需求方要求，提供与运输时间段相吻合的温度记录。

6.1.6 运输过程中每一次转载视为不同的作业和追溯环节。转载装卸时应符合 6.3 的要求。

6.2 仓储环节

6.2.1 产品入库前，应查看相关产品质量证明文件，并与运输环节的操作人员对食品的运输温度记录、入库时间、交接产品温度进行记录并签字确认。

6.2.2 当接收食品的产品温度超出合理范围时，应详细记录当时产品温度情况，包括接收时产品温度、处理措施和时间、处理后温度以及入库时冷库温度等温度记录的补充信息。

6.2.3 冷库温度记录显示设备宜放置在冷库外便于查看和控制的地方。温度感应器应放置在最能反映产品温度或者平均温度的位置，例如感应器可放在冷库相关位置的高处。温度感应器应远离温度有波动的地方，如远离冷风机和货物进出口旁，确保温度准确记录。

6.2.4 冷库环境温度的测量记录可按 GB/T 9829—2008 中第 3 章的要求，冷库内温度感应器的数量设置需满足温度记录的需要。

6.2.5 需提供仓储过程中的产品温度记录时，冷库产品温度的测量参见 A.1.1。

6.2.6 产品出冷库时，应与下一环节的操作人员确认冷库环境温度记录，以及交接时的产品温度并签字确认。

6.2.7　涉及分拆、包装等物流加工作业的应确保追溯标识符合 5.3 的要求，并详细记录食品名称、数量、批号、保质期、分拆和包装时的环境温度和产品温度，作为仓储环节的加工追溯信息。

6.2.8　仓储服务完成后，根据冷链仓储需求方要求，提供仓储过程中的温度记录。

6.3　装卸环节

6.3.1　装卸前应先对产品的包装完好程度、追溯标识进行检查，对环境温度记录进行确认，选取合适样品测量产品温度并双方确认签字。

6.3.2　装卸环节的温度追溯信息包括装卸前的环境温度、产品温度、装卸时间以及装卸完成后的产品温度和环境温度。

6.3.3　装载时的追溯补充信息包括装车时间、预冷温度、作业环境温度以及开始装车后的运输载体内环境温度。

6.3.4　卸载时的追溯补充信息包括到达时的运输载体环境温度、卸货时间及将要转入的冷库温度。

7　追溯信息管理

7.1　信息存储

7.1.1　应建立信息管理制度。

7.1.2　纸质记录及时归档，电子记录及时备份。记录应至少保存两年。

7.2　信息传输

7.2.1　冷链物流上、下环节交接时应做到信息共享。

7.2.2　每次冷链物流服务完成后服务提供方应将信息提供给服务需求方。

8　实施追溯

8.1　食品冷链物流服务提供方应保留相关追溯信息，积极响应客户的追溯请求并实施追溯。追溯请求和实施条件可在商务协议中进行规定。

8.2　食品冷链物流服务提供方应根据相关法律法规、商业惯例或合同实施追溯，特别是遇到以下情况：

——发现产品有质量问题时，应及时实施追溯；

——根据服务协议或者客户提出的追溯要求，向客户提交相关追溯信息；

——当上、下环节企业对产品有疑问时，应根据情况配合进行追溯；

——当发生食品安全事故时，应快速实施追溯。

8.3　实施追溯时，应将相关追溯信息数据封存，以备检查。

附录A

（资料性附录）

食品冷链物流环节产品温度的测量

A.1 直接测量产品温度的取样方法

A.1.1 冷库

冷库中，当货箱紧密地堆在一起时，应测量最外边的单元包装内靠外侧的包装的温度值，和本批货物中心的单元包装的内部温度值。它们分别被称为本批产品的外部温度和中心温度。两者的差异视为本批货物的温度差，需进行多次测量，以记录本批货物的准确温度。

A.1.2 运输

运输过程中产品温度测量应测量车厢门开启边缘处的顶部和底部的样品，见图A.1。

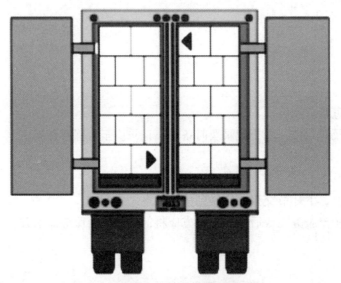

图A.1 运输途中产品温度测量取样点

A.1.3 卸车

卸车时产品温度测量取样点见图A.2，包括：

——靠近车门开启边缘处的车厢的顶部和底部；

——车厢的顶部和远端角落处（尽可能地远离制冷温控设备）；

——车厢的中间位置；

——车厢前面的中心（尽可能地靠近制冷温控设备）；

——车厢前面的顶部和底部角落（尽可能地靠近空气回流入口）。

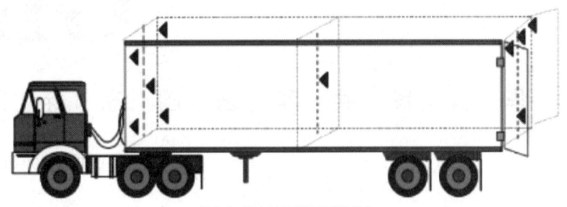

图 A.2　卸车时产品温度的取样点

A.2　间接的产品温度测量方法

食品冷链物流过程中可采取使用模拟产品、包装间放置温度感应器、采用射线或红外温度计等间接的产品温度测量方法进行温度测量。

ICS 67. 080. 01
B 31

GB

中 华 人 民 共 和 国 国 家 标 准

GB/T 33129—2016

新鲜水果、蔬菜包装和冷链运输
通用操作规程

General code of practice for packaging and cool chain
transport of fresh fruits and vegetables

2016 –10 –13 发布　　　　　　　　2017 –05 –01 实施

中华人民共和国国家质量监督检验检疫总局
中国国家标准化管理委员会　发布

前　言

本标准按照 GB/T 1.1—2009 给出的规则起草。

本标准由中国标准化研究院归口。

本标准起草单位：中国标准化研究院、中国农业科学院农业信息所、广东省肇庆市供销合作联社、深圳市中安测标准技术有限公司。

本标准起草人：杨丽、刘文、李哲敏、张永恩、张瑶、谭国熊、张毅、席兴军、初侨、王东杰、张超、于海鹏。

新鲜水果、蔬菜包装和冷链运输通用操作规程

1 范围

本标准规定了新鲜水果、蔬菜包装、预冷、冷链运输的通用操作规程。
本标准适用于新鲜水果、蔬菜的包装、预冷和冷链运输操作。

2 规范性引用文件

下列文件对于本文件的应用是必不可少的。凡是注日期的引用文件，仅所注日期的版本适用于本文件。凡是不注日期的引用文件，其最新版本（包括所有的修改单）适用于本文件。

GB/T 5737　食品塑料周转箱
GB/T 6543　运输包装用单瓦楞纸箱和双瓦楞纸箱
GB/T 6980　钙塑瓦楞箱
GB/T 8946　塑料编织袋通用技术要求
GB/T 31550　冷链运输包装用低温瓦楞纸箱
NY/T 1778　新鲜水果包装标识　通则
QC/T 449　保温车、冷藏车技术条件及试验方法
SB/T 10158　新鲜蔬菜包装与标识

3 包装

3.1 基本要求

3.1.1　包装材料、容器和方式的选择应保护所包装的新鲜水果、蔬菜避免磕碰等机械损伤；满足新鲜水果、蔬菜的呼吸作用等基本生理需要，减轻新鲜水果、蔬菜在贮藏、运输期间病害的传染。

3.1.2　包装材料、容器和方式的选择应方便新鲜水果、蔬菜的装载、运输和销售。

3.1.3　包装材料、容器和方式的选择应安全、便捷、适宜，尽量减少包装环境的变化，减少包装次数。

3.1.4　选择的包装材料和容器应节能、环保，可回收利用或可降解，不应过度包装。

3.2 包装材料

3.2.1　包装材料的选择应考虑产品包装和运输的需要，考虑包装方法、可承受的外力强度、成本耗费、实用性等因素。需要冷藏运输的新鲜水果和蔬菜，其包装材料的选择除考虑上述因素外，还应考虑所使用的预冷方法。

3.2.2　包装材料应清洁、无毒，无污染，无异味，具有一定的防潮性、抗压性，包装材料应可回收利用或可降解。

3.2.3 包装应能够承受得住装、卸载过程中的人工或机械搬运；承受得住上面所码放物品的重量；承受得住运输过程中的挤压和震动；承受得住预冷、运输和存储过程中的低温和高湿度。

3.2.4 可用的包装材料有：

——纸板或纤维板箱子、盒子、隔板、层间垫等；

——木制箱、柳条箱、篮子、托盘、货盘等；

——纸质袋、衬里、衬垫等；

——塑料箱、盒、袋、网孔袋等；

——泡沫箱、双耳箱、衬里、平垫等。

3.3 包装容器

3.3.1 包装容器的尺寸、形状应考虑新鲜水果、蔬菜流通、销售的方便和需要。销售包装不宜过大、过重。

3.3.2 新鲜水果常用的包装容器、材料及适用范围可参照 NY/T 1778 的规定，参见附录 A；新鲜水果包装内的支撑物和衬垫物可参照 NY/T 1778 的规定，参见附录 B。

3.3.3 新鲜蔬菜常用的包装容器、材料及适用范围可参照 SB/T 10158 的规定，参见附录 C。

3.3.4 新鲜水果、蔬菜包装使用的单瓦楞纸箱和双瓦楞纸箱应符合 GB/T 6543 的规定；钙塑瓦楞箱应符合 GB/T 6980 的规定；塑料周转箱应符合 GB/T 5737 的规定；塑料编织袋应符合 GB/T 8946 的规定；采用冷链运输的新鲜水果、蔬菜所用的瓦楞纸箱应符合 GB/T 31550 的规定。

3.4 包装方式

3.4.1 应根据新鲜水果、蔬菜的运输目的及准备采取的处理方式，选择以下相应的包装方式：

——按容量填装：用人工或用机器将产品装入集装箱，达到一定容量、重量或数量；

——托盘或单个包装：将产品装入模具托盘或进行单独包装，减少摩擦损伤；

——定位包装：将产品小心放入容器中的一定位置，减少果蔬损伤；

——消费包装或预包装：为了便于零售而采用有标识定量包装；

——薄膜包装：单个或定量果蔬用薄膜包装，薄膜可用授权使用的杀真菌剂或其他化合物处理，减少水分散失，防止产品腐烂；

——气调包装：减小氧气浓度，增大二氧化碳浓度，降低产品的呼吸强度，延缓后熟过程。

3.4.2 可以在田间直接对新鲜水果和蔬菜进行包装，即田间包装。收获时直接在田间将水果、蔬菜放在纤维板盒子、塑料或木质板条箱中。

3.4.3 在条件允许的情况下，应尽快将经田间包装的新鲜水果、蔬菜送到预冷设施处消除田间热。

3.4.4 在不具备田间包装条件时，应尽快将水果、蔬菜装在柳条箱、大口箱中或用卡车成批从田间运到包装地点进行定点包装。

3.4.5 新鲜水果、蔬菜运到包装地点后，应在室内或在有遮盖的位置进行包装和处理，如果可能，可根据产品性质，在装入货运集装箱前进行预冷。

3.4.6 新鲜水果和蔬菜可直接进行零售包装，方便零售需要。若事先没有进行零售包装，在需要时，应将新鲜水果和蔬菜从集装箱中取出，重新分级，再装入零售包装中。

3.5 包装操作

3.5.1 包装前应在包装潮湿或含冰块物品的纤维板盒子的表面上涂一层蜡，或者在盒子的四周涂一层防水材料。所有用胶水粘合的盒子都应该采用防水的粘合剂。

3.5.2　纸盒或柳条箱应从底部到顶部直线堆叠，不应沿封口或侧壁堆叠，以增强纸盒或箱子的抗压能力和保护产品的能力。

3.5.3　为增加抗压强度和保护产品，可以在货物集装箱内装入一些不同材质的填充物。将货物集装箱内部分成几个隔层，增加封口或侧部的厚度可以有效地增加箱子的抗压强度，减少产品损伤。

3.5.4　必要时在包装容器内使用衬垫、包裹、隔垫和细刨花等材料，可以减少新鲜水果和蔬菜的挤压或摩擦。例如：衬垫可以用来为芦笋提供水分；有些化合物可以用于延缓腐烂，二氧化硫处理过的衬垫可减少葡萄的腐烂；高锰酸钾处理过的衬垫可以吸收香蕉和花卉散发出的乙烯，减少后熟作用。

3.5.5　可使用塑料薄膜衬里或塑料袋保持新鲜水果和蔬菜的水分。大多数新鲜水果和蔬菜产品可采用带有细孔的塑料薄膜进行包装，这种薄膜既可以使新鲜蔬菜、水果与外界空气流通，又可以避免潮湿。普通塑料薄膜一般用来密封产品，调整空气浓度，减少果蔬呼吸和后熟所需的氧气含量。薄膜可用于香蕉、草莓、番茄和柑橘等。

4　预冷

4.1　水果、蔬菜应在清晨收获以降低田间热，同时减少预冷设备的冷藏负担。

4.2　水果、蔬菜收获后应尽快预冷，以降低水果和蔬菜的田间热，通过预冷达到推荐的贮藏温度和相对湿度。

4.3　水果、蔬菜预冷前应遮盖以防阳光照射。

4.4　预冷方式的选择取决于水果、蔬菜的属性、价值、质量以及劳动力、设备和材料的消耗。常用的预冷方式包括：

——室内冷却：在冷藏间对整齐堆放的装有产品的集装箱预冷。有些产品可同时采用水淋或水喷的方式。

——强压空气或湿压冷却：在冷藏间抽去整齐堆放的装有产品的集装箱之间的空气。有些产品采用湿压。

——水冷却：用大量冰水冲刷散装箱，大口箱或集装箱中的产品。

——真空冷却：通过抽真空除去集装箱中产品的田间热。

——真空水冷却：在真空冷却前或冷却中增加集装箱中产品的湿度，加快消除田间热。

——包装冰冻冷却：在集装箱中放半融的雪或碎冰块，可用于散装容器。

4.5　预冷措施的选择应考虑以下因素：

——水果、蔬菜收获和预冷之间的时间间隔；

——如果水果、蔬菜已包装完毕的包装类型；

——水果、蔬菜的最初温度；

——用于预冷的冷空气、水、冰块的数量或流速；

——水果、蔬菜预冷后的最终温度；

——用于预冷的冷空气和水的卫生状况，减少可引起腐败的微生物污染；

——预冷后的推荐温度的保持。

4.6　很多水果、蔬菜经田间包装或定点包装后预冷时，采用水和冰预冷方式的水果、蔬菜，可使用绳子捆绑或订装的木质柳条箱或涂蜡的纤维板纸盒包装。

4.7　由于运输和存储过程中，通过包装或包装周围的空气流通有限，应对包装在集装箱内的产品提前预冷再用货盘装载。

4.8 不要在低于推荐的温度下预冷或贮藏，冻坏的水果、蔬菜在销售时会显示出冻坏的迹象，如表面带有冻斑、易腐烂、软化、非正常色泽等。

4.9 预冷设备和水应使用次氯酸盐溶液连续消毒，消除引起产品腐烂的微生物。

4.10 预冷后要采取措施防止产品温度上升，保持推荐的温度和相对湿度。

5 冷链运输

5.1 运输装备

5.1.1 选择运输装备时应考虑的主要因素包括：

——运输的目的地；

——产品价值；

——产品易腐坏程度；

——运输数量；

——推荐的贮藏温度和湿度；

——产地和目的地的室外温度条件；

——陆运、海运和空运的运输时间；

——货运价格、运输服务的质量等。

5.1.2 保温车、冷藏车技术要求和条件应符合 QC/T 449 的规定。

5.1.3 冷藏运输装备和制冷设备不能用于除去已经包装在集装箱中新鲜水果和蔬菜的田间热，只是用于维持经过预冷的水果和蔬菜的温度和相对湿度。

5.1.4 在炎热或寒冷气候条件下进行长途运输时，运输装备应设计合理、结实，以抵抗恶劣的运输环境和保护产品。冷藏拖车和货运集装箱应具备以下特点：

——在炎热的环境温度条件下，冷藏温度可达到 2℃；

——拥有高性能、可持续工作的蒸发器吹风机，均衡产品温度和保持较高的相对湿度；

——在拖车的前端配备制冷隔板，以保证装货过程中车内的空气循环；

——后车门处配备垂直板，辅助空气流通；

——配备足够的隔热和制热设备，以备需要；

——地板凹槽深度应合理，以保证货物直接装在地板上时有足够的空气流通截面；

——配备具有空气温度感应装置的冷藏设备，以减少冷却和冰冻对产品的损伤；

——配备通风设备，预防乙烯和二氧化碳的积聚；

——采用气悬吊架减少对集装箱和里面的产品撞击和震动的次数；

——集装箱气流循环方式是：冷空气从集装箱前部出发，空气流动从底部（接近地面）至后部，然后到达集装箱上部。

5.2 运输方式

5.2.1 在条件允许的情况下，通常推荐采用冷藏拖车和货运集装箱运输大量的、运输和贮藏寿命为 1 周或 1 周以上的水果、蔬菜。运输后，产品应保持足够的新鲜度。

5.2.2 对于价值高和容易腐烂的产品，可以考虑采取费用较高，但运输时间较短的空运方式。

5.2.3 利用拖车、集装箱、空运货物集装箱可提供取货、送货上门的服务。这样可以减少装卸、暴露、损坏和偷窃等对产品的损害。

5.2.4 很多产品用非冷藏空运集装箱或空运货物托盘方式运输。在这种情况下，当空运航班延误时，就需要产品产地和目的地之间密切协调以保证产品质量。在可能的条件下，应使用冷藏空运集装箱或隔热毯。

5.2.5 遇到特殊季节，产品价格很高而供应量有限时，一些可以通过冷藏拖车和货运集装箱运输的产品有时会通过空运方式运输，这时应精确地监测集装箱内的温度和相对湿度。

5.3 运输装载

5.3.1 装货前检查

5.3.1.1 检查运输装备的清洁情况、设备完好及维修状况，应满足所装载产品的需求。

5.3.1.2 检查运输装备的清洁情况，主要包括：

——货舱应清洁，定期清扫；

——没有前批货物的残留气味；

——没有有毒的化学残留物；

——装备上没有昆虫巢穴；

——没有腐烂农产品的残留物；

——没有阻塞地板上排水孔或气流槽的碎片、废弃物等。

5.3.1.3 检查运输装备是否完备及维修状况是否良好，主要包括：

——门、壁、通风孔没有损坏，密封状况良好；

——外部的冷、热、湿气、灰尘和昆虫不能进入；

——制冷装置运行良好，及时校正，能够提供持续的空气流通，以保证产品温度一致；

——配备货物固定和支撑装置。

5.3.1.4 对于冷藏拖车和货运集装箱，除检查上述事项外，还应检查以下条件：

——在门关闭的情况下，货物装载区检查门垫圈应密闭不透光线；也可使用烟雾器检查是否有裂缝；

——当达到预计温度时，制冷装置应由高速到低速循环，然后回到高速；

——确定控制冷气释放温度的感应器的位置，如果测定制冷温度，自动调温器设置的温度应稍高，以避免冷却和冰冻对水果、蔬菜的损伤；

——在拖车的前端配置制冷隔板；

——在极端寒冷气候条件下运输时，需要配备制热装置；

——空气配置系统良好，装有斜置的纤维气流槽或顶置的金属气流槽。

5.3.2 装货前处理

5.3.2.1 需要冷链运输的产品在装货前应进行预冷。用温度计测量产品温度，并记录在装货单上以备日后参考。

5.3.2.2 货舱也应预冷到推荐的贮藏和运输温度。

5.3.2.3 装运不同货品时，一定要确定这些货品能够相容。

5.3.2.4 不应将水果、蔬菜与可能受到臭气或有毒化学残留物污染的货品混装在一起。

5.3.3 装货

5.3.3.1 基本的装货方法包括：

——机械或人工装载大量的、未包装的散装货品；

——人工装载使用货盘或不使用货盘的单个集装箱；

——用货盘起重机或叉式升降机对逐层装载的或货盘装载的集装箱进行整体装载。

5.3.3.2 集装箱应按尺寸正确填充，填充容量不宜过大或过小。

5.3.3.3 货品配送中心提供整体货盘装载时，应尽量使用在货盘上整体装载替代搬运单个集装箱，减轻对集装箱和其内部果蔬的损坏。

5.3.3.4 整体装载应使用托盘或隔板；应遵循叉式升降装卸车和货盘起重机的操作规范。

5.3.3.5 箱子之间应有纤维板、塑料或线状垂直内锁带；箱子应有孔以利于空气流通，箱子间应连接在一起避免水平位移；货盘上装载的箱子用塑料网覆盖；箱子和角板周围用塑料或金属带子捆住。

5.3.3.6 货盘应足够牢固，具备一定的承载能力，可以承受货物的交叉整齐堆放而不倒塌。

5.3.3.7 货盘底部的设计应考虑空气流通的需要，可用底部有孔的纤维板放在托盘底部使空气循环流通。

5.3.3.8 箱子不能悬在货盘边缘，这样会导致整个装载坍塌、产品摩擦受损，或造成运输过程中箱子位置的移动。

5.3.3.9 货盘应有适当数量的顶层横板，能承受住纤维板箱子的压力，避免产品摩擦受损或装载倾斜致使货盘倾翻。

5.3.3.10 没有捆绑或罩网的集装箱货盘装载，至少上面三层集装箱应交叉整齐堆放以保证货物的稳定性。除此之外，还可在顶层使用薄膜包裹或胶带。但当产品需要通风时，集装箱不应使用薄膜包裹。

5.3.3.11 可使用隔板代替货盘以降低成本，减少货盘运输和回收的费用。隔板一般是纤维或塑料质地，纤维板质地的隔板在潮湿环境中使用时要涂蜡。隔板应足够牢固，在满载时应能耐受叉式升降机的叉夹和牵拉。隔板还应有孔以保证装载情况下的空气流通，冷链运输不使用地槽浅的隔板以方便空气流通。

5.3.3.12 隔板上的集装箱应交叉整齐堆放，用薄膜缠绕或通过角板和捆绑加以固定。

5.3.3.13 装货时应使用以下一种或多种材料进行固定，防止在运输和搬运过程中震动和挤压对货品的损坏：

——铝制或木制的装载固定锁；

——纸板或纤维板蜂窝状填充物；

——木块和钉条；

——可充气的牛皮纸袋；

——货物网或货带等。

5.3.3.14 顶层纸板箱和集装箱的顶之间应保持一定的间隙以保证空气流通的需要。使用托盘、支架和衬板等使货运集装箱远离地板和墙面。在货品底端、四周和货品之间留有空气流通的间隙。

5.3.3.15 在混合装载时，相似大小的货物集装箱应放在一起。先装载较重的货物集装箱，均匀排列在拖车或集装箱底部，然后由重到轻依次装载，将轻的集装箱放在重的集装箱的上面。锁住和固定住不同尺寸的货运集装箱以确保安全。

5.3.3.16 应在靠近集装箱门的位置放置每种货物的样品，以减少检验时对货品的挪动。

5.3.4 运输操作

5.3.4.1 装货结束后，运输前要确保货舱封闭，装货出入口区域也应密封。

5.3.4.2 装货结束后，需要时要向拖车和集装箱中提供减低了氧气浓度、提高了二氧化碳和氮气浓度的空气。在拖车和集装箱货物装载通道的门旁应装有塑料薄膜帘和通气口。

5.3.4.3　运输过程中要保持货仓内的温度和相对湿度。

5.3.4.4　在温度最高区域的包装箱之间，应配备温度监控记录设备。

5.3.4.5　温度监控记录设备应安装在货品的顶端，靠近墙面，远离直接排出的冷气。当货品顶端放置冰块或湿度高于95%时，温度监控记录设备应防水或密封在塑料袋中。

5.3.4.6　温度的感应和测量应在制冷系统停止运行后进行。应遵循温度记录仪的使用说明，记录所装载货品、开启记录仪时间、记录结果、校准和验证等。

5.3.4.7　制冷系统、墙、顶、地板和门应密封，与外面的空气隔绝。否则形成的气体环境会被破坏。

5.3.4.8　冷链运输装备上应贴警示条，明示注意事项；卸货之前，车箱内应经过良好通风。

附录 A
（资料性附录）
新鲜水果包装容器的种类、材料及适用范围

新鲜水果常用的包装容器、材料及适用范围见表 A.1。

表 A.1　　　　　　　　　　新鲜水果包装容器的种类、材料及适用范围

种类	材料	适用范围
塑料箱	高密度聚乙烯	适用于任何水果
纸箱	瓦楞纸板	适用于任何水果
纸袋	具有一定强度的纸张	装果量通常不超过 2kg
纸盒	具有一定强度的纸张	适用于易受机械伤的水果
板条箱	木板条	适用于任何水果
筐	竹子、荆条	适用于任何水果
网袋	天然纤维或合成纤维	适用于不易受机械伤的水果
塑料托盘与塑料膜组成的包装	聚乙烯	适用于蒸发失水率高的水果，装果量通常不超过 1kg
泡沫塑料箱	聚苯乙烯	适用于任何水果

附录 B

（资料性附录）

新鲜水果包装内的支撑物和衬垫物

新鲜水果包装内的支撑物和衬垫物的种类和作用见表 B.1。

表 B.1　　　　　　　　　新鲜水果包装内的支撑物和衬垫物

种类	作用
纸	衬垫，缓冲挤压，保洁，减少失水
纸托盘、塑料托盘、泡沫塑料盘	衬垫和分离水果，减少碰撞
瓦楞插板	分离水果，增大支撑强度
泡沫塑料网或网套	衬垫，减少碰撞，缓冲震动
塑料薄膜袋	控制失水和呼吸
塑料薄膜	保护水果，控制失水

附录 C
（资料性附录）
新鲜蔬菜包装容器的种类、材料及适用范围

新鲜蔬菜常用的包装容器、材料及适用范围见表 C.1。

表 C.1　　　　　　　　新鲜蔬菜包装容器的种类、材料及适用范围

种类	材料	适用范围
塑料箱	高密度聚乙烯	任何蔬菜
纸箱	瓦楞板纸	经过修整后的蔬菜
钙塑瓦楞箱	高密度聚乙烯树脂	任何蔬菜
板条箱	木板条	果菜类
筐	竹子、荆条	任何蔬菜
加固竹筐	筐体竹皮、筐盖木板	任何蔬菜
网、袋	天然纤维或合成纤维	不易擦伤、含水量少的蔬菜
发泡塑料箱	可发性聚苯乙烯等	附加值较高，对温度比较敏感，易损伤的蔬菜和水果

第五部分 检验检测

ICS 67.040
X 09

中 华 人 民 共 和 国 农 业 行 业 标 准

NY/T 1762—2009

农产品质量安全追溯操作规程
水 果

Operating rules for quality and safety
Traceability of agricultural products—Fruit

2009 – 04 – 23 发布
2009 – 05 – 22 实施

中华人民共和国农业部 发布

前　言

　　本标准由中华人民共和国农业部农垦局提出并归口。

　　本标准起草单位：中国农垦经济发展中心、农业部热带农产品质量监督检验测试中心。

　　本标准主要起草人：徐志、韩学军、王生。

农产品质量安全追溯操作规程　水果

1　范围

本标准规定了水果质量安全追溯的术语和定义、要求、编码方法、信息采集、信息管理、追溯标识、体系运行自检、质量安全问题处置。

本标准适用于水果质量安全追溯体系的实施。

2　规范性引用文件

下列文件中的条款通过本标准的引用而成为本标准的条款。凡是注日期的引用文件，其随后所有的修改单（不包括勘误的内容）或修订版均不适用于本标准，然而，鼓励根据本标准达成协议的各方研究是否可使用这些文件的最新版本。凡是不注日期的引用文件，其最新版本适用于本标准。

NY/T 1761　农产品质量安全追溯操作规程　通则

3　术语与定义

NY/T 1761 确立的术语和定义适用于本标准。

4　要求

4.1　追溯目标

追溯的水果产品可根据追溯码追溯到各个生产、采后处理、流通环节的产品、投入品信息及相关责任主体。

4.2　机构和人员

追溯的水果生产企业（组织或机构）应指定部门或人员负责追溯的组织、实施、监控和信息的采集、上报、核实及发布等工作。

4.3　设备和软件

追溯的水果生产企业（组织或机构）应配备必要的计算机、网络设备、标签打印机、条码读写设备及相关软件等。

4.4　管理制度

追溯的水果生产企业应制定产品质量安全追溯工作规范、信息采集规范、信息系统维护和管理规范、质量安全问题处置规范等相关制度，并组织实施。

5 编码方法

5.1 种植环节

5.1.1 产地编码

产地编码按 NY/T 1761 的规定执行。

5.1.2 地块编码

应对每个追溯地块编码。以种植时间、种植品种、生产措施相对一致的地理区域为一单位地块，按排列顺序编码，并建立编码地块档案。编码地块档案至少包括区域、面积、产地环境等信息。

5.1.3 种植者编码

生产、管理相对统一的种植户或种植组统称为种植者，应对种植者进行编码并建立种植者档案。种植者编码档案至少包括姓名（户名或组名）、种植区域、种植面积、种植品种等信息。

5.1.4 采摘批次编码

应对采摘批次进行编码，并建立采摘批次编码档案。采摘批次编码档案至少包括姓名（户名或组名）、采摘区域、采摘面积、采摘品种、采摘数量、采摘标准等信息。

5.2 采后处理环节

5.2.1 采后处理地点编码

应对采后处理地点进行编码，并建立采后处理地点编码档案。编码档案至少包括温度、卫生条件、地点等信息。

5.2.2 采后处理批次编码

应对采后处理批次进行编码，并建立采后处理批次编码档案。编码档案至少包括处理工艺、处理标准等信息。

5.2.3 包装批次编码

应对编制包装批次进行编码，并建立包装批次编码档案。编码档案至少包括产品等级、规格及检测结果等信息。

5.3 贮运环节

5.3.1 贮存设施编码

应对储存设施按照位置进行编码，并建立贮存设施编码档案。编码档案至少包括位置、通风防潮状况、卫生条件等信息。

5.3.2 储存批次编码

应对存储批次进行编码，并建立存储批次编码档案。编码档案至少记录温度、湿度等信息。

5.3.3 运输设施编码

应对运输设施按照位置、牌号等进行编码，并建立运输设施编码档案。编码档案至少记录卫生条件、车辆类型、牌号等信息。

5.3.4 运输批次编码

应对运输批次编码，并建立运输批次编码档案。运输批次编码档案至少记录运输产品来自的存储设施、包装批次或逐件记录、运输起止地点、运输设施等。

5.3.5 销售环节

销售编码可用以下方式：

——企业编码的预留代码位加入销售代码，成为追溯码。

——在企业编码外标出销售代码。

6 信息采集

6.1 产地信息

产地代码、产地环境监测情况（包括取样地点、时间、监测机构、监测结果等）、种植者档案等信息。

6.2 生产信息

种苗、农业投入品的品名、来源、使用和管理；采摘信息，包括采摘人员、采摘时间、采摘数量、预冷等信息。

6.3 采后处理信息

清洗、分级、包装的批次、日期、设施、投入品和规格、包装责任人等信息。

6.4 产品存储信息

存储位置、存储日期、存储设施、存储环境等信息。

6.5 产品运输信息

运输车型、车号、运输环境条件、运输日期、运输起止地点、数量等信息。

6.6 市场销售信息

市场流向、分销商、零售商、进货时间、销售时间等信息。

6.7 产品检验信息

产品来源、检验日期、检验机构、检验结果等信息。

7 信息管理

7.1 信息存储

应建立信息管理制度。纸质记录应及时归档，电子记录应每2周备份一次，所有信息档案至少保存2年以上。

7.2 信息传输

上环节操作结束时，相关企业（组织或机构）应及时通过网络、纸质记录等形式将代码和相关信息传递给下一环节，企业（组织或机构）汇总诸环节信息后传输到追溯系统。

7.3 信息查询

凡经相关法律法规要求，应予向社会发布的信息，应建立相应的查询平台。内容至少包括种植者、产品、产地、采后处理企业、批次、质量检验结果、产品标准。

8 追溯标识

水果追溯标识按 NY/T 1761 的规定执行。

9 体系运行自查和质量安全问题处置

企业追溯体系运行自查和质量安全问题处置按 NY/T 1761 的规定执行。

UDC 634/635：543.257.1

B 30

GB

中 华 人 民 共 和 国 国 家 标 准

GB 10468—89

水果和蔬菜产品 pH 值的测定方法

Fruit and vegetable products—Determination of pH

1989 – 03 – 22 发布　　　　　　　1989 – 10 – 01 实施

国家技术监督局　发 布

水果和蔬菜产品 pH 值的测定方法

本标准等效采用国际标准 ISO 1842—1975《水果和蔬菜产品 pH 值的测定》。

1 主题内容和适用范围

本标准规定了测定水果和蔬菜产品 pH 值的电位差法。适用于水果和蔬菜产品 pH 值的测定。

2 引用标准

GB 6857　pH 基准试剂　苯二甲酸氢钾

GB 6858　pH 基准试剂　酒石酸氢钾

3 试剂

3.1　新鲜蒸馏水或同等纯度的水：将水煮沸 5～10min，冷却后立即使用，且存放时间不应超过 30min。

3.2　pH 标准缓冲溶液：制备方法按 GB 6857、GB 6858 中规定操作。

4 仪器

pH 测定装置：分度值 0.02 单位。在试验温度下用已知 pH 值的标准缓冲溶液进行校正。

5 样品的制备

5.1　液态产品和易过滤的产品〔例如：果（菜）汁、水果糖、浆、盐水、发酵的液体等〕，将试验样品充分混合均匀。

5.2　稠厚或半稠厚的产品和难以分离出液体的产品（例如：果酱、果冻、糖浆等），取一部分实验样品，在捣碎机中捣碎或在研钵中研磨，如果得到的样品仍较稠，则加入等量的水混匀。

5.3　冷冻产品：取一部分实验样品解冻，除去核或籽腔硬壁后，根据情况按 5.1 条或 5.2 条方法制备。

5.4　干产品：取一部分实验样品，切成小块，除去核或籽腔硬壁，将其置于烧杯中，加入 2 倍～3 倍重量或更多些的水，以得到合适的稠度。在水浴中加热 30min，然后在捣碎机中捣至均匀。

5.5　固相和液相明显分开的新鲜制品（例如：糖水水果、盐水蔬菜罐头产品），按 5.2 条方法制备。

6 分析步骤

6.1 仪器标准

操作程序按仪器说明书进行。先将样品处理液和标准缓冲溶液调至同一温度，并将仪器温度补偿旋钮调至该温度上，如果仪器无温度校正系统，则只适合在25℃时进行测定。

6.2 样品测定

在玻璃或塑料容器中加入样品处理液，使其容量足够浸没电极，用 pH 测定装置测定样品处理液，并记录 pH 值，精确至 0.02 单位。同一制备样品至少进行两次测定。

7 分析结果的计算

如能满足第 8 章的要求，取两次测定的算术平均值作为测定结果，准确到小数点后第二位。

8 重复性

对于同一操作者连续两次测定的结果之差不超过 0.1 单位，否则重新测定。

附加说明：
本标准由中华人民共和国商业部副食品局提出。
本标准由北京市食品研究所负责起草。
本标准主要起草人沈兵、回九珍。

ICS

GB

中 华 人 民 共 和 国 国 家 标 准

GB 14891.5—1997

代替 GB 9980—88

GB 14891.5—94

GB 14891.7—94

GB 14891.8—94

ZB C53 001—84

ZB C53 003—84

ZB C53 004—84

ZB C53 006—84

辐照新鲜水果、蔬菜类卫生标准

Hygienic standard for irradiated fresh fruits and vegetables

1997－06－16 批准　　　　　　　　　1998－01－01 实施

中华人民共和国卫生部　发 布

前　言

　　根据"六五""七五"期间已制定的个别食品辐照卫生标准，参考 FAO/WHO/IAEA 等国际组织食品辐照的指导原则，收集国内外有关资料，制定了本标准。类别卫生标准的研究较完整、较系统，在国际上也是比较超前的，辐照食品的人体试食试验的研究在国际上具有一定的影响。因此，类别标准的制定，既省人力、财力，又可以扩大食品的覆盖面，提高标准的利用率。

　　本标准从实施之日起，同时代替 ZB C53 001—84《辐照大蒜卫生标准》、ZB C53 003—84《辐照蘑菇卫生标准》、ZB C53 004—84《辐照马铃薯卫生标准》、ZB C53 006—84《辐照洋葱卫生标准》、GB 9980—88《辐照苹果卫生标准》、GB 14891.5—94《辐照番茄卫生标准》、GB 14891.7—94《辐照荔枝卫生标准》、GB 14891.8—94《辐照蜜桔卫生标准》。

　　本标准由中华人民共和国卫生部提出，由中国预防医学科学院营养与食品卫生研究所归口。

　　本标准由上海市食品卫生监督检验所、中科院上海原子核研究所辐射基地、河南省食品卫生监督检验所负责起草。

　　本标准主要起草人：张维兰、姜培珍、徐志成、马洛成、王培仁。

　　本标准由卫生部委托技术归口单位中国预防医学科学院负责解释。

辐照新鲜水果、蔬菜类卫生标准

1 范围

本标准规定了辐照新鲜水果、蔬菜类食品的技术要求和检验方法。

本标准适用于以抑止发芽、贮藏保鲜或推迟后熟延长货架期为目的，采用^{60}Co 或^{137}Cs 产生的 γ 射线或能量低于5MeV 的 X 射线或能量低于10MeV 的电子束照射处理的新鲜水果、蔬菜。

2 引用标准

下列标准所包含的条文，通过在本标准中引用而成为本标准的条文。本标准出版时，所示版本均为有效。所有标准都会被修订，使用本标准的各方应探讨使用下列标准最新版本的可能性。

GB 2763—81 粮食、蔬菜等食品中六六六、滴滴涕残留量标准

GB 4788—94 食品中甲拌磷、杀螟硫磷、倍硫磷最大残留限量标准

GB 4809—84 食品中氟允许量标准

GB 4810—94 食品中砷限量卫生标准

GB 5009.11—1996 食品中总砷的测定方法

GB 5009.18—1996 食品中氟的测定方法

GB 5009.19—1996 食品中六六六、滴滴涕残留量的测定方法

GB 5009.20—1996 食品中有机磷农药残留量的测定方法

GB 5127—85 食品中敌敌畏、乐果、马拉硫磷、对硫磷允许残留量标准

3 技术要求

3.1 原料要求

凡需采用辐照处理的水果、蔬菜，在辐照前应经过认真挑拣，剔除腐败变质或已不适宜辐照处理的食品，以保证辐照产品的卫生质量。

3.2 辐照限量与照射要求

3.2.1 剂量限制：辐照处理的新鲜水果、蔬菜总体平均吸收剂量不大于1.5kGy。

3.2.2 照射要求：照射均匀，剂量准确，吸收剂量的不均匀度≤2。各种水果、蔬菜典型产品的参照吸收剂量见表1。

表1

品种	辐照处理目的	总体平均吸收剂量（kGy）
马铃薯	抑止发芽	0.1
洋葱	抑止发芽	0.1
大蒜	抑止发芽	0.1
生姜	抑止发芽	0.1
番茄	抑止后熟	0.2
冬笋	抑止后熟	0.1
胡萝卜	抑止后熟	0.1
蘑菇	抑止后熟	1.0
刀豆	抑止后熟	0.1
花菜	抑止后熟	0.1
卷心菜	延长保存期	0.1
茭白	延长保存期	0.1
苹果	延长保存期	0.5
荔枝	抑止后熟	0.5
葡萄	抑止后熟	1.0
猕猴桃	抑止后熟	0.5
草莓	延长保存期	1.5

3.3 感官要求

凡经辐照处理的新鲜水果、蔬菜，应保持其原有的色、香、味和形状，且无腐败变质或异味。

3.4 理化指标

理化指标应符合表2的规定。

表2

项目	指标
六六六、滴滴涕	按 GB 2763 规定
甲拌磷、杀螟硫磷、倍硫磷	按 GB 4788 规定
氟	按 GB 4809 规定
砷	按 GB 4810 规定
敌敌畏、乐果、马拉硫磷、对硫磷	按 GB 5127 规定

4 检验方法

4.1 六六六、滴滴涕残留量的测定按 GB 5009.19 规定执行。

4.2 有机磷农药残留量的测定按 GB 5009.20 规定执行。

4.3 氟的测定按 GB 5009.18 规定执行。

4.4 总砷的测定按 GB 5009.11 规定执行。

ICS 67. 080. 10
C 53

GB

中 华 人 民 共 和 国 国 家 标 准

GB 16325—2005
代替 GB 16325—1996

干果食品卫生标准

Hygienic standard for dried fruits

2005 –01 –25 发布
2005 –10 –01 实施

中华人民共和国卫生部
中国国家标准化管理委员会 发 布

前　言

本标准全文强制。

本标准代替并废止 GB 16325—1996《干果食品卫生标准》。

本标准与 GB 16325—1996 相比主要变化如下：

——按照 GB/T 1.1—2000 对标准文本格式进行了修改；

——对 GB 16325—1996 结构、适用范围进行了修改，增加了原料、食品添加剂、生产加工过程的卫生要求、包装、标识、贮存及运输的卫生要求。

本标准于 2005 年 10 月 1 日起实施，过渡期为一年。即 2005 年 10 月 1 日前生产并符合相应标准要求的产品，允许销售至 2006 年 9 月 30 日止。

本标准由中华人民共和国卫生部提出并归口。

本标准起草单位：浙江省食品卫生监督检验所、新疆维吾尔自治区卫生防疫站、广东省食品卫生监督检验所、四川省食品卫生监督检验所、湖北省卫生防疫站、卫生部卫生监督中心、天津市卫生局公共卫生监督所、辽宁省卫生监督所。

本标准主要起草人：陈安美、刘翠英、邓红、兰真、谷京宇、崔春明、王旭太。

本标准所代替标准的历次版本发布情况为：

——GB 16325—1996。

干果食品卫生标准

1 范围

本标准规定了干果食品的卫生指标和检验方法以及食品添加剂、生产加工过程、包装、标识、贮存、运输的卫生要求。

本标准适用于以新鲜水果（如桂圆、荔枝、葡萄、柿子等）为原料，经晾晒、干燥等脱水工艺加工制成的干果食品。

2 规范性引用文件

下列文件中的条款通过本标准的引用而成为本标准的条款。凡是注日期的引用文件，其随后所有的修改单（不包括勘误的内容）或修订版均不适用于本标准，然而，鼓励根据本标准达成协议的各方研究是否可使用这些文件的最新版本。凡是不注日期的引用文件，其最新版本适用于本标准。

GB 2760　食品添加剂使用卫生标准

GB/T 4789.32　食品卫生微生物学检验　粮谷、果蔬类食品检验

GB/T 5009.3　食品中水分的测定

GB/T 5009.187　干果（桂圆、荔枝、葡萄干、柿饼）中总酸的测定

GB 7718　预包装食品标签通则

GB 14881　食品企业通用卫生规范

3 指标要求

3.1 原料要求

应符合相应的标准和有关规定。

3.2 感官指标

无虫蛀、无霉变、无异味。

3.3 理化指标

理化指标应符合表1的规定。

表1　　　　　　　　　　理化指标

项目	指标			
	桂圆	荔枝	葡萄干	柿饼
水分/（g/100g）　≤	25	25	20	35
总酸/（g/100g）　≤	1.5	1.5	2.5	6

3.4 微生物指标

微生物指标应符合表2的规定。

表 2　　　　　　　　　　　　微生物指标

项目	指 标	
	葡萄干	柿饼
致病菌（沙门氏菌、志贺氏菌、金黄色葡萄球菌）	不得检出	不得检出

4　食品添加剂

4.1　食品添加剂质量应符合相应的标准和有关规定。

4.2　食品添加剂品种及其使用量应符合 GB 2760 的规定。

5　食品生产加工过程

应符合 GB 14881 的规定。

6　包装卫生要求

包装容器和材料应符合相应的卫生标准和有关规定。

7　标识要求

定型包装的标识按 GB 7718 规定执行。

8　贮存及运输

8.1　贮存

成品应贮存在干燥、通风良好的场所，不得与有毒、有害、有异味、挥易发、易腐蚀的物品同处贮存。

8.2　运输

运输产品时应避免日晒、雨淋。不得与有毒、有害、有异味或影响产品质量的物品混装运输。

9　检验方法

9.1　水分

按 GB/T 5009.3 规定的方法测定。

9.2 总酸

按 GB/T 5009.187 规定的方法测定。

9.3 微生物指标

按 GB/T 4789.32 规定的方法检验。

ICS 67.160.10
X 62

中华人民共和国国家标准

GB/T 15038—2006
代替 GB/T 15038—1994

葡萄酒、果酒通用分析方法

Analytical methods of wine and fruit wine

2006 –12 –11 发布　　　　　　2008 –01 –01 实施

中华人民共和国国家质量监督检验检疫总局
中国国家标准化管理委员会　发布

前　言

本标准是对 GB/T 15038—1994《葡萄酒、果酒通用试验方法》的修订。

本标准代替 GB/T 15038—1994。

本标准与 GB/T 15038—1994 相比主要变化如下：

——将酒精度分析方法中的密度瓶法调整为第一法；气相色谱法改为第二法；酒精计法仍为第三法；

——增加了柠檬酸、甲醇的分析方法；

——增加了防腐剂的分析方法；

——去掉了总糖测定中的液相色谱法；

——将总酸测定电位滴定法中滴定终点 pH =9.0 改为 pH =8.2；

——对挥发酸测定中的修正方法做了适当修改；

——将"葡萄酒中的糖分和有机酸的测定（HPLC 法）"作为资料性附录放在附录 D 中；

——将"葡萄酒中白藜芦醇的测定"作为资料性附录放在附录 E 中；

——将"葡萄酒、山葡萄酒感官评定要求"作为资料性附录放在附录 F 中。

本标准的附录 A、附录 B、附录 C 为规范性附录，附录 D、附录 E、附录 F 为资料性附录。

本标准由中国轻工业联合会提出。

本标准由全国食品工业标准化技术委员会酿酒分技术委员会归口。

本标准起草单位：中国食品发酵工业研究院、烟台张裕葡萄酿酒股份有限公司、中法合营王朝葡萄酿酒有限公司、中国长城葡萄酒有限公司、国家葡萄酒质量监督检验中心、新天国际葡萄酒业股份有限公司。

本标准主要起草人：郭新光、马佩选、王晓红、张春娅、任一平、王焕香、黄百芬。

本标准所代替标准的历次版本发布情况为：

——GB/T 15038—1994。

葡萄酒、果酒通用分析方法

1 范围

本标准规定了葡萄酒、果酒产品的分析方法。
本标准适用于葡萄酒、果酒产品。

2 规范性引用文件

下列文件中的条款通过本标准的引用而成为本标准的条款。凡是注日期的引用文件，其随后所有的修改单（不包括勘误的内容）或修订版均不适用于本标准，然而，鼓励根据本标准达成协议的各方研究是否可使用这些文件的最新版本。凡是不注日期的引用文件，其最新版本适用于本标准。

GB/T 601 化学试剂　标准滴定溶液的制备

GB/T 602 化学试剂　杂质测定用标准溶液的制备

GB/T 603 化学试剂　试验方法中所用制剂及制品的制备

GB/T 6682—1992　分析试验室用水规格和试验方法（neq ISO 3696：1987）

3 感官分析

3.1 原理

感官分析系指评价员通过用口、眼、鼻等感觉器官检查产品的感官特性，即对葡萄酒、果酒产品的色泽、香气、滋味及典型性等感官特性进行检查与分析评定。

3.2 品酒

3.2.1 品尝杯
品尝杯见图 1。

3.2.2 调温
调节酒的温度，使其达到：起泡葡萄酒 9℃ ~ 10℃；白葡萄酒 10℃ ~ 15℃；桃红葡萄酒 12℃ ~ 14℃；红葡萄酒、果酒 16℃ ~ 18℃；甜红葡萄酒、甜果酒 18℃ ~ 20℃。
特种葡萄酒可参照上述条件选择合适的温度范围，或在产品标准中自行规定。

3.2.3 顺序和编号
在一次品尝检查有多种类型样品时，其品尝顺序为：先白后红，先干后甜，先淡后浓，先新后老，先低度后高度。按顺序给样品编号，并在酒杯下部注明同样编号。

3.2.4 倒酒
将调温后的酒瓶外部擦干净，小心开启瓶塞（盖），不使任何异物落入。将酒倒入洁净、干燥的品尝杯中，一般酒在杯中的高度为四分之一 ~ 三分之一，起泡和加气起泡葡萄酒的高度为二分之一。

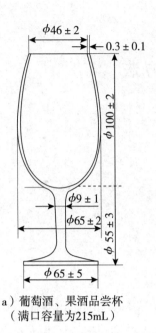
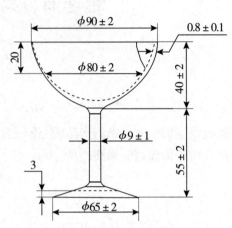

a）葡萄酒、果酒品尝杯
（满口容量为215mL）

b）起泡葡萄酒（或葡萄汽酒）品尝杯
（满口容量为150mL）

图1　品尝杯

3.3　感官检查与评定

3.3.1　外观

在适宜光线（非直射阳光）下，以手持杯底或用手握住玻璃杯柱，举杯齐眉，用眼观察杯中酒的色泽、透明度与澄清程度，有无沉淀及悬浮物；起泡和加气起泡葡萄酒要观察起泡情况，作好详细记录。

3.3.2　香气

先在静止状态下多次用鼻嗅香，然后将酒杯捧握手掌之中，使酒微微加温，并摇动酒杯，使杯中酒样分布于杯壁上。慢慢地将酒杯置于鼻孔下方，嗅闻其挥发香气，分辨果香、酒香或有否其他异香，写出评语。

3.3.3　滋味

喝入少量样品于口中，尽量均匀分布于味觉区，仔细品尝，有了明确印象后咽下，再体会口感后味，记录口感特征。

3.3.4　典型性

根据外观、香气、滋味的特点综合分析，评定其类型、风格及典型性的强弱程度，写出结论意见（或评分）。

4　理化分析

本方法中所用的水，在没有注明其他要求时，应符合 GB/T 6682—1992 中三级（含三级）以上水要求。所用试剂，在未注明其他规格时，均指分析纯（AR）。配制的"溶液"，除另有说明，均指水溶液。

同一检测项目，有两个或两个以上分析方法时，实验室可根据各自条件选用，但以第一法为仲裁法。

4.1 酒精度

4.1.1 密度瓶法

4.1.1.1 原理

以蒸馏法去除样品中的不挥发性物质，用密度瓶法测定馏出液的密度。根据馏出液（酒精水溶液）的密度，查附录 A，求得 20℃时乙醇的体积分数，即酒精度，用%（体积分数）表示。

4.1.1.2 仪器

4.1.1.2.1 分析天平：感量 0.0001g。

4.1.1.2.2 全玻璃蒸馏器：500mL。

4.1.1.2.3 恒温水浴：精度 ±0.1℃。

4.1.1.2.4 附温度计密度瓶：25mL 或 50mL。

4.1.1.3 试样的制备

用一洁净、干燥的 100mL 容量瓶准确量取 100mL 样品（液温 20℃）于 500mL 蒸馏瓶中，用 50mL 水分三次冲洗容量瓶，洗液全部并入蒸馏瓶中，再加几颗玻璃珠，连接冷凝器，以取样用的原容量瓶作接收器（外加冰浴）。开启冷却水，缓慢加热蒸馏。收集馏出液接近刻度，取下容量瓶，盖塞。于 20.0℃±0.1℃水浴中保温 30min，补加水至刻度，混匀，备用。

4.1.1.4 分析步骤

4.1.1.4.1 蒸馏水质量的测定

a）将密度瓶洗净并干燥，带温度计和侧孔罩称量。重复干燥和称量，直至恒重（m）。

b）取下温度计，将煮沸冷却至 15℃左右的蒸馏水注满恒重的密度瓶，插上温度计，瓶中不得有气泡。将密度瓶浸入 20℃±0.1℃的恒温水浴中，待内容物温度达 20℃，并保持 10min 不变后，用滤纸吸去侧管溢出的液体，使侧管中的液面与侧管管口齐平，立即盖好侧孔罩，取出密度瓶，用滤纸擦干瓶壁上的水，立即称量（m_1）。

4.1.1.4.2 试样质量的测量

将密度瓶中的水倒出，用试样（4.1.1.3）反复冲洗密度瓶 3 次～5 次，然后装满，按 4.1.1.4.1b）同样操作，称量（m_2）。

4.1.1.5 结果计算

样品在 20℃时的密度按式（1）计算，空气浮力校正值按式（2）计算。

$$\rho_{20}^{20} = \frac{m_2 - m + A}{m_1 - m + A} \times \rho_0 \cdots\cdots\cdots\cdots\cdots\cdots\cdots\cdots\cdots\cdots\cdots\cdots\cdots\cdots (1)$$

$$A = \rho_a \times \frac{m_1 - m}{997.0} \cdots\cdots\cdots\cdots\cdots\cdots\cdots\cdots\cdots\cdots\cdots\cdots\cdots\cdots (2)$$

式中：

ρ_{20}^{20}——样品在 20℃时的密度，单位为克每升（g/L）；

m——密度瓶的质量，单位为克（g）；

m_1——20℃时密度瓶与水的质量，单位为克（g）；

m_2——20℃时密度瓶与试样的质量，单位为克（g）；

ρ_0——20℃时蒸馏水的密度（998.20g/L）；

A——空气浮力校正值；

ρ_a——干燥空气在 20℃、1013.25hPa 时的密度值（≈1.2g/L）；

997.0——在 20℃时蒸馏水与干燥空气密度值之差，单位为克每升（g/L）。

根据试样的密度 ρ_{20}^{20}，查附录 A，求得酒精度。

所得结果表示至一位小数。

4.1.1.6 精密度

在重复性条件下获得的两次独立测定结果的绝对差值不得超过算术平均值的 1%。

4.1.2 气相色谱法

4.1.2.1 原理

试样被气化后，随同载气进入色谱柱，利用被测定的各组分在气液两相中具有不同的分配系数，在柱内形成迁移速度的差异而得到分离。分离后的组分先后流出色谱柱，进入氢火焰离子化检测器，根据色谱图上各组分峰的保留时间与标样相对照进行定性；利用峰面积（或峰高），以内标法定量。

4.1.2.2 试剂与溶液

4.1.2.2.1 乙醇：色谱纯，作标样用。

4.1.2.2.2 4 – 甲基 – 2 – 戊醇：色谱纯，作内标用。

4.1.2.2.3 乙醇标准溶液（A）：取 5 个 100mL 容量瓶，分别吸入 2.00mL，3.00mL，3.50mL，4.00mL，4.50mL 乙醇（4.1.2.2.1），再分别用水定容至 100mL。

4.1.2.2.4 乙醇标准溶液（B）：取 5 个 10mL 容量瓶，分别准确量取 10.00mL 不同浓度的乙醇溶液标准（A），再各加入 0.20mL 4 – 甲基 – 2 – 戊醇（4.1.2.2.2），混匀。该溶液用于标准曲线的绘制。

4.1.2.3 仪器和设备

4.1.2.3.1 气相色谱仪：配有氢火焰离子化检测器（FID）。

4.1.2.3.2 色谱柱（不锈钢或玻璃）：2m×2mm 或 3m×3mm，固定相：Chromosorb 103，60 目～80 目。或采用同等分析效果的其他色谱柱。

4.1.2.3.3 微量注射器：1μL。

4.1.2.4 试样的制备

同 4.1.1.3。

将上述制备的试样准确稀释 4 倍（或根据酒度适当稀释），然后吸取 10.00mL 于 10mL 容量瓶中，准确加入 0.20mL 4 – 甲基 – 2 – 戊醇（4.1.2.2.2），混匀。

4.1.2.5 分析步骤

4.1.2.5.1 色谱条件：

柱温：200℃；

气化室和检测器温度：240℃；

载气流量（氮气）：40mL/min；

氢气流量：40mL/min；

空气流量：500mL/min。

载气、氢气、空气的流速等色谱条件随仪器而异，应通过试验选择最佳操作条件，以内标峰与酒样中其他组分峰获得完全分离为准，并使乙醇在 1min 左右流出。

4.1.2.5.2 标准曲线的绘制：分别吸取不同浓度的乙醇标准溶液（B）0.3μL，快速从进样口注入色谱仪，以标样峰面积和内标峰面积比值，对应酒精浓度做标准曲线（或建立相应的回归方程）。

4.1.2.5.3 试样的测定：吸取 0.3μL 试样（4.1.2.4），按 4.1.2.5.2 操作。

4.1.2.6 结果计算

用试样的乙醇峰面积与内标峰面积的比值查标准曲线得出的值（或用回归方程计算出的值），乘以稀释倍数，即为酒样中的酒精含量，数值以%表示。

所得结果应表示至一位小数。

4.1.2.7 精密度

在重复性条件下获得的两次独立测定结果的绝对差值不得超过算术平均值的1%。

4.1.3 酒精计法

4.1.3.1 原理

以蒸馏法去除样品中的不挥发性物质，用酒精计法测得酒精体积分数示值，按附录B加以温度校正，求得20℃时乙醇的体积分数，即酒精度。

4.1.3.2 仪器

4.1.3.2.1 酒精计：分度值为0.10。

4.1.3.2.2 全玻璃蒸馏器：1 000mL。

4.1.3.3 试样的制备

用一洁净、干燥的500mL容量瓶准确量取500mL（具体取样量应按酒精计的要求增减）样品（液温20℃）于1 000mL蒸馏瓶中，以下操作同4.1.1.3。

4.1.3.4 分析步骤

将试样（4.1.3.3）倒入洁净、干燥的500mL量筒中，静置数分钟，待其中气泡消失后，放入洗净、干燥的酒精计，再轻轻按一下，不得接触量筒壁，同时插入温度计，平衡5min，水平观测，读取与弯月面相切处的刻度示值，同时记录温度。根据测得的酒精计示值和温度，查附录B，换算成20℃时酒精度。

所得结果表示至一位小数。

4.1.3.5 精密度

在重复性条件下获得的两次独立测定结果的绝对差值不得超过算术平均值的1%。

4.2 总糖和还原糖

4.2.1 直接滴定法

4.2.1.1 原理

利用费林溶液与还原糖共沸，生成氧化亚铜沉淀的反应，以次甲基蓝为指示液，以样品或经水解后的样品滴定煮沸的费林溶液，达到终点时，稍微过量的还原糖将蓝色的次甲基蓝还原为无色，以示终点。根据样品消耗量求得总糖或还原糖的含量。

4.2.1.2 试剂和材料

4.2.1.2.1 盐酸溶液（1+1）。

4.2.1.2.2 氢氧化钠溶液（200g/L）。

4.2.1.2.3 葡萄糖标准溶液（2.5g/L）：称取在105℃~110℃烘箱内烘干3h并在干燥器中冷却的无水葡萄糖2.5g（精确至0.000 1g），用水溶解并定容至1 000mL。

4.2.1.2.4 次甲基蓝指示液（10g/L）：称取1.0g次甲基蓝，用水溶解并定容至100mL。

4.2.1.2.5 费林溶液（Ⅰ、Ⅱ）。

a）配制

按GB/T 603配制。

b）标定

预备试验：吸取费林溶液Ⅰ、Ⅱ各5.00mL于250mL三角瓶中，加50mL水，摇匀，在电炉上加热至沸，在沸腾状态下用葡萄糖标准溶液（4.2.1.2.3）滴定，当溶液的蓝色将消失呈红色时，加2滴次甲基蓝指示液，继续滴至蓝色消失，记录消耗葡萄糖标准溶液的体积。

正式试验：吸取费林溶液Ⅰ、Ⅱ各5.00mL于250mL三角瓶中，加50mL水和比预备试验少1mL的葡萄糖标准溶液（4.2.1.2.3），加热至沸，并保持2min，加2滴次甲基蓝指示液，在沸腾状态下于1min内用葡萄糖标准溶液滴至终点，记录消耗葡萄糖标准溶液的总体积（V）。

c）计算

费林溶液Ⅰ、Ⅱ各5mL相当于葡萄糖的克数按式（3）计算：

$$F = \frac{m}{1\ 000} \times V \quad\cdots\cdots\cdots\cdots\cdots\cdots\cdots\cdots\cdots\cdots\cdots\cdots (3)$$

式中：

F——费林溶液Ⅰ、Ⅱ各5mL相当于葡萄糖的克数，单位为克（g）；

m——称取无水葡萄糖的质量，单位为克（g）；

V——消耗葡萄糖标准溶液的总体积，单位为毫升（mL）。

4.2.1.3 试样的制备

4.2.1.3.1 测总糖用试样：准确吸取一定量的样品（V_1）［液温20℃］于100mL容量瓶中，使之所含总糖量为0.2g～0.4g，加5mL盐酸溶液（4.2.1.2.1），加水至20mL，摇匀。于（68±1）℃水浴上水解15min，取出，冷却。用氢氧化钠溶液（4.2.1.2.2）中和至中性，调温至20℃，加水定容至刻度（V_2），备用。

4.2.1.3.2 测还原糖用试样：准确吸取一定量的样品（V_1）［液温20℃］于100mL容量瓶中，使之所含还原糖量为0.2g～0.4g，加水定容至刻度，备用。

4.2.1.4 分析步骤

以试样（4.2.1.3）代替葡萄糖标准溶液，按4.2.1.2.5b）同样操作，记录消耗试样的体积（V_3），结果按式（4）计算。

测定干葡萄酒或含糖量较低的半干葡萄酒，先吸取一定量样品（V_3）［液温20℃］于预先装有费林溶液Ⅰ、Ⅱ液各5.0mL的250mL三角瓶中，再用葡萄糖标准溶液按4.2.1.2.5b）操作，记录消耗葡萄糖标准溶液的体积（V），结果按式（5）计算。

4.2.1.5 结果计算

干葡萄酒、半干葡萄酒总糖或还原糖的含量按式（4）计算，其他葡萄酒按式（5）计算。

$$X_1 = \frac{F - c \times V}{(V_1/V_2) \times V_3} \times 1\ 000 \quad\cdots\cdots\cdots\cdots\cdots\cdots\cdots (4)$$

$$X_2 = \frac{F}{(V_1/V_2) \times V_3} \times 1\ 000 \quad\cdots\cdots\cdots\cdots\cdots\cdots\cdots (5)$$

式中：

X_1——干葡萄酒、半干葡萄酒总糖或还原糖的含量，单位为克每升（g/L）；

F——费林溶液Ⅰ、Ⅱ各5mL相当于葡萄糖的克数，单位为克（g）；

c——葡萄糖标准溶液的浓度，单位为克每毫升（g/mL）；

V——消耗葡萄糖标准溶液的体积，单位为毫升（mL）；

V_1——吸取样品的体积，单位为毫升（mL）；

V_2——样品稀释后或水解定容的体积，单位为毫升（mL）；

V_3——消耗试样的体积，单位为毫升（mL）；

X_2——其他葡萄酒总糖或还原糖的含量，单位为克每升（g/L）。

所得结果应表示至一位小数。

4.2.1.6 精密度

在重复性条件下获得的两次独立测定结果的绝对差值不得超过算术平均值的 2%。

4.3 干浸出物

4.3.1 原理

用密度瓶法测定样品或蒸出酒精后的样品的密度，然后用其密度值查附录 C，求得总浸出物的含量。再从中减去总糖的含量，即得干浸出物的含量。

4.3.2 仪器

4.3.2.1 瓷蒸发皿：200mL。

4.3.2.2 恒温水浴：精度 ±0.1℃。

4.3.2.3 附温度计密度瓶：25mL 或 50mL。

4.3.3 试样的制备

用 100mL 容量瓶量取 100mL 样品（液温 20℃），倒入 200mL 瓷蒸发皿中，于水浴上蒸发至约为原体积的三分之一取下，冷却后，将残液小心地移入原容量瓶中，用水多次荡洗蒸发皿，洗液并入容量瓶中，于 20℃ 定容至刻度。

也可使用 4.1.1.3 中蒸出酒精后的残液，在 20℃ 时以水定容至 100mL。

4.3.4 分析步骤

方法一：吸取试样（4.3.3），按 4.1.1.4 同样操作，并按 4.1.1.5 计算出脱醇样品 20℃ 时的密度 ρ_1，以 $\rho_1 \times 1.00180$ 的值，查附录 C，得出总浸出物含量（g/L）。

方法二：直接吸取未经处理的样品，按 4.1.1.4 同样操作，并按 4.1.1.5 计算出该样品 20℃ 时的密度 ρ_B。按式（6）计算出脱醇样品 20℃ 时的密度 ρ_2，以 ρ_2 查附录 C，得出总浸出物含量（g/L）。

$$\rho_2 = 1.00180(\rho_B - \rho) + 1000 \quad\cdots\cdots\cdots\cdots\cdots\cdots\cdots\cdots\cdots (6)$$

式中：

ρ_2——脱醇样品 20℃ 时的密度，单位为克每升（g/L）；

ρ_B——含醇样品 20℃ 时密度，单位为克每升（g/L）；

ρ——与含醇样品含有同样酒精度的酒精水溶液在 20℃ 时的密度（该值可用 4.1.1 方法测出的酒精密度带入，也可用 4.1.2 或 4.1.3 测出的酒精含量反查附录 A 得出的密度带入），单位为克每升（g/L）；

1.00180——20℃ 时密度瓶体积的修正系数。

所得结果表示至一位小数。

4.3.5 精密度

在重复性条件下获得的两次独立测定结果的绝对差值不得超过算术平均值的 2%。

4.4 总酸

4.4.1 电位滴定法

4.4.1.1 原理

利用酸碱中和原理，用氢氧化钠标准滴定溶液直接滴定样品中的有机酸，以 pH=8.2 为电位滴定终点，根据消耗氢氧化钠标准滴定溶液的体积，计算试样的总酸含量。

4.4.1.2 试剂和材料

4.4.1.2.1 氢氧化钠标准滴定溶液 [c(NaOH)=0.05mol/L]：按 GB/T 601 配制与标定，并准确

稀释。

4.4.1.2.2　酚酞指示液（10g/L）：按 GB/T 603 配制。

4.4.1.3　仪器

4.4.1.3.1　自动电位滴定仪（或酸度计）：精度 0.01pH，附电磁搅拌器。

4.4.1.3.2　恒温水浴：精度 ±0.1℃，带振荡装置。

4.4.1.4　试样的制备

吸取约 60mL 样品于 100mL 烧杯中，将烧杯置于 40℃ ±0.1℃ 振荡水浴中恒温 30min，取出，冷却至室温。

注：试样的制备只针对起泡葡萄酒和葡萄汽酒，目的是排除二氧化碳。

4.4.1.5　分析步骤

4.4.1.5.1　按仪器使用说明书校正仪器。

4.4.1.5.2　测定

吸取 10.00mL 样品（液温 20℃）于 100mL 烧杯中，加 50mL 水，插入电极，放入一枚转子，置于电磁搅拌器上，开始搅拌，用氢氧化钠标准滴定溶液滴定。开始时滴定速度可稍快，当样液 pH = 8.0 后，放慢滴定速度，每次滴加半滴溶液直至 pH = 8.2 为其终点，记录消耗氢氧化钠标准滴定溶液的体积。同时做空白试验。

4.4.1.6　结果计算

样品中总酸的含量按式（7）计算。

$$X = \frac{c \times (V_1 - V_0) \times 75}{V_2} \quad\text{……………………………………………（7）}$$

式中：

X ——样品中总酸的含量（以酒石酸计），单位为克每升（g/L）；

c ——氢氧化钠标准滴定溶液的浓度，单位为摩尔每升（mol/L）；

V_0 ——空白试验消耗氢氧化钠标准滴定溶液的体积，单位为毫升（mL）；

V_1 ——样品滴定时消耗氢氧化钠标准滴定溶液的体积，单位为毫升（mL）；

V_2 ——吸取样品的体积，单位为毫升（mL）；

75——酒石酸的摩尔质量的数值，单位为克每摩尔（g/mol）。

所得结果表示至一位小数。

4.4.1.7　精密度

在重复性条件下获得的两次独立测定结果的绝对差值不得超过算术平均值的 3%。

4.4.2　指示剂法

4.4.2.1　原理

利用酸碱滴定原理，以酚酞作指示剂，用碱标准溶液滴定，根据碱的用量计算总酸含量。

4.4.2.2　试剂和材料

同 4.4.1.2。

4.4.2.3　分析步骤

吸取样品 2mL ~ 5mL［液温 20℃；取样量可根据酒的颜色深浅而增减］，置于 250mL 三角瓶中，加入 50mL 水，同时加入 2 滴酚酞指示液，摇匀后，立即用氢氧化钠标准滴定溶液滴定至终点，并保持 30s 内不变色，记下消耗氢氧化钠标准滴定溶液的体积（V_1）。同时做空白试验。

4.4.2.4 结果计算

同 4.4.1.6。

4.4.2.5 精密度

在重复性条件下获得的两次独立测定结果的绝对差值不得超过算术平均值的 5%。

4.5 挥发酸

4.5.1 方法提要

以蒸馏的方式蒸出样品中的低沸点酸类即挥发酸，用碱标准溶液进行滴定，再测定游离二氧化硫和结合二氧化硫，通过计算与修正，得出样品中挥发酸的含量。

4.5.2 试剂与溶液

4.5.2.1 氢氧化钠标准滴定溶液 $[c(NaOH)=0.05mol/L]$：按 GB/T 601 配制与标定，并准确稀释。

4.5.2.2 酚酞指示液（10g/L）：按 GB/T 603 配制。

4.5.2.3 盐酸溶液：将浓盐酸用水稀释 4 倍。

4.5.2.4 碘标准滴定溶液 $[c(\frac{1}{2}I_2)=0.005mol/L]$：按 GB/T 601 配制与标定，并准确稀释。

4.5.2.5 碘化钾。

4.5.2.6 淀粉指示液（5g/L）：称取 5g 淀粉溶于 500mL 水中，加热至沸，并持续搅拌 10min。再加入 200g 氯化钠，冷却后定容至 1 000mL。

4.5.2.7 硼酸钠饱和溶液：称取 5g 硼酸钠（$Na_2B_4O_2·10H_2O$）溶于 100mL 热水中，冷却备用。

4.5.3 分析步骤

4.5.3.1 实测挥发酸：安装好蒸馏装置。吸取 10mL 样品（V）[液温 20℃] 在该装置上进行蒸馏，收集 100mL 馏出液。将馏出液加热至沸，加入 2 滴酚酞指示液，用氢氧化钠标准滴定溶液（4.5.2.1）滴定至粉红色，30s 内不变色即为终点，记下消耗氢氧化钠标准滴定溶液的体积（V_1）。

4.5.3.2 测定游离二氧化硫：于上述溶液中加入 1 滴盐酸溶液酸化，加 2mL 淀粉指示液和几粒碘化钾，混匀后用碘标准滴定溶液（4.5.2.4）滴定，得出碘标准滴定溶液消耗的体积（V_2）。

4.5.3.3 测定结合二氧化硫：在上述溶液中加入硼酸钠饱和溶液（4.5.2.7），至溶液显粉红色，继续用碘标准滴定溶液（4.5.2.4）滴定，至溶液呈蓝色，得到碘标准滴定溶液消耗的体积（V_3）。

4.5.4 结果计算

样品中实测挥发酸的含量按式（8）计算。

$$X = \frac{c \times V_1 \times 60.0}{V} \quad\cdots\cdots\cdots\cdots\cdots\cdots\cdots\cdots\cdots\cdots\cdots\cdots (8)$$

式中：

X——样品中实测挥发酸的含量（以乙酸计），单位为克每升（g/L）；

c——氢氧化钠标准滴定溶液的浓度，单位为摩尔每升（mol/L）；

V_1——消耗氢氧化钠标准滴定溶液的体积，单位为毫升（mL）；

60.0——乙酸的摩尔质量的数值，单位为克每摩尔（g/mol）；

V——吸取样品的体积，单位为毫升（mL）。

若挥发酸含量接近或超过理化指标时，则需进行修正。修正时，按式（9）换算：

$$X = X_1 - \frac{c_2 \times V_2 \times 32 \times 1.875}{V} - \frac{c_2 \times V_3 \times 32 \times 0.9375}{V} \quad\cdots\cdots\cdots\cdots\cdots (9)$$

式中：

X——样品中真实挥发酸（以乙酸计）含量，单位为克每升（g/L）；

X_1——实测挥发酸含量，单位为克每升（g/L）；

c_2——碘标准滴定溶液的浓度，单位为摩尔每升（mol/L）；

V——吸取样品的体积，单位为毫升（mL）；

V_2——测定游离二氧化硫消耗碘标准滴定溶液的体积，单位为毫升（mL）；

V_3——测定结合二氧化硫消耗碘标准滴定溶液的体积，单位为毫升（mL）；

32——二氧化硫的摩尔质量的数值，单位为克每摩尔（g/mol）；

1.875——1g 游离二氧化硫相当于乙酸的质量，单位为克（g）；

0.937 5——1g 结合二氧化硫相当于乙酸的质量，单位为克（g）。

所得结果应表示至一位小数。

4.5.5 精密度

在重复性条件下获得的两次独立测定结果的绝对差值不得超过算术平均值的 5%。

4.6 柠檬酸

4.6.1 原理

同一时刻进入色谱柱的各组分，由于在流动相和固定相之间溶解、吸附、渗透或离子交换等作用的不同，随流动相在色谱柱两相之间进行反复多次的分配，由于各组分在色谱柱中的移动速度不同，经过一定长度的色谱柱后，彼此分离开来，按顺序流出色谱柱，进入信号检测器，在记录仪上或数据处理装置上显示出各组分的谱峰数值，根据保留时间用归一化法或外标法定量。

4.6.2 试剂和材料

4.6.2.1 磷酸。

4.6.2.2 氢氧化钠溶液 [c(NaOH)=0.01mol/L]：按 GB/T 601 配制，并准确稀释。

4.6.2.3 磷酸二氢钾（KH_2PO_4）水溶液（0.02mol/L）：称取 2.72g KH_2PO_4，用水定容至 1 000 mL，用磷酸（4.6.2.1）调 pH2.9，经 0.45μm 微孔滤膜过滤。

4.6.2.4 无水柠檬酸。

4.6.2.5 柠檬酸储备溶液：称取无水柠檬酸 0.05g，精确至 0.000 1g，用氢氧化钠溶液（4.6.2.2）溶解并定容至 50mL，此溶液含柠檬酸 1g/L。

4.6.2.6 柠檬酸标准系列溶液：将柠檬酸储备溶液用氢氧化钠溶液（4.6.2.2）稀释成浓度分别为 0.05g/L，0.10g/L，0.20g/L，0.40g/L，0.80g/L 的标准系列溶液。

4.6.3 仪器

4.6.3.1 高效液相色谱仪：配有紫外检测器和色谱柱恒温箱。

4.6.3.2 色谱分离柱：Hypersil ODS2，柱尺寸：Φ5.0mm×200mm，填料粒径：5μm。或采用同等分析效果的其他色谱柱。

4.6.3.3 微量注射器 10μL。

4.6.3.4 流动相真空抽滤脱气装置及 0.2μm 或 0.4μm 微孔膜。

4.6.3.5 分析天平：感量 0.000 1g。

4.6.4 分析步骤

4.6.4.1 试样的制备

吸取 10.00mL 样品（液温20℃）于 100mL 容量瓶中，加水定容，经 0.45μm 微孔滤膜过滤后，备用。

4.6.4.2 测定

4.6.4.2.1 色谱条件

柱温：室温。

流动相：0.02mol/L KH_2PO_4 溶液，pH2.9（4.6.2.3）。

流速：1.0mL/min。

检测波长：214nm。

进样量：10μL。

4.6.4.2.2 标准曲线

将柠檬酸标准系列溶液（4.6.2.6）分别进样后，以标样浓度对峰面积作标准曲线。线性相关系数应为0.999 0以上。

4.6.4.2.3 将试样（4.6.4.1）进样。根据标准品的保留时间定性样品中柠檬酸的色谱峰。根据样品的峰面积，查标准曲线得出柠檬酸含量。

4.6.5 结果计算

样品中柠檬酸的含量按式（10）计算。

$$X = c \times F \quad\cdots\cdots\cdots\cdots\cdots\cdots\cdots\cdots\cdots\cdots\cdots\cdots\cdots\cdots\cdots\cdots（10）$$

式中：

X——样品中柠檬酸的含量，单位为克每升（g/L）；

c——从标准曲线求得测定溶液中柠檬酸的含量，单位为克每升（g/L）；

F——样品的稀释倍数。

所得结果表示至一位小数。

4.6.6 精密度

在重复性条件下获得的两次独立测定结果的绝对差值不得超过算术平均值的5%。

4.7 二氧化碳

4.7.1 仪器

起泡葡萄酒、葡萄汽酒压力测定器见图2。

4.7.2 分析步骤

4.7.2.1 调温：将被测样品在20℃水浴（或恒温箱）中保温2h。

4.7.2.2 测量：将仪器的三爪（A）套在酒瓶的颈上，调节螺杆（B）使采气罩（C）与瓶盖密合。将直柄麻花钻（D）插入，密封。手持麻花钻柄，向下旋转，将瓶盖（软木塞）钻透，摇动酒瓶，待压力表指针稳定后，记录其压力。

所得结果表示至两位小数。

4.7.2.3 精密度

在重复性条件下获得的两次独立测定结果的绝对差值不得超过算术平均值的10%。

4.8 二氧化硫

4.8.1 游离二氧化硫

4.8.1.1 氧化法

4.8.1.1.1 原理

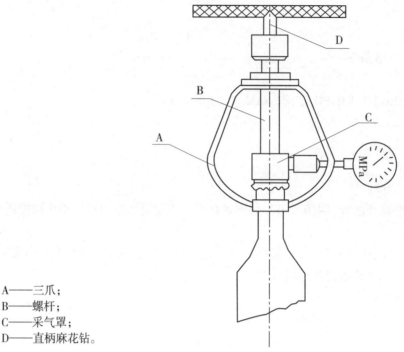

A——三爪；
B——螺杆；
C——采气罩；
D——直柄麻花钻。

图2　起泡葡萄酒、葡萄汽酒压力测定器

在低温条件下，样品中的游离二氧化硫与过氧化氢过量反应生成硫酸，再用碱标准溶液滴定生成的硫酸。由此可得到样品中游离二氧化硫的含量。

4.8.1.1.2　试剂和材料

a）过氧化氢溶液（0.3%）：吸取1mL30%过氧化氢（开启后存于冰箱），用水稀释至100mL。使用当天配制。

b）磷酸溶液（25%）：量取295mL 85%磷酸，用水稀释至1 000mL。

c）氢氧化钠标准滴定溶液 [c（NaOH）0.01mol/L]，准确吸取100mL氢氧化钠标准滴定溶液（4.4.1.2.1），以无二氧化硫水定容至500mL。存放在橡胶塞上装有钠石灰管的瓶中，每周重配。

d）甲基红－次甲基蓝混合指示液：按GB/T 603配制。

4.8.1.1.3　仪器

a）二氧化硫测定装置见图3。

b）真空泵或抽气管（玻璃射水泵）。

4.8.1.1.4　分析步骤

a）按图3所示，将二氧化硫测定装置连接妥当，I管与真空泵（或抽气管）相接，D管通入冷却水。取下梨形瓶（G）和气体洗涤器（H），在G瓶中加入20mL过氧化氢溶液、H管中加入5mL过氧化氢溶液，各加3滴混合指示液后，溶液立即变为紫色，滴入氢氧化钠标准溶液，使其颜色恰好变为橄榄绿色，然后重新安装妥当，将A瓶浸入冰浴中。

b）吸取20.00mL样品（液温20℃），从C管上口加入A瓶中，随后吸取10mL磷酸溶液 [4.8.1.1.2b）]，亦从C管上口加入A瓶中。

c）开启真空泵（或抽气管），使抽入空气流量1 000mL/min～1 500mL/min，抽气10min。取下G瓶，用氢氧化钠标准滴定溶液 [4.8.1.1.2c）]滴定至重现橄榄绿色即为终点，记下消耗的氢氧化钠标准滴定溶液的毫升数。以水代替样品做空白试验，操作同上。一般情况下，H管中溶液不应变色，

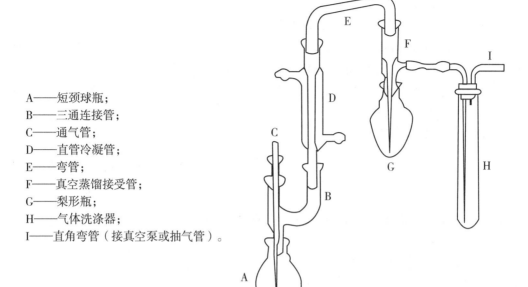

A——短颈球瓶；
B——三通连接管；
C——通气管；
D——直管冷凝管；
E——弯管；
F——真空蒸馏接受管；
G——梨形瓶；
H——气体洗涤器；
I——直角弯管（接真空泵或抽气管）。

图 3　二氧化硫测定装置

如果溶液变为紫色，也需用氢氧化钠标准滴定溶液滴定至橄榄绿色，并将所消耗的氢氧化钠标准滴定溶液的体积与 G 瓶消耗的氢氧化钠标准滴定溶液的体积相加。

4.8.1.1.5　结果计算

样品中游离二氧化硫的含量按式（11）计算。

$$X = \frac{c \times (V - V_0) \times 32}{20} \times 1\,000 \quad\cdots\cdots\cdots\cdots\cdots\cdots\cdots\cdots\cdots\cdots (11)$$

式中：

X——样品中游离二氧化硫的含量，单位为毫克每升（mg/L）；

c——氢氧化钠标准滴定溶液的浓度，单位为摩尔每升（mol/L）；

V——测定样品时消耗的氢氧化钠标准滴定溶液的体积，单位为毫升（mL）；

V_0——空白试验消耗的氢氧化钠标准滴定溶液的体积，单位为毫升（mL）；

32——二氧化硫的摩尔质量的数值，单位为克每摩尔（g/mol）；

20——吸取样品的体积，单位为毫升（mL）。

所得结果表示至整数。

4.8.1.1.6　精密度

在重复性条件下获得的两次独立测定结果的绝对差值不得超过算术平均值的 10%。

4.8.1.2　直接碘量法

4.8.1.2.1　原理

利用碘可以与二氧化硫发生氧化还原反应的性质，测定样品中二氧化硫的含量。

4.8.1.2.2　试剂和材料

a）硫酸溶液（1 + 3）：取 1 体积浓硫酸缓慢注入 3 体积水中。

b）碘标准滴定溶液［$c(1/2\ I_2) = 0.02\text{mol/L}$］：按 GB/T 601 配制与标定，准确稀释 5 倍。

c）淀粉指示液（10g/L）：按 GB/T 603 配制后，再加入 40g 氯化钠。

4.8.1.2.3 分析步骤

吸取50.00mL样品（液温20℃）于250mL碘量瓶中，加入少量碎冰块，再加入1mL淀粉指示液
［4.8.1.2.2c)］、10mL硫酸溶液［4.8.1.2.2a)］，用碘标准滴定溶液［4.8.1.2.2b)］迅速滴定至淡
蓝色，保持30s不变即为终点，记下消耗碘标准滴定溶液的体积（V）。

以水代替样品，做空白试验，操作同上。

4.8.1.2.4 结果计算

样品中游离二氧化硫的含量按式（12）计算。

$$X = \frac{c \times (V - V_0) \times 32}{50} \times 1\,000 \quad\cdots\cdots\cdots\cdots\cdots\cdots\cdots\cdots\cdots\cdots (12)$$

式中：

X——样品中游离二氧化硫的含量，单位为毫克每升（mg/L）；

c——碘标准滴定溶液的浓度，单位为摩尔每升（mol/L）；

V——消耗碘标准滴定溶液的体积，单位为毫升（mL）；

V_0——空白试验消耗碘标准滴定溶液的体积，单位为毫升（mL）；

32——二氧化硫的摩尔质量的数值，单位为克每摩尔（g/mol）；

50——吸取样品的体积，单位为毫升（mL）。

所得结果表示至整数。

4.8.1.2.5 精密度

在重复性条件下获得的两次独立测定结果的绝对差值不得超过算术平均值的10%。

4.8.2 总二氧化硫

4.8.2.1 氧化法

4.8.2.1.1 原理

在加热条件下，样品中的结合二氧化硫被释放，并与过氧化氢发生氧化还原反应，通过用氢氧化
钠标准溶液滴定生成的硫酸，可得到样品中结合二氧化硫的含量，将该值与游离二氧化硫测定值相加，
即得出样品中总二氧化硫的含量。

4.8.2.1.2 试剂和溶液

同4.8.1.1.2。

4.8.2.1.3 仪器

同4.8.1.1.3。

4.8.2.1.4 分析步骤

继4.8.1.1.4测定游离二氧化硫后，将滴定至橄榄绿色的G瓶重新与F管连接。拆除A瓶下的冰
浴，用温火小心加热A瓶，使瓶内溶液保持微沸。开启真空泵，以后操作同4.8.1.1.4 c)。

4.8.2.1.5 结果计算

同4.8.1.1.5。

计算出来的二氧化硫为结合二氧化硫。将游离二氧化硫与结合二氧化硫相加，即为总二氧化硫。

4.8.2.1.6 精密度

在重复性条件下获得的两次独立测定结果的绝对差值不得超过算术平均值的10%。

4.8.2.2 直接碘量法

4.8.2.2.1 原理

在碱性条件下，结合态二氧化硫被解离出来，然后再用碘标准滴定溶液滴定，得到样品中结合二

氧化硫的含量。

4.8.2.2.2　试剂和材料

a）氢氧化钠溶液（100g/L）；

b）其他试剂与溶液同4.8.1.2.2。

4.8.2.2.3　分析步骤

吸取25.00mL氢氧化钠溶液于250mL碘量瓶中，再准确吸取25.00mL样品（液温20℃），并以吸管尖插入氢氧化钠溶液的方式，加入到碘量瓶中，摇匀，盖塞，静置15min后，再加入少量碎冰块、1mL淀粉指示液、10mL硫酸溶液，摇匀，用碘标准滴定溶液迅速滴定至淡蓝色，30s内不变即为终点，记下消耗碘标准滴定溶液的体积（V）。

以水代替样品做空白试验，操作同上。

4.8.2.2.4　结果计算

样品中总二氧化硫的含量按式（13）计算。

$$X = \frac{c \times (V - V_0) \times 32}{25} \times 1\,000 \quad\cdots\cdots\cdots\cdots\cdots\cdots\cdots\cdots\cdots\cdots\cdots\cdots (13)$$

式中：

X——样品中总二氧化硫的含量，单位为毫克每升（mg/L）；

c——碘标准滴定溶液的浓度，单位为摩尔每升（mol/L）；

V——测定样品消耗碘标准滴定溶液的体积，单位为毫升（mL）；

V_0——空白试验消耗碘标准滴定溶液的体积，单位为毫升（mL）；

32——二氧化硫的摩尔质量的数值，单位为克每摩尔（g/mol）；

25——吸取样品的体积，单位为毫升（mL）。

所得结果表示至整数。

4.8.2.2.5　精密度

在重复性条件下获得的两次独立测定结果的绝对差值不得超过算术平均值的10%。

4.9　铁

4.9.1　原子吸收分光光度法

4.9.1.1　原理

将处理后的试样导入原子吸收分光光度计中，在乙焕－空气火焰中，试样中的铁被原子化，基态原子铁吸收特征波长（248.3nm）的光；吸收量的大小与试样中铁原子浓度成正比，测其吸光度，求得铁含量。

4.9.1.2　试剂和材料

本方法中所用水应符合GB/T 6682—1992中二级水规格，所用试剂为优级纯（GR）。

4.9.1.2.1　硝酸溶液（0.5%）：量取8mL硝酸，稀释至1 000mL。

4.9.1.2.2　铁标准贮备液（1mL溶液含有0.1mg铁）：按GB/T 602配制。

4.9.1.2.3　铁标准使用液（1mL溶液含有10μg铁）：吸取10.00mL铁标准贮备液于100mL容量瓶中，用硝酸溶液（4.9.1.2.1）稀释至刻度，此溶液每毫升含10μg铁。

4.9.1.2.4　铁标准系列：吸取铁标准使用液0.00mL、1.00mL、2.00mL、4.00mL、5.00mL（含0.0μg、10.0μg、20.0μg、40.0μg、50.0μg铁）分别于5个100mL容量瓶中，用硝酸溶液（4.9.1.2.1）稀释至刻度，混匀。该系列用于标准工作曲线的绘制。

4.9.1.3 仪器

原子吸收分光光度计：备有铁空心阴极灯。

4.9.1.4 试样的制备

用硝酸溶液（4.9.1.2.1）准确稀释样品至 5 倍 ~ 10 倍，摇匀，备用。

4.9.1.5 分析步骤

4.9.1.5.1 标准工作曲线的绘制：置仪器于合适的工作状态，调波长至 248.3nm，导入标准系列溶液，以零管调零，分别测定其吸光度。以铁的含量对应吸光度绘制标准工作曲线（或者建立回归方程）。

4.9.1.5.2 试样的测定：将试样导入仪器，测其吸光度，然后根据吸光度在标准曲线上查得铁的含量（或带入回归方程计算）。

4.9.1.6 结果计算

样品中铁的含量按式（14）计算。

$$X = A \times F \cdots\cdots\cdots\cdots\cdots\cdots\cdots\cdots\cdots\cdots\cdots\cdots (14)$$

式中：

X——样品中铁的含量，单位为毫克每升（mg/L）；

A——试样中铁的含量，单位为毫克每升（mg/L）；

F——样品稀释倍数。

所得结果表示至一位小数。

4.9.1.7 精密度

在重复性条件下获得的两次独立测定结果的绝对差值不得超过算术平均值的 10%。

4.9.2 邻菲啰啉比色法

4.9.2.1 原理

样品经处理后，试样中的三价铁在酸性条件下被盐酸羟胺还原成二价铁，二价铁与邻菲啰啉作用生成红色螯合物，其颜色的深度与铁含量成正比，用分光光度法进行铁的测定。

4.9.2.2 试剂和材料

4.9.2.2.1 浓硫酸。

4.9.2.2.2 过氧化氢溶液（30%）。

4.9.2.2.3 氨水（25% ~ 28%）。

4.9.2.2.4 盐酸羟胺溶液（100g/L）：称取 100g 盐酸羟胺，用水溶解并稀释至 1 000mL，于棕色瓶中低温贮存。

4.9.2.2.5 盐酸溶液（1 + 1）。

4.9.2.2.6 乙酸 – 乙酸钠溶液（pH = 4.8）：称取 272g 乙酸钠（$CH_3COONa \cdot 3H_2O$），溶解于 500mL 水中，加 200mL 冰乙酸，加水稀释至 1 000mL。

4.9.2.2.7 1，10 – 菲啰啉溶液（2g/L）：按 GB/T 603 配制。

4.9.2.2.8 铁标准贮备液（1mL 溶液含有 0.1 mg 铁）：同 4.9.1.2.2。

4.9.2.2.9 铁标准使用液（1mL 溶液含有 10μg 铁）：同 4.9.1.2.3。

4.9.2.2.10 铁标准系列：吸取铁标准使用液 0.00mL，0.20mL，0.40mL，0.80mL，1.00mL，1.40mL（含 0.0μg，2.0μg，4.0μg，8.0μg，10.0μg，14.0μg 铁）分别于 6 支 25mL 比色管中，补加水至 10mL，加 5mL 乙酸 – 乙酸钠溶液（调 pH 至 3 ~ 5）、1mL 盐酸羟胺溶液，摇匀，放置 5min 后，再加入 1mL 1，10 – 菲啰啉溶液，然后补加水至刻度，摇匀，放置 30min，备用。该系列用于标准工作曲

线的绘制。

4.9.2.3　仪器

4.9.2.3.1　分光光度计。

4.9.2.3.2　高温电炉：550℃±25℃。

4.9.2.3.3　瓷蒸发皿：100mL。

4.9.2.4　试样的制备

4.9.2.4.1　干法消化：准确吸取25.00mL样品（V）于蒸发皿中，在水浴上蒸干，置于电炉上小心炭化，然后移入550℃±25℃高温电炉中灼烧，灰化至残渣呈白色，取出，加入10mL盐酸溶液溶解，在水浴上蒸至约2mL，再加入5mL水，加热煮沸后，移入50mL容量瓶中，用水洗涤蒸发皿，洗液并入容量瓶，加水稀释至刻度（V_1），摇匀。同时做空白试验。

4.9.2.4.2　湿法消化：准确吸取1.00mL样品（V）（可根据铁含量，适当增减）于10mL凯氏烧瓶中，置电炉上缓缓蒸发至近干，取下稍冷后，加1mL浓硫酸（根据含糖量增减）、1mL过氧化氢，于通风橱内加热消化。如果消化液颜色较深，继续滴加过氧化氢溶液，直至消化液无色透明。稍冷，加10mL水微火煮沸3min～5min，取下冷却。同时做空白试验。

注：各实验室可根据各自条件选用干法或湿法进行样品的消化。

4.9.2.5　分析步骤

4.9.2.5.1　标准工作曲线的绘制

在480nm波长下，测定标准系列（4.9.2.2.10）的吸光度。根据吸光度及相对应的铁浓度绘制标准工作曲线（或建立回归方程）。

4.9.2.5.2　试样的测定

准确吸取试样（4.9.2.4.1）5mL～10mL（V）及试剂空白消化液分别于25mL比色管中，补加水至10mL，然后按标准工作曲线的绘制同样操作，分别测其吸光度，从标准工作曲线上查出铁的含量（或用回归方程计算）。

或将试样（4.9.2.4.2）及空白消化液分别洗入25mL比色管中，在每支管中加入一小片刚果红试纸，用氨水中和至试纸显蓝紫色，然后各加5mL乙酸－乙酸钠溶液（调pH至3～5），以下操作同标准工作曲线的绘制。以测出的吸光度，从标准工作曲线上查出铁的含量（或用回归方程计算）。

4.9.2.6　结果计算

4.9.2.6.1　干法计算

样品中铁的含量按式（15）计算。

$$X = \frac{(c_1 - c_0) \times 1\,000}{V \times V_2/V_1 \times 1\,000} = \frac{(c_1 - c_0) \times V_1}{V \times V_2} \quad\cdots\cdots （15）$$

式中：

X——样品中铁的含量，单位为毫克每升（mg/L）；

c_1——测定用样品中铁的含量，单位为微克（μg）；

c_0——试剂空白液中铁的含量，单位为微克（μg）；

V——吸取样品的体积，单位为毫升（mL）；

V_1——样品消化液的总体积，单位为毫升（mL）；

V_2——测定用试样的体积，单位为毫升（mL）。

4.9.2.6.2　湿法计算

样品中铁的含量按式（16）计算。

$$X = \frac{A - A_0}{V} \quad \cdots\cdots\cdots\cdots\cdots\cdots\cdots\cdots\cdots\cdots\cdots\cdots\cdots\cdots\cdots\cdots\cdots\cdots\cdots\cdots\cdots\cdots \quad (16)$$

式中：

X——样品中铁的含量，单位为毫克每升（mg/L）；

A——测定用样品中铁的含量，单位为微克（μg）；

A_0——试剂空白液中铁的含量，单位为微克（μg）；

V——吸取样品的体积，单位为毫升（mL）。

所得结果表示至一位小数。

4.9.2.6.3 精密度

在重复性条件下获得的两次独立测定结果的绝对差值不得超过算术平均值的10%。

4.9.3 磺基水杨酸比色法

4.9.3.1 原理

样品经处理后，样液中的三价铁离子在碱性氨溶液中（pH = 8 ~ 10.5）与磺基水杨酸反应生成黄色络合物，可根据颜色的深浅进行比色测定。

4.9.3.2 试剂和材料

4.9.3.2.1 磺基水杨酸溶液（100g/L）。

4.9.3.2.2 氨水（1 + 1.5）。

4.9.3.2.3 铁标准贮备液（1mL 溶液含有 0.1mg 铁）：同 4.9.2.2.8。

4.9.3.2.4 铁标准使用液（1mL 溶液含有 10μg 铁）：同 4.9.2.2.9。

4.9.3.2.5 铁标准系列：吸取铁标准使用液 0.00mL，0.50mL，1.00mL，1.50mL，2.00mL，2.50mL（含 0.0μg，5.0μg，10.0μg，15.0μg，20.0μg，25.0μg 铁）分别于 6 支 25mL 比色管中，分别加入 5mL 磺基水杨酸溶液，用氨水中和至溶液呈黄色时，再加 0.5mL 后，用水稀释至刻度，摇匀。

4.9.3.3 仪器

同 4.9.2.3。

4.9.3.4 试样的制备

同 4.9.2.4。

注：湿法消化时，取样量为5mL。

4.9.3.5 分析步骤

吸取干法试样 5.00mL（可根据铁含量，适当增减）和同量空白消化液分别于 25mL 比色管中，或者将湿法试样及空白消化液分别洗入 25mL 比色管中，然后按 4.9.3.2.5 同样操作，将其与标准系列进行目视比色，记下与样液颜色深浅相同的标准管中铁的含量。

4.9.3.6 结果计算

同 4.9.2.6。

所得结果表示至整数。

4.9.3.7 精密度

在重复性条件下获得的两次独立测定结果的绝对差值不得超过算术平均值的10%。

4.10 铜

4.10.1 原子吸收分光光度法

4.10.1.1 原理

将处理后的试样导入原子吸收分光光度计中，在乙炔－空气火焰中样品中的铜被原子化，基态原子吸收特征波长（324.7nm）的光，其吸收量的大小与试样中铜的含量成正比，测其吸光度，求得铜含量。

4.10.1.2 试剂和材料

4.10.1.2.1 硝酸溶液（0.5%）。

4.10.1.2.2 铜标准贮备液（1mL 溶液含有 0.1mg 铜）：按 GB/T 602 制备。

4.10.1.2.3 铜标准使用液（1mL 溶液含有 10μg 铜）：吸取 10.00mL 铜标准贮备液于 100mL 容量瓶中，用硝酸溶液稀释至刻度，此溶液每毫升含 10μg 铜。

4.10.1.2.4 铜标准系列：吸取铜标准使用液 0.00mL、0.50mL、1.00mL、2.00mL、4.00mL、6.00mL（含 0.0μg、5.0μg、10.0μg、20.0μg、40.0μg、60.0μg 铜）分别置于 6 个 50mL 容量瓶中，用硝酸溶液稀释至刻度，摇匀。该系列用于标准工作曲线的绘制。

4.10.1.3 仪器

原子吸收分光光度计：备有铜空心阴极灯。

4.10.1.4 试样的制备

用硝酸溶液准确将样品稀释至 5 倍~10 倍，摇匀，备用。

4.10.1.5 分析步骤

4.10.1.5.1 标准工作曲线的绘制：置仪器于合适的工作状态下，调波长至 324.7nm，导入标准系列溶液，以零管调零，分别测其吸光度，以铜的含量对应吸光度绘制标准工作曲线（或建立回归方程）。

4.10.1.5.2 试样的测定：将试样（4.10.1.4）导入仪器，测其吸光度，然后根据吸光度在标准工作曲线上查得铜的含量（或者用回归方程计算）。

4.10.1.6 结果计算

样品中铜的含量按式（17）计算。

$$X = A \times F \quad\text{（17）}$$

式中：

X——样品中铜的含量，单位为毫克每升（mg/L）；

A——试样中铜的含量，单位为毫克每升（mg/L）；

F——样品稀释倍数。

所得结果表示至一位小数。

4.10.1.7 精密度

在重复性条件下获得的两次独立测定结果的绝对差值不得超过算术平均值的 10%。

4.10.2 二乙基二硫代氨基甲酸钠比色法

4.10.2.1 原理

在碱性溶液中铜离子与二乙基二硫代氨基甲酸钠（DDTC）作用生成棕黄色络合物，用四氯化碳萃取后比色。

4.10.2.2 试剂和材料

4.10.2.2.1 四氯化碳。

4.10.2.2.2 硫酸溶液 $[c(\frac{1}{2}H_2SO_4 = 2mol/L]$：量取浓硫酸 60mL，缓缓注入 1 000mL 水中，冷却，摇匀。

4.10.2.2.3 乙二胺四乙酸二钠（EDTA）柠檬酸铵溶液：称取 5g 乙二胺四乙酸二钠及 20g 柠檬酸铵，用水溶解并定容至 100mL。

4.10.2.2.4 氨水（1+1）。

4.10.2.2.5 氢氧化钠溶液（0.05mol/L）：按 GB/T 601 配制，并准确稀释。

4.10.2.2.6 二乙基二硫代氨基甲酸钠（铜试剂）溶液（1g/L）：按 GB/T 603 配制。贮于冰箱中。

4.10.2.2.7 硝酸溶液 0.5%。

4.10.2.2.8 铜标准贮备液（1mL 溶液含有 0.1 mg 铜）：同 4.10.1.2.2。

4.10.2.2.9 铜标准使用液（1mL 溶液含有 10μg 铜）：同 4.10.1.2.3。

4.10.2.2.10 铜标准系列：吸取铜标准使用液 0.00mL，0.50mL，1.00mL，1.50mL，2.00mL，2.50mL（含 0.0μg，5.0μg，10.0μg，15.0μg，20.0μg，25.0μg 铜）分别于 6 支 125mL 分液漏斗中，各补加硫酸溶液（4.10.2.3.2）至 20mL。然后再加入 10mL 乙二胺四乙酸二钠（EDTA）柠檬酸铵溶液和 3 滴麝香草酚蓝指示液，混匀，用氨水调 pH（溶液的颜色由黄至微蓝色），补加水至总体积约 40mL，再各加 2mL 二乙基二硫代氨基甲酸钠溶液（铜试剂）和 10.00mL 四氯化碳，剧烈振摇萃取 2min，待静置分层后，将四氯化碳层经无水硫酸钠或脱脂棉滤入 2cm 比色杯中。

4.10.2.2.11 香草酚蓝指示液（1g/L）：称取 0.1g 麝香草酚蓝于 4.3mL 氢氧化钠溶液中，用水定容至 100mL。

4.10.2.3 仪器

4.10.2.3.1 分光光度计。

4.10.2.3.2 分液漏斗：125mL。

4.10.2.4 试样的制备

同 4.9.2.4。

注：湿法消化时，取样量为 5mL。

4.10.2.5 分析步骤

4.10.2.5.1 标准工作曲线的绘制：置仪器于合适的工作状态下，调波长至 440nm 处，导入标准系列溶液，分别测其吸光度，根据吸光度及相对应的铜浓度绘制标准曲线（或建立回归方程）。

4.10.2.5.2 试样的测定：吸取干法处理的试祥 10.00mL 和同量空白消化液分别于 125mL 分液漏斗中，或者将湿法处理的全部试样及空白消化液，分别洗入 125mL 分液漏斗中。然后按 4.10.2.2.10 和 4.10.2.5.1 的同样操作（湿法处理的试样，进行 4.10.2.2.10 步骤时，以水代替硫酸溶液，补加体积至 20mL，以后步骤不变），分别测其吸光度，从标准工作曲线上查出铜的含量（或用回归方程计算）。

4.10.2.6 结果计算

4.10.2.6.1 干法计算

样品中铜的含量按式（18）计算。

$$X = \frac{(c_1 - c_0) \times 1\,000}{V \times V_2 / V_1 \times V_1} = \frac{(c_1 - c_0) \times V_1}{V \times V_2} \quad\cdots\cdots (18)$$

式中：

X——样品中铜的含量，单位为毫克每升（mg/L）；

c_1——测定用试样消化液中铜的含量，单位为微克（μg）；

c_0——试剂空白液中铜的含量，单位为微克（μg）；

V——吸取样品的体积，单位为毫升（mL）；

V_1——试样消化液的总体积，单位为毫升（mL）；

V_2——测定用试样消化液的体积，单位为毫升（mL）。

4.10.2.6.2　湿法计算

样品中铜的含量按式（19）计算。

$$X = \frac{A - A_0}{V} \cdots\cdots\cdots\cdots\cdots\cdots\cdots\cdots\cdots\cdots\cdots\cdots\cdots\cdots\cdots (19)$$

式中：

X——样品中铜的含量，单位为毫克每升（mg/L）；

A——测定用试样中铜的含量，单位为微克（μg）；

A_0——空白试验中铜的含量，单位为微克（μg）；

V——吸取样品的体积，单位为毫升（mL）。

所得结果表示至一位小数。

4.10.2.7　精密度

在重复性条件下获得的两次独立测定结果的绝对差值不得超过算术平均值的10%。

4.11　甲醇

4.11.1　气相色谱法

4.11.1.1　原理

试样被气化后，随同载气进入色谱柱，利用被测定的各组分在气液两相中具有不同的分配系数，在柱内形成迁移速度的差异而得到分离。分离后的组分先后流出色谱柱，进入氢火焰离子化检测器，根据色谱图上各组分峰的保留时间与标样相对照进行定性；利用峰面积（或峰高），以内标法定量。

4.11.1.2　试剂和材料

4.11.1.2.1　乙醇溶液［10%（体积分数）］，色谱纯。

4.11.1.2.2　甲醇溶液［2%（体积分数）］，色谱纯。作标样用。用乙醇溶液（4.11.1.2.1）配制。

4.11.1.2.3　4 - 甲基 - 2 - 戊醇溶液［2%（体积分数）］，色谱纯。作内标用。用乙醇溶液（4.11.1.2.1）配制。

4.11.1.3　仪器和设备

4.11.1.3.1　气相色谱仪：备有氢火焰离子化检测器（FID）。

4.11.1.3.2　毛细管柱：PEG 20M 毛细管色谱柱（柱长35m～50m，内径0.25mm，涂层0.2μm），或其他具有同等分析效果的色谱柱。

4.11.1.3.3　微量注射器：1μL。

4.11.1.3.4　全玻璃整流器：500mL。

4.11.1.4　分析步骤

4.11.1.4.1　色谱参考条件

载气（高纯氮）：流速为 0.5mL/min～1.0mL/min，分流比：约 50∶1，尾吹约 20mL/min～30mL/min；

氢气：流速为40mL/min；

空气：流速为400mL/min；

检测器温度（T_D）：220℃；

注样器温度（T_J）：220℃；

柱温（T_c）：起始温度40℃，恒温4min，以3.5℃/min程序升温至200℃，继续恒温10min。

载气、氢气、空气的流速等色谱条件随仪器而异，应通过试验选择最佳操作条件，以内标峰与酒样中其他组分峰获得完全分离为准。

4.11.1.4.2　校正因子（f值）的测定

吸取甲醇溶液（4.11.1.2.2）1.00mL，移入100mL容量瓶中，然后加入4-甲基-2-戊醇溶液（4.11.1.2.3）1.00mL，用乙醇溶液（4.11.1.2.2）稀释至刻度。上述溶液中甲醇和内标的浓度均为0.02%（体积分数）。待色谱仪基线稳定后，用微量注射器进样，进样量随仪器的灵敏度而定。记录甲醇和内标峰的保留时间及其峰面积（或峰高），用其比值计算出甲醇的相对校正因子。

4.11.1.4.3　试样的制备

用一洁净、干燥的100mL容量瓶准确量取100mL样品（液温20℃）于500mL蒸馏瓶中，用50mL水分三次冲洗容量瓶，洗液并入蒸馏瓶中，再加几颗玻璃珠，连接冷凝器，以取样用的原容量瓶作接收器（外加冰浴）。开启冷却水，缓慢加热蒸馏。收集馏出液接近刻度，取下容量瓶，盖塞。于20℃水浴中保温30min，补加水至刻度，混匀，备用。

4.11.1.4.4　分析步骤

吸取试样（4.11.1.4.3）10.0mL于10mL容量瓶中，加入4-甲基-2-戊醇溶液（4.11.1.2.3）0.10mL，混匀后，在与f值测定相同的条件下进样，根据保留时间确定甲醇峰的位置，并测定甲醇与内标峰面积（或峰高），求出峰面积（或峰高）之比，计算出酒样中甲醇的含量。

4.11.1.5　结果计算

甲醇的相对校正因子按式（20）计算，样品中甲醇的含量按式（21）计算。

$$f = \frac{A_1}{A_2} \times \frac{d_2}{d_1} \quad\cdots\cdots\cdots\cdots\cdots\cdots\cdots\cdots\cdots\cdots\cdots\cdots\cdots\cdots（20）$$

$$X = f \times \frac{A_3}{A_4} \times I \quad\cdots\cdots\cdots\cdots\cdots\cdots\cdots\cdots\cdots\cdots\cdots\cdots\cdots（21）$$

式中：

X——样品中甲醇的含量，单位为毫克每升（mg/L）；

f——甲醇的相对校正因子；

A_1——标样f值测定时内标的峰面积（或峰高）；

A_2——标样f值测定时甲醇的峰面积（或峰高）；

A_3——试样中甲醇的峰面积（或峰高）；

A_4——添加于酒样中内标的峰面积（或峰高）；

d_2——甲醇的相对密度；

d_1——内标物的相对密度；

I——内标物含量（添加在酒样中），单位为毫克每升（mg/L）。

所得结果表示至整数。

4.11.1.6　精密度

在重复性条件下获得的两次独立测定结果的绝对差值不得超过算术平均值的10%。

4.11.2　比色法

4.11.2.1　原理

甲醇经氧化成甲醛后，与品红亚硫酸作用生成蓝紫色化合物，与标准系列比较定量。

4.11.2.2　试剂和材料

4.11.2.2.1　高锰酸钾－磷酸溶液：称取3g高锰酸钾，加入15mL磷酸（85%）与70mL水的混合液中，溶解后，加水至100mL。贮于棕色瓶内，防止氧化力下降，保存时间不宜过长。

4.11.2.2.2　草酸－磷酸溶液：称取5g无水草酸（$H_2C_2O_4$）或7g含2分子结晶水草酸（$H_2C_2O_4 \cdot 2H_2O$），溶于硫酸（1＋1）中至100mL。

4.11.2.2.3　品红－亚硫酸溶液：称取0.1g碱性品红研细后，分次加入共60mL 80℃的水，边加入水边研磨使其溶解，用滴管吸取上层溶液滤于100mL容量瓶中，冷却后加10mL亚硫酸钠溶液（100g/L），1mL盐酸，再加水至刻度，充分混匀，放置过夜，如溶液有颜色，可加少量活性炭搅拌后过滤，贮于棕色瓶中，置暗处保存，溶液呈红色时应弃去重新配制。

4.11.2.2.4　甲醇标准溶液：称取1 000g甲醇，置于10mL容量瓶中，加水稀释至刻度。此溶液每毫升相当于10 mg甲醇。置低温保存。

4.11.2.2.5　甲醇标准使用液：吸取10.0mL甲醇标准溶液，置于100mL容量瓶中，加水稀释至刻度。再取10.0mL稀释液置于50mL容量瓶中，加水至刻度，该溶液每毫升相当于0.50 mg甲醇。

4.11.2.2.6　无甲醇的乙醇溶液：取0.3mL按操作方法检查，不应显色。如显色需进行处理。取300mL乙醇（95%），加高锰酸钾少许，蒸馏，收集馏出液。在馏出液中加入硝酸银溶液（取1g硝酸银溶于少量水中）和氢氧化钠溶液（取1.5g氢氧化钠溶于少量水中），摇匀，取上清液蒸馏，弃去最初50mL馏出液，收集中间馏出液约200mL，用酒精密度计测其浓度，然后加水配成无甲醇的乙醇（60%）。

4.11.2.2.7　亚硫酸钠溶液（100g/L）。

4.11.2.3　仪器

分光光度计。

4.11.2.4　试样的制备

用一洁净、干燥的100mL容量瓶准确量取100mL样品（液温20℃）于500mL蒸馏瓶中，用50mL水分三次冲洗容量瓶，洗液并入蒸馏瓶中，再加几颗玻璃珠，连接冷凝器，以取样用的原容量瓶作接收器（外加冰浴）。开启冷却水，缓慢加热蒸馏。收集馏出液接近刻度，取下容量瓶，盖塞。于20℃水浴中保温30min，补加水至刻度，混匀，备用。

4.11.2.5　分析步骤

根据样品乙醇浓度适量吸取试样（4.11.2.4）：[乙醇浓度10%，取1.4mL；乙醇浓度20%，取1.2mL]。置于25mL具塞比色管中。

吸取0mL、0.10mL、0.20mL、0.40mL、0.60mL、0.80mL、1.00mL甲醇标准使用液（相当于0mg、0.05mg、0.10mg、0.20mg、0.30mg、0.40mg、0.50mg甲醇）分别置于25mL具塞比色管中，并用无甲醇的乙醇稀释至1.0mL。

于样品管及标准管中各加水至5mL，再依次各加2mL高锰酸钾－磷酸溶液，混匀，放置10min，各加2mL草酸－硫酸溶液，混匀使之褪色，再各加5mL品红－亚硫酸溶液，混匀，于20℃以上静置0.5h，用2cm比色杯，以零管调节零点，于波长590nm处测吸光度，绘制标准曲线比较，或与标准色列目测比较。

4.11.2.6　结果计算

样品中甲醇的含量按式（22）计算。

$$X = \frac{m_1}{V_1} \times 1\ 000 \quad \cdots\cdots\cdots\cdots\cdots\cdots\cdots\cdots\cdots\cdots\cdots\cdots\cdots\cdots\cdots\cdots \quad (22)$$

式中：

X——样品中甲醇的含量，单位为毫克每升（mg/L）；

m_1——测定样品中甲醇的质量，单位为毫克（mg）；

V_1——吸取样品的体积，单位为毫升（mL）。

所得结果表示至整数。

4.11.2.7 精密度

在重复性条件下获得的两次独立测定结果的绝对差值不得超过算术平均值的 10%。

4.12 抗坏血酸（维生素 C）

4.12.1 原理

还原型抗坏血酸能还原 2,6 - 二氯靛酚染料。该染料在酸性溶液中呈红色，被还原后红色消失。还原型抗坏血酸还原染料后，本身被氧化为脱氢抗坏血酸。在没有杂质干扰时，一定量的样品提取液还原标准染料的量与样品中所含抗坏血酸的量成正比。

4.12.2 试剂和材料

4.12.2.1 草酸溶液（10g/L）：称取 20g 结晶草酸于 700mL 水中，溶解后用水稀释至 1 000mL。取该溶液 500mL，再用水稀释至 1 000mL。

4.12.2.2 碘酸钾标准溶液（0.1 mol/L）：按 GB/T 601 配制与标定。

4.12.2.3 碘酸钾标准滴定溶液（0.001 mol/L）：吸取 1mL 碘酸钾标准溶液（4.12.2.2），用水稀释至 100mL。此溶液 1mL 相当于 0.088μg 抗坏血酸。

4.12.2.4 碘化钾溶液（60g/L）。

4.12.2.5 过氧化氢溶液（3%）：吸取 5mL 30% 过氧化氢溶液，用水稀释至 50mL（现用现配）。

4.12.2.6 抗坏血酸标准贮备液（2g/L）：准确称取 0.2g（精确至 0.000 1g）预先在五氧化二磷干燥器中干燥 5 h 的抗坏血酸，溶于草酸溶液中，定容至 100mL（置冰箱中保存）。

4.12.2.7 抗坏血酸标准使用液（0.020g/L）：吸取 10mL 抗坏血酸标准贮备液，用草酸溶液（4.12.2.1）定容至 100mL。

标定：吸取抗坏血酸标准使用液 5mL 于三角烧瓶中，加入 0.5mL 碘化钾溶液（4.12.2.4）、3 滴淀粉指示液，用碘酸钾标准滴定溶液滴定至淡蓝色，30 s 内不变色为其终点。

抗坏血酸标准使用液的浓度按式（23）计算：

$$c_1 = \frac{V_1 \times 0.088}{V_2} \quad \cdots\cdots\cdots\cdots\cdots\cdots\cdots\cdots\cdots\cdots\cdots\cdots\cdots\cdots\cdots\cdots \quad (23)$$

式中：

c_1——抗坏血酸标准使用液的浓度，单位为克每升（g/L）；

V_1——滴定时消耗的碘酸钾标准滴定溶液的体积，单位为毫升（mL）；

V_2——吸取抗坏血酸标准使用液的体积，单位为毫升（mL）；

0.088——1mL 碘酸钾标准溶液相当于抗坏血酸的量，单位为克每升（g/L）。

4.12.2.8 2,6 - 二氯靛酚标准滴定溶液：称取碳酸氢钠 52 mg 溶解在 200mL 热蒸馏水中，然后称取 2,6 - 二氯靛酚 50 mg 溶解在上述碳酸氢钠溶液中。冷却定容至 250mL，过滤至棕色瓶内，保存在冰箱中。此液应贮于棕色瓶中并冷藏。每星期至少标定 1 次。

标定：吸取 5mL 抗坏血酸标准使用溶液，加入 10mL 草酸溶液（4.12.2.1），摇匀，用 2，6 - 二氯靛酚标准滴定溶液滴定至溶液呈粉红色，30 s 不褪色为其终点。

每毫升 2，6 - 二氯靛酚标准滴定溶液相当于抗坏血酸的毫克数按式（24）计算；

$$c_2 = \frac{c_1 \times V_1}{V_2} \quad\cdots\cdots\cdots\cdots\cdots\cdots\cdots\cdots\cdots\cdots (24)$$

式中：

c_2——每毫升 2，6 - 二氯靛酚标准滴定溶液相当于抗坏血酸的毫克数（滴定度），单位为克每升（g/L）；

c_1——抗坏血酸标准使用液的浓度，单位为克每升（g/L）；

V_1——滴定用抗坏血酸标准使用溶液的体积，单位为毫升（mL）；

V_2——标定时消耗的 2，6 - 二氯靛酚标准溶液体积，单位为毫升（mL）。

4.12.2.9　淀粉指示液（10g/L）：按 GB/T 603 配制。

4.12.3　分析步骤

准确吸取 5.00mL 样品（液温 20℃）于 100mL 三角瓶中，加入 15mL 草酸溶液（4.12.2.1）、3 滴过氧化氢溶液（4.12.2.5），摇匀，立即用 2，6 - 二氯靛酚标准滴定溶液滴定，至溶液恰成粉红色，30 s 不褪色即为终点。

注：样品颜色过深影响终点观察时，可用白陶土脱色后再进行测定。

4.12.4　结果计算

样品中抗坏血酸的含量按式（25）计算。

$$X = \frac{V \times c_2}{V_1} \quad\cdots\cdots\cdots\cdots\cdots\cdots\cdots\cdots\cdots (25)$$

式中：

X——样品中抗坏血酸的含量，单位为克每升（g/L）；

c_2——每毫升 2，6 - 二氯靛酚标准滴定溶液相当于抗坏血酸的毫克数（滴定度），单位为克每升（g/L）；

V——滴定时消耗的 2，6 - 二氯靛酚标准滴定溶液的体积，单位为毫升（mL）；

V_1——吸取样品的体积，单位为毫升（mL）。

所得结果表示至整数。

4.12.5　精密度

在重复性条件下获得的两次独立测定结果的绝对差值不得超过算术平均值的10%。

4.13　糖分和有机酸

测定方法参见附录 D。

4.14　白藜芦醇

测定方法参见附录 E。

4.15　感官评定

葡萄酒、山葡萄酒感官评定参见附录 F。

附录 A
（规范性附录）
酒精水溶液密度与酒精度（乙醇含量）对照表（20℃）

表 A.1　　　　酒精水溶液密度与酒精度（乙醇含量）对照表（20℃）

密度/ (g/L)	酒精度/ (%vol)	密度/ (g/L)	酒精度/ (%vol)	密度/ (g/L)	酒精度/ (%vol)
998.20	0.00	997.43	0.51	996.68	1.01
998.18	0.01	997.42	0.52	996.66	1.02
998.16	0.03	997.40	0.53	996.64	1.04
998.14	0.04	997.38	0.54	996.62	1.05
998.12	0.05	997.36	0.56	996.61	1.06
998.10	0.06	997.34	0.57	996.59	1.07
998.08	0.08	997.32	0.58	996.57	1.09
998.07	0.09	997.30	0.59	996.55	1.10
998.05	0.10	997.28	0.61	996.53	1.11
998.03	0.11	997.26	0.62	996.51	1.12
998.01	0.13	997.24	0.63	996.49	1.14
997.99	0.14	997.23	0.64	996.48	1.15
997.97	0.15	997.21	0.66	996.46	1.16
997.95	0.16	997.19	0.67	996.44	1.17
997.93	0.18	997.17	0.68	996.42	1.19
997.91	0.19	997.15	0.69	996.40	1.20
997.89	0.20	997.13	0.71	996.38	1.21
997.87	0.21	997.11	0.72	996.36	1.22
997.85	0.23	997.09	0.73	996.34	1.24
997.83	0.24	997.07	0.75	996.33	1.25
997.82	0.25	997.06	0.76	996.31	1.26
997.80	0.27	997.04	0.77	996.29	1.27
997.78	0.28	997.02	0.78	996.27	1.29
997.76	0.29	997.00	0.80	996.25	1.30
997.74	0.30	996.98	0.81	996.23	1.31
997.72	0.32	996.96	0.82	996.21	1.33
997.70	0.33	996.94	0.83	996.20	1.34
997.68	0.34	996.92	0.85	996.18	1.35
997.66	0.35	996.91	0.86	996.16	1.36
997.64	0.37	996.89	0.87	996.14	1.38

（续表）

密度/ （g/L）	酒精度/ （%vol）	密度/ （g/L）	酒精度/ （%vol）	密度/ （g/L）	酒精度/ （%vol）
997.62	0.38	996.87	0.88	996.12	1.39
997.61	0.39	996.85	0.90	996.10	1.40
997.59	0.40	996.83	0.91	996.09	1.41
997.57	0.42	996.81	0.92	996.07	1.43
997.55	0.43	996.79	0.93	996.05	1.44
997.53	0.44	996.77	0.95	996.03	1.45
997.51	0.46	996.76	0.96	996.01	1.46
997.49	0.47	996.74	0.97	995.99	1.48
997.47	0.48	996.72	0.99	995.97	1.49
997.45	0.49	996.70	1.00	995.96	1.50
995.94	1.51	995.10	2.09	994.27	2.67
995.92	1.53	995.08	2.11	994.25	2.68
995.90	1.54	995.06	2.12	994.23	2.70
995.88	1.55	995.04	2.13	994.22	2.71
995.86	1.56	995.02	2.14	994.20	2.72
995.85	1.58	995.01	2.16	994.18	2.73
995.83	1.59	994.99	2.17	994.16	2.75
995.81	1.60	994.97	2.18	994.15	2.76
995.79	1.62	994.95	2.19	994.13	2.77
995.77	1.63	994.93	2.21	994.11	2.78
995.75	1.64	994.92	2.22	994.09	2.80
995.74	1.65	994.90	2.23	994.07	2.81
995.72	1.67	994.88	2.24	994.06	2.82
995.70	1.68	994.86	2.26	994.04	2.83
995.68	1.69	994.84	2.27	994.02	2.85
995.66	1.70	994.83	2.28	994.00	2.86
995.64	1.72	994.81	2.29	993.99	2.87
995.63	1.73	994.79	2.31	993.97	2.88
995.61	1.74	994.77	2.32	993.95	2.90
995.59	1.75	994.75	2.33	993.93	2.91
995.57	1.77	994.74	2.34	993.91	2.92
995.55	1.78	994.72	2.36	993.90	2.93
995.53	1.79	994.70	2.37	993.88	2.95
995.52	1.80	994.68	2.38	993.86	2.96
995.50	1.82	994.66	2.39	993.84	2.97

（续表）

密度/ (g/L)	酒精度/ (%vol)	密度/ (g/L)	酒精度/ (%vol)	密度/ (g/L)	酒精度/ (%vol)
995.48	1.83	994.65	2.41	993.83	2.98
995.46	1.84	994.63	2.42	993.81	3.00
995.44	1.85	994.61	2.43	993.79	3.01
995.42	1.87	994.59	2.44	993.77	3.02
995.41	1.88	994.57	2.46	993.76	3.03
995.39	1.89	994.56	2.47	993.74	3.05
995.37	1.90	994.54	2.48	993.72	3.06
995.35	1.92	994.52	2.50	993.70	3.07
995.33	1.93	994.50	2.51	993.69	3.08
995.32	1.94	994.48	2.52	993.67	3.10
995.30	1.95	994.47	2.53	993.65	3.11
995.28	1.97	994.45	2.55	993.63	3.12
995.26	1.98	994.43	2.56	993.61	3.13
995.24	1.99	994.41	2.57	993.60	3.15
995.22	2.01	994.40	2.58	993.58	3.16
995.21	2.02	994.38	2.60	993.56	3.17
995.19	2.03	994.36	2.61	993.54	3.18
995.17	2.04	994.34	2.62	993.53	3.20
995.15	2.06	994.32	2.63	993.51	3.21
995.13	2.07	994.31	2.65	993.49	3.22
995.12	2.08	994.29	2.66	993.47	3.24
993.46	3.25	992.66	3.82	991.87	4.40
993.44	3.26	992.64	3.84	991.85	4.41
993.42	3.27	992.62	3.85	991.83	4.42
993.40	3.29	992.60	3.86	991.82	4.44
993.39	3.30	992.59	3.87	991.80	4.45
993.37	3.31	992.57	3.89	991.78	4.46
993.35	3.32	992.55	3.90	991.77	4.47
993.33	3.34	992.54	3.91	991.75	4.49
993.32	3.35	992.52	3.92	991.73	4.50
993.30	3.36	992.50	3.94	991.71	4.51
993.28	3.37	992.48	3.95	991.70	4.52
993.26	3.39	992.47	3.96	991.68	4.54
993.25	3.40	992.45	3.97	991.66	4.55
993.23	3.41	992.43	3.99	991.65	4.56

（续表）

密度/ (g/L)	酒精度/ (% vol)	密度/ (g/L)	酒精度/ (% vol)	密度/ (g/L)	酒精度/ (% vol)
993.21	3.42	992.41	4.00	991.63	4.57
993.19	3.44	992.40	4.01	991.61	4.59
993.18	3.45	992.38	4.02	991.60	4.60
993.16	3.46	992.36	4.04	991.58	4.61
993.14	3.47	992.35	4.05	991.56	4.62
993.12	3.49	992.33	4.06	991.54	4.64
993.11	3.50	992.31	4.07	991.53	4.65
993.09	3.51	992.29	4.09	991.51	4.66
993.07	3.52	992.28	4.10	991.49	4.67
993.05	3.54	992.26	4.11	991.48	4.69
993.04	3.55	992.24	4.12	991.46	4.70
993.02	3.56	992.23	4.14	991.44	4.71
993.00	3.57	992.21	4.15	991.43	4.72
992.99	3.59	992.19	4.16	991.41	4.74
992.97	3.60	992.17	4.17	991.39	4.75
992.95	3.61	992.16	4.19	991.38	4.76
992.93	3.62	992.14	4.20	991.36	4.77
992.92	3.64	992.12	4.21	991.34	4.79
992.90	3.65	992.11	4.22	991.33	4.80
992.88	3.66	992.09	4.24	991.31	4.81
992.86	3.67	992.07	4.25	991.29	4.82
992.85	3.69	992.05	4.26	991.28	4.84
992.83	3.70	992.04	4.27	991.26	4.85
992.81	3.71	992.02	4.29	991.24	4.86
992.79	3.72	992.00	4.30	991.22	4.87
992.78	3.74	991.99	4.31	991.21	4.89
992.76	3.75	991.97	4.32	991.19	4.90
992.74	3.76	991.95	4.34	991.17	4.91
992.72	3.77	991.94	4.35	991.16	4.92
992.71	3.79	991.92	4.36	991.14	4.94
992.69	3.80	991.90	4.37	991.12	4.95
992.67	3.81	991.88	4.39	991.11	4.96
991.09	4.97	990.33	5.55	989.57	6.12
991.07	4.99	990.31	5.56	989.56	6.13
991.06	5.00	990.29	5.57	989.54	6.14

密度/ (g/L)	酒精度/ (%vol)	密度/ (g/L)	酒精度/ (%vol)	密度/ (g/L)	酒精度/ (%vol)
991.04	5.01	990.28	5.58	989.52	6.16
991.02	5.02	990.26	5.60	989.51	6.17
991.01	5.04	990.24	5.61	989.49	6.18
990.99	5.05	990.23	5.62	989.47	6.19
990.97	5.06	990.21	5.63	989.46	6.21
990.96	5.07	990.19	5.65	989.44	6.22
990.94	5.09	990.18	5.66	989.43	6.23
990.92	5.10	990.16	5.67	989.41	6.24
990.91	5.11	990.14	5.68	989.39	6.26
990.89	5.12	990.13	5.70	989.38	6.27
990.87	5.13	990.11	5.71	989.36	6.28
990.86	5.15	990.09	5.72	989.34	6.29
990.84	5.16	990.08	5.73	989.33	6.31
990.82	5.17	990.06	5.75	989.31	6.32
990.81	5.18	990.05	5.76	989.30	6.33
990.79	5.20	990.03	5.77	989.28	6.34
990.77	5.21	990.01	5.78	989.26	6.36
990.76	5.22	990.00	5.80	989.25	6.37
990.74	5.23	989.98	5.81	989.23	6.38
990.72	5.25	989.96	5.82	989.21	6.39
990.71	5.26	989.95	5.83	989.20	6.40
990.69	5.27	989.93	5.85	989.18	6.42
990.67	5.28	989.91	5.86	989.17	6.43
990.66	5.30	989.90	5.87	989.15	6.44
990.64	5.31	989.88	5.88	989.13	6.45
990.62	5.32	989.87	5.89	989.12	6.47
990.61	5.33	989.85	5.91	989.10	6.48
990.59	5.35	989.83	5.92	989.09	6.49
990.57	5.36	989.82	5.93	989.07	6.50
990.56	5.37	989.80	5.94	989.05	6.52
990.54	5.38	989.78	5.96	989.04	6.53
990.52	5.40	989.77	5.97	989.02	6.54
990.51	5.41	989.75	5.98	989.01	6.55
990.49	5.42	989.73	5.99	988.99	6.57
990.47	5.43	989.72	6.01	988.97	6.58

（续表）

密度/ （g/L）	酒精度/ （%vol）	密度/ （g/L）	酒精度/ （%vol）	密度/ （g/L）	酒精度/ （%vol）
990.46	5.45	989.70	6.02	988.96	6.59
990.44	5.46	989.69	6.03	988.94	6.60
990.42	5.47	989.67	6.04	988.92	6.62
990.41	5.48	989.65	6.06	988.91	6.63
990.39	5.50	989.64	6.07	988.89	6.64
990.37	5.51	989.62	6.08	988.88	6.65
990.36	5.52	989.60	6.09	988.86	6.67
990.34	5.53	989.59	6.11	988.84	6.68
988.83	6.69	988.11	7.25	987.39	7.82
988.81	6.70	988.10	7.26	987.37	7.83
988.80	6.72	988.08	7.27	987.36	7.84
988.78	6.73	988.06	7.29	987.34	7.86
988.76	6.74	988.05	7.30	987.33	7.87
988.75	6.75	988.03	7.31	987.31	7.88
988.73	6.77	988.02	7.32	987.30	7.89
988.72	6.78	988.00	7.34	987.28	7.91
988.70	6.79	987.99	7.35	987.27	7.92
988.68	6.80	987.97	7.36	987.25	7.93
988.67	6.81	987.95	7.37	987.23	7.94
988.65	6.83	987.94	7.39	987.22	7.96
988.64	6.84	987.92	7.40	987.20	7.97
988.62	6.85	987.91	7.41	987.19	7.98
988.60	6.86	987.89	7.42	987.17	7.99
988.59	6.88	987.88	7.44	987.16	8.01
988.57	6.89	987.86	7.45	987.14	8.02
988.56	6.90	987.84	7.46	987.13	8.03
988.54	6.91	987.83	7.47	987.11	8.04
988.52	6.93	987.81	7.48	987.09	8.05
988.51	6.94	987.80	7.50	987.08	8.07
988.49	6.95	987.78	7.51	987.06	8.08
988.48	6.96	987.77	7.52	987.05	8.09
988.46	6.98	987.75	7.53	987.03	8.10
988.45	6.99	987.73	7.55	987.02	8.12
988.43	7.00	987.72	7.56	987.00	8.13
988.41	7.01	987.70	7.57	986.99	8.14

密度/（g/L）	酒精度/（%vol）	密度/（g/L）	酒精度/（%vol）	密度/（g/L）	酒精度/（%vol）
988.40	7.03	987.69	7.58	986.97	8.15
988.38	7.04	987.67	7.60	986.96	8.17
988.37	7.05	987.66	7.61	986.94	8.18
988.35	7.06	987.64	7.62	986.92	8.19
988.33	7.08	987.62	7.63	986.91	8.20
988.32	7.09	987.61	7.65	986.89	8.22
988.30	7.10	987.59	7.66	986.88	8.23
988.29	7.11	987.58	7.67	986.86	8.24
988.27	7.12	987.56	7.68	986.85	8.25
988.25	7.14	987.55	7.70	986.83	8.26
988.24	7.15	987.53	7.71	986.82	8.28
988.22	7.16	987.51	7.72	986.80	8.29
988.21	7.17	987.50	7.73	986.79	8.30
988.19	7.19	987.48	7.74	986.77	8.31
988.18	7.20	987.47	7.76	986.75	8.33
988.16	7.21	987.45	7.77	986.74	8.34
988.14	7.22	987.44	7.78	986.72	8.35
988.13	7.23	987.42	7.79	986.71	8.36
988.12	7.24	987.41	7.81	986.69	8.38
986.68	8.39	985.98	8.96	985.28	9.53
986.66	8.40	985.96	8.97	985.27	9.54
986.65	8.41	985.94	8.98	985.25	9.55
986.63	8.43	985.93	8.99	985.24	9.56
986.62	8.44	985.91	9.01	985.22	9.57
986.60	8.45	985.90	9.02	985.21	9.59
986.59	8.46	985.88	9.03	985.19	9.60
986.57	8.48	985.87	9.04	985.18	9.61
986.55	8.49	985.85	9.06	985.16	9.62
986.54	8.50	985.84	9.07	985.15	9.64
986.52	8.51	985.82	9.08	985.13	9.65
986.51	8.52	985.81	9.09	985.12	9.66
986.49	8.54	985.79	9.11	985.10	9.67
986.48	8.55	985.78	9.12	985.09	9.69
986.46	8.56	985.76	9.13	985.07	9.70
986.45	8.57	985.75	9.14	985.06	9.71

（续表）

密度/ (g/L)	酒精度/ (%vol)	密度/ (g/L)	酒精度/ (%vol)	密度/ (g/L)	酒精度/ (%vol)
986.43	8.59	985.73	9.16	985.04	9.72
986.42	8.60	985.72	9.17	985.03	9.74
986.40	8.61	985.70	9.18	985.01	9.75
986.39	8.62	985.69	9.19	985.00	9.76
986.37	8.64	985.67	9.20	984.98	9.77
986.36	8.65	985.66	9.22	984.97	9.78
986.34	8.66	985.64	9.23	984.95	9.80
986.33	8.67	985.63	9.24	984.94	9.81
986.31	8.69	985.61	9.25	984.92	9.82
986.29	8.70	985.60	9.27	984.91	9.83
986.28	8.71	985.58	9.28	984.89	9.85
986.26	8.72	985.57	9.29	984.88	9.86
986.25	8.73	985.55	9.30	984.86	9.87
986.23	8.75	985.54	9.32	984.85	9.88
986.22	8.76	985.52	9.33	984.84	9.90
986.20	8.77	985.51	9.34	984.82	9.91
986.19	8.78	985.49	9.35	984.81	9.92
986.17	8.80	985.48	9.36	984.79	9.93
986.16	8.81	985.46	9.38	984.78	9.94
986.14	8.82	985.45	9.39	984.76	9.96
986.13	8.83	985.43	9.40	984.75	9.97
986.11	8.85	985.42	9.41	984.73	9.98
986.10	8.86	985.40	9.43	984.72	9.99
986.08	8.87	985.39	9.44	984.70	10.01
986.07	8.88	985.37	9.45	984.69	10.02
986.05	8.90	985.36	9.46	984.67	10.03
986.04	8.91	985.34	9.48	984.66	10.04
986.02	8.92	985.33	9.49	984.64	10.06
986.01	8.93	985.31	9.50	984.63	10.07
985.99	8.95	985.30	9.51	984.61	10.08
984.60	10.09	983.92	10.66	983.26	11.23
984.58	10.10	983.91	10.67	983.24	11.24
984.57	10.12	983.89	10.68	983.23	11.25
984.55	10.13	983.88	10.70	983.21	11.26
984.54	10.14	983.86	10.71	983.20	11.27

（续表）

密度/ （g/L）	酒精度/ （% vol）	密度/ （g/L）	酒精度/ （% vol）	密度/ （g/L）	酒精度/ （% vol）
984.52	10.15	983.85	10.72	983.18	11.29
984.51	10.17	983.84	10.73	983.17	11.30
984.49	10.18	983.82	10.75	983.15	11.31
984.48	10.19	983.81	10.76	983.14	11.32
984.47	10.20	983.79	10.77	983.13	11.34
984.45	10.22	983.78	10.78	983.11	11.35
984.44	10.23	983.76	10.79	983.10	11.36
984.42	10.24	983.75	10.81	983.08	11.37
984.41	10.25	983.73	10.82	983.07	11.38
984.39	10.27	983.72	10.83	983.05	11.40
984.38	10.28	983.70	10.84	983.04	11.41
984.36	10.29	983.69	10.86	983.03	11.42
984.35	10.30	983.68	10.87	983.01	11.43
984.33	10.31	983.66	10.88	983.00	11.45
984.32	10.33	983.65	10.89	982.98	11.46
984.30	10.34	983.63	10.91	982.97	11.47
984.29	10.35	983.62	10.92	982.95	11.48
984.27	10.36	983.60	10.93	982.94	11.50
984.26	10.38	983.59	10.94	982.93	11.51
984.24	10.39	983.57	10.95	982.91	11.52
984.23	10.40	983.56	10.97	982.90	11.53
984.22	10.41	983.54	10.98	982.88	11.54
984.20	10.43	983.53	10.99	982.87	11.56
984.19	10.44	983.52	11.00	982.85	11.57
984.17	10.45	983.50	11.02	982.84	11.58
984.16	10.46	983.49	11.03	982.82	11.59
984.14	10.47	983.47	11.04	982.81	11.61
984.13	10.49	983.46	11.05	982.80	11.62
984.11	10.50	983.44	11.07	982.78	11.63
984.10	10.51	983.43	11.08	982.77	11.64
984.08	10.52	983.41	11.09	982.75	11.66
984.07	10.54	983.40	11.10	982.74	11.67
984.05	10.55	983.39	11.11	982.72	11.68
984.04	10.56	983.37	11.13	982.71	11.69
984.03	10.57	983.36	11.14	982.70	11.70

密度/ （g/L）	酒精度/ （% vol）	密度/ （g/L）	酒精度/ （% vol）	密度/ （g/L）	酒精度/ （% vol）
984.01	10.59	983.34	11.15	982.68	11.72
984.00	10.60	933.33	11.16	982.67	11.73
983.98	10.61	983.31	11.18	982.65	11.74
983.97	10.62	983.30	11.19	982.64	11.75
983.95	10.63	983.28	11.20	982.63	11.77
983.94	10.65	983.27	11.21	982.61	11.78
982.60	11.79	981.94	12.35	981.30	12.92
982.58	11.80	981.93	12.37	981.29	12.93
982.57	11.81	981.92	12.38	981.27	12.94
982.55	11.83	981.90	12.39	981.26	12.96
982.54	11.84	981.89	12.40	981.24	12.97
982.53	11.85	981.87	12.42	981.23	12.98
982.51	11.86	981.86	12.43	981.22	12.99
982.50	11.88	981.85	12.44	981.20	13.00
982.48	11.89	981.83	12.45	981.19	13.02
982.47	11.90	981.82	12.47	981.18	13.03
982.45	11.91	981.80	12.48	981.16	13.04
982.44	11.93	981.79	12.49	981.15	13.05
982.43	11.94	981.78	12.50	981.13	13.07
982.41	11.95	981.76	12.51	981.12	13.08
982.40	11.96	981.75	12.53	981.11	13.09
982.38	11.97	981.73	12.54	981.09	13.10
982.37	11.99	981.72	12.55	981.08	13.11
982.35	12.00	981.71	12.56	981.06	13.12
982.34	12.01	981.69	12.58	981.05	13.14
982.33	12.02	981.68	12.59	981.04	13.15
982.31	12.04	981.66	12.50	981.02	13.15
982.30	12.05	981.65	12.61	981.01	13.18
982.28	12.06	981.64	12.62	980.99	13.19
982.27	12.07	981.62	12.64	980.98	13.20
982.26	12.08	981.61	12.65	980.97	13.21
982.24	12.10	981.59	12.66	980.95	13.22
982.23	12.11	981.58	12.67	980.94	13.24
982.21	12.12	981.57	12.69	980.93	13.25
982.20	12.13	981.55	12.70	980.91	13.26

（续表）

密度/ （g/L）	酒精度/ （% vol）	密度/ （g/L）	酒精度/ （% vol）	密度/ （g/L）	酒精度/ （% vol）
982. 18	12. 15	981. 54	12. 71	980. 90	13. 27
982. 17	12. 16	981. 52	12. 72	980. 88	13. 29
982. 16	12. 17	981. 51	12. 73	980. 87	13. 30
982. 14	12. 18	981. 50	12. 75	980. 86	13. 31
982. 13	12. 20	981. 48	12. 76	980. 84	13. 32
982. 11	12. 21	981. 47	12. 77	980. 83	13. 33
982. 10	12. 22	981. 45	12. 78	980. 81	13. 35
982. 09	12. 23	981. 44	12. 80	980. 80	13. 36
982. 07	12. 24	981. 43	12. 81	980. 79	13. 37
982. 06	12. 26	981. 41	12. 82	980. 77	13. 38
982. 04	12. 27	981. 40	12. 83	980. 76	13. 40
982. 03	12. 28	981. 38	12. 85	980. 75	13. 41
982. 02	12. 29	981. 37	12. 86	980. 73	13. 42
982. 00	12. 31	981. 36	12. 87	980. 72	13. 43
981. 99	12. 32	981. 34	12. 88	980. 70	13. 45
981. 97	12. 33	981. 33	12. 89	980. 69	13. 46
981. 96	12. 34	981. 31	12. 91	980. 68	13. 47
980. 66	13. 48	980. 03	14. 04	979. 41	14. 61
980. 65	13. 49	980. 02	14. 06	979. 39	14. 62
980. 64	13. 51	980. 00	14. 07	979. 38	14. 63
980. 62	13. 52	979. 99	14. 08	979. 36	14. 64
980. 61	13. 53	979. 98	14. 09	979. 35	14. 65
980. 59	13. 54	979. 96	14. 11	979. 34	14. 67
980. 58	13. 56	979. 95	14. 12	979. 32	14. 68
980. 57	13. 57	979. 94	14. 13	979. 31	14. 69
980. 55	13. 58	979. 92	14. 14	979. 30	14. 70
980. 54	13. 59	979. 91	14. 15	979. 28	14. 72
980. 52	13. 60	979. 89	14. 17	979. 27	14. 73
980. 51	13. 62	979. 88	14. 18	979. 26	14. 74
980. 50	13. 63	979. 87	14. 19	979. 24	14. 75
980. 48	13. 64	979. 85	14. 20	979. 23	14. 76
980. 47	13. 65	979. 84	14. 22	979. 22	14. 78
980. 46	13. 67	979. 83	14. 23	979. 20	14. 79
980. 44	13. 68	979. 81	14. 24	979. 19	14. 80
980. 43	13. 69	979. 80	14. 25	979. 18	14. 81

（续表）

密度/ （g/L）	酒精度/ （%vol）	密度/ （g/L）	酒精度/ （%vol）	密度/ （g/L）	酒精度/ （%vol）
980.41	13.70	979.79	14.26	979.16	14.83
980.40	13.71	979.77	14.28	979.15	14.84
980.39	13.73	979.76	14.29	979.13	14.85
980.37	13.74	979.74	14.30	979.12	14.86
980.36	13.75	979.73	14.31	979.11	14.87
980.35	13.76	979.72	14.33	979.09	14.89
980.33	13.78	979.70	14.34	979.08	14.90
980.32	13.79	979.69	14.35	979.07	14.91
980.31	13.80	979.68	14.36	979.05	14.92
980.29	13.81	979.66	14.37	979.04	14.94
980.28	13.82	979.65	14.90	979.03	14.95
980.26	13.84	979.64	14.40	979.01	14.96
980.25	13.85	979.62	14.41	979.00	14.97
980.24	13.86	979.61	14.42	978.99	14.98
980.22	13.87	979.60	14.44	978.97	15.00
980.21	13.89	979.58	14.45	978.96	15.01
980.20	13.90	979.57	14.46	978.95	15.02
980.18	13.91	979.55	14.47	978.93	15.03
980.17	13.92	979.54	14.48	978.92	15.05
980.15	13.93	979.53	14.50	978.91	15.06
980.14	13.95	979.51	14.51	978.89	15.07
980.13	13.96	979.50	14.52	978.88	15.08
980.11	13.97	979.49	14.53	978.87	15.09
980.10	13.98	979.47	14.55	978.85	15.11
980.09	14.00	979.46	14.56	978.84	15.12
980.07	14.01	979.45	14.57	978.83	15.13
980.06	14.02	979.43	14.58	978.81	15.14
980.04	14.03	979.42	14.59	978.80	15.16
978.78	15.17	978.17	15.73	977.56	16.29
978.77	15.18	978.16	15.74	977.54	16.30
978.76	15.19	978.14	15.75	977.53	16.31
978.74	15.20	978.13	15.76	977.52	16.32
978.73	15.22	978.12	15.78	977.50	16.34
978.72	15.23	978.10	15.79	977.49	16.35
978.70	15.24	978.09	15.80	977.48	16.36

（续表）

密度/ (g/L)	酒精度/ (% vol)	密度/ (g/L)	酒精度/ (% vol)	密度/ (g/L)	酒精度/ (% vol)
978.69	15.25	978.08	15.81	977.46	16.37
978.68	15.26	978.06	15.83	977.45	16.39
978.66	15.28	978.05	15.84	977.44	16.40
978.65	15.29	978.04	15.85	977.43	16.41
978.64	15.30	978.02	15.86	977.41	16.42
978.62	15.31	978.01	15.87	977.40	16.43
978.61	15.33	978.00	15.89	977.39	16.45
978.60	15.34	977.98	15.90	977.37	16.46
978.58	15.35	977.97	15.91	977.36	16.47
978.57	15.36	977.96	15.92	977.35	16.48
978.56	15.37	977.94	15.93	977.33	16.49
978.54	15.39	977.93	15.95	977.32	16.51
978.53	15.40	977.92	15.96	977.31	16.52
978.52	15.41	977.90	15.97	977.29	16.53
978.50	15.42	977.89	15.98	977.28	16.54
978.49	15.44	977.88	16.00	977.27	16.56
978.48	15.45	977.86	16.01	977.25	16.57
978.46	15.46	977.85	16.02	977.24	16.58
978.45	15.47	977.84	16.03	977.23	16.59
978.44	15.48	977.82	16.04	977.21	16.60
978.42	15.50	977.81	16.06	977.20	16.62
978.41	15.51	977.80	16.07	977.19	16.63
978.40	15.52	977.78	16.08	977.17	16.64
978.38	15.53	977.77	16.09	977.16	16.65
978.37	15.55	977.76	16.11	977.15	16.66
978.36	15.56	977.74	16.12	977.13	16.68
978.34	15.57	977.73	16.13	977.12	16.69
978.33	15.58	977.72	16.14	977.11	16.70
978.32	15.59	977.70	16.15	977.09	16.71
978.30	15.61	977.69	16.17	977.08	16.73
978.29	15.62	977.68	16.18	977.07	16.74
978.28	15.63	977.66	16.19	977.06	16.75
978.26	15.64	977.65	16.20	977.04	16.76
978.25	15.65	977.64	16.21	977.03	16.77
978.24	15.67	977.62	16.23	977.02	16.79

（续表）

密度/ （g/L）	酒精度/ （%vol）	密度/ （g/L）	酒精度/ （%vol）	密度/ （g/L）	酒精度/ （%vol）
978.22	15.68	977.61	16.24	977.00	16.80
978.21	15.69	977.60	16.25	976.99	16.81
978.20	15.70	977.58	16.26	976.98	16.82
978.18	15.72	977.57	16.28	976.96	16.84
976.95	16.85	976.35	17.41	975.74	17.96
976.94	16.86	976.33	17.42	975.73	17.98
976.92	16.87	976.32	17.43	975.72	17.99
976.91	16.88	976.31	17.44	975.70	18.00
976.90	16.90	976.29	17.45	975.69	18.01
976.88	16.91	976.28	17.47	975.68	18.02
976.87	16.92	976.27	17.48	975.67	18.04
976.86	16.93	976.25	17.49	975.65	18.05
976.84	16.94	976.24	17.50	975.64	18.06
976.83	16.96	976.23	17.52	975.63	18.07
976.82	16.97	976.21	17.53	975.61	18.08
976.81	16.98	976.20	17.54	975.60	18.10
976.79	16.99	976.19	17.55	975.59	18.11
976.78	17.01	976.18	17.56	975.57	18.12
976.77	17.02	976.16	17.58	975.56	18.13
976.75	17.03	976.15	17.59	975.55	18.15
976.74	17.04	976.14	17.60	975.53	18.16
976.73	17.05	976.12	17.61	975.52	18.17
976.71	17.07	976.11	17.62	975.51	18.18
976.70	17.08	976.10	17.64	975.50	18.19
976.69	17.09	976.08	17.65	975.48	18.21
976.67	17.10	976.07	17.66	975.47	18.22
976.66	17.11	976.06	17.67	975.46	18.23
976.65	17.13	976.04	17.68	975.44	18.24
976.63	17.14	976.03	17.70	975.43	18.25
976.62	17.15	976.02	17.71	975.42	18.27
976.61	17.16	976.00	17.72	975.40	18.28
976.59	17.18	975.99	17.73	975.39	18.29
976.58	17.19	975.98	17.75	975.38	18.30
976.57	17.20	975.97	17.76	975.37	18.32
976.56	17.21	975.95	17.77	975.35	18.33

密度/ （g/L）	酒精度/ （% vol）	密度/ （g/L）	酒精度/ （% vol）	密度/ （g/L）	酒精度/ （% vol）
976.54	17.22	975.94	17.78	975.34	18.34
976.53	17.24	975.93	17.79	975.33	18.35
976.52	17.25	975.91	17.81	975.31	18.36
976.50	17.26	975.90	17.82	975.30	18.38
976.49	17.27	975.89	17.83	975.29	18.39
976.48	17.28	975.87	17.84	975.27	18.40
976.46	17.30	975.86	17.85	975.26	18.41
976.45	17.31	975.85	17.87	975.25	18.42
976.44	17.32	975.84	17.88	975.24	18.44
976.42	17.33	975.82	17.89	975.22	18.45
976.41	17.35	975.81	17.90	975.21	18.46
976.40	17.36	975.80	17.92	975.20	18.47
976.38	17.37	975.78	17.93	975.18	18.48
976.37	17.38	975.77	17.94	975.17	18.50
976.36	17.39	975.76	17.95	975.16	18.51
975.14	18.52	974.55	19.08	973.95	19.63
975.13	18.53	974.53	19.09	973.94	19.65
975.12	18.55	974.52	19.10	973.92	19.66
975.11	18.56	974.51	19.11	973.91	19.67
975.09	18.57	974.49	19.13	973.90	19.68
975.08	18.58	974.48	19.14	973.88	19.69
975.07	18.59	974.47	19.15	973.87	19.71
975.05	18.61	974.46	19.16	973.86	19.72
975.04	18.62	974.44	19.17	973.85	19.73
975.03	18.63	974.43	19.19	973.83	19.74
975.01	18.64	974.42	19.20	973.82	19.75
975.00	18.65	974.40	19.21	973.81	19.77
974.99	18.67	974.39	19.22	973.79	19.78
974.97	18.68	974.38	19.23	973.78	19.79
974.96	18.69	974.36	19.25	973.77	19.80
974.95	18.70	974.35	19.26	973.75	19.81
974.94	18.71	974.34	19.27	973.74	19.83
974.92	18.73	974.33	19.28	973.73	19.84
974.91	18.74	974.31	19.30	973.72	19.85
974.90	18.75	974.30	19.31	973.70	19.86

密度/ （g/L）	酒精度/ （%vol）	密度/ （g/L）	酒精度/ （%vol）	密度/ （g/L）	酒精度/ （%vol）
974.88	18.76	974.29	19.32	973.69	19.88
974.87	18.78	974.27	19.33	973.68	19.89
974.86	18.79	974.26	19.34	973.66	19.90
974.84	18.80	974.25	19.36	973.65	19.91
974.83	18.81	974.23	19.37	973.64	19.92
974.82	18.82	974.22	19.38	973.62	19.94
974.81	18.84	974.21	19.39	973.61	19.95
974.79	18.85	974.20	19.40	973.60	19.96
974.78	18.86	974.18	19.42	973.59	19.97
974.77	18.87	974.17	19.43	973.57	19.98
974.75	18.88	974.16	19.44	973.56	20.00
974.74	18.90	974.14	19.45	973.55	20.01
974.73	18.91	974.13	19.46	973.53	20.02
974.71	18.92	974.12	19.48	973.52	20.03
974.70	18.93	974.10	19.49	973.51	20.04
974.69	18.94	974.09	19.50	973.50	20.06
974.68	18.96	974.08	19.51	973.48	20.07
974.66	18.97	974.07	19.53	973.47	20.08
974.65	18.98	974.05	19.54	973.46	20.09
974.64	18.99	974.04	19.55	973.44	20.10
974.62	19.01	974.03	19.56	973.43	20.12
974.61	19.02	974.01	19.57	973.42	20.13
974.60	19.03	974.00	19.59	973.40	20.14
974.59	19.04	973.99	19.60	973.39	20.15
974.57	19.05	973.98	19.61	973.38	20.16
974.56	19.07	973.96	19.62	973.37	20.18
973.35	20.19	972.76	20.74	972.16	21.30
973.34	20.20	972.74	20.76	972.15	21.31
973.33	20.21	972.73	20.77	972.13	21.32
973.31	20.23	972.72	20.78	972.12	21.33
973.30	20.24	972.70	20.79	972.11	21.35
973.29	20.25	972.69	20.80	972.09	21.36
973.28	20.26	972.68	20.82	972.08	21.37
973.26	20.27	972.67	20.83	972.07	21.38
973.25	20.29	972.65	20.84	972.05	21.39

（续表）

密度/ （g/L）	酒精度/ （%vol）	密度/ （g/L）	酒精度/ （%vol）	密度/ （g/L）	酒精度/ （%vol）
973.24	20.30	972.64	20.85	972.04	21.41
973.22	20.31	972.63	20.86	972.03	21.42
973.21	20.32	972.61	20.88	972.02	21.43
973.20	20.33	972.60	20.89	972.00	21.44
973.18	20.35	972.59	20.90	971.99	21.45
973.17	20.36	972.57	20.91	971.98	21.47
973.16	20.37	972.56	20.92	971.96	21.48
973.15	20.38	972.55	20.94	971.95	21.49
973.13	20.39	972.54	20.95	971.94	21.50
973.12	20.41	972.52	20.96	971.93	21.51
973.11	20.42	972.51	20.97	971.91	21.53
973.09	20.43	972.50	20.98	971.90	21.54
973.08	20.44	972.48	21.00	971.89	21.55
973.07	20.45	972.47	21.01	971.87	21.56
973.05	20.47	972.46	21.02	971.86	21.57
973.04	20.48	972.45	21.03	971.85	21.59
973.03	20.49	972.43	21.04	971.83	21.60
973.02	20.50	972.42	21.06	971.82	21.61
973.00	20.51	972.41	21.07	971.81	21.62
972.99	20.53	972.39	21.08	971.80	21.63
972.98	20.54	972.38	21.09	971.78	21.65
972.96	20.55	972.37	21.10	971.77	21.66
972.95	20.56	972.35	21.12	971.76	21.67
972.94	20.57	972.34	21.13	971.74	21.68
972.92	20.59	972.33	21.14	971.73	21.69
972.91	20.60	972.32	21.15	971.72	21.71
972.90	20.61	972.30	21.17	971.70	21.72
972.89	20.62	972.29	21.18	971.69	21.73
972.87	20.64	972.28	21.19	971.68	21.74
972.86	20.65	972.26	21.20	971.67	21.75
972.85	20.66	972.25	21.21	971.65	21.77
972.83	20.67	972.24	21.23	971.64	21.78
972.82	20.68	972.22	21.24	971.63	21.79
972.81	20.70	972.21	21.25	971.61	21.80
972.80	20.71	972.20	21.26	971.60	21.81

（续表）

密度/ （g/L）	酒精度/ （% vol）	密度/ （g/L）	酒精度/ （% vol）	密度/ （g/L）	酒精度/ （% vol）
972. 78	20. 72	972. 19	21. 27	971. 59	21. 83
972. 77	20. 73	972. 17	21. 29	971. 57	21. 84
971. 56	21. 85	970. 96	22. 40	970. 36	22. 95
971. 55	21. 86	970. 95	22. 42	970. 35	22. 97
971. 54	21. 87	970. 94	22. 43	970. 33	22. 98
971. 52	21. 89	970. 92	22. 44	970. 32	22. 99
971. 51	21. 90	970. 91	22. 45	970. 31	23. 00
971. 50	21. 91	970. 90	22. 46	970. 29	23. 01
971. 48	21. 92	970. 88	22. 48	970. 28	23. 03
971. 47	21. 93	970. 87	22. 49	970. 27	23. 04
971. 46	21. 95	970. 86	22. 50	970. 26	23. 05
971. 44	21. 96	970. 84	22. 51	970. 24	23. 06
971. 43	21. 97	970. 83	22. 52	970. 23	23. 07
971. 42	21. 98	970. 82	22. 54	970. 22	23. 09
971. 41	21. 99	970. 81	22. 55	970. 20	23. 10
971. 39	22. 01	970. 79	22. 56	970. 19	23. 11
971. 38	22. 02	970. 78	22. 57	970. 18	23. 12
971. 37	22. 03	970. 77	22. 58	970. 16	23. 13
971. 35	22. 04	970. 75	22. 60	970. 15	23. 15
971. 34	22. 05	970. 74	22. 61	970. 14	23. 16
971. 33	22. 07	970. 73	22. 62	970. 12	23. 17
971. 31	22. 08	970. 71	22. 63	970. 11	23. 18
971. 30	22. 09	970. 70	22. 64	970. 10	23. 19
971. 29	22. 10	970. 69	22. 66	970. 09	23. 21
971. 28	22. 11	970. 67	22. 67	970. 07	23. 22
971. 26	22. 13	970. 66	22. 68	970. 06	23. 23
971. 25	22. 14	970. 65	22. 69	970. 05	23. 24
971. 24	22. 15	970. 64	22. 70	970. 03	23. 25
971. 22	22. 16	970. 62	22. 72	970. 02	23. 27
971. 21	22. 18	970. 61	22. 73	970. 01	23. 28
971. 20	22. 19	970. 60	22. 74	969. 99	23. 29
971. 18	22. 20	970. 58	22. 75	969. 98	23. 30
971. 17	22. 21	970. 57	22. 76	969. 97	23. 31
971. 16	22. 22	970. 56	22. 78	969. 95	23. 33
971. 14	22. 24	970. 54	22. 79	969. 94	23. 34

（续表）

密度/ （g/L）	酒精度/ （% vol）	密度/ （g/L）	酒精度/ （% vol）	密度/ （g/L）	酒精度/ （% vol）
971.13	22.25	970.53	22.80	969.93	23.35
971.12	22.26	970.52	22.81	969.91	23.36
971.11	22.27	970.50	22.82	969.90	23.37
971.09	22.28	970.49	22.83	969.89	23.39
971.08	22.30	970.48	22.85	969.87	23.40
971.07	22.31	970.47	22.86	969.86	23.41
971.05	22.32	970.45	22.87	969.85	23.42
971.04	22.33	970.44	22.88	969.84	23.43
971.03	22.34	970.43	22.89	969.82	23.45
971.01	22.36	970.41	22.91	969.81	23.46
971.00	22.37	970.40	22.92	969.80	23.47
970.99	22.38	970.39	22.93	969.78	23.48
970.98	22.39	970.37	22.94	969.77	23.49
969.76	23.51	969.15	24.06	968.54	24.61
969.74	23.52	969.14	24.07	968.53	24.62
969.73	23.53	969.12	24.08	968.51	24.63
969.72	23.54	969.11	24.09	968.50	24.64
969.70	23.55	969.10	24.10	968.49	24.65
969.69	23.57	969.08	24.12	968.47	24.66
969.68	23.58	969.07	24.13	968.46	24.68
969.66	23.59	969.06	24.14	968.45	24.69
969.65	23.60	969.04	24.15	968.43	24.70
969.64	23.61	969.03	24.16	968.42	24.71
969.62	23.63	969.02	24.18	968.41	24.72
969.61	23.64	969.00	24.19	968.39	24.74
969.60	23.65	968.99	24.20	968.38	24.75
969.59	23.66	968.98	24.21	968.37	24.76
969.57	23.67	968.96	24.22	968.35	24.77
969.56	23.69	968.95	24.24	968.34	24.78
969.55	23.70	968.94	24.25	968.32	24.80
969.53	23.71	968.92	24.26	968.31	24.81
969.52	23.72	968.91	24.27	968.30	24.82
969.51	23.73	968.90	24.28	968.28	24.83
969.49	23.75	968.88	24.29	968.27	24.84
969.48	23.76	968.87	24.31	968.26	24.86

密度/ （g/L）	酒精度/ （% vol）	密度/ （g/L）	酒精度/ （% vol）	密度/ （g/L）	酒精度/ （% vol）
969.47	23.77	968.86	24.32	968.24	24.87
969.45	23.78	968.84	24.33	968.23	24.88
969.44	23.79	968.83	24.34	968.22	24.89
969.43	23.80	968.82	24.35	968.20	24.90
969.41	23.82	968.80	24.37	968.19	24.92
969.40	23.83	968.79	24.38	968.18	24.93
969.39	23.84	968.78	24.39	968.16	24.94
969.37	23.85	968.76	24.40	968.15	24.95
969.36	23.86	968.75	24.41	968.14	24.96
969.35	23.88	968.74	24.42	968.12	24.97
969.33	23.89	968.72	24.44	968.11	24.99
969.32	23.90	968.71	24.45	968.10	25.00
969.31	23.91	968.70	24.46	968.08	25.01
969.29	23.92	968.68	24.47	968.07	25.02
969.28	23.94	968.67	24.49	968.06	25.03
969.27	23.95	968.66	24.50	968.04	25.05
969.25	23.96	968.64	24.51	968.03	25.06
969.24	23.97	968.63	24.52	968.02	25.07
969.23	23.98	968.62	24.53	968.00	25.08
969.22	24.00	968.60	24.55	967.99	25.09
969.20	24.01	968.59	24.56	967.98	25.11
969.19	24.02	968.58	24.57	967.96	25.12
969.18	24.03	968.56	24.58	967.95	25.13
969.16	24.04	968.55	24.59	967.94	25.14
967.92	25.15	967.30	25.70	966.68	26.25
967.91	25.17	967.29	25.71	966.67	26.26
967.90	25.18	967.28	25.73	966.65	26.27
967.88	25.19	967.26	25.74	966.64	26.28
967.87	25.20	967.25	25.75	966.63	26.30
967.86	25.21	967.24	25.76	966.61	26.31
967.84	25.23	967.22	25.77	966.60	26.32
967.83	25.24	967.21	25.78	966.59	26.33
967.82	25.25	967.20	25.80	966.57	26.34
967.80	25.26	967.18	25.81	966.56	26.36
967.79	25.27	967.17	25.82	966.54	26.37

密度/ （g/L）	酒精度/ （% vol）	密度/ （g/L）	酒精度/ （% vol）	密度/ （g/L）	酒精度/ （% vol）
967.78	25.28	967.16	25.83	966.53	26.38
967.76	25.30	967.14	25.84	966.52	26.39
967.75	25.31	967.13	25.86	966.50	26.40
967.74	25.32	967.12	25.87	966.49	26.41
967.72	25.33	967.10	25.88	966.48	26.43
967.71	25.34	967.09	25.89	966.46	26.44
967.70	25.36	967.07	25.90	966.45	26.45
967.68	25.37	967.06	25.92	966.43	26.46
967.67	25.38	967.05	25.93	966.42	26.47
967.65	25.39	967.03	25.94	966.41	26.49
967.64	25.40	967.02	25.95	966.39	26.50
967.63	25.42	967.01	25.96	966.38	26.51
967.61	25.43	966.99	25.98	966.37	26.52
967.60	25.44	966.98	25.99	966.35	26.53
967.59	25.45	966.97	26.00	966.34	26.55
967.57	25.46	966.95	26.01	966.33	26.56
967.56	25.48	966.94	26.02	966.31	26.57
967.55	25.49	966.93	26.03	966.30	26.58
967.53	25.50	966.91	26.05	966.28	26.59
967.52	25.51	966.90	26.06	966.27	26.60
967.51	25.52	966.88	26.07	966.26	26.62
967.49	25.53	966.87	26.08	966.24	26.63
967.48	25.55	966.86	26.09	966.23	26.64
967.47	25.56	966.84	26.11	966.22	26.65
967.45	25.57	966.83	26.12	966.20	26.66
967.44	25.58	966.82	26.13	966.19	26.68
967.43	25.59	966.80	26.14	966.17	26.69
967.41	25.61	966.79	26.15	966.16	26.70
967.40	25.62	966.78	26.17	966.15	26.71
967.39	25.63	966.76	26.18	966.13	26.72
967.37	25.64	966.75	26.19	966.12	26.73
967.36	25.65	966.73	26.20	966.11	26.75
967.34	25.67	966.72	26.21	966.09	26.76
967.33	25.68	966.71	26.22	966.08	26.77
967.32	25.69	966.69	26.24	966.06	26.78

密度/ （g/L）	酒精度/ （%vol）	密度/ （g/L）	酒精度/ （%vol）	密度/ （g/L）	酒精度/ （%vol）
966.05	26.79	965.42	27.34	964.78	27.88
966.04	26.81	965.40	27.35	964.76	27.90
966.02	26.82	965.39	27.36	964.75	27.91
966.01	26.83	965.37	27.37	964.73	27.92
966.00	26.84	965.36	27.39	964.72	27.93
965.98	26.85	965.35	27.40	964.71	27.94
965.97	26.87	965.33	27.41	964.69	27.95
965.95	26.88	965.32	27.42	964.68	27.97
965.94	26.89	965.31	27.43	964.66	27.98
965.93	26.90	965.29	27.45	964.65	27.99
965.91	26.91	965.28	27.46	964.64	28.00
965.90	26.92	965.26	27.47	964.62	28.01
965.89	26.94	965.25	27.48	964.61	28.03
965.87	26.95	965.24	27.49	964.59	28.04
965.86	26.96	965.22	27.51	964.58	28.05
965.84	26.97	965.21	27.52	964.57	28.06
965.83	26.98	965.19	27.53	964.55	28.07
965.82	27.00	965.18	27.54	964.54	28.08
965.80	27.01	965.17	27.55	964.52	28.10
965.79	27.02	965.15	27.56	964.51	28.11
965.78	27.03	965.14	27.58	964.49	28.12
965.76	27.04	965.12	27.59	964.48	28.13
965.75	27.06	965.11	27.60	964.47	28.14
965.73	27.07	965.10	27.61	964.45	28.16
965.72	27.08	965.08	27.62	964.44	28.17
965.71	27.09	965.07	27.64	964.42	28.18
965.69	27.10	965.05	27.65	964.41	28.19
965.68	27.11	965.04	27.66	964.40	28.20
965.67	27.13	965.03	27.67	964.38	28.21
965.65	27.14	965.01	27.68	964.37	28.23
965.64	27.15	965.00	27.69	964.35	28.24
965.62	27.16	964.99	27.71	964.34	28.25
965.61	27.17	964.97	27.72	964.33	28.26
965.60	27.19	964.96	27.73	964.31	28.27
965.58	27.20	964.94	27.74	964.30	28.29

（续表）

密度/ （g/L）	酒精度/ （% vol）	密度/ （g/L）	酒精度/ （% vol）	密度/ （g/L）	酒精度/ （% vol）
965.57	27.21	964.93	27.75	964.28	28.30
965.55	27.22	964.92	27.77	964.27	28.31
965.54	27.23	964.90	27.78	964.26	28.32
965.53	27.24	964.89	27.79	964.24	28.33
965.51	27.26	964.87	27.80	964.23	28.34
965.50	27.27	964.86	27.81	964.21	28.36
965.49	27.28	964.85	27.82	964.20	28.37
965.47	27.29	964.83	27.84	964.18	28.38
965.46	27.30	964.82	27.85	964.17	28.39
965.44	27.32	964.80	27.86	964.16	28.40
965.43	27.33	964.79	27.87	964.14	28.41
964.13	28.43	963.47	28.97	962.81	29.51
964.11	28.44	963.46	28.98	962.80	29.52
964.10	28.45	963.45	28.99	962.78	29.53
964.09	28.46	963.43	29.00	962.77	29.55
964.07	28.47	963.42	29.02	962.76	29.56
964.06	28.49	963.40	29.03	962.74	29.57
964.04	28.50	963.39	29.04	962.73	29.58
964.03	28.51	963.37	29.05	962.71	29.59
964.01	28.52	963.36	29.06	962.70	29.60
964.00	28.53	963.35	29.08	962.68	29.62
963.99	28.54	963.33	29.09	962.67	29.63
963.97	28.56	963.32	29.10	962.65	29.64
963.96	28.57	963.30	29.11	962.64	29.65
963.94	28.58	963.29	29.12	962.63	29.66
963.93	28.59	963.27	29.13	962.61	29.67
963.92	28.60	963.26	29.15	962.60	29.69
963.90	28.62	963.25	29.16	962.58	29.70
963.89	28.63	963.23	29.17	962.57	29.71
963.87	28.64	963.22	29.18	962.55	29.72
963.86	28.65	963.20	29.19	962.54	29.73
963.84	28.66	963.19	29.20	962.52	29.75
963.83	28.67	963.17	29.22	962.51	29.76
963.82	28.69	963.16	29.23	962.49	29.77
963.80	28.70	963.14	29.24	962.48	29.78

（续表）

密度/ (g/L)	酒精度/ (%vol)	密度/ (g/L)	酒精度/ (%vol)	密度/ (g/L)	酒精度/ (%vol)
963.79	28.71	963.13	29.25	962.47	29.79
963.77	28.72	963.12	29.26	962.45	29.80
963.76	28.73	963.10	29.28	962.44	29.82
963.75	28.75	963.09	29.29	962.42	29.83
963.73	28.76	963.07	29.30	962.41	29.84
963.72	28.77	963.06	29.31	962.39	29.85
963.70	28.78	963.04	29.32	962.38	29.86
963.69	28.79	963.03	29.33	962.36	29.87
963.67	28.80	963.02	29.35	962.35	29.89
963.66	28.82	963.00	29.36	962.34	29.90
963.65	28.83	962.99	29.37	962.32	29.91
963.63	28.84	962.97	29.38	962.31	29.92
963.62	28.85	962.96	29.39	962.29	29.93
963.60	28.86	962.94	29.40	962.28	29.95
963.59	28.87	962.93	29.42	962.26	29.96
963.57	28.89	962.91	29.43	962.25	29.97
963.56	28.90	962.90	29.44	962.23	29.98
963.55	28.91	962.89	29.45	962.22	29.99
963.53	28.92	962.87	29.46	962.20	30.00
963.52	28.93	962.86	29.48	962.19	30.02
963.50	28.95	962.84	29.49	962.17	30.03
963.49	28.96	962.83	29.50	962.16	30.04

附录 B
（规范性附录）
酒精计温度、酒精度（乙醇含量）换算表

表 B.1   酒精计温度、酒精度（乙醇含量）换算表

溶液温度/℃	酒精计示值									
	35	34.5	34	33.5	33	32.5	32	31.5	31	30.5
	酒精计温度为20℃时的乙醇含量/（%vol）									
35	28.8	28.2	27.8	27.3	26.8	26.4	26.0	25.5	25.0	24.6
34	29.3	28.8	28.3	27.8	27.3	26.8	26.4	25.9	25.4	25.0
33	29.7	29.2	28.7	28.2	27.7	27.2	26.8	26.3	25.8	25.4
32	30.1	29.6	29.1	28.6	28.1	27.6	27.2	26.7	26.2	25.8
31	30.5	30.0	29.5	29.0	28.5	28.0	27.6	27.1	26.6	26.2
30	30.9	30.4	29.9	29.4	28.9	28.4	28.0	27.5	27.0	26.5
29	31.3	30.8	30.3	29.8	29.4	28.8	28.4	27.9	27.4	26.9
28	31.7	31.2	30.7	30.2	29.8	29.2	28.8	28.3	27.8	27.3
27	32.2	31.6	31.2	30.6	30.2	29.6	29.2	28.7	28.2	27.7
26	32.6	32.0	31.6	31.0	30.6	30.0	29.6	29.1	28.6	28.1
25	33.0	32.5	32.0	31.5	31.0	30.5	30.0	29.5	29.0	28.5
24	33.4	32.9	32.4	31.9	31.4	30.9	30.4	29.9	29.4	28.9
23	33.8	33.3	32.8	32.3	31.8	31.3	30.8	30.3	29.8	29.3
22	34.2	33.7	33.2	32.7	32.2	31.7	31.2	30.7	30.2	29.7
21	34.6	34.1	33.6	33.1	32.6	32.0	31.6	31.1	30.6	30.1
20	35.0	34.5	34.0	33.5	33.0	32.5	32.0	31.5	31.0	30.5
19	35.4	34.9	34.4	33.9	33.4	32.9	32.4	31.9	31.4	30.9
18	35.8	35.3	34.8	34.3	33.8	33.2	32.8	32.3	31.8	31.3
17	36.2	35.7	35.2	34.7	34.2	33.7	33.2	32.7	32.2	31.7
16	36.6	36.1	35.6	35.1	34.6	34.1	33.6	33.1	32.6	32.1
15	37.0	36.5	36.0	35.5	35.0	34.5	34.0	33.5	33.0	32.5
14	37.4	36.9	36.4	35.9	35.4	35.0	34.4	34.0	33.5	32.0
13	37.8	37.3	36.8	36.4	35.9	35.4	34.9	34.4	33.9	32.4
12	38.2	37.8	37.3	36.8	36.3	35.8	35.3	34.8	34.3	33.8
11	38.7	38.2	37.7	37.2	36.7	36.2	35.7	35.2	34.7	34.2
10	39.1	38.6	38.1	37.6	37.1	36.6	36.1	35.6	35.1	34.6

（续表）

溶液温度/℃	酒精计示值									
	30	29.5	29	28.5	28	27.5	27	26.5	26	25.5
	酒精计温度为20℃时的乙醇含量/（%vol）									
35	24.2	23.7	23.2	22.8	22.3	21.8	21.3	20.8	20.4	20.0
34	24.5	24.0	23.5	23.1	22.7	22.2	21.7	21.2	20.8	20.4
33	24.9	24.4	23.9	23.5	23.1	22.6	22.0	21.6	21.2	20.8
32	25.3	24.8	24.2	23.8	23.4	22.9	22.4	22.0	21.6	21.2
31	25.7	25.2	24.7	24.2	23.8	23.3	22.8	22.4	21.9	21.4
30	26.1	25.6	25.1	24.6	24.2	23.7	23.2	22.8	22.3	21.9
29	26.4	26.0	25.5	25.0	24.6	24.1	23.6	23.2	22.7	22.2
28	26.8	26.4	25.9	25.4	24.9	24.4	24.0	23.5	23.0	22.6
27	27.2	26.7	26.3	25.8	25.3	24.8	24.4	23.9	23.4	22.9
26	27.6	27.1	26.6	26.2	25.7	25.2	24.7	24.2	23.8	23.3
25	28.0	27.5	27.0	26.6	26.1	25.6	25.1	24.6	24.1	23.7
24	28.4	27.9	27.4	26.9	26.4	26.0	25.5	25.0	24.5	24.0
23	28.8	28.3	27.8	27.2	26.8	26.3	25.8	25.4	24.9	24.4
22	29.2	28.7	28.2	27.7	27.2	26.7	26.2	25.8	25.3	24.8
21	29.6	29.1	28.6	28.1	27.6	27.1	26.6	26.1	25.6	25.1
20	30.0	29.5	29.0	28.5	28.0	27.5	27.0	26.5	26.0	25.5
19	30.4	29.9	29.4	28.9	28.4	27.9	27.4	26.9	26.4	25.9
18	30.8	30.3	29.8	29.3	28.8	28.3	27.8	27.2	26.7	26.2
17	31.2	30.7	30.2	29.7	29.2	28.6	28.1	27.6	27.1	26.6
16	31.6	31.1	30.6	30.1	29.5	29.0	28.5	28.0	27.5	27.0
15	32.0	31.5	31.0	30.5	29.9	29.5	28.9	28.4	27.9	27.4
14	32.4	31.9	31.4	30.9	30.4	29.9	29.3	28.8	28.3	27.8
13	32.8	32.3	31.8	31.2	30.8	30.3	29.7	29.2	28.7	28.2
12	33.3	32.8	32.1	31.6	31.2	30.7	30.2	29.6	29.1	28.5
11	33.7	33.2	32.7	32.0	31.6	31.1	30.6	30.0	29.5	28.9
10	30.1	33.6	33.1	32.5	32.0	31.5	31.0	30.4	29.9	29.3

（续表）

溶液温度/℃	酒精计示值									
	25	24.5	24	23.5	23	22.5	22	21.5	21	20.5
	酒精计温度为20℃时的乙醇含量/（%vol）									
35	19.6	19.2	18.8	18.4	17.9	17.4	16.9	16.4	16.0	15.6
34	20.0	19.6	19.1	18.6	18.2	17.7	17.2	16.8	16.4	16.0
33	20.3	19.8	19.4	19.0	18.6	18.1	17.6	17.2	16.7	16.2
32	20.7	20.2	19.8	19.4	18.9	18.4	17.9	17.4	17.0	16.6
31	21.0	20.6	20.2	19.8	19.3	18.8	18.3	17.8	17.4	17.0
30	21.4	20.9	20.5	20.0	19.6	19.1	18.6	18.2	17.7	17.3
29	21.8	21.3	20.8	20.4	19.9	19.4	19.0	18.5	18.0	17.6
28	22.1	21.6	21.2	20.7	20.2	19.8	19.3	18.8	18.4	17.9
27	22.5	22.0	21.5	21.0	20.6	20.1	19.6	19.2	18.7	18.2
26	22.8	22.4	21.9	21.4	20.9	20.5	20.0	19.5	19.0	18.6
25	23.2	22.7	22.2	21.8	21.2	20.8	20.3	19.8	19.4	18.9
24	23.5	23.1	22.6	22.1	21.6	21.1	20.7	20.2	19.7	19.2
23	23.9	23.4	22.9	22.4	22.0	21.5	21.0	20.5	20.0	19.5
22	24.3	23.8	23.3	22.8	22.3	21.8	21.3	20.8	20.4	19.9
21	24.6	24.1	23.6	23.1	22.6	22.2	21.7	21.2	20.7	20.2
20	25.0	24.5	24.0	23.5	23.0	22.5	22.0	21.5	21.0	20.5
19	25.4	24.8	24.4	23.8	23.3	22.8	22.3	21.8	21.3	20.8
18	25.7	25.2	24.7	24.2	23.7	23.2	22.6	22.1	21.6	21.1
17	26.1	25.6	25.1	24.5	24.0	23.5	23.0	22.5	22.0	21.4
16	26.5	25.9	25.4	24.9	24.4	23.8	23.3	22.8	22.3	21.8
15	26.8	26.3	25.8	25.3	24.7	24.2	23.7	23.1	22.6	22.1
14	27.2	26.7	26.2	25.6	25.1	24.6	24.0	23.5	23.0	22.4
13	27.6	27.1	26.5	26.0	25.4	24.9	24.4	23.8	23.3	22.7
12	28.0	27.4	26.9	26.4	25.8	25.3	24.7	24.2	23.6	23.0
11	28.4	27.8	27.3	26.7	26.2	25.6	25.0	24.5	23.9	23.4
10	28.8	28.2	27.7	27.1	26.6	26.0	25.4	24.8	24.3	23.7

（续表）

溶液温度/℃	酒精计示值									
	20	19.5	19	18.5	18	17.5	17	16.5	16	15.5
	酒精计温度为20℃时的乙醇含量/（%vol）									
35	15.2	14.8	14.5	14.0	13.6	13.2	12.8	12.4	12.1	11.6
34	15.5	15.2	14.8	14.4	13.9	13.5	13.1	12.8	12.4	12.0
33	15.8	15.4	15.1	14.6	14.2	13.8	13.4	13.0	12.6	12.2
32	16.2	15.8	15.4	15.0	14.5	14.0	13.6	13.2	12.9	12.4
31	16.5	16.1	15.7	15.2	14.8	14.4	13.9	13.5	13.1	12.6
30	16.8	16.4	16.0	15.5	15.1	14.7	14.2	13.8	13.4	12.9
29	17.2	16.7	16.3	15.8	15.4	15.0	14.5	14.1	13.6	13.2
28	17.5	17.0	16.6	16.1	15.7	15.2	14.8	14.4	13.9	13.4
27	17.8	17.3	16.9	16.4	16.0	15.5	15.1	14.6	14.2	13.7
26	18.1	17.6	17.2	16.7	16.3	15.8	15.4	14.9	14.4	14.0
25	18.4	18.0	17.5	17.0	16.6	16.1	15.6	15.2	14.7	14.2
24	18.7	18.3	17.8	17.3	16.9	16.4	15.9	15.4	15.0	14.5
23	19.0	18.6	18.1	17.6	17.1	16.6	16.2	15.7	15.2	14.7
22	19.4	18.9	18.4	17.9	17.4	17.0	16.5	16.0	15.5	15.0
21	19.7	19.2	18.7	18.2	17.7	17.2	16.7	16.2	15.7	15.2
20	20.0	19.5	19.0	18.5	18.0	17.5	17.0	16.5	16.0	15.5
19	20.3	19.8	19.3	18.8	18.3	17.8	17.3	16.8	16.3	15.8
18	20.6	20.1	19.6	19.1	18.6	18.1	17.6	17.0	16.5	16.0
17	20.9	20.4	19.9	19.4	18.9	18.3	17.9	17.3	16.8	16.2
16	21.2	20.7	20.2	19.7	19.2	18.6	18.1	17.5	17.0	16.5
15	21.6	21.0	20.5	20.0	19.4	18.9	18.3	17.8	17.2	16.7
12	21.9	21.3	20.8	20.2	19.7	19.1	18.6	18.0	17.5	16.9
13	22.2	21.6	21.1	20.5	20.0	19.4	18.8	18.3	17.7	17.2
12	22.5	21.9	21.4	20.8	20.2	19.7	19.1	18.5	18.0	17.4
11	22.8	22.2	21.7	21.1	20.5	20.0	19.4	18.8	18.2	17.6
10	23.1	22.5	22.0	21.4	20.8	20.2	19.6	19.0	18.4	17.8

（续表）

溶液温度/℃	酒精计示值									
	15	14.5	14	13.5	13	12.5	12	11.5	11	10.5
	酒精计温度为20℃时的乙醇含量/（%vol）									
35	11.2	10.8	10.4	10.0	9.6	9.2	8.7	8.3	7.9	7.4
34	11.5	11.0	10.6	10.2	9.8	9.4	8.9	8.5	8.1	7.6
33	11.8	11.4	10.9	10.4	10.0	9.6	9.1	8.7	8.3	7.8
32	12.0	11.6	11.0	10.6	10.2	9.8	9.4	9.0	8.5	8.0
31	12.2	11.8	11.4	11.0	10.5	10.0	9.6	9.2	8.7	8.2
30	12.5	12.0	11.6	11.1	10.7	10.2	9.8	9.3	8.9	8.4
29	12.7	12.3	11.8	11.4	10.9	10.5	10.0	9.5	9.1	8.8
28	13.0	12.6	12.1	11.6	11.2	10.7	10.3	9.8	9.2	8.9
27	13.2	12.8	12.3	11.9	11.4	10.9	10.5	10.0	9.5	9.1
26	13.5	13.0	12.6	12.1	11.7	11.2	10.7	10.2	9.8	9.3
25	13.8	13.3	12.8	12.4	11.9	11.4	10.9	10.4	10.0	9.5
24	14.0	13.5	13.1	12.6	12.1	11.6	11.2	10.7	10.2	9.7
23	14.3	13.8	13.3	12.8	12.3	11.8	11.4	10.9	10.4	9.9
22	14.5	14.0	13.6	13.1	12.6	12.1	11.6	11.1	10.6	10.1
21	14.8	14.3	13.8	13.3	12.8	12.3	11.8	11.3	10.8	10.3
20	15.0	14.5	14.0	13.5	13.0	12.5	12.0	11.5	11.0	10.5
19	15.2	14.7	14.2	12.7	13.2	12.7	12.2	11.7	11.2	10.7
18	15.5	15.0	14.4	13.9	13.4	12.9	12.4	11.9	11.4	10.9
17	15.7	15.2	14.7	14.1	13.6	13.1	12.6	12.1	11.5	11.0
16	15.9	15.4	14.9	14.3	13.8	13.3	12.8	12.2	11.7	11.2
15	16.2	15.6	15.1	14.5	14.0	13.5	12.9	12.4	11.9	11.3
14	16.4	15.8	15.2	14.7	14.2	13.6	13.1	12.5	12.0	11.5
13	16.6	16.0	15.5	14.9	14.4	13.8	13.2	12.7	12.2	11.6
12	16.8	16.2	15.7	15.1	14.5	14.0	13.4	12.8	12.3	11.8
11	17.0	16.4	15.8	15.3	14.7	14.1	13.6	13.0	12.4	11.9
10	17.2	16.6	16.0	15.4	14.9	14.3	13.7	13.1	12.6	12.0

（续表）

溶液温度/℃	酒精计示值									
	10	9.5	9	8.5	8	7.5	7	6.5	6	5.5
	酒精计温度为20℃时的乙醇含量/（%vol）									
35	6.8	6.4	6.0	5.6	5.2	4.8	4.3	3.8	3.3	2.8
34	7.1	6.6	6.2	5.8	5.3	4.9	4.5	4.0	3.5	3.0
33	7.3	6.8	6.4	6.0	5.5	5.1	4.7	4.2	3.7	3.2
32	7.5	7.0	6.6	6.2	5.7	5.2	4.8	4.3	3.8	3.4
31	7.7	7.2	6.8	6.4	5.9	5.4	5.0	4.5	4.0	3.6
30	7.9	7.5	7.0	6.6	6.1	5.6	5.2	4.7	4.2	3.8
29	8.2	7.7	7.2	6.8	6.3	5.8	5.4	4.9	4.4	4.0
28	8.4	7.9	7.5	7.0	6.5	6.1	5.6	5.1	4.6	4.2
27	8.6	8.1	7.7	7.2	6.7	6.3	5.8	5.3	4.8	4.3
26	8.8	8.2	7.9	7.4	6.9	6.4	6.0	5.5	5.0	4.5
25	9.0	8.6	8.1	7.6	7.1	6.6	6.2	5.7	5.2	4.7
24	9.2	8.8	8.3	7.8	7.3	6.8	6.3	5.8	5.4	4.9
23	9.4	8.9	8.4	8.0	7.5	7.0	6.5	6.0	5.5	5.0
22	9.6	9.1	8.6	8.2	7.7	7.2	6.7	6.2	5.7	5.2
21	9.8	9.3	8.8	8.3	7.8	7.3	6.8	6.3	5.8	5.4
20	10.0	9.5	9.0	8.5	8.0	7.5	7.0	6.5	6.0	5.5
19	10.2	9.7	9.2	8.7	8.2	7.6	7.2	6.6	6.1	5.6
18	10.4	9.8	9.3	8.8	8.3	7.8	7.3	6.8	6.3	5.8
17	10.5	10.0	9.5	9.0	8.5	8.0	7.4	6.9	6.4	5.9
16	10.7	10.2	9.6	9.1	8.6	8.1	7.6	7.0	6.5	6.0
15	10.8	10.3	9.8	9.3	8.8	8.2	7.7	7.1	6.6	6.1
14	11.0	10.4	9.9	9.4	8.9	8.3	7.8	7.2	6.7	6.2
13	11.1	10.6	10.0	9.5	9.0	8.4	7.9	7.4	6.8	6.3
12	11.2	10.7	10.1	9.6	9.1	8.5	8.0	7.4	6.9	6.4
11	11.3	10.8	10.2	9.7	9.2	8.6	8.1	7.6	7.0	6.5
10	11.4	10.9	10.3	9.8	9.3	8.7	8.2	7.6	7.1	6.5

（续表）

溶液温度/℃	酒精计示值									
	5	4.5	4	3.5	3	2.5	2	1.5	1	0.5
	酒精计温度为20℃时的乙醇含量/（%vol）									
35	2.4	2.0	1.6	1.1	0.6	—	—	—	—	—
34	2.6	2.2	1.8	1.3	0.8	—	—	—	—	—
33	2.8	2.4	1.9	1.2	0.9	—	—	—	—	—
32	3.0	2.6	2.1	1.4	1.1	0.6	0.1	—	—	—
31	3.1	2.6	2.2	1.6	1.2	0.7	0.2	—	—	—
30	3.3	2.8	2.4	1.7	1.4	0.9	0.4	0.1	—	—
29	3.5	3.0	2.5	1.9	1.6	1.1	0.6	0.2	—	—
28	3.7	3.2	2.7	2.1	1.8	1.3	0.8	0.3	—	—
27	3.9	3.4	2.9	2.2	1.9	1.4	1.0	0.4	—	—
26	4.0	3.6	3.1	2.4	2.1	1.6	1.1	0.6	0.1	—
25	4.2	3.7	3.2	2.6	2.3	1.8	1.3	0.8	0.3	—
24	4.4	3.9	3.4	2.8	2.4	1.9	1.4	0.9	0.4	—
23	4.6	4.1	3.6	2.9	2.6	2.1	1.6	1.1	0.6	0.1
22	4.7	4.2	3.7	3.1	2.7	2.2	1.7	1.2	0.7	0.2
21	4.8	4.4	3.9	3.2	2.9	2.4	1.9	1.4	0.9	0.4
20	5.0	4.5	4.0	3.4	3.0	2.5	2.0	1.5	1.0	0.5
19	5.1	4.6	4.1	3.5	3.1	2.6	2.1	1.6	1.1	0.6
18	5.3	4.8	4.2	3.6	3.2	2.7	2.2	1.7	1.2	0.7
17	5.4	4.9	4.4	3.7	3.4	2.8	2.3	1.8	1.3	0.8
16	5.5	5.0	4.5	3.9	3.4	2.9	2.4	1.9	1.4	0.9
15	5.6	5.1	4.6	4.0	3.6	3.0	2.5	2.0	1.5	1.0
14	5.7	5.2	4.7	4.1	3.9	3.1	2.6	2.1	1.6	1.1
13	5.8	5.3	4.8	4.2	3.7	3.2	2.7	2.2	1.7	1.2
12	5.9	5.4	4.8	4.3	3.8	3.3	2.8	2.2	1.8	1.2
11	6.0	5.4	4.9	4.4	3.9	3.3	2.8	2.3	1.8	1.3
10	6.0	5.5	5.0	4.4	3.9	3.4	2.9	2.4	1.8	1.3

附录 C

（规范性附录）

密度 – 总浸出物含量对照表

表 C.1   密度 – 总浸出物含量对照表（整数位）   单位为克每升

密度 (20℃)	密度的第四位整数									
	0	1	2	3	4	5	6	7	8	9
100	0	2.6	5.1	7.7	10.3	12.9	15.4	18.0	20.6	23.2
101	25.8	28.4	31.0	33.6	36.2	38.8	41.3	43.9	46.5	49.1
102	51.7	54.3	56.9	59.5	62.1	64.7	67.3	69.9	72.5	75.1
103	77.7	80.3	82.9	85.5	88.1	90.7	93.3	95.9	98.5	101.1
104	103.7	106.3	109.0	111.6	114.2	116.8	119.4	122.0	124.6	127.2
105	129.8	132.4	135.0	137.6	140.3	142.9	145.5	148.1	150.7	153.3
106	155.9	158.6	161.2	163.8	166.4	169.0	171.6	174.3	176.9	179.5
107	182.1	184.8	187.4	190.0	192.6	195.2	197.8	200.5	203.1	205.8
108	208.4	211.0	213.6	216.2	218.9	221.5	224.1	226.8	229.4	232.0
109	234.7	237.3	239.9	242.5	245.2	247.8	250.4	253.1	255.7	258.4
110	261.0	263.6	266.3	268.9	271.5	274.2	276.8	279.5	282.1	284.8
111	287.4	290.0	292.7	295.3	298.0	300.6	303.3	305.9	308.6	311.2
112	313.9	316.5	319.2	321.8	324.5	327.1	329.8	332.4	335.1	337.8
113	340.4	343.0	345.7	348.3	351.0	353.7	356.3	359.0	361.6	364.3
114	366.9	369.6	372.3	375.0	377.6	380.3	382.9	385.6	388.3	390.9
115	393.6	396.2	398.9	401.6	404.3	406.9	409.6	412.3	415.0	417.6
116	420.3	423.0	425.7	428.3	431.0	433.7	436.4	439.0	441.7	444.4
117	447.1	449.8	452.4	455.2	457.8	460.5	463.2	465.9	468.6	471.3
118	473.9	476.6	479.3	482.0	484.7	487.4	490.1	492.8	495.5	498.2
119	500.9	503.5	506.2	508.9	511.6	514.3	517.0	519.7	522.4	525.1
120	527.8	—	—	—	—	—	—	—	—	—

表 C.2   密度 – 总浸出物含量对照表（小数位）

密度的第一位小数	总浸出物/(g/L)	密度的第一位小数	总浸出物/(g/L)	密度的第一位小数	总浸出物/(g/L)
1	0.3	4	1.0	7	1.8
2	0.5	5	1.3	8	2.1
3	0.8	6	1.6	9	2.3

附录 D
（资料性附录）
葡萄酒中的糖分和有机酸的测定（HPLC 法）

D.1 原理

一定量的葡萄酒样品经阴离子固相萃取柱分离与纯化，将酒样中的糖、醇和有机酸分离。分别在色谱分离柱中，以稀的硫酸溶液为流动相，再经示差折光和紫外检测器检测，分别对蔗糖、葡萄糖、果糖、甘油等糖醇和柠檬酸、酒石酸、苹果酸、琥珀酸、乳酸、醋酸等有机酸定量。

D.2 试剂和材料

D.2.1 甲醇（色谱纯）。

D.2.2 标准物质：柠檬酸，酒石酸，D-苹果酸，琥珀酸，乳酸，醋酸，蔗糖，葡萄糖，D-果糖，甘油。

D.2.3 超纯水：实验室制备。

D.2.4 糖、醇标准储备溶液：分别称取蔗糖、葡萄糖、果糖标准品各 0.05g，精确至 0.000 1g，用超纯水定容至 50mL，该溶液分别含蔗糖、葡萄糖、果糖 1g/L；称取甘油标准品 0.20g，精确至 0.000 1g，用超纯水定容至 50mL，该溶液甘油含量为 4g/L。

D.2.5 糖、醇标准系列溶液：将各糖、醇标准储备溶液用超纯水稀释成含糖浓度为 0.05g/L，0.10g/L，0.20g/L，0.40g/L，0.80g/L 和含甘油浓度为 0.20g/L，0.40g/L，0.80g/L，0.60g/L，3.20g/L 的混合标准系列溶液。

D.2.6 有机酸标准储备溶液：分别称取柠檬酸、酒石酸、苹果酸、琥珀酸、乳酸、醋酸各 0.05g，精确至 0.000 1g，用超纯水定容至 50mL，该溶液分别含柠檬酸、酒石酸、苹果酸、琥珀酸、乳酸、醋酸各 1g/L。

D.2.7 有机酸标准系列溶液：将各有机酸标准储备溶液用超纯水稀释成浓度为 0.05g/L，0.10g/L，0.20g/L，0.40g/L，0.80g/L 的混合标准系列溶液。

D.2.8 硫酸溶液（1%）：2mL 浓硫酸加 198mL 重蒸水。

D.2.9 氨水溶液（1%）。

D.2.10 硫酸溶液（1.5mol/L）：吸取浓硫酸 4.5mL，用重蒸水定容至 100mL。

D.2.11 硫酸溶液（0.001 5mol/L）：准确吸取 1mL 硫酸溶液（D.2.10），用重蒸水定容至 1 000mL。

D.2.12 硫酸溶液（0.007 5mol/L）：吸取 5mL 硫酸溶液（D.2.10），用重蒸水定容至 1 000mL。

D.2.13 氢氧化钠溶液（8%）：称取 4g 氢氧化钠，溶于 50mL 水中。

D.3 仪器

D.3.1 高效液相色谱仪：配有紫外检测器或二极管阵列检测器和色谱柱恒温箱。

D.3.2 色谱分离柱：Fetigsaule RT 300-7，8。或其他具有同等分析效果的固相萃取柱。

D.3.3 强阴离子交换固相萃取柱：LC-SAX SPE（3mL）。或其他具有同等分析效果的固相萃取柱。

D.3.4 固相萃取装置：ALLTECH。或其他具有同等分析效果的装置。

D.3.5 微量注射器：50 μL 或 100 μL。

D.3.6 流动相真空抽滤脱气装置及 0.2 μm 或 0.45 μm 微孔膜。

D.4 分析步骤

D.4.1 固相萃取柱的活化

将固相萃取柱插在固相萃取装置上，加入 2mL ~ 3mL 甲醇，以慢速度下滴（约 4 滴/min ~ 6 滴/min）过柱，待快滴完时，加 2mL ~ 3mL 超纯水，继续慢速度下滴过柱，等即将滴完时再加 2mL ~ 3mL 1% 氨水，滴至液面高度为 1 mm 左右关上控制阀，切勿滴干。

D.4.2 样品溶液的制备

将收集糖、醇的 10mL 空容量瓶置于接取处，用微量移液枪准确吸取酒样 2mL 加入固相萃取柱中。

D.4.2.1 第一步洗脱：糖醇的洗脱

以慢滴速度过柱，滴至液面高度为 1 mm 左右时，继续用 4mL 超纯水分两次以慢速度下滴洗脱，将洗脱液全部收取在 10mL 容量瓶中，取出容量瓶，用氢氧化钠溶液（D.2.13）调节洗脱液 pH 至 6 左右，再用超纯水定容至 10mL。洗脱液即作糖、醇分离样液。

D.4.2.2 第二步洗脱：有机酸的洗脱

将收集有机酸的 10mL 容量瓶置于接取处，用 4mL 硫酸溶液（D.2.8）分两次继续以慢速度下滴洗脱，最后抽干柱中洗脱溶液，取出容量瓶，用氢氧化钠溶液（D.2.13）pH 至 6 左右，再用超纯水定容至 10mL。洗脱液即作有机酸分离样液。

D.4.2.3 样品测定

D.4.2.3.1 糖、醇的测定

D.4.2.3.1.1 色谱条件

色谱柱：Fetigsaule RT 300 - 7，8。或其他具有同等分析效果的色谱柱。

柱温：30℃。

流动相：硫酸溶液（0.001 5 mol/L）。

流速：0.3mL/min。

进样量：20 μL。

在测定前装上色谱柱，调柱温至 30℃，以 0.3mL/min 的流速通入流动相平衡。

D.4.2.3.1.2 测定

待系统稳定后按上述色谱条件依次进样。

将糖、醇混合标准液系列溶液分别进样后，以标样浓度对峰面积作标准曲线。线性相关系数应为 0.999 0 以上。

将样品溶液（D.4.2）进样（样品中糖、醇的含量应控制在标准系列范围内）。根据保留时间定性，根据峰面积，以外标法定量。

D.4.2.3.2 有机酸的测定

D.4.2.3.2.1 色谱条件

色谱柱：Fetigsaule RT 300 - 7，8。或其他具有同等分析效果的色谱柱。

柱温：55℃。

流动相：硫酸溶液（0.0075 mol/L）。

流速：0.3mL/min。

检测波长：210nm。

进样量：20 μL。

在测定前装上色谱柱，调柱温至55℃，以0.3mL/min的流速通入流动相平衡。

D.4.2.3.2.2　测定

待系统稳定后按上述色谱条件依次进样。

将有机酸标准系列溶液分别进样后，以标样浓度对峰面积作标准曲线。线性相关系数应为0.999 0以上。

将样品溶液（D.4.2）进样（样品中有机酸的含量应控制在标准系列范围内）。根据保留时间定性，根据峰面积，查标准曲线定量。

D.5　结果计算

样品中各组分的含量按式（D.1）计算。

$$X_i = c_i \times F \quad\cdots\cdots\cdots\cdots\cdots\cdots\cdots\cdots\cdots\cdots\cdots\cdots (D.1)$$

式中：

X_i——样品中各组分的含量，单位为克每升（g/L）；

c_i——从标准曲线求得样品溶液中各组分的含量，单位为克每升（g/L）；

F——样品的稀释倍数。

所得结果表示至一位小数。

D.6　精密度

在重复性条件下获得的两次独立测定结果的绝对差值不得超过算术平均值的10%。

附录 E
（资料性附录）
葡萄酒中白藜芦醇的测定

E.1 高效液相色谱法（HPLC）

E.1.1 原理

葡萄酒中白藜芦醇经过乙酸乙酯提取，Cle－4 型柱净化，然后用 HPLC 法测定。

E.1.2 试剂和材料

E.1.2.1 无水乙醇、95% 乙醇、乙酸乙酯、甲苯、氯化钠。

E.1.2.2 乙腈：色谱纯。

E.1.2.3 反式白藜芦醇（trans－resveratrol）。

E.1.2.4 反式白藜芦醇标准储备溶液（1.0 mg/mL）：称取 10.0 mg 反式白藜芦醇于 10mL 棕色容量瓶中，用甲醇溶解并定容至刻度，存放在冰箱中备用。

E.1.2.5 反式白藜芦醇标准系列溶液：将反式白藜芦醇标准储备溶液用甲醇稀释成 1.0μg/mL、2.0μg/mL、5.0μg/mL，10.0μg/mL 标准系列溶液。

E.1.2.6 顺式白藜芦醇：将反式白藜芦醇标准储备溶液在 254nm 波长下照射 30min，然后按本方法测定反式白藜芦醇含量，同时计算转化率，得顺式白藜芦醇含量，按反式白藜芦醇配制方法配制顺式白藜芦醇标准系列溶液。

E.1.3 仪器

E.1.3.1 高效液相色谱仪，配有紫外检测器；

E.1.3.2 旋转蒸发仪；

E.1.3.3 色谱柱 ODS－C18，或其他具有同等分析效果的色谱柱；

E.1.3.4 Cle－4 型净化柱（1.0g/5mL），或其他具有同等分析效果的净化柱。

E.1.4 试样的制备

E.1.4.1 葡萄酒中白藜芦醇的提取：取 20.0mL 葡萄酒，加 2.0g 氯化钠溶解后，再加 20.0mL 乙酸乙酯振荡萃取，分出有机相过无水硫酸钠，重复一次，在 50℃ 水浴中真空蒸发，氮气吹干。加 2.0mL 无水乙醇溶解剩余物，移到试管中。

E.1.4.2 先用 5mL 乙酸乙酯淋洗 Cle－4 型净化柱，然后加样（E.1.4.1）2mL，接着用 5mL 乙酸乙酯淋洗除杂，然后用 10mL 95% 乙醇洗脱收集，氮气吹干。加 5mL 流动相溶解。

E.1.5 分析步骤

E.1.5.1 色谱条件

色谱柱：ODS－C18 柱，4.6 mm×250 mm，5 μm，或其他具有同等分析效果的色谱柱。

柱温：室温。

流动相：乙腈＋重蒸水＝30＋70。

流速：1.0mL/min。

检测波长：306nm。

进样量：20 μL。

在测定前装上色谱柱，以 1.0mL/min 的流速通入流动相平衡。

E.1.5.2　测定

待系统稳定后按上述色谱条件依次进样。

用顺、反式白藜芦醇标准系列溶液分别进样后，以标样浓度对峰面积作标准曲线。线性相关系数应为 0.999 0 以上。

将样品（E.1.4.2）进样（样品中的白藜芦醇含量应在标准系列范围内）。根据标准品的保留时间定性样品中白藜芦醇的色谱峰。根据样品的峰面积，以外标法计算白藜芦醇的含量。

E.1.6　结果计算

样品中白藜芦醇的含量按式（E.1）计算。

$$X_i = c_i \times F \quad\cdots\cdots\cdots\cdots\cdots\cdots\cdots\cdots\cdots\cdots\cdots\cdots\cdots\cdots\cdots\cdots\cdots\cdots\cdots\cdots （E.1）$$

式中：

X_i——样品中白藜芦醇的含量，单位为克每升（g/L）；

c_i——从标准曲线求得样品溶液中白藜芦醇的含量，单位为克每升（g/L）；

F——样品的稀释倍数。

所得结果表示至一位小数。

注：总的白藜芦醇含量为顺式、反式白藜芦醇之和。

E.1.7　精密度

在重复性条件下获得的两次独立测定结果的绝对差值不得超过算术平均值的 10%。

E.2　气质联用色谱法（GC-MS）

E.2.1　原理

葡萄酒中白藜芦醇经过乙酸乙酯提取，Cle-4 型柱净化，然后用 BSTFA+1%（φ）TMCS 衍生后，采用 GC-MS 进行定性、定量分析，定量离子为 444。

E.2.2　试剂和材料

E.2.2.1　BSTFA（双三甲基硅基三氟乙酰胺）+1%（φ）TMCS（三甲基氯硅烷）

其他同 E.1.2。

E.2.3　仪器

E.2.3.1　气质联用仪。

E.2.3.2　旋转蒸发仪。

E.2.3.3　色谱柱：HP-5 MS 5% 苯基甲基聚硅氧烷弹性石英毛细管柱（30 m × 0.25 mm × 0.25 μm）。或其他具有同等分析效果的色谱柱。

E.2.3.4　Cle-4 型净化柱（1.0g/5mL），或其他具有同等分析效果的净化柱。

E.2.4　试样的制备

E.2.4.1　葡萄酒中白藜芦醇的提取：取 20.0mL 葡萄酒，加 2.0g 氯化钠溶解后，再加 20.0mL 乙酸乙酯振荡萃取，分出有机相过无水硫酸钠，重复一次，在 50℃ 水浴中真空蒸发，氮气吹干。

E.2.4.2　衍生化：将 E.2.4.1 处理的样品加 0.1mL BSTFA+1%TMCS，加盖瓶于旋涡混合器上振荡，在 80℃ 下加热 0.5 h，氮气吹干，加 1.0mL 甲苯溶解。

E.2.4.3　取适量的白藜芦醇标准溶液，氮气吹干，按 E.2.4.2 进行衍生化。

E.2.5　分析步骤

E.2.5.1　质谱条件

柱温程序：初温 150℃，保持 3min，然后以 10℃/min 升至 280℃，保持 10min；

进样口温度：300℃；

载气为高纯氦气（99.999%），流速0.9mL/min；

分流比：20∶1；

EI源源温：230℃；

电子能量：70 eV；

接口温度：280℃；

电子倍增器电压：1 765 V；

质量扫描范围（Scan mode m/z）：35 amu～450 amu；

定量离子：444；

溶剂延迟：5min；

进样量：1.0 μL。

E.2.5.2　测定

同E.1.5.2。

E.2.6　结果计算

同E.1.6。

E.2.7　精密度

在重复性条件下获得的两次独立测定结果的绝对差值不得超过算术平均值的10%。

<h2 style="text-align:center">附录 F</h2>

（资料性附录）

<h2 style="text-align:center">葡萄酒、山葡萄酒感官评定要求</h2>

F.1 基本要求

F.1.1 环境的要求

F.1.1.1 品尝室的要求

a）应有适宜的光线，使人感觉舒适。

b）应便于清扫，且离噪声源较远，最好是隔音的。

c）无任何气味，并便于通风与排气。

F.1.1.2 光源

品尝室的光源可用自然日光或日光灯，但光线应为均匀的散射光。

F.1.1.3 温度与湿度

品尝室内，应保持使人舒适的、稳定的温度和湿度，温度和湿度应分别保持在 20℃～22℃ 和 60%～70% 之间。

F.1.1.4 品尝间

品尝间应相互隔离，内部设施应便于清洗，便于比较葡萄酒的颜色；应有可饮用的自来水龙头，自来水的龙头最好是脚踏式的，以便于品尝员的双手工作。

F.1.2 品尝杯的要求

应采用葡萄酒标准品尝杯。标准杯由无色透明的含铅量为 9% 左右的结晶玻璃制成，不应有任何印痕和气泡；杯口应平滑、一致，且为圆边；品尝杯应能承受 0℃～100℃ 的温度变化，其容量为 210mL～225mL。

F.1.3 人员要求

必须由取得相应资质（应届国家评酒员）的人员进行品评，一般掌握单数，人员尽可能多，最少不得低于 7 人。

F.1.4 样品的处理

将样品放置于（20±2）℃环境下平衡 24 h［或（20±2）℃水浴中保温 1 h］后，采取密码标记后进行感官品评。

注：被评样品的相关信息应对评酒员严格保密。

F.1.5 计分方法

每个评酒员按细则要求在给定分数内逐项打分后，累计出总分，再把所有参加打分的评酒员分数累加取其平均值，即为该酒的感官分数。

F.2 评分标准用语

见表 F.1。

F.3 葡萄酒评分细则

见表 F.2。

F.4 山葡萄酒评分细则

见表 F.3。

表 F.1 评分标准用语

分数段		特点
葡萄酒	山葡萄酒	
90 分以上	85 分以上	具有该产品应有的色泽：悦目协调、澄清（透明）、有光泽；果香、酒香浓馥幽雅，协调悦人；酒体丰满，有新鲜感，醇厚协调，舒服，爽口，回味绵延；风格独特，优雅无缺
89 分~80 分	84 分~75 分	具有该产品的色泽：澄清透明，无明显悬浮物，果香、酒香良好，尚悦怡；酒质柔顺，柔和爽口，甜酸适当；典型明确，风格良好
79 分~70 分	74 分~65 分	与该产品应有的色泽略有不同，澄清，无夹杂物；果香、酒香较少，但无异香；酒体协调，纯正无杂；有典型性，不够怡雅
69 分~65 分	64 分~60 分	与该产品应有的色泽明显不符，微浑，失光或人工着色；果香不足，或不悦人，或有异香；酒体寡淡、不协调，或有其他明显的缺陷（除色泽外，只要有其中一条，则判为不合格品）

表 F.2 葡萄酒评分细则

项目			要求
外观 10 分	色泽 5 分	白葡萄酒	近似无色，浅黄色，禾杆黄，绿禾杆黄色，金黄色
		红葡萄酒	紫红，深红，宝石红，瓦红，砖红，黄红，棕红，黑红色
		桃红葡萄酒	黄玫瑰红，橙玫瑰红，玫瑰红，橙红，浅红，紫玫瑰红色
	5 分	澄清程度	澄清透明、有光泽、无明显悬浮物（使用软木塞封的酒允许有 3 个以下不大于 1mm 的木渣）
		起泡程度	起泡葡萄酒注入杯中时，应有细微的串珠状气泡升起，并有一定的持续性、泡沫细腻、洁白
香气 30 分	非加香葡萄酒		具有纯正、优雅、愉悦和谐的果香与酒香
	加香葡萄酒		具有优美纯正的葡萄酒香与和谐的芳香植物香
滋味 40 分	干葡萄酒、半干葡萄酒（含加香葡萄酒）		酒体丰满，醇厚协调，舒服，爽口
	甜葡萄酒、半甜葡萄酒（含加香葡萄酒）		酒体丰满，酸甜适口，柔细轻快
	起泡葡萄酒		口味优美、醇正、和谐悦人，有杀口力
	加气起泡葡萄酒		口味清新、愉快、纯正、有杀口力
典型性 20 分			典型完美、风格独特，优雅无缺

表 F.3   山葡萄酒评分细则

项 目			要 求
外观 10 分	色泽 5 分	桃红葡萄酒（含加香葡萄酒）	黄玫瑰红，橙玫瑰红，玫瑰红，橙红，浅红，紫玫瑰红色
		红葡萄酒（含加香葡萄酒）	紫红，深红，宝石红，鲜红，瓦红，砖红，黄红，棕红，黑红色
	5 分	澄清程度	澄清透明、无明显悬浮物。用软木塞封口的酒，允许有 3 个以下不大于 1mm 的软木渣
		起泡程度	山葡萄酒注入杯中时，应有洁白或微带红色的气泡
香气 30 分		山葡萄酒	具有纯正、优雅、和谐的果香与酒香
		加香山葡萄酒	具有和谐的芳香植物香与山葡萄酒香
滋味 40 分		干山葡萄酒、半干山葡萄酒（含加香葡萄酒）	酒体丰满，醇厚协调，舒服，爽口
		甜山葡萄酒、半甜山葡萄酒（含加香葡萄酒）	酒体丰满，酸甜适口，柔细轻快
		山葡萄汽酒	口味优美、醇正、和谐悦人，有杀口力
典型性 20 分			典型完美、风格独特、优雅无缺

ICS 67.040
C 53

中华人民共和国国家标准

GB/T 5009.49—2008
代替 GB/T 5009.49—2003

发酵酒及其配制酒卫生标准的分析方法

Method for analysis of hygienic standard
of fermented alcoholic beverages and their integrated alcoholic beverages

2008 - 11 - 21 发布　　　　　　　2009 - 03 - 01 实施

中华人民共和国卫生部
中国国家标准化管理委员会　发 布

前　言

本标准代替 GB/T 5009.49—2003《发酵酒卫生标准的分析方法》。

本标准与 GB/T 5009.49—2003 相比主要修改如下：

——修改了标准的名称；

——修改了标准方法的名称；

——增加了总二氧化硫的测定方法；

——删除了黄曲霉毒素 B_1 的测定；

——删除了 N–亚硝胺类（啤酒）的测定；

——删除了着色剂的测定。

本标准由中华人民共和国卫生部提出并归口。

本标准由中华人民共和国卫生部负责解释。

本标准起草单位：中国疾病预防控制中心营养与食品安全所、中国食品发酵工业研究院、辽宁省疾病预防控制中心、黑龙江省疾病预防控制中心、重庆市疾病预防控制中心。

本标准主要起草人：杨大进、常迪、赵馨、康永璞、李敏、肖白曼、赵舰。

本标准所代替标准的历次版本发布情况为：

——GB 5009.49—1985、GB/T 5009.49—1996、GB/T 5009.49—2003。

发酵酒及其配制酒卫生标准的分析方法

1 范围

本标准规定了发酵酒及其配制酒中各项卫生指标的分析方法。

本标准适用于发酵酒及其配制酒中各项卫生指标的分析。

2 规范性引用文件

下列文件中的条款通过本标准的引用而成为本标准的条款。凡是注日期的引用文件，其随后所有的修改单（不包括勘误的内容）或修订版均不适用于本标准，然而，鼓励根据本标准达成协议的各方研究是否可使用这些文件的最新版本。凡是不注日期的引用文件，其最新版本适用于本标准。

GB/T 5009.1—2003 食品卫生检验方法 理化部分 总则

GB/T 5009.12 食品中铅的测定

GB/T 5009.34—2003 食品中亚硫酸盐的测定

GB/T 5009.185 苹果和山楂制品中展青霉素的测定

3 感官检查

应符合相应产品标准的有关规定。

4 理化检验

4.1 总二氧化硫

4.1.1 氧化法

4.1.1.1 原理

在低温条件下，样品中的游离二氧化硫与过量的过氧化氢反应生成硫酸，再用碱标准溶液滴定生成的硫酸，由此可得到样品中游离二氧化硫的含量。在加热条件下，样品中的结合二氧化硫被释放，与过氧化氢发生氧化还原反应，通过用氢氧化钠标准溶液滴定生成的硫酸，可得到样品中结合二氧化硫的含量。将结合二氧化硫与游离二氧化硫测定值相加，即得出样品中总二氧化硫的含量。

4.1.1.2 试剂

4.1.1.2.1 过氧化氢（H_2O_2）：分析纯。

4.1.1.2.2 磷酸（H_3PO_4）：分析纯。

4.1.1.2.3 氢氧化钠（NaOH）：分析纯。

4.1.1.2.4 甲基红（$C_{15}H_{15}N_3O_2$）：指示剂。

4.1.1.2.5 次甲基蓝（$C_{16}H_{18}CIN_3S \cdot 3H_2O$）：指示剂。

4.1.1.2.6　过氧化氢溶液（0.3%）：吸取 1mL 30% 过氧化氢（开启后存于冰箱），用水稀释至 100mL。使用当天配制。

4.1.1.2.7　磷酸溶液（25%）：量取 295mL 85% 磷酸，用水稀释至 1 000mL。

4.1.1.2.8　氢氧化钠标准滴定溶液［c(NaOH) = 0.01 mol/L］：按 GB/T 5009.1—2003 的附录 B 配制与标定。存放在橡胶塞上装有钠石灰管的瓶中，每周重配。

4.1.1.2.9　甲基红 – 次甲基蓝混合指示液：

溶液 I：称取 0.1g 次甲基蓝，溶于乙醇（95%），用乙醇（95%）稀释至 100mL。

溶液 II：称取 0.1g 甲基红，溶于乙醇（95%），用乙醇（95%）稀释至 100mL。

取 50mL 溶液 I、100mL 溶液 II，混匀。

4.1.1.3　仪器

4.1.1.3.1　二氧化硫测定装置，见图 1。

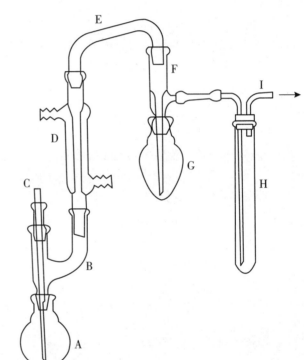

A——短颈球瓶；
B——三通连接管；
C——通气管；
D——直管冷凝管；
E——弯管；
F——真空蒸馏接受管；
G——梨形瓶；
H——气体洗涤器；
I——直角弯管（接真空泵或抽气管）。

图 1　二氧化硫测定装置

4.1.1.3.2　真空泵。

4.1.1.4　分析步骤

4.1.1.4.1　游离二氧化硫的测定

4.1.1.4.1.1　按图 1 所示，将二氧化硫测定装置连接妥当，I 管与真空泵（或抽气管）相接，D 管通入冷却水。取下梨形瓶（G）和气体洗涤器（H），在 G 瓶中加入 20mL 过氧化氢溶液、H 管中加入 5mL 过氧化氢溶液，各加 3 滴混合指示液后，溶液立即变为紫色，滴入氢氧化钠标准溶液，使其颜色恰好变为橄榄绿色，然后重新安装妥当，将 A 瓶浸入冰浴中。

4.1.1.4.1.2　吸取 20.00mL 样品（液温 20℃ ±0.1℃），从 C 管上口加入 A 瓶中，随后吸取 10mL 磷酸溶液（4.1.1.2.7），亦从 C 管上口加入 A 瓶中。

4.1.1.4.1.3　开启真空泵，使抽入空气流量 1 000mL/min ~ 1 500mL/min，抽气 10min。取下 G

瓶，用氢氧化钠标准滴定溶液（4.1.1.2.8）滴定至重现橄榄绿色即为终点，记下消耗的氢氧化钠标准滴定溶液的毫升数。以水代替样品做空白试验，操作同上。一般情况下，H 管中溶液不应变色，如果溶液变为紫色，也需用氢氧化钠标准滴定溶液滴定至橄榄绿色，并将所消耗的氢氧化钠标准滴定溶液的体积与 G 瓶消耗的氢氧化钠标准滴定溶液的体积相加。

4.1.1.4.1.4　结果计算

样品中游离二氧化硫的含量按式（1）计算。

$$X = \frac{c \times (V - V_0) \times 32}{20} \times 1\,000 \quad\cdots\cdots\cdots\cdots\cdots\cdots\cdots\cdots\cdots\cdots\cdots \quad (1)$$

式中：

X——样品中游离二氧化硫的含量，单位为毫克每升（mg/L）；

c——氢氧化钠标准滴定溶液的浓度，单位为摩尔每升（mol/L）；

V——测定样品时消耗的氢氧化钠标准滴定溶液的体积，单位为毫升（mL）；

V_0——空白试验消耗的氢氧化钠标准滴定溶液的体积，单位为毫升（mL）；

32——二氧化硫的摩尔质量的数值，单位为克每摩尔（g/mol）；

20——吸取样品的体积，单位为毫升（mL）。

计算结果保留三位有效数字。

4.1.1.4.1.5　精密度

在重复性条件下获得的两次独立测定结果的绝对差值不得超过算术平均值的10%。

4.1.1.4.2　结合二氧化硫的测定

4.1.1.4.2.1　继 4.1.1.4.1 测定游离二氧化硫后，将滴定至橄榄绿色的 G 瓶重新与 F 管连接。拆除 A 瓶下的冰浴，用温火小心加热 A 瓶，使瓶内溶液保持微沸。

4.1.1.4.2.2　开启真空泵，以下操作同 4.1.1.4.1.3。

4.1.1.4.2.3　计算

同 4.1.1.4.1.4 计算结果为结合二氧化硫含量。

4.1.1.4.3　结果计算

将游离二氧化硫与结合二氧化硫的测定值相加，即为样品中总二氧化硫含量。

4.1.2　直接碘量法

4.1.2.1　原理

在碱性条件下，结合态二氧化硫被解离出来，然后再用碘标准滴定溶液滴定，得到样品中总二氧化硫的含量。

4.1.2.2　试剂

4.1.2.2.1　氢氧化钠溶液（100g/L）。

4.1.2.2.2　硫酸溶液（1+3）：取 1 体积浓硫酸缓慢注入 3 体积水中。

4.1.2.2.3　碘标准滴定溶液［$c(\frac{1}{2}I_2) = 0.02$ mol/L］：称取13g碘及35g碘化钾，溶于100mL 水中，稀释至 1 000mL，摇匀，贮存于棕色瓶中。标定后，再准确稀释5倍。

4.1.2.2.4　淀粉指示液（10g/L）：称取1g淀粉，加5mL水使其成糊状，在搅拌下将糊状物加到90mL沸腾的水中，煮沸 1min～2min，冷却稀释至100mL，再加入40g氯化钠。使用期为两周。

4.1.2.3　分析步骤

吸取 25.00mL 氢氧化钠溶液（4.1.2.2.1）于250mL碘量瓶中，再准确吸取 25.00mL 样品（液温

20℃），并以吸管尖插入氢氧化钠溶液的方式，加入到碘量瓶中，摇匀，盖塞。静置15min后，再加入少量碎冰块、1mL淀粉指示液（4.1.2.2.4）、10mL硫酸溶液（4.1.2.2.2），摇匀，用碘标准滴定溶液（4.1.2.2.3）迅速滴定至淡蓝色，30 s内不变即为终点，记下消耗碘标准滴定溶液的体积（V）。

以水代替样品做空白试验，操作同上。

4.1.2.4　结果计算

样品中总二氧化硫的含量按式（2）计算。

$$X = \frac{c \times (V - V_0) \times 32}{25} \times 1\,000 \cdots\cdots\cdots\cdots\cdots\cdots\cdots\cdots\cdots\cdots\cdots (2)$$

式中：

X——样品中总二氧化硫的含量，单位为毫克每升（mg/L）；

c——碘标准滴定溶液的浓度，单位为摩尔每升（mol/L）；

V——测定样品消耗碘标准滴定溶液的体积，单位为毫升（mL）；

V_0——空白试验消耗碘标准滴定溶液的体积，单位为毫升（mL）；

32——二氧化硫的摩尔质量的数值，单位为克每摩尔（g/mol）；

25——吸取样品的体积，单位为毫升（mL）。

计算结果保留三位有效数字。

4.1.2.5　精密度

在重复性条件下获得的两次独立测定结果的绝对差值不得超过算术平均值的10%。

4.1.3　直接蒸馏法

按 GB/T 5009.34—2003 的第二法操作。

4.2　铅

按 GB/T 5009.12 操作。

4.3　展青霉素

按 GB/T 5009.185 操作。

4.4　甲醛

4.4.1　原理

甲醛在过量乙酸铵的存在下，与乙酰丙酮和氨离子生成黄色的2，6-二甲基-3，5-二乙酰基-1，4-二氢吡啶化合物，在波长415nm处有最大吸收，在一定浓度范围，其吸光度值与甲醛含量成正比，与标准系列比较定量。

4.4.2　试剂

4.4.2.1　乙酰丙酮（$C_5H_8O_2$）：分析纯。

4.4.2.2　乙酸铵（$C_2H_7NO_2$）：分析纯。

4.4.2.3　乙酸（$C_2H_4CO_2$）：分析纯。

4.4.2.4　甲醛（CH_2O）：分析纯。

4.4.2.5　硫代硫酸钠（$Na_2S_2O_3 \cdot 5H_2O$）：基准物质。

4.4.2.6　碘（I_2）：分析纯。

4.4.2.7　淀粉（$C_6H_{10}O_5$）：指示剂。

4.4.2.8 硫酸（H_2SO_4）：分析纯。

4.4.2.9 氢氧化钠（NaOH）：分析纯。

4.4.2.10 磷酸（H_3PO_4）：分析纯。

4.4.2.11 乙酰丙酮溶液：称取新蒸馏乙酰丙酮0.4g和乙酸铵25g、乙酸3mL溶于水中，定容至200mL备用，用时配制。

4.4.2.12 甲醛：36%～38%。

4.4.2.13 硫代硫酸钠标准溶液（0.100 0 mol/L）：见 GB/T 5009.1—2003 的第 B.15 章。

4.4.2.14 碘标准溶液（0.1 mol/L）：见 GB/T 5009.1—2003 的第 B.13 章。

4.4.2.15 淀粉指示剂（5g/L）：称取0.5g可溶性淀粉，加入5mL水，搅匀后缓缓倾入100mL沸水中，随加随搅拌，煮沸2min，放冷，备用。此指示剂应临用时现配。

4.4.2.16 硫酸溶液（1 mol/L）：量取30mL硫酸，缓缓注入适量水中，冷却至室温后用水稀释至1 000mL，摇匀。

4.4.2.17 氢氧化钠溶液（1 mol/L）：吸取56mL澄清的氢氧化钠饱和溶液，加适量新煮沸过的冷水至1 000mL，摇匀。

4.4.2.18 磷酸溶液（200g/L）：称取20g磷酸，加水稀释至100mL，混匀。

4.4.2.19 甲醛标准溶液的配制和标定：吸取36%～38%甲醛溶液7.0mL，加入1 mol/L硫酸0.5mL，用水稀释至250mL，此液为标准溶液。吸取上述标准溶液10.0mL于100mL容量瓶中，加水稀释定容。再吸10.0mL稀释溶液于250mL碘量瓶中，加水90mL、0.1 mol/L碘溶液20mL和1 mol/L氢氧化钠15mL，摇匀，放置15min。再加入1 mol/L硫酸溶液20mL酸化，用0.100 0 mol/L硫代硫酸钠标准溶液滴定至淡黄色，然后加约5g/L淀粉指示剂1mL，继续滴定至蓝色褪去即为终点。同时做试剂空白试验。

甲醛标准溶液的浓度按式（3）计算。

$$X = (V_1 - V_2) \times c_1 \times 15 \quad \cdots\cdots\cdots\cdots\cdots\cdots\cdots\cdots\cdots\cdots\cdots\cdots \quad (3)$$

式中：

X——甲醛标准溶液的浓度，单位为毫克每毫升（mg/mL）；

V_1——空白试验所消耗的硫代硫酸钠标准溶液的体积，单位为毫升（mL）；

V_2——滴定甲醛溶液所消耗的硫代硫酸钠标准溶液的体积，单位为毫升（mL）；

c_1——硫代硫酸钠标准溶液的浓度，单位为摩尔每升（mol/L）；

15——与1.000 mol/L硫代硫酸钠标准溶液1.0mL相当的甲醛的质量，单位为毫克（mg）。

用上述已标定甲醛浓度的溶液，用水配制成含甲醛1μg/mL的甲醛标准使用液。

4.4.3 仪器

4.4.3.1 分光光度计。

4.4.3.2 水蒸气蒸馏装置。

4.4.3.3 500mL蒸馏瓶。

4.4.4 分析步骤

4.4.4.1 试样处理

吸取已除去二氧化碳的啤酒25mL移入500mL蒸馏瓶中，加200g/L磷酸溶液20mL于蒸馏瓶，接水蒸气蒸馏装置中蒸馏，收集馏出液于100mL容量瓶中（约100mL）冷却后加水稀释至刻度。

4.4.4.2 测定

精密吸取1μg/mL的甲醛标准溶液各0.00mL、0.50mL、1.00mL、2.00mL、3.00mL、4.00mL、

8.00mL 于 25mL 比色管中，加水至 10mL。

吸取样品馏出液 10mL 移入 25mL 比色管中。标准系列和样品的比色管中，各加入乙酰丙酮溶液 2mL，摇匀后在沸水浴中加热 10min，取出冷却，于分光光度计波长 415nm 处测定吸光度，绘制标准曲线。从标准曲线上查出试样的含量。

4.4.5 结果计算

试样中甲醛的含量按式（4）计算。

$$X = \frac{m}{V} \quad\cdots\cdots\cdots\cdots\cdots\cdots\cdots\cdots\cdots\cdots\cdots\cdots\cdots\cdots\cdots (4)$$

式中：

X——试样中甲醛的含量，单位为毫克每升（mg/L）；

m——从标准曲线上查出的相当的甲醛的质量，单位为微克（μg）；

V——测定样液中相当的试样体积，单位为毫升（mL）。

计算结果保留两位有效数字。

4.4.6 精密度

在重复性条件下获得的两次独立测定结果的绝对差值不得超过算术平均值的 10%。

ICS 67.050
X 04

中 华 人 民 共 和 国 国 家 标 准

GB/T 23380—2009

水果、蔬菜中多菌灵残留的测定
高效液相色谱法

Determination of carbendazim residues in fruits and vegetables—
HPLC method

2009－04－08 发布　　　　　　　　2009－05－01 实施

中华人民共和国国家质量监督检验检疫总局
中国国家标准化管理委员会　　发布

前　言

本标准的附录 A 为资料性附录。

本标准由安徽省质量技术监督局提出。

本标准由中国标准化研究院归口。

本标准起草单位：国家农副加工食品质量监督检验中心、安徽国家农业标准化与监测中心。

本标准主要起草人：聂磊、卢业举、邵栋梁、张波、张先铃、赵维克、姚彦如。

水果、蔬菜中多菌灵残留的测定
高效液相色谱法

1 范围

本标准规定了水果、蔬菜中多菌灵残留量的高效液相色谱测定方法。

本标准适用于水果、蔬菜中多菌灵残留量的测定。

本标准的方法检出限：0.02 mg/kg。

2 规范性引用文件

下列文件中的条款通过本标准的引用而成为本标准的条款。凡是注日期的引用文件，其随后所有的修改单（不包括勘误的内容）或修订版均不适用于本标准，然而，鼓励根据本标准达成协议的各方研究是否可使用这些文件的最新版本。凡是不注日期的引用文件，其最新版本适用于本标准。

GB/T 6682　分析实验室用水规格和试验方法（GB/T 6682—2008，ISO 3696：1987，MOD）

GB/T 8855　新鲜水果和蔬菜　取样方法（GB/T 8855—2008，ISO 874：1980，IDT）

3 原理

水果、蔬菜样品中多菌灵经加速溶剂萃取仪（ASE）萃取，萃取液经固相萃取（SPE）分离、净化、浓缩、定容后上高效液相色谱仪检测，外标法定量。

4 试剂和材料

除另有说明外，所用试剂均为分析纯，实验用水均为 GB/T 6682 规定的一级水。

4.1　甲醇：色谱纯。

4.2　0.1 mol/L 盐酸。

4.3　2% 氨水（体积分数）：2 mL 氨水（25%~28%）+98 mL 水。

4.4　2% 氨水 – 甲醇溶液（体积分数）：2 mL 氨水（25%~28%）+98 mL 甲醇。

4.5　4% 氨水 – 甲醇溶液（体积分数）：4 mL 氨水（25%~28%）+96 mL 甲醇。

4.6　磷酸盐缓冲溶液（0.02 mol/L，pH = 6.8）：1.38g 磷酸二氢钠和 1.41g 磷酸氢二钠溶于 900 mL 水中，用磷酸调 pH 至 6.8，定容至 1 000 mL。

4.7　固相萃取小柱（Oasis MCX6mL，150mg，或相当者），使用前需依次用 2mL 甲醇、3mL 2% 氨水进行活化。

4.8　多菌灵标准溶液：100μg/mL。低温避光保存。

4.9　多菌灵标准工作溶液：取上述标准溶液根据需要用流动相配制成适当浓度的标准系列工作溶

液，需现配现用。

5 仪器和设备

5.1 液相色谱仪：配二极管阵列检测器（DAD）或紫外检测器（UV）。

5.2 加速溶剂萃取仪（ASE）。萃取参考条件：34mL 萃取池，温度 100℃，压强 13.80MPa（2000psi），加热 5min，以甲醇为溶剂静态萃取 5min，60% 溶剂快速冲洗试样，60s 氮气吹扫。

5.3 固相萃取仪（SPE）。

5.4 旋转蒸发器。

5.5 氮吹装置。

5.6 分析天平：感量 0.1mg。

6 测定步骤

6.1 试样制备、保存

按 GB/T 8855 取水果、蔬菜可食用部分，粉碎，装入密闭洁净容器中标记明示。

试样应置于 4℃冷藏保存。

6.2 提取

称取制备样 5.00g，加入硅藻土适量，上加速溶剂萃取仪，使用 34mL 萃取池，温度 100℃，压强 13.80MPa（2000 psi），加热 5min，以甲醇为溶剂静态萃取 5min，60% 溶剂快速冲洗试样，60s 氮气吹扫，循环一次，收集提取液，于 45℃水浴中减压浓缩近干，用 10mL 0.1mol/L 盐酸溶液将残余物溶解。

6.3 净化

将上述溶液移入活化后的固相萃取小柱，依次用 2mL 2% 氨水（4.3）、2mL 2% 氨水－甲醇溶液（4.4）、2mL 0.1mol/L 盐酸溶液（4.2）、3mL 甲醇淋洗小柱，弃去淋洗液。最后用 3mL 4% 氨水－甲醇溶液（4.5）洗脱柱子，收集洗脱液，置于 45℃水浴中用氮气吹干，用 1mL 流动相溶解残渣，过 0.45μm 滤膜后供液相色谱测定用。

6.4 参考色谱条件

6.4.1 色谱柱：C$_{18}$柱（4.6mm×250mm，5μm）。

6.4.2 流动相：磷酸盐缓冲溶液（4.6）＋乙腈（80＋20），使用前经 0.45μm 滤膜过滤。

6.4.3 流速：1.0mL/min。

6.4.4 检测波长：286nm。

6.4.5 进样量：20μL。

6.5 测定

取净化后样品测试液和标准溶液各 20μL，进行高效液相色谱分析，以保留时间为依据进行定性，以峰面积对标准溶液的浓度制作校正曲线，对样品进行定量。多菌灵标准品色谱图参见附录 A。

6.6 平行实验

按以上步骤对同一试样进行平行试验测定。

6.7 空白实验

除不称取样品外，均按上述步骤进行。

7 结果计算

试样中多菌灵残留量按式（1）计算：

$$X = \frac{c \times V \times 1\,000}{m \times 1\,000} \quad\cdots\cdots\cdots\cdots\cdots\cdots\cdots\cdots\cdots\cdots\cdots\cdots\cdots\cdots\cdots\cdots\cdots\cdots (1)$$

式中：

X——试样中多菌灵残留量，单位为毫克每千克（mg/kg）；

c——从标准曲线上得到的多菌灵浓度，单位为微克每毫升（μg/mL）；

V——样品定容体积，单位为毫升（mL）；

m——称取试样的质量，单位为克（g）。

8 精密度

在再现性条件下获得的两次独立的测试结果的绝对差值不大于这两个测定值的算术平均值的15%。

附录 A
（资料性附录）
多菌灵标准品色谱图

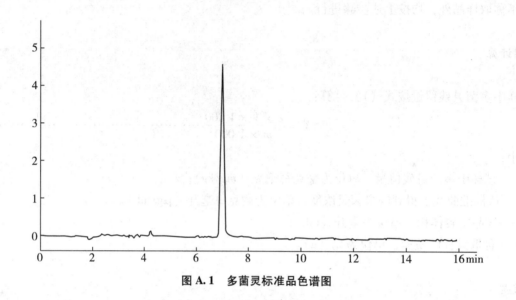

图 A.1　多菌灵标准品色谱图

ICS

GB

中 华 人 民 共 和 国 国 家 标 准

GB 23200.8—2016
代替 GB/T 19648—2006

食品安全国家标准
水果和蔬菜中 500 种农药及相关化学品
残留量的测定
气相色谱－质谱法

National food safety standards—
Determination of 500 pesticides and related chemicals residues in fruits and
vegetables
Gas chromatography-mass spectrometry

2016－12－18 发布

2017－06－18 实施

中华人民共和国国家卫生和计划生育委员会
中 华 人 民 共 和 国 农 业 部 发 布
国 家 食 品 药 品 监 督 管 理 总 局

前　言

　　本标准代替 GB/T 19648—2006《水果和蔬菜中 500 种农药及相关化学品残留的测定气相色谱 – 质谱法》。

　　本标准与 GB/T 19648—2006 相比，主要变化如下：

　　——标准文本格式修改为食品安全国家标准文本格式；

　　——标准范围中增加"其他蔬菜和水果可参照执行"。

　　本标准所代替标准的历次版本发布情况为：

　　——GB/T 19648—2006。

食品安全国家标准
水果和蔬菜中 500 种农药及相关化学品残留量的测定
气相色谱 – 质谱法

1 范围

本标准规定了苹果、柑桔、葡萄、甘蓝、芹菜、西红柿中 500 种农药及相关化学品（参见附录 A）残留量气相色谱 – 质谱测定方法。

本标准适用于苹果、柑桔、葡萄、甘蓝、芹菜、西红柿中 500 种农药及相关化学品残留量的测定，其他蔬菜和水果可参照执行。

2 规范性引用文件

下列文件对于本文件的应用是必不可少的。凡是注日期的引用文件，仅所注日期的版本适用于本文件。凡是不注日期的引用文件，其最新版本（包括所有的修改单）适用于本文件。

GB 2763　食品安全国家标准　食品中农药最大残留限量

GB/T 6682　分析实验室用水规格和试验方法

3 原理

试样用乙腈匀浆提取，盐析离心后，取上清液，经固相萃取柱净化，用乙腈 – 甲苯溶液（3 + 1）洗脱农药及相关化学品，溶剂交换后用气相色谱 – 质谱仪检测。

4 试剂和材料

4.1 试剂

4.1.1　乙腈（CH_3CN，75 – 05 – 8）：色谱纯。

4.1.2　氯化钠（NaCl，7647 – 14 – 5）：优级纯。

4.1.3　无水硫酸钠（Na_2SO_4，7757 – 82 – 6）：分析纯。用前在 650℃灼烧 4h，贮于干燥器中，冷却后备用。

4.1.4　甲苯（C_7H_8，108 – 88 – 3）：优级纯。

4.1.5　丙酮（CH_3COCH_3，67 – 64 – 1）：分析纯，重蒸馏。

4.1.6　二氯甲烷（CH_2Cl_2，75 – 09 – 2）：色谱纯。

4.1.7　正己烷（C_6H_{14}，110 – 54 – 3）：分析纯，重蒸馏。

4.2 标准品

农药及相关化学品标准物质：纯度≥95％，见附录 A。

4.3 标准溶液配制

4.3.1 标准储备溶液

分别称取适量（精确至 0.1mg）各种农药及相关化学品标准物分别于 10mL 容量瓶中，根据标准物的溶解性选甲苯、甲苯＋丙酮混合液、二氯甲烷等溶剂溶解并定容至刻度（溶剂选择参见附录 A），标准溶液避光 4℃保存，保存期为一年。

4.3.2 混合标准溶液（混合标准溶液 A、B、C、D 和 E）

按照农药及相关化学品的性质和保留时间，将 500 种农药及相关化学品分成 A、B、C、D、E 五个组，并根据每种农药及相关化学品在仪器上的响应灵敏度，确定其在混合标准溶液中的浓度。本标准对 500 种农药及相关化学品的分组及其混合标准溶液浓度参见附录 A。

依据每种农药及相关化学品的分组号、混合标准溶液浓度及其标准储备液的浓度，移取一定量的单个农药及相关化学品标准储备溶液于 100mL 容量瓶中，用甲苯定容至刻度。混合标准溶液避光 4℃保存，保存期为一个月。

4.3.3 内标溶液

准确称取 3.5mg 环氧七氯于 100mL 容量瓶中，用甲苯定容至刻度。

4.3.4 基质混合标准工作溶液

A、B、C、D、E 组农药及相关化学品基质混合标准工作溶液是将 40μL 内标溶液（4.3.3）和 50μL 的混合标准溶液（4.3.2）分别加到 1.0mL 的样品空白基质提取液中，混匀，配成基质混合标准工作溶液 A、B、C、D 和 E。基质混合标准工作溶液应现用现配。

4.4 材料

4.4.1 Envi－18 柱①：12mL，2.0g 或相当者。

4.4.2 Envi－Carb① 活性碳柱：6mL，0.5g 或相当者。

4.4.3 Sep－Pak② NH₂ 固相萃取柱：3mL，0.5g 或相当者。

5 仪器和设备

5.1 气相色谱－质谱仪：配有电子轰击源（EI）。

5.2 分析天平：感量 0.01g 和 0.0001g。

5.3 均质器：转速不低于 20 000r/min。

5.4 鸡心瓶：200mL。

5.5 移液器：1mL。

5.6 氮气吹干仪。

---

① Envi－18 柱和 Envi－Carb 柱是 SUPELCO 公司产品的商品名称，给出这一信息是为了方便本标准的使用者，并不是表示对该产品的认可。如果其他等效产品具有相同的效果，则可使用这些等效产品。

② Sep－Pak NH₂ 柱是 Waters 公司产品的商品名称，给出这一信息是为了方便本标准的使用者，并不是表示对该产品的认可。如果其他等效产品具有相同的效果，则可使用这些等效产品。

6 试样制备

水果、蔬菜样品取样部位按 GB 2763 附录 A 执行，将样品切碎混匀均一化制成匀浆，制备好的试样均分成两份，装入洁净的盛样容器内，密封并标明标记。将试样于 −18℃ 冷冻保存。

7 分析步骤

7.1 提取

称取 20g 试样（精确至 0.01g）于 80mL 离心管中，加入 40mL 乙腈，用均质器在 15 000 r/min 匀浆提取 1min，加入 5g 氯化钠，再匀浆提取 1min，将离心管放入离心机，在 3000 r/min 离心 5min，取上清液 20mL（相当于 10g 试样量）待净化。

7.2 净化

7.2.1 将 Envi − 18 柱放入固定架上，加样前先用 10mL 乙腈预洗柱，下接鸡心瓶，移入上述 20mL 提取液，并用 15mL 乙腈洗涤柱，将收集的提取液和洗涤液在 40℃ 水浴中旋转浓缩至约 1mL，备用。

7.2.2 在 Envi − Carb 柱中加入约 2cm 高无水硫酸钠，将该柱连接在 Sep − Pak 氨丙基柱顶部，将串联柱下接鸡心瓶放在固定架上。加样前先用 4mL 乙腈 − 甲苯溶液（3 + 1）预洗柱，当液面到达硫酸钠的顶部时，迅速将样品浓缩液（7.2.1）转移至净化柱上，再每次用 2mL 乙腈 − 甲苯溶液（3 + 1）三次洗涤样液瓶，并将洗涤液移入柱中。在串联柱上加上 50mL 贮液器，用 25mL 乙腈 − 甲苯溶液（3 + 1）洗涤串联柱，收集所有流出物于鸡心瓶中，并在 40℃ 水浴中旋转浓缩至约 0.5mL。每次加入 5mL 正己烷在 40℃ 水浴中旋转蒸发，进行溶剂交换二次，最后使样液体积约为 1mL，加入 40 μL 内标溶液，混匀，用于气相色谱 − 质谱测定。

7.3 测定

7.3.1 气相色谱 − 质谱参考条件

a）色谱柱：DB − 1701（30 m × 0.25 mm × 0.25 μm）石英毛细管柱或相当者；

b）色谱柱温度程序：40℃ 保持 1min，然后以 30℃/min 程序升温至 130℃，再以 5℃/min 升温至 250℃，再以 10℃/min 升温至 300℃，保持 5min；

c）载气：氦气，纯度 ≥99.999%，流速：1.2mL/min；

d）进样口温度：290℃；

e）进样量：1 量℃；

f）进样方式：无分流进样，1.5min 后打开分流阀和隔垫吹扫阀；

g）电子轰击源：70 eV；

h）离子源温度：230℃；

i）GC − MS 接口温度：280℃；

j）选择离子监测：每种化合物分别选择一个定量离子，2 个 ~3 个定性离子。每组所有需要检测的离子按照出峰顺序，分时段分别检测。每种化合物的保留时间、定量离子、定性离子及定量离子与定性离子的丰度比值，参见附录 B。每组检测离子的开始时间和驻留时间参见附录 C。

7.3.2 定性测定

进行样品测定时，如果检出的色谱峰的保留时间与标准样品相一致，并且在扣除背景后的样品质谱图中，所选择的离子均出现，而且所选择的离子丰度比与标准样品的离子丰度比相一致（相对丰度>50%，允许±10%偏差；相对丰度>20%~50%，允许±15%偏差；相对丰度>10%~20%，允许±20%偏差；相对丰度≤10%，允许±50%偏差），则可判断样品中存在这种农药或相关化学品。如果不能确证，应重新进样，以扫描方式（有足够灵敏度）或采用增加其他确证离子的方式或用其他灵敏度更高的分析仪器来确证。

7.3.3 定量测定

本方法采用内标法单离子定量测定。内标物为环氧七氯。为减少基质的影响，定量用标准溶液应采用基质混合标准工作溶液。标准溶液的浓度应与待测化合物的浓度相近。本方法的 A、B、C、D、E 五组标准物质在苹果基质中选择离子监测 GC – MS 图参见附录 D。

7.4 平行试验

按以上步骤对同一试样进行平行测定。

7.5 空白试验

除不称取试样外，均按上述步骤进行。

8 结果计算和表述

气相色谱 – 质谱测定结果可由计算机按内标法自动计算，也可按式（1）计算

$$X = C_s \times \frac{A}{A_s} \times \frac{C_i}{C_{si}} \times \frac{A_{si}}{A_i} \times \frac{V}{m} \times \frac{1\,000}{1\,000} \quad\cdots\cdots\cdots\cdots (1)$$

式中：

X——试样中被测物残留量，单位为毫克每千克（mg/kg）；

C_s——基质标准工作溶液中被测物的浓度，单位为微克每毫升（μg/mL）；

A——试样溶液中被测物的色谱峰面积；

A_s——基质标准工作溶液中被测物的色谱峰面积；

C_i——试样溶液中内标物的浓度，单位为微克每毫升（μg/mL）；

C_{si}——基质标准工作溶液中内标物的浓度，单位为微克每毫升（μg/mL）；

A_{si}——基质标准工作溶液中内标物的色谱峰面积；

A_i——试样溶液中内标物的色谱峰面积；

V——样液最终定容体积，单位为毫升（mL）；

m——试样溶液所代表试样的质量，单位为克（g）。

计算结果应扣除空白值，测定结果用平行测定的算术平均值表示，保留两位有效数字。

9 精密度

9.1 在重复性条件下获得的两次独立测定结果的绝对差值与其算术平均值的比值（百分率），应符合附录 E 的要求。

9.2　在再现性条件下获得的两次独立测定结果的绝对差值与其算术平均值的比值（百分率），应符合附录 F 的要求。

10　定量限和回收率

10.1　定量限

本方法的定量限见附录 A。

10.2　回收率

当添加水平为 LOQ、$2 \times$ LOQ、$10 \times$ LOQ 时，添加回收率参见附录 G。

附录 A
（资料性附录）
500 种农药及相关化学品中、英文名称、方法定量限、分组、溶剂选择和混合标准溶液浓度

A.1 500 种农药及相关化学品中、英文名称、方法定量限、分组、溶剂选择和混合标准溶液浓度表见表 A.1。

表 A.1

序号	中文名称	英文名称	定量限（mg/kg）	溶剂	混合标准溶液浓度（mg/L）
内标	环氧七氯	Heptachlor – epoxide		甲苯	
A 组					
1	二丙烯草胺	Allidochlor	0.0250	甲苯	5
2	烯丙酰草胺	Dichlormid	0.0250	甲苯	5
3	土菌灵	Etridiazol	0.0376	甲苯	7.5
4	氯甲硫磷	Chlormephos	0.0250	甲苯	5
5	苯胺灵	Propham	0.0126	甲苯	2.5
6	环草敌	Cycloate	0.0126	甲苯	2.5
7	联苯二胺	Diphenylamine	0.0126	甲苯	2.5
8	杀虫脒	Chlordimeform	0.0126	正己烷	2.5
9	乙丁烯氟灵	Ethalfluralin	0.0500	甲苯	10
10	甲拌磷	Phorate	0.0126	甲苯	2.5
11	甲基乙拌磷	Thiometon	0.0126	甲苯	2.5
12	五氯硝基苯	Quintozene	0.0250	甲苯	5
13	脱乙基阿特拉津	Atrazine – desethyl	0.0126	甲苯 + 丙酮 (8 + 2)	2.5
14	异噁草松	Clomazone	0.0126	甲苯	2.5
15	二嗪磷	Diazinon	0.0126	甲苯	2.5
16	地虫硫磷	Fonofos	0.0126	甲苯	2.5
17	乙嘧硫磷	Etrimfos	0.0126	甲苯	2.5
18	西玛津	Simazine	0.0126	甲醇	2.5
19	胺丙畏	Propetamphos	0.0126	甲苯	2.5
20	仲丁通	Secbumeton	0.0126	甲苯	2.5
21	除线磷	Dichlofenthion	0.0126	甲苯	2.5
22	炔丙烯草胺	Pronamide	0.0126	甲苯 + 丙酮 (9 + 1)	2.5
23	兹克威	Mexacarbate	0.0376	甲苯	7.5
24	艾氏剂	Aldrin	0.0250	甲苯	5

（续表）

序号	中文名称	英文名称	定量限（mg/kg）	溶剂	混合标准溶液浓度（mg/L）
A组					
25	氨氟灵	Dinitramine	0.0500	甲苯	10
26	皮蝇磷	Ronnel	0.0250	甲苯	5
27	扑草净	Prometryne	0.0126	甲苯	2.5
28	环丙津	Cyprazine	0.0126	甲苯＋丙酮（9＋1）	2.5
29	乙烯菌核利	Vinclozolin	0.0126	甲苯	2.5
30	β－六六六	Beta－HCH	0.0126	甲苯	2.5
31	甲霜灵	Metalaxyl	0.0376	甲苯	7.5
32	毒死蜱	Chlorpyrifos（－ethyl）	0.0126	甲苯	2.5
33	甲基对硫磷	Methyl－Parathion	0.0500	甲苯	10
34	蒽醌	Anthraquinone	0.0126	二氯甲烷	2.5
35	δ－六六六	Delta－HCH	0.0250	甲苯	5
36	倍硫磷	Fenthion	0.0126	甲苯	2.5
37	马拉硫磷	Malathion	0.0500	甲苯	10
38	杀螟硫磷	Fenitrothion	0.0250	甲苯	5
39	对氧磷	Paraoxon－ethyl	0.4000	甲苯	80
40	三唑酮	Triadimefon	0.0250	甲苯	5
41	对硫磷	Parathion	0.0500	甲苯	10
42	二甲戊灵	Pendimethalin	0.0500	甲苯	10
43	利谷隆	Linuron	0.0500	甲苯＋丙酮（9＋1）	10
44	杀螨醚	Chlorbenside	0.0250	甲苯	5
45	乙基溴硫磷	Bromophos－ethyl	0.0126	甲苯	2.5
46	喹硫磷	Quinalphos	0.0126	甲苯	2.5
47	反式氯丹	trans－Chlordane	0.0126	甲苯	2.5
48	稻丰散	Phenthoate	0.0250	甲苯	5
49	吡唑草胺	Metazachlor	0.0376	甲苯	7.5
50	苯硫威	fenothiocarb	0.0250	丙酮	5
51	丙硫磷	Prothiophos	0.0126	甲苯	2.5
52	整形醇	Chlorfurenol	0.0376	甲苯＋丙酮（9＋1）	7.5
53	狄氏剂	Dieldrin	0.0250	甲苯	5
54	腐霉利	Procymidone	0.0126	甲苯	2.5
55	杀扑磷	Methidathion	0.0250	甲苯	5
56	氰草津	Cyanazine	0.0376	甲苯＋丙酮（8＋2）	7.5
57	敌草胺	Napropamide	0.0376	甲苯	7.5
58	噁草酮	Oxadiazone	0.0126	甲苯	2.5

（续表）

序号	中文名称	英文名称	定量限（mg/kg）	溶剂	混合标准溶液浓度（mg/L）
A 组					
59	苯线磷	Fenamiphos	0.0376	甲苯	7.5
60	杀螨氯硫	Tetrasul	0.0126	甲苯	2.5
61	杀螨特	Aramite	0.0126	二氯甲烷	2.5
62	乙嘧酚磺酸酯	Bupirimate	0.0126	甲苯	2.5
63	萎锈灵	Carboxin	0.3000	甲苯	60
64	氟酰胺	Flutolanil	0.0126	甲苯	2.5
65	p，p′-滴滴滴	4，4′-DDD	0.0126	甲苯	2.5
66	乙硫磷	Ethion	0.0250	甲苯	5
67	硫丙磷	Sulprofos	0.0250	甲苯	5
68	乙环唑-1	Etaconazole-1	0.0376	甲苯	7.5
69	乙环唑-2	Etaconazole-2	0.0376	甲苯	7.5
70	腈菌唑	Myclobutanil	0.0126	甲苯	2.5
71	禾草灵	Diclofop-methyl	0.0126	甲苯	2.5
72	丙环唑	Propiconazole	0.0376	甲苯	7.5
73	丰索磷	Fensulfothion	0.0250	甲苯	5
74	联苯菊酯	Bifenthrin	0.0126	正己烷	2.5
75	灭蚁灵	Mirex	0.0126	甲苯	2.5
76	麦锈灵	Benodanil	0.0376	甲苯	7.5
77	氟苯嘧啶醇	Nuarimol	0.0250	甲苯+丙酮（9+1）	5
78	甲氧滴滴涕	Methoxychlor	0.1000	甲苯	20
79	噁霜灵	Oxadixyl	0.0126	甲苯	2.5
80	胺菊酯	Tetramethirn	0.0250	甲苯	5
81	戊唑醇	Tebuconazole	0.0376	甲苯	7.5
82	氟草敏	Norflurazon	0.0126	甲苯+丙酮（9+1）	2.5
83	哒嗪硫磷	Pyridaphenthion	0.0126	甲苯	2.5
84	亚胺硫磷	Phosmet	0.0250	甲苯	5
85	三氯杀螨砜	Tetradifon	0.0126	甲苯	2.5
86	氧化萎锈灵	Oxycarboxin	0.0750	甲苯+丙酮（9+1）	15
87	顺式-氯菊酯	cis-Permethrin	0.0126	甲苯	2.5
88	反式-氯菊酯	trans-Permethrin	0.0126	甲苯	2.5
89	吡菌磷	Pyrazophos	0.0250	甲苯	5
90	氯氰菊酯	Cypermethrin	0.0376	甲苯	7.5
91	氰戊菊酯	Fenvalerate	0.0500	甲苯	10
92	溴氰菊酯	Deltamethrin	0.0750	甲苯	15

（续表）

序号	中文名称	英文名称	定量限（mg/kg）	溶剂	混合标准溶液浓度（mg/L）
		B 组			
93	茵草敌	EPTC	0.0376	甲苯	7.5
94	丁草敌	Butylate	0.0376	甲苯	7.5
95	敌草腈	Dichlobenil	0.0026	甲苯	0.5
96	克草敌	Pebulate	0.0376	甲苯	7.5
97	三氯甲基吡啶	Nitrapyrin	0.0376	甲苯	7.5
98	速灭磷	Mevinphos	0.0250	甲苯	5
99	氯苯甲醚	Chloroneb	0.0126	甲苯	2.5
100	四氯硝基苯	Tecnazene	0.0250	甲苯	5
101	庚烯磷	Heptanophos	0.0376	甲苯	7.5
102	六氯苯	Hexachlorobenzene	0.0126	甲苯	2.5
103	灭线磷	Ethoprophos	0.0376	甲苯	7.5
104	顺式 - 燕麦敌	cis - Diallate	0.0250	甲苯	5
105	毒草胺	Propachlor	0.0376	甲苯	7.5
106	反式 - 燕麦敌	trans - Diallate	0.0250	甲苯	5
107	氟乐灵	Trifluralin	0.0250	甲苯	5
108	氯苯胺灵	Chlorpropham	0.0250	甲苯	5
109	治螟磷	Sulfotep	0.0126	甲苯	2.5
110	菜草畏	Sulfallate	0.0250	甲苯	5
111	α - 六六六	Alpha - HCH	0.0126	甲苯	2.5
112	特丁硫磷	Terbufos	0.0250	甲苯	5
113	特丁通	Terbumeton	0.0376	甲苯	7.5
114	环丙氟灵	Profluralin	0.0500	甲苯	10
115	敌噁磷	Dioxathion	0.0500	甲苯	10
116	扑灭津	Propazine	0.0126	甲苯	2.5
117	氯炔灵	Chlorbufam	0.0250	甲苯	5
118	氯硝胺	Dicloran	0.0250	甲苯 + 丙酮（9 + 1）	5
119	特丁津	Terbuthylazine	0.0126	甲苯	2.5
120	绿谷隆	Monolinuron	0.0500	甲苯	10
121	氟虫脲	Flufenoxuron	0.0376	甲苯 + 丙酮（8 + 2）	7.5
122	杀螟腈	Cyanophos	0.0250	甲苯	5
123	甲基毒死蜱	Chlorpyrifos - methyl	0.0126	甲苯	2.5
124	敌草净	Desmetryn	0.0126	甲苯	2.5

（续表）

序号	中文名称	英文名称	定量限（mg/kg）	溶剂	混合标准溶液浓度（mg/L）
		B 组			
125	二甲草胺	Dimethachlor	0.0376	甲苯	7.5
126	甲草胺	Alachlor	0.0376	甲苯	7.5
127	甲基嘧啶磷	Pirimiphos – methyl	0.0126	甲苯	2.5
128	特丁净	Terbutryn	0.0250	甲苯	5
129	杀草丹	Thiobencarb	0.0250	甲苯	5
130	丙硫特普	Aspon	0.0250	甲苯	5
131	三氯杀螨醇	Dicofol	0.0250	甲苯	5
132	异丙甲草胺	Metolachlor	0.0126	甲苯	2.5
133	氧化氯丹	Oxy – chlordane	0.0126	甲苯	2.5
134	嘧啶磷	Pirimiphos – ethyl	0.0250	甲苯	5
135	烯虫酯	Methoprene	0.0500	甲苯	10
136	溴硫磷	Bromofos	0.0250	甲苯	5
137	苯氟磺胺	Dichlofluanid	0.6000	甲苯	120
138	乙氧呋草黄	Ethofumesate	0.0250	甲苯	5
139	异丙乐灵	Isopropalin	0.0250	甲苯	5
140	硫丹 – 1	Endosulfan – 1	0.0750	甲苯	15
141	敌稗	Propanil	0.0250	甲苯 + 丙酮（9 + 1）	5
142	异柳磷	Isofenphos	0.0250	甲苯	5
143	育畜磷	Crufomate	0.0750	甲苯	15
144	毒虫畏	Chlorfenvinphos	0.0376	甲苯	7.5
145	顺式 – 氯丹	cis – Chlordane	0.0250	甲苯	5
146	甲苯氟磺胺	Tolylfluanide	0.3000	甲苯	60
147	p，p′ – 滴滴伊	4，4′ – DDE	0.0126	甲苯	2.5
148	丁草胺	Butachlor	0.0250	甲苯	5
149	乙菌利	Chlozolinate	0.0250	甲苯	5
150	巴毒磷	Crotoxyphos	0.0750	甲苯	15
151	碘硫磷	Iodofenphos	0.0250	甲苯	5
152	杀虫畏	Tetrachlorvinphos	0.0376	甲苯	7.5
153	氯溴隆	Chlorbromuron	0.3000	甲苯	60
154	丙溴磷	Profenofos	0.0750	甲苯	15
155	氟咯草酮	Fluorochloridone	0.0250	甲苯	5
156	噻嗪酮	Buprofezin	0.0250	甲苯	5
157	o，p′ – 滴滴滴	2，4′ – DDD	0.0126	甲苯	2.5
158	异狄氏剂	Endrin	0.1500	甲苯	30

（续表）

序号	中文名称	英文名称	定量限（mg/kg）	溶剂	混合标准溶液浓度（mg/L）
		B 组			
159	己唑醇	Hexaconazole	0.0750	甲苯	15
160	杀螨酯	Chlorfenson	0.0250	甲苯	5
161	o，p′-滴滴涕	2，4′-DDT	0.0250	甲苯	5
162	多效唑	Paclobutrazol	0.0376	甲苯	7.5
163	盖草津	Methoprotryne	0.0376	甲苯	7.5
164	抑草蓬	Erbon	0.0250	甲苯	5
165	丙酯杀螨醇	Chloropropylate	0.0126	甲苯	2.5
166	麦草氟甲酯	Flamprop-methyl	0.0126	甲苯	2.5
167	除草醚	Nitrofen	0.0750	甲苯	15
168	乙氧氟草醚	Oxyfluorfen	0.0500	甲苯	10
169	虫螨磷	Chlorthiophos	0.0376	甲苯	7.5
170	硫丹-2	Endosulfan-2	0.0750	甲苯	15
171	麦草氟异丙酯	Flamprop-Isopropyl	0.0126	甲苯	2.5
172	p，p′-滴滴涕	4，4′-DDT	0.0250	甲苯	5
173	三硫磷	Carbofenothion	0.0250	甲苯	5
174	苯霜灵	Benalaxyl	0.0126	甲苯	2.5
175	敌瘟磷	Edifenphos	0.0250	甲苯	5
176	三唑磷	Triazophos	0.0376	甲苯	7.5
177	苯腈磷	Cyanofenphos	0.0126	甲苯	2.5
178	氯杀螨砜	Chlorbenside sulfone	0.0250	甲苯	5
179	硫丹硫酸盐	Endosulfan-Sulfate	0.0376	甲苯	7.5
180	溴螨酯	Bromopropylate	0.0250	甲苯	5
181	新燕灵	Benzoylprop-ethyl	0.0376	甲苯	7.5
182	甲氰菊酯	Fenpropathrin	0.0250	甲苯	5
183	溴苯磷	Leptophos	0.0250	甲苯	5
184	苯硫膦	EPN	0.0500	甲苯	10
185	环嗪酮	Hexazinone	0.0376	甲苯	7.5
186	伏杀硫磷	Phosalone	0.0250	甲苯	5
187	保棉磷	Azinphos-methyl	0.0750	甲苯	15
188	氯苯嘧啶醇	Fenarimol	0.0250	甲苯	5
189	益棉磷	Azinphos-ethyl	0.0250	甲苯	5
190	咪鲜胺	Prochloraz	0.0750	甲苯	15
191	蝇毒磷	Coumaphos	0.0750	甲苯	15
192	氟氯氰菊酯	Cyfluthrin	0.1500	甲苯	30

（续表）

序号	中文名称	英文名称	定量限 （mg/kg）	溶剂	混合标准溶液 浓度（mg/L）
B 组					
193	氟胺氰菊酯	Fluvalinate	0.1500	甲苯	30
C 组					
194	敌敌畏	Dichlorvos	0.0750	甲醇	15
195	联苯	Biphenyl	0.0126	甲苯	2.5
196	灭草敌	Vernolate	0.0126	甲苯	2.5
197	3，5 - 二氯苯胺	3，5 - Dichloroaniline	0.1000	甲苯	20
198	禾草敌	Molinate	0.0126	甲苯	2.5
199	虫螨畏	Methacrifos	0.0126	甲苯	2.5
200	邻苯基苯酚	2 - Phenylphenol	0.0126	甲苯	2.5
201	四氢邻苯二甲酰亚胺	Tetrahydrophthalimide	0.0376	甲苯	7.5
202	仲丁威	Fenobucarb	0.0250	甲苯	5
203	乙丁氟灵	Benfluralin	0.0126	甲苯	2.5
204	氟铃脲	Hexaflumuron	0.0750	甲苯	15
205	扑灭通	Prometon	0.0376	甲苯	7.5
206	野麦畏	Triallate	0.0250	甲苯	5
207	嘧霉胺	Pyrimethanil	0.0126	甲苯	2.5
208	林丹	Gamma - HCH	0.0250	甲苯	5
209	乙拌磷	Disulfoton	0.0126	甲苯	2.5
210	莠去净	Atrizine	0.0126	甲苯 + 丙酮（9 + 1）	2.5
211	七氯	Heptachlor	0.0376	甲苯	7.5
212	异稻瘟净	Iprobenfos	0.0376	甲苯	7.5
213	氯唑磷	Isazofos	0.0250	甲苯	5
214	三氯杀虫酯	Plifenate	0.0250	甲苯	5
215	丁苯吗啉	Fenpropimorph	0.0126	甲苯	2.5
216	四氟苯菊酯	Transfluthrin	0.0126	甲苯	2.5
217	氯乙氟灵	Fluchloralin	0.0500	甲苯	10
218	甲基立枯磷	Tolclofos - methyl	0.0126	甲苯	2.5
219	异丙草胺	Propisochlor	0.0126	甲苯	2.5
220	莠灭净	Ametryn	0.0376	甲苯	7.5
221	西草净	Simetryn	0.0250	甲苯	5
222	溴谷隆	Metobromuron	0.0750	甲苯	15
223	嗪草酮	Metribuzin	0.0376	甲苯	7.5
224	噻节因	Dimethipin	0.0376	甲苯	7.5
225	ε - 六六六	HCH, epsilon -	0.0250	甲醇	5

（续表）

序号	中文名称	英文名称	定量限（mg/kg）	溶剂	混合标准溶液浓度（mg/L）
C 组					
226	异丙净	Dipropetryn	0.0126	甲苯	2.5
227	安硫磷	Formothion	0.0250	甲苯	5
228	乙霉威	Diethofencarb	0.0750	甲苯	15
229	哌草丹	Dimepiperate	0.0250	乙酸乙酯	5
230	生物烯丙菊酯 - 1	Bioallethrin - 1	0.0500	甲苯	10
231	生物烯丙菊酯 - 2	Bioallethrin - 2	0.0500	甲苯	10
232	o，p′- 滴滴伊	2，4′- DDE	0.0126	甲苯	2.5
233	芬螨酯	Fenson	0.0126	甲苯	2.5
234	双苯酰草胺	Diphenamid	0.0126	甲苯	2.5
235	氯硫磷	Chlorthion	0.0250	甲苯	5
236	炔丙菊酯	Prallethrin	0.0376	甲苯	7.5
237	戊菌唑	Penconazole	0.0376	甲苯	7.5
238	灭蚜磷	Mecarbam	0.0500	甲苯	10
239	四氟醚唑	Tetraconazole	0.0376	甲苯	7.5
240	丙虫磷	Propaphos	0.0250	甲苯	5
241	氟节胺	Flumetralin	0.0250	甲苯	5
242	三唑醇	Triadimenol	0.0376	甲苯	7.5
243	丙草胺	Pretilachlor	0.0250	甲苯	5
244	醚菌酯	Kresoxim - methyl	0.0126	甲苯	2.5
245	吡氟禾草灵	Fluazifop - butyl	0.0126	甲苯	2.5
246	氟啶脲	Chlorfluazuron	0.0376	甲苯	7.5
247	乙酯杀螨醇	Chlorobenzilate	0.0126	甲苯	2.5
248	烯效唑	Uniconazole	0.0250	环己烷	5
249	氟哇唑	Flusilazole	0.0376	甲苯	7.5
250	三氟硝草醚	Fluorodifen	0.0126	甲苯	2.5
251	烯唑醇	Diniconazole	0.0376	甲苯	7.5
252	增效醚	Piperonyl butoxide	0.0126	甲苯	2.5
253	炔螨特	Propargite	0.0250	甲苯	5
254	灭锈胺	Mepronil	0.0126	甲苯	2.5
255	噁唑隆	Dimefuron	0.0500	甲苯 + 丙酮（8 + 2）	10
256	吡氟酰草胺	Diflufenican	0.0126	甲苯	2.5
257	喹螨醚	Fenazaquin	0.0126	甲苯	2.5
258	苯醚菊酯	Phenothrin	0.0126	甲苯	2.5
259	咯菌腈	Fludioxonil	0.0126	甲苯 + 丙酮（8 + 2）	2.5

（续表）

序号	中文名称	英文名称	定量限（mg/kg）	溶剂	混合标准溶液浓度（mg/L）
		C 组			
260	苯氧威	Fenoxycarb	0.0750	甲苯	15
261	稀禾啶	Sethoxydim	0.9000	甲苯	180
262	莎稗磷	Anilofos	0.0250	甲苯	5
263	氟丙菊酯	Acrinathrin	0.0250	甲苯	5
264	高效氯氟氰菊酯	Lambda – Cyhalothrin	0.0126	甲苯	2.5
265	苯噻酰草胺	Mefenacet	0.0376	甲苯	7.5
266	氯菊酯	Permethrin	0.0250	甲苯	5
267	哒螨灵	Pyridaben	0.0126	甲苯	2.5
268	乙羧氟草醚	Fluoroglycofen – ethyl	0.1500	甲苯	30
269	联苯三唑醇	Bitertanol	0.0376	甲苯	7.5
270	醚菊酯	Etofenprox	0.0126	甲苯	2.5
271	噻草酮	Cycloxydim	1.2000	甲苯	240
272	顺式 – 氯氰菊酯	Alpha – Cypermethrin	0.0250	甲苯	5
273	氟氰戊菊酯	Flucythrinate	0.0250	环己烷	5
274	S – 氰戊菊酯	Esfenvalerate	0.0500	甲苯	10
275	苯醚甲环唑	Difenonazole	0.0750	甲苯	15
276	丙炔氟草胺	Flumioxazin	0.0250	环己烷	5
277	氟烯草酸	Flumiclorac – pentyl	0.0250	甲苯	5
		D 组			
278	甲氟磷	Dimefox	0.0376	甲苯	7.5
279	乙拌磷亚砜	Disulfoton – sulfoxide	0.0250	甲苯	5
280	五氯苯	Pentachlorobenzene	0.0126	甲苯	2.5
281	三异丁基磷酸盐	Tri – iso – butyl phosphate	0.0126	甲苯	2.5
282	鼠立死	Crimidine	0.0126	甲苯	2.5
283	4 – 溴 – 3，5 – 二甲苯基 – N – 甲基氨基甲酸酯 – 1	BDMC – 1	0.0250	甲苯	5
284	燕麦酯	Chlorfenprop – methyl	0.0126	甲苯	2.5
285	虫线磷	Thionazin	0.0126	甲苯	2.5
286	2，3，5，6 – 四氯苯胺	2，3，5，6 – tetrachloroaniline	0.0126	甲苯	2.5
287	三正丁基磷酸盐	Tri – n – butyl phosphate	0.0250	甲苯	5
288	2，3，4，5 – 四氯甲氧基苯	2，3，4，5 – tetrachloroanisole	0.0126	甲苯	2.5
289	五氯甲氧基苯	Pentachloroanisole	0.0126	甲苯	2.5
290	牧草胺	Tebutam	0.0250	甲苯	5

（续表）

序号	中文名称	英文名称	定量限（mg/kg）	溶剂	混合标准溶液浓度（mg/L）
			D 组		
291	蔬果磷	Dioxabenzofos	0.1250	甲醇	25
292	甲基苯噻隆	Methabenzthiazuron	0.1250	甲苯 + 丙酮（9 + 1）	25
293	西玛通	Simetone	0.0250	甲苯	5
294	阿特拉通	Atratone	0.0126	甲苯	2.5
295	脱异丙基莠去津	Desisopropyl – atrazine	0.1000	甲苯 + 丙酮（8 + 2）	20
296	特丁硫磷砜	Terbufos sulfone	0.0126	甲苯	2.5
297	七氟菊酯	Tefluthrin	0.0126	甲苯	2.5
298	溴烯杀	Bromocylen	0.0126	甲苯	2.5
299	草达津	Trietazine	0.0126	甲苯	2.5
300	氧乙嘧硫磷	Etrimfos oxon	0.0126	甲苯	2.5
301	环莠隆	Cycluron	0.0376	甲苯	7.5
302	2，6 - 二氯苯甲酰胺	2，6 – dichlorobenzamide	0.0250	甲苯 + 丙酮（8 + 2）	5
303	2，4，4′ - 三氯联苯	DE – PCB 28	0.0126	甲苯	2.5
304	2，4，5 - 三氯联苯	DE – PCB 31	0.0126	甲苯	2.5
305	脱乙基另丁津	Desethyl – sebuthylazine	0.0250	甲苯 + 丙酮（8 + 2）	5
306	2，3，4，5 - 四氯苯胺	2，3，4，5 – tetrachloroaniline	0.0250	甲苯	5
307	合成麝香	Musk ambrette	0.0126	甲苯	2.5
308	二甲苯麝香	Musk xylene	0.0126	甲苯	2.5
309	五氯苯胺	Pentachloroaniline	0.0126	甲苯	2.5
310	叠氮津	Aziprotryne	0.1000	甲苯	20
311	另丁津	Sebutylazine	0.0126	甲苯 + 丙酮（8 + 2）	2.5
312	丁咪酰胺	Isocarbamid	0.0626	甲苯 + 丙酮（9 + 1）	12.5
313	2，2′，5，5′ - 四氯联苯	DE – PCB 52	0.0126	甲苯	2.5
314	麝香	Musk moskene	0.0126	甲苯	2.5
315	苄草丹	Prosulfocarb	0.0126	甲苯	2.5
316	二甲吩草胺	Dimethenamid	0.0126	甲苯	2.5
317	氧皮蝇磷	Fenchlorphos oxon	0.0250	甲苯	5
318	4 - 溴 - 3，5 - 二甲苯基 - N - 甲基氨基甲酸酯 - 2	BDMC – 2	0.0500	甲苯	10
319	甲基对氧磷	Paraoxon – methyl	0.0250	甲苯	5
320	庚酰草胺	Monalide	0.0250	甲苯	5
321	西藏麝香	Musk tibeten	0.0126	甲苯	2.5
322	碳氯灵	Isobenzan	0.0126	甲苯	2.5
323	八氯苯乙烯	Octachlorostyrene	0.0126	甲苯	2.5

（续表）

序号	中文名称	英文名称	定量限（mg/kg）	溶剂	混合标准溶液浓度（mg/L）
			D组		
324	嘧啶磷	Pyrimitate	0.0126	甲苯	2.5
325	异艾氏剂	Isodrin	0.0126	甲苯	2.5
326	丁嗪草酮	Isomethiozin	0.0250	甲苯	5
327	毒壤磷	Trichloronat	0.0126	甲苯	2.5
328	敌草索	Dacthal	0.0126	甲苯	2.5
329	4，4-二氯二苯甲酮	4，4-dichlorobenzophenone	0.0126	甲苯	2.5
330	酞菌酯	Nitrothal-isopropyl	0.0250	甲苯	5
331	麝香酮	Musk ketone	0.0126	甲苯	2.5
332	吡咪唑	Rabenzazole	0.0126	甲苯	2.5
333	嘧菌环胺	Cyprodinil	0.0126	甲苯	2.5
334	麦穗宁	Fuberidazole	0.0626	甲苯+丙酮（8+2）	12.5
335	氧异柳磷	Isofenphos oxon	0.0250	甲苯	5
336	异氯磷	Dicapthon	0.0626	甲苯	12.5
337	2，2′，4，5，5′-五氯联苯	DE-PCB 101	0.0126	甲苯	2.5
338	2-甲-4-氯丁氧乙基酯	MCPA-butoxyethyl ester	0.0126	甲苯	2.5
339	水胺硫磷	Isocarbophos	0.0250	甲苯	5
340	甲拌磷砜	Phorate sulfone	0.0126	甲苯	2.5
341	杀螨醇	Chlorfenethol	0.0126	甲苯	2.5
342	反式九氯	Trans-nonachlor	0.0126	甲苯	2.5
343	消螨通	Dinobuton	0.1250	甲苯	25
344	脱叶磷	DEF	0.0250	甲苯	5
345	氟咯草酮	Flurochloridone	0.0250	甲醇	5
346	溴苯烯磷	Bromfenvinfos	0.0126	甲苯+丙酮（8+2）	2.5
347	乙滴涕	Perthane	0.0126	甲苯	2.5
348	灭菌磷	Ditalimfos	0.0126	甲苯	2.5
349	2，3，4，4′，5-五氯联苯	DE-PCB 118	0.0126	甲苯	2.5
350	4，4-二溴二苯甲酮	4，4-Dibromobenzophenone	0.0126	甲苯	2.5
351	粉唑醇	Flutriafol	0.0250	甲苯+丙酮（9+1）	5
352	地胺磷	Mephosfolan	0.0250	甲苯	5
353	乙基杀扑磷	Athidathion	0.0250	甲苯	5
354	2，2′，4，4′，5，5′-六氯联苯	DE-PCB 153	0.0126	甲苯	2.5
355	苄氯三唑醇	Diclobutrazole	0.0500	甲苯+丙酮（8+2）	10
356	乙拌磷砜	Disulfoton sulfone	0.0250	甲苯	5

序号	中文名称	英文名称	定量限（mg/kg）	溶剂	混合标准溶液浓度（mg/L）
D 组						
357	噻螨酮	Hexythiazox	0.1000	甲苯	20
358	2，2′，3，4，4′，5－六氯联苯	DE－PCB 138	0.0126	甲苯	2.5
359	威菌磷	Triamiphos	0.0250	甲苯	5
360	苄呋菊酯－1	Resmethrin－1	0.2000	甲苯	40
361	环丙唑	Cyproconazole	0.0126	甲苯	2.5
362	苄呋菊酯－2	Resmethrin－2	0.2000	甲苯	40
363	酞酸甲苯基丁酯	Phthalic acid, benzyl butyl ester	0.0126	甲苯	2.5
364	炔草酸	Clodinafop－propargyl	0.0250	甲苯	5
365	倍硫磷亚砜	Fenthion sulfoxide	0.0500	甲苯	10
366	三氟苯唑	Fluotrimazole	0.0126	甲苯	2.5
367	氟草烟－1－甲庚酯	Fluroxypr－1－methylheptyl ester	0.0126	甲苯	2.5
368	倍硫磷砜	Fenthion sulfone	0.0500	甲苯	10
369	三苯基磷酸盐	Triphenyl phosphate	0.0126	甲苯	2.5
370	苯嗪草酮	Metamitron	0.1250	甲苯＋丙酮（8＋2）	25
371	2，2，3，4，4′，5，5′－七氯联苯	DE－PCB 180	0.0126	甲苯	2.5
372	吡螨胺	Tebufenpyrad	0.0126	甲苯	2.5
373	解草酯	Cloquintocet－mexyl	0.0126	甲苯	2.5
374	环草定	Lenacil	0.1250	甲苯＋丙酮（8＋2）	25
375	糠菌唑－1	Bromuconazole－1	0.0250	甲苯	5
376	脱溴溴苯磷	Desbrom－leptophos	0.0126	甲苯	2.5
377	糠菌唑－2	Bromuconazole－2	0.0250	甲苯	5
378	甲磺乐灵	Nitralin	0.1250	甲苯＋丙酮（8＋2）	25
379	苯线磷亚砜	Fenamiphos sulfoxide	0.4000	甲苯	80
380	苯线磷砜	Fenamiphos sulfone	0.0500	甲苯＋丙酮（8＋2）	10
381	拌种咯	Fenpiclonil	0.0500	甲苯＋丙酮（8＋2）	10
382	氟喹唑	Fluquinconazole	0.0126	甲苯＋丙酮（8＋2）	2.5
383	腈苯唑	Fenbuconazole	0.0250	甲苯＋丙酮（8＋2）	5
E 组						
384	残杀威－1	Propoxur－1	0.0250	甲苯	5
385	异丙威－1	Isoprocarb－1	0.0250	甲苯	5
386	甲胺磷	Methamidophos	0.4000	甲苯	10

（续表）

序号	中文名称	英文名称	定量限（mg/kg）	溶剂	混合标准溶液浓度（mg/L）
		E组			
387	二氢苊	Acenaphthene	0.0126	甲苯	2.5
388	驱虫特	Dibutyl succinate	0.0250	甲苯	5
389	邻苯二甲酰亚胺	Phthalimide	0.0250	甲苯	5
390	氯氧磷	Chlorethoxyfos	0.0250	甲苯	5
391	异丙威－2	Isoprocarb－2	0.0250	甲苯	5
392	戊菌隆	Pencycuron	0.0250	甲苯	10
393	丁噻隆	Tebuthiuron	0.0500	甲苯	10
394	甲基内吸磷	demeton－S－methyl	0.0500	甲苯	10
395	硫线磷	Cadusafos	0.0500	甲苯	10
396	残杀威－2	Propoxur－2	0.0250	甲苯	5
397	菲	Phenanthrene	0.0126	甲苯	2.5
398	螺环菌胺－1	Spiroxamine－1	0.0250	甲苯	5
399	唑螨酯	Fenpyroximate	0.1000	甲苯	20
400	丁基嘧啶磷	Tebupirimfos	0.0250	甲苯	5
401	茉莉酮	Prohydrojasmon	0.0500	环己烷	10
402	苯锈啶	Fenpropidin	0.0250	甲苯	5
403	氯硝胺	Dichloran	0.0250	甲苯	5
404	咯喹酮	Pyroquilon	0.0126	甲苯	2.5
405	螺环菌胺－2	Spiroxamine－2	0.0250	甲苯	5
406	炔苯酰草胺	Propyzamide	0.0250	甲苯	5
407	抗蚜威	Pirimicarb	0.0250	甲苯	5
408	磷胺－1	Phosphamidon－1	0.1000	甲苯	20
409	解草嗪	Benoxacor	0.0250	甲苯	5
410	溴丁酰草胺	Bromobutide	0.0126	环己烷	2.5
411	乙草胺	Acetochlor	0.0250	甲苯	5
412	灭草环	Tridiphane	0.0500	异辛烷	10
413	特草灵	Terbucarb	0.0250	甲苯	5
414	戊草丹	Esprocarb	0.0250	甲苯	5
415	甲呋酰胺	Fenfuram	0.0250	甲苯	5
416	活化酯	Acibenzolar－S－methyl	0.0250	环己烷	5
417	呋草黄	Benfuresate	0.0250	甲苯	5
418	氟硫草定	Dithiopyr	0.0126	甲苯	2.5
419	精甲霜灵	Mefenoxam	0.0250	甲苯	5
420	马拉氧磷	Malaoxon	0.2000	甲苯	40

（续表）

序号	中文名称	英文名称	定量限（mg/kg）	溶剂	混合标准溶液浓度（mg/L）
E 组					
421	磷胺－2	Phosphamidon－2	0.1000	甲苯	20
422	硅氟唑	Simeconazole	0.0250	甲苯	5
423	氯酞酸甲酯	Chlorthal－dimethyl	0.0250	甲苯	5
424	噻唑烟酸	Thiazopyr	0.0250	甲苯	5
425	甲基毒虫畏	Dimethylvinphos	0.0250	甲苯	5
426	仲丁灵	Butralin	0.0500	甲苯	10
427	苯酰草胺	Zoxamide	0.0250	甲苯＋丙酮（8＋2）	5
428	啶斑肟－1	Pyrifenox－1	0.1000	甲苯	20
429	烯丙菊酯	Allethrin	0.0500	甲苯	10
430	异戊乙净	Dimethametryn	0.0126	甲苯	2.5
431	灭藻醌	Quinoclamine	0.0500	甲苯	10
432	甲醚菊酯－1	Methothrin－1	0.0250	甲苯	5
433	氟噻草胺	Flufenacet	0.1000	甲苯	20
434	甲醚菊酯－2	Methothrin－2	0.0250	甲苯	5
435	啶斑肟－2	Pyrifenox	0.1000	甲苯	20
436	氰菌胺	Fenoxanil	0.0250	甲苯	5
437	四氯苯酞	Phthalide	0.0500	丙酮	10
438	呋霜灵	Furalaxyl	0.0250	甲苯	5
439	噻虫嗪	Thiamethoxam	0.0500	甲苯	10
440	嘧菌胺	Mepanipyrim	0.0126	甲苯	2.5
441	克菌丹	Captan	0.8000	甲苯	40
442	除草定	Bromacil	0.1000	甲苯	5
443		Picoxystrobin	0.0250	甲苯	5
444	抑草磷	Butamifos	0.0126	环己烷	2.5
445	咪草酸	Imazamethabenz－methyl	0.0376	甲苯	7.5
446	苯氧菌胺－1	Metominostrobin－1	0.0500	乙腈	10
447	苯噻硫氰	TCMTB	0.2000	甲苯	40
448	甲硫威砜	Methiocarb Sulfone	1.6000	甲苯＋丙酮（8＋2）	80
449	抑霉唑	Imazalil	0.0500	甲苯	10
450	稻瘟灵	Isoprothiolane	0.0250	甲苯	5
451	环氟菌胺	Cyflufenamid	0.2000	环己烷	40
452	嘧草醚	Pyriminobac－Methyl	0.0500	环己烷	10
453	噁唑磷	Isoxathion	0.1000	环己烷	20
454	苯氧菌胺－2	Metominostrobin－2	0.0500	乙腈	10

（续表）

序号	中文名称	英文名称	定量限（mg/kg）	溶剂	混合标准溶液浓度（mg/L）
		E 组			
455	苯虫醚 – 1	Diofenolan – 1	0.0250	甲苯	5
456	噻呋酰胺	Thifluzamide	0.1000	乙腈	20
457	苯虫醚 – 2	Diofenolan – 2	0.0250	甲苯	5
458	苯氧喹啉	Quinoxyphen	0.0126	甲苯	2.5
459	溴虫腈	Chlorfenapyr	0.1000	甲苯	20
460	肟菌酯	Trifloxystrobin	0.0500	甲苯	10
461	脱苯甲基亚胺唑	Imibenconazole – des – benzyl	0.0500	甲苯 + 丙酮（8 + 2）	10
462	双苯噁唑酸	Isoxadifen – Ethyl	0.0250	甲苯	5
463	氟虫腈	Fipronil	0.1000	甲苯	20
464	炔咪菊酯 – 1	Imiprothrin – 1	0.0250	甲苯	5
465	唑酮草酯	Carfentrazone – Ethyl	0.0250	甲苯	5
466	炔咪菊酯 – 2	Imiprothrin – 2	0.0250	甲苯	5
467	氟环唑 – 1	Epoxiconazole – 1	0.1000	甲苯	20
468	吡草醚	Pyraflufen Ethyl	0.0250	甲苯	5
469	稗草丹	Pyributicarb	0.0250	甲苯	5
470	噻吩草胺	Thenylchlor	0.0250	甲苯	5
471	烯草酮	Clethodim	0.0500	甲苯	10
472	吡唑解草酯	Mefenpyr – diethyl	0.0376	甲苯	7.5
473	伐灭磷	Famphur	0.0500	甲苯	10
474	乙螨唑	Etoxazole	0.0750	环己烷	15
475	吡丙醚	Pyriproxyfen	0.0126	甲苯	5
476	氟环唑 – 2	Epoxiconazole – 2	0.1000	甲苯	20
477	氟吡酰草胺	Picolinafen	0.0126	甲苯	2.5
478	异菌脲	Iprodione	0.0500	甲苯	10
479	哌草磷	Piperophos	0.0376	甲苯	7.5
480	呋酰胺	Ofurace	0.0376	甲苯	7.5
481	联苯肼酯	Bifenazate	0.1000	甲苯	20
482	异狄氏剂酮	Endrin ketone	0.0500	甲苯	10
483	氯甲酰草胺	Clomeprop	0.0126	乙腈	2.5
484	咪唑菌酮	Fenamidone	0.0126	甲苯	2.5
485	萘丙胺	Naproanilide	0.0126	丙酮	2.5
486	吡唑醚菌酯	Pyraclostrobin	0.3000	甲苯	60
487	乳氟禾草灵	Lactofen	0.1000	甲苯	20
488	三甲苯草酮	Tralkoxydim	0.1000	甲苯	20

（续表）

序号	中文名称	英文名称	定量限（mg/kg）	溶剂	混合标准溶液浓度（mg/L）
E 组					
489	吡唑硫磷	Pyraclofos	0.1000	环己烷	20
490	氯亚胺硫磷	Dialifos	0.1000	甲苯	80
491	螺螨酯	Spirodiclofen	0.1000	甲苯	20
492	苄螨醚	Halfenprox	0.0500	环己烷	5
493	呋草酮	Flurtamone	0.0500	甲苯	5
494	环酯草醚	Pyriftalid	0.0126	甲苯	2.5
495	氟硅菊酯	Silafluofen	0.0126	甲苯	2.5
496	嘧螨醚	Pyrimidifen	0.0500	乙腈	5
497	啶虫脒	Acetamiprid	0.4000	甲苯	10
498	氟丙嘧草酯	Butafenacil	0.0126	甲苯	2.5
499	苯酮唑	Cafenstrole	0.1500	乙腈	10
500	氟啶草酮	Fluridone	0.1000	甲苯	5

附录 B
（资料性附录）
500 种农药及相关化学品和内标化合物的保留时间、定量离子、
定性离子及定量离子与定性离子的比值

B.1 500 种农药及相关化学品和内标化合物的保留时间、定量离子、定性离子及定量离子与定性离子的比值。见表 B.1。

表 B.1

序号	中文名称	英文名称	保留时间/ min	定量离子	定性离子 1	定性离子 2	定性离子 3
内标	环氧七氯	Heptachlor – epoxide	22.10	353 (100)	355 (79)	351 (52)	
A 组							
1	二丙烯草胺	Allidochlor	8.78	138 (100)	158 (10)	173 (15)	
2	烯丙酰草胺	Dichlormid	9.74	172 (100)	166 (41)	124 (79)	
3	土菌灵	Etridiazol	10.42	211 (100)	183 (73)	140 (19)	
4	氯甲硫磷	Chlormephos	10.53	121 (100)	234 (70)	154 (70)	
5	苯胺灵	Propham	11.36	179 (100)	137 (66)	120 (51)	
6	环草敌	Cycloate	13.56	154 (100)	186 (5)	215 (12)	
7	联苯二胺	Diphenylamine	14.55	169 (100)	168 (58)	167 (29)	
8	杀虫脒	Chlordimeform	14.93	196 (100)	198 (30)	195 (18)	183 (23)
9	乙丁烯氟灵	Ethalfluralin	15.00	276 (100)	316 (81)	292 (42)	
10	甲拌磷	Phorate	15.46	260 (100)	121 (160)	231 (56)	153 (3)
11	甲基乙拌磷	Thiometon	16.20	88 (100)	125 (55)	246 (9)	
12	五氯硝基苯	Quintozene	16.75	295 (100)	237 (159)	249 (114)	
13	脱乙基阿特拉津	Atrazine – desethyl	16.76	172 (100)	187 (32)	145 (17)	
14	异噁草松	Clomazone	17.00	204 (100)	138 (4)	205 (13)	
15	二嗪磷	Diazinon	17.14	304 (100)	179 (192)	137 (172)	
16	地虫硫磷	Fonofos	17.31	246 (100)	137 (141)	174 (15)	202 (6)
17	乙嘧硫磷	Etrimfos	17.92	292 (100)	181 (40)	277 (31)	
18	西玛津	Simazine	17.85	201 (100)	186 (62)	173 (42)	
19	胺丙畏	Propetamphos	17.97	138 (100)	194 (49)	236 (30)	
20	仲丁通	Secbumeton	18.36	196 (100)	210 (38)	225 (39)	
21	除线磷	Dichlofenthion	18.80	279 (100)	223 (78)	251 (38)	
22	炔丙烯草胺	Pronamide	18.72	173 (100)	175 (62)	255 (22)	
23	兹克威	Mexacarbate	18.83	165 (100)	150 (66)	222 (27)	
24	艾氏剂	Aldrin	19.67	263 (100)	265 (65)	293 (40)	329 (8)

（续表）

序号	中文名称	英文名称	保留时间/ min	定量离子	定性离子 1	定性离子 2	定性离子 3
			A 组				
25	氨氟灵	Dinitramine	19.35	305（100）	307（38）	261（29）	
26	皮蝇磷	Ronnel	19.80	285（100）	287（67）	125（32）	
27	扑草净	Prometryne	20.13	241（100）	184（78）	226（60）	
28	环丙津	Cyprazine	20.18	212（100）	227（58）	170（29）	
29	乙烯菌核利	Vinclozolin	20.29	285（100）	212（109）	198（96）	
30	β-六六六	beta - HCH	20.31	219（100）	217（78）	181（94）	254（12）
31	甲霜灵	Metalaxyl	20.67	206（100）	249（53）	234（38）	
32	毒死蜱	Chlorpyrifos（- ethyl）	20.96	314（100）	258（57）	286（42）	
33	甲基对硫磷	Methyl - Parathion	20.82	263（100）	233（66）	246（8）	200（6）
34	蒽醌	Anthraquinone	21.49	208（100）	180（84）	152（69）	
35	δ-六六六	Delta - HCH	21.16	219（100）	217（80）	181（99）	254（10）
36	倍硫磷	Fenthion	21.53	278（100）	169（16）	153（9）	
37	马拉硫磷	Malathion	21.54	173（100）	158（36）	143（15）	
38	杀螟硫磷	Fenitrothion	21.62	277（100）	260（52）	247（60）	
39	对氧磷	Paraoxon - ethyl	21.57	275（100）	220（60）	247（58）	
40	三唑酮	Triadimefon	22.22	208（100）	210（50）	181（74）	
41	对硫磷	Parathion	22.32	291（100）	186（23）	235（35）	263（11）
42	二甲戊灵	Pendimethalin	22.59	252（100）	220（22）	162（12）	
43	利谷隆	Linuron	22.44	61（100）	248（30）	160（12）	
44	杀螨醚	Chlorbenside	22.96	268（100）	270（41）	143（11）	
45	乙基溴硫磷	Bromophos - ethyl	23.06	359（100）	303（77）	357（74）	
46	喹硫磷	Quinalphos	23.10	146（100）	298（28）	157（66）	
47	反式氯丹	trans - Chlordane	23.29	373（100）	375（96）	377（51）	
48	稻丰散	Phenthoate	23.30	274（100）	246（24）	320（5）	
49	吡唑草胺	Metazachlor	23.32	209（100）	133（120）	211（32）	
50	苯硫威	Fenothiocarb	23.79	72（100）	160（37）	253（15）	
51	丙硫磷	Prothiophos	24.04	309（100）	267（88）	162（55）	
52	整形醇	Chlorfurenol	24.15	215（100）	152（40）	274（11）	
53	狄氏剂	Dieldrin	24.43	263（100）	277（82）	380（30）	345（35）
54	腐霉利	Procymidone	24.36	283（100）	285（70）	255（15）	
55	杀扑磷	Methidathion	24.49	145（100）	157（2）	302（4）	
56	氰草津	Cyanazine	24.94	225（100）	240（56）	198（61）	
57	敌草胺	Napropamide	24.84	271（100）	128（111）	171（34）	
58	噁草酮	Oxadiazone	25.06	175（100）	258（62）	302（37）	

（续表）

序号	中文名称	英文名称	保留时间/min	定量离子	定性离子1	定性离子2	定性离子3
			A组				
59	苯线磷	Fenamiphos	25.29	303（100）	154（56）	288（31）	217（22）
60	杀螨氯硫	Tetrasul	25.85	252（100）	324（64）	254（68）	
61	杀螨特	Aramite	25.60	185（100）	319（37）	334（32）	
62	乙嘧酚磺酸酯	Bupirimate	26.00	273（100）	316（41）	208（83）	
63	萎锈灵	Carboxin	26.25	235（100）	143（168）	87（52）	
64	氟酰胺	Flutolanil	26.23	173（100）	145（25）	323（14）	
65	p, p'-滴滴滴	4, 4'-DDD	26.59	235（100）	237（64）	199（12）	165（46）
66	乙硫磷	Ethion	26.69	231（100）	384（13）	199（9）	
67	硫丙磷	Sulprofos	26.87	322（100）	156（62）	280（11）	
68	乙环唑-1	Etaconazole-1	26.81	245（100）	173（85）	247（65）	
69	乙环唑-2	Etaconazole-2	26.89	245（100）	173（85）	247（65）	
70	腈菌唑	Myclobutanil	27.19	179（100）	288（14）	150（45）	
71	禾草灵	Diclofop-methyl	28.08	253（100）	281（50）	342（82）	
72	丙环唑	Propiconazole	28.15	259（100）	173（97）	261（65）	
73	丰索磷	Fensulfothion	27.94	292（100）	308（22）	293（73）	
74	联苯菊酯	Bifenthrin	28.57	181（100）	166（25）	165（23）	
75	灭蚁灵	Mirex	28.72	272（100）	237（49）	274（80）	
76	麦锈灵	Benodanil	29.14	231（100）	323（38）	203（22）	
77	氟苯嘧啶醇	Nuarimol	28.90	314（100）	235（155）	203（108）	
78	甲氧滴滴涕	Methoxychlor	29.38	227（100）	228（16）	212（4）	
79	噁霜灵	Oxadixyl	29.50	163（100）	233（18）	278（11）	
80	胺菊酯	Tetramethirn	29.59	164（100）	135（3）	232（1）	
81	戊唑醇	Tebuconazole	29.51	250（100）	163（55）	252（36）	
82	氟草敏	Norflurazon	29.99	303（100）	145（101）	102（47）	
83	哒嗪硫磷	Pyridaphenthion	30.17	340（100）	199（48）	188（51）	
84	亚胺硫磷	Phosmet	30.46	160（100）	161（11）	317（4）	
85	三氯杀螨砜	Tetradifon	30.70	227（100）	356（70）	159（196）	
86	氧化萎锈灵	Oxycarboxin	31.00	175（100）	267（52）	250（3）	
87	顺式-氯菊酯	cis-Permethrin	31.42	183（100）	184（15）	255（2）	
88	反式-氯菊酯	Trans-Permethrin	31.68	183（100）	184（15）	255（2）	
89	吡菌磷	Pyrazophos	31.60	221（100）	232（35）	373（19）	

（续表）

序号	中文名称	英文名称	保留时间/min	定量离子	定性离子1	定性离子2	定性离子3
			A 组				
90	氯氰菊酯	Cypermethrin	33.19 33.38 33.46 33.56	181（100）	152（23）	180（16）	
91	氰戊菊酯	Fenvalerate	34.45 34.79	167（100）	225（53）	419（37）	181（41）
92	溴氰菊酯	Deltamethrin	35.77	181（100）	172（25）	174（25）	
			B 组				
93	茵草敌	EPTC	8.54	128（100）	189（30）	132（32）	
94	丁草敌	Butylate	9.49	156（100）	146（115）	217（27）	
95	敌草腈	Dichlobenil	9.75	171（100）	173（68）	136（15）	
96	克草敌	Pebulate	10.18	128（100）	161（21）	203（20）	
97	三氯甲基吡啶	Nitrapyrin	10.89	194（100）	196（97）	198（23）	
98	速灭磷	Mevinphos	11.23	127（100）	192（39）	164（29）	
99	氯苯甲醚	Chloroneb	11.85	191（100）	193（67）	206（66）	
100	四氯硝基苯	Tecnazene	13.54	261（100）	203（135）	215（113）	
101	庚烯磷	Heptenophos	13.78	124（100）	215（17）	250（14）	
102	六氯苯	Hexachlorobenzene	14.69	284（100）	286（81）	282（51）	
103	灭线磷	Ethoprophos	14.40	158（100）	200（40）	242（23）	168（15）
104	顺式-燕麦敌	Cis-Diallate	14.75	234（100）	236（37）	128（38）	
105	毒草胺	Propachlor	14.73	120（100）	176（45）	211（11）	
106	反式-燕麦敌	trans-Diallate	15.29	234（100）	236（37）	128（38）	
107	氟乐灵	Trifluralin	15.23	306（100）	264（72）	335（7）	
108	氯苯胺灵	Chlorpropham	15.49	213（100）	171（59）	153（24）	
109	治螟磷	Sulfotep	15.55	322（100）	202（43）	238（27）	266（24）
110	菜草畏	Sulfallate	15.75	188（100）	116（7）	148（4）	
111	α-六六六	Alpha-HCH	16.06	219（100）	183（98）	221（47）	254（6）
112	特丁硫磷	Terbufos	16.83	231（100）	153（25）	288（10）	186（13）
113	特丁通	Terbumeton	17.20	210（100）	169（66）	225（32）	
114	环丙氟灵	Profluralin	17.36	318（100）	304（47）	347（13）	
115	敌噁磷	Dioxathion	17.51	270（100）	197（43）	169（19）	
116	扑灭津	Propazine	17.67	214（100）	229（67）	172（51）	

（续表）

序号	中文名称	英文名称	保留时间/ min	定量离子	定性离子 1	定性离子 2	定性离子 3
		B 组					
117	氯炔灵	Chlorbufam	17.85	223 (100)	153 (53)	164 (64)	
118	氯硝胺	Dicloran	17.89	206 (100)	176 (128)	160 (52)	
119	特丁津	Terbuthylazine	18.07	214 (100)	229 (33)	173 (35)	
120	绿谷隆	Monolinuron	18.15	61 (100)	126 (45)	214 (51)	
121	氟虫脲	Flufenoxuron	18.83	305 (100)	126 (67)	307 (32)	
122	杀螟腈	Cyanophos	18.73	243 (100)	180 (8)	148 (3)	
123	甲基毒死蜱	Chlorpyrifos – methyl	19.38	286 (100)	288 (70)	197 (5)	
124	敌草净	Desmetryn	19.64	213 (100)	198 (60)	171 (30)	
125	二甲草胺	Dimethachlor	19.80	134 (100)	197 (47)	210 (16)	
126	甲草胺	Alachlor	20.03	188 (100)	237 (35)	269 (15)	
127	甲基嘧啶磷	Pirimiphos – methyl	20.30	290 (100)	276 (86)	305 (74)	
128	特丁净	Terbutryn	20.61	226 (100)	241 (64)	185 (73)	
129	杀草丹	Thiobencarb	20.63	100 (100)	257 (25)	259 (9)	
130	丙硫特普	Aspon	20.62	211 (100)	253 (52)	378 (14)	
131	三氯杀螨醇	Dicofol	21.33	139 (100)	141 (72)	250 (23)	251 (4)
132	异丙甲草胺	Metolachlor	21.34	238 (100)	162 (159)	240 (33)	
133	氧化氯丹	Oxy – chlordane	21.63	387 (100)	237 (50)	185 (68)	
134	嘧啶磷	Pirimiphos – ethyl	21.59	333 (100)	318 (93)	304 (69)	
135	烯虫酯	Methoprene	21.71	73 (100)	191 (29)	153 (29)	
136	溴硫磷	Bromofos	21.75	331 (100)	329 (75)	213 (7)	
137	苯氟磺胺	Dichlofluanid	21.68	224 (100)	226 (74)	167 (120)	
138	乙氧呋草黄	Ethofumesate	21.84	207 (100)	161 (54)	286 (27)	
139	异丙乐灵	Isopropalin	22.10	280 (100)	238 (40)	222 (4)	
140	硫丹 – 1	Endosulfan – 1	23.10	241 (100)	265 (66)	339 (46)	
141	敌稗	Propanil	22.68	161 (100)	217 (21)	163 (62)	
142	异柳磷	Isofenphos	22.99	213 (100)	255 (44)	185 (45)	
143	育畜磷	Crufomate	22.93	256 (100)	182 (154)	276 (58)	
144	毒虫畏	Chlorfenvinphos	23.19	323 (100)	267 (139)	269 (92)	
145	顺式 – 氯丹	Cis – Chlordane	23.55	373 (100)	375 (96)	377 (51)	
146	甲苯氟磺胺	Tolylfluanide	23.45	238 (100)	240 (71)	137 (210)	
147	p, p′–滴滴伊	4, 4′–DDE	23.92	318 (100)	316 (80)	246 (139)	248 (70)
148	丁草胺	Butachlor	23.82	176 (100)	160 (75)	188 (46)	
149	乙菌利	Chlozolinate	23.83	259 (100)	188 (83)	331 (91)	
150	巴毒磷	Crotoxyphos	23.94	193 (100)	194 (16)	166 (51)	

（续表）

序号	中文名称	英文名称	保留时间/min	定量离子	定性离子1	定性离子2	定性离子3
			B 组				
151	碘硫磷	Iodofenphos	24.33	377（100）	379（37）	250（6）	
152	杀虫畏	Tetrachlorvinphos	24.36	329（100）	331（96）	333（31）	
153	氯溴隆	Chlorbromuron	24.37	61（100）	294（17）	292（13）	
154	丙溴磷	Profenofos	24.65	339（100）	374（39）	297（37）	
155	氟咯草酮	Fluorochloridone	25.14	311（100）	313（64）	187（85）	
156	噻嗪酮	Buprofezin	24.87	105（100）	172（54）	305（24）	
157	o，p'-滴滴滴	2，4'-DDD	24.94	235（100）	237（65）	165（39）	199（15）
158	异狄氏剂	Endrin	25.15	263（100）	317（30）	345（26）	
159	己唑醇	Hexaconazole	24.92	214（100）	231（62）	256（26）	
160	杀螨酯	Chlorfenson	25.05	302（100）	175（282）	177（103）	
161	o，p'-滴滴涕	2，4'-DDT	25.56	235（100）	237（63）	165（37）	199（14）
162	多效唑	Paclobutrazol	25.21	236（100）	238（37）	167（39）	
163	盖草津	Methoprotryne	25.63	256（100）	213（24）	271（17）	
164	抑草蓬	Erbon	25.68	169（100）	171（35）	223（30）	
165	丙酯杀螨醇	Chloropropylate	25.85	251（100）	253（64）	141（18）	
166	麦草氟甲酯	Flamprop-methyl	25.90	105（100）	77（26）	276（11）	
167	除草醚	Nitrofen	26.12	283（100）	253（90）	202（48）	139（15）
168	乙氧氟草醚	Oxyfluorfen	26.13	252（100）	361（35）	300（35）	
169	虫螨磷	Chlorthiophos	26.52	325（100）	360（52）	297（54）	
170	硫丹-Ⅱ	Endosulfan-Ⅱ	26.72	241（100）	265（66）	339（46）	
171	麦草氟异丙酯	Flamprop-Isopropyl	26.70	105（100）	276（19）	363（3）	
172	p，p'-滴滴涕	4，4'-DDT	27.22	235（100）	237（65）	246（7）	165（34）
173	三硫磷	Carbofenothion	27.19	157（100）	342（49）	199（28）	
174	苯霜灵	Benalaxyl	27.54	148（100）	206（32）	325（8）	
175	敌瘟磷	Edifenphos	27.94	173（100）	310（76）	201（37）	
176	三唑磷	Triazophos	28.23	161（100）	172（47）	257（38）	
177	苯腈磷	Cyanofenphos	28.43	157（100）	169（56）	303（20）	
178	氯杀螨砜	Chlorbenside sulfone	28.88	127（100）	99（14）	89（33）	
179	硫丹硫酸盐	Endosulfan-Sulfate	29.05	387（100）	272（165）	389（64）	
180	溴螨酯	Bromopropylate	29.30	341（100）	183（34）	339（49）	
181	新燕灵	Benzoylprop-ethyl	29.40	292（100）	365（36）	260（37）	
182	甲氰菊酯	Fenpropathrin	29.56	265（100）	181（237）	349（25）	
183	溴苯磷	Leptophos	30.19	377（100）	375（73）	379（28）	
184	苯硫膦	EPN	30.06	157（100）	169（53）	323（14）	

（续表）

序号	中文名称	英文名称	保留时间/min	定量离子	定性离子1	定性离子2	定性离子3
			B组				
185	环嗪酮	Hexazinone	30.14	171（100）	252（3）	128（12）	
186	伏杀硫磷	Phosalone	31.22	182（100）	367（30）	154（20）	
187	保棉磷	Azinphos – methyl	31.41	160（100）	132（71）	77（58）	
188	氯苯嘧啶醇	Fenarimol	31.65	139（100）	219（70）	330（42）	
189	益棉磷	Azinphos – ethyl	32.01	160（100）	132（103）	77（51）	
190	咪鲜胺	Prochloraz	33.07	180（100）	308（59）	266（18）	
191	蝇毒磷	Coumaphos	33.22	362（100）	226（56）	364（39）	334（15）
192	氟氯氰菊酯	Cyfluthrin	32.94 33.12	206（100）	199（63）	226（72）	
193	氟胺氰菊酯	Fluvalinate	34.94 35.02	250（100）	252（38）	181（18）	
			C组				
194	敌敌畏	Dichlorvos	7.80	109（100）	185（34）	220（7）	
195	联苯	Biphenyl	9.00	154（100）	153（40）	152（27）	
196	灭草敌	Vernolate	9.82	128（100）	146（17）	203（9）	
197	3，5–二氯苯胺	3，5 – Dichloroaniline	11.20	161（100）	163（62）	126（10）	
198	禾草敌	Molinate	11.92	126（100）	187（24）	158（2）	
199	虫螨畏	Methacrifos	11.86	125（100）	208（74）	240（44）	
200	邻苯基苯酚	2 – Phenylphenol	12.47	170（100）	169（72）	141（31）	
201	四氢邻苯二甲酰亚胺	Cis – 1，2，3，6 – Tetrahydrophthalimide	13.39	151（100）	123（16）	122（16）	
202	仲丁威	Fenobucarb	14.60	121（100）	150（32）	107（8）	
203	乙丁氟灵	Benfluralin	15.23	292（100）	264（20）	276（13）	
204	氟铃脲	Hexaflumuron	16.20	176（100）	279（28）	277（43）	
205	扑灭通	Prometon	16.66	210（100）	225（91）	168（67）	
206	野麦畏	Triallate	17.12	268（100）	270（73）	143（19）	
207	嘧霉胺	Pyrimethanil	17.28	198（100）	199（45）	200（5）	
208	林丹	Gamma – HCH	17.48	183（100）	219（93）	254（13）	221（40）
209	乙拌磷	Disulfoton	17.61	88（100）	274（15）	186（18）	
210	莠去净	Atrizine	17.64	200（100）	215（62）	173（29）	
211	七氯	Heptachlor	18.49	272（100）	237（40）	337（27）	
212	异稻瘟净	Iprobenfos	18.44	204（100）	246（18）	288（17）	
213	氯唑磷	Isazofos	18.54	161（100）	257（53）	285（39）	313（14）

（续表）

序号	中文名称	英文名称	保留时间/min	定量离子	定性离子1	定性离子2	定性离子3
			C组				
214	三氯杀虫酯	Plifenate	18.87	217（100）	175（96）	242（91）	
215	丁苯吗啉	Fenpropimorph	19.22	128（100）	303（5）	129（9）	
216	四氟苯菊酯	Transfluthrin	19.04	163（100）	165（23）	335（7）	
217	氯乙氟灵	Fluchloralin	18.89	306（100）	326（87）	264（54）	
218	甲基立枯磷	Tolclofos - methyl	19.69	265（100）	267（36）	250（10）	
219	异丙草胺	Propisochlor	19.89	162（100）	223（200）	146（17）	
220	莠灭净	Ametryn	20.11	227（100）	212（53）	185（17）	
221	西草净	Simetryn	20.18	213（100）	170（26）	198（16）	
222	溴谷隆	Metobromuron	20.07	61（100）	258（11）	170（16）	
223	嗪草酮	Metribuzin	20.33	198（100）	199（21）	144（12）	
224	噻节因	Dimethipin	20.38	118（100）	210（26）	103（20）	
225	ε-六六六	HCH, epsilon -	20.78	181（100）	219（76）	254（15）	217（40）
226	异丙净	Dipropetryn	20.82	255（100）	240（42）	222（20）	
227	安硫磷	Formothion	21.42	170（100）	224（97）	257（63）	
228	乙霉威	Diethofencarb	21.43	267（100）	225（98）	151（31）	
229	哌草丹	Dimepiperate	22.28	119（100）	145（30）	263（8）	
230	生物烯丙菊酯-1	Bioallethrin - 1	22.29	123（100）	136（24）	107（29）	
231	生物烯丙菊酯-2	Bioallethrin - 2	22.34	123（100）	136（24）	107（29）	
232	o，p'-滴滴伊	2，4'- DDE	22.64	246（100）	318（34）	176（26）	248（65）
233	芬螨酯	Fenson	22.54	141（100）	268（53）	77（104）	
234	双苯酰草胺	Diphenamid	22.87	167（100）	239（30）	165（43）	
235	氯硫磷	Chlorthion	22.86	297（100）	267（162）	299（45）	
236	炔丙菊酯	Prallethrin	23.11	123（100）	105（17）	134（9）	
237	戊菌唑	Penconazole	23.17	248（100）	250（33）	161（50）	
238	灭蚜磷	Mecarbam	23.46	131（100）	296（22）	329（40）	
239	四氟醚唑	Tetraconazole	23.35	336（100）	338（33）	171（10）	
240	丙虫磷	Propaphos	23.92	304（100）	220（108）	262（34）	
241	氟节胺	Flumetralin	24.10	143（100）	157（25）	404（10）	
242	三唑醇	Triadimenol	24.22	112（100）	168（81）	130（15）	
243	丙草胺	Pretilachlor	24.67	162（100）	238（26）	262（8）	
244	醚菌酯	Kresoxim - methyl	25.04	116（100）	206（25）	131（66）	
245	吡氟禾草灵	Fluazifop - butyl	25.21	282（100）	383（44）	254（49）	
246	氟啶脲	Chlorfluazuron	25.27	321（100）	323（71）	356（8）	
247	乙酯杀螨醇	Chlorobenzilate	25.90	251（100）	253（65）	152（5）	

（续表）

序号	中文名称	英文名称	保留时间/ min	定量离子	定性离子1	定性离子2	定性离子3
			C 组				
248	烯效唑	Uniconazole	26.15	234 (100)	236 (40)	131 (15)	
249	氟哇唑	Flusilazole	26.19	233 (100)	206 (33)	315 (9)	
250	三氟硝草醚	Fluorodifen	26.59	190 (100)	328 (35)	162 (34)	
251	烯唑醇	Diniconazole	27.03	268 (100)	270 (65)	232 (13)	
252	增效醚	Piperonyl butoxide	27.46	176 (100)	177 (33)	149 (14)	
253	炔螨特	Propargite	27.87	135 (100)	350 (7)	173 (16)	
254	灭锈胺	Mepronil	27.91	119 (100)	269 (26)	120 (9)	
255	噁唑隆	Dimefuron	27.82	140 (100)	105 (75)	267 (36)	
256	吡氟酰草胺	Diflufenican	28.45	266 (100)	394 (25)	267 (14)	
257	喹螨醚	Fenazaquin	28.97	145 (100)	160 (46)	117 (10)	
258	苯醚菊酯	Phenothrin	29.08 29.21	123 (100)	183 (74)	350 (6)	
259	咯菌腈	Fludioxonil	28.93	248 (100)	127 (24)	154 (21)	
260	苯氧威	Fenoxycarb	29.57	255 (100)	186 (82)	116 (93)	
261	稀禾啶	Sethoxydim	29.63	178 (100)	281 (51)	219 (36)	
262	莎稗磷	Anilofos	30.68	226 (100)	184 (52)	334 (10)	
263	氟丙菊酯	Acrinathrin	31.07	181 (100)	289 (31)	247 (12)	
264	高效氯氟氰菊酯	Lambda – Cyhalothrin	31.11	181 (100)	197 (100)	141 (20)	
265	苯噻酰草胺	Mefenacet	31.29	192 (100)	120 (35)	136 (29)	
266	氯菊酯	Permethrin	31.57	183 (100)	184 (14)	255 (1)	
267	哒螨灵	Pyridaben	31.86	147 (100)	117 (11)	364 (7)	
268	乙羧氟草醚	Fluoroglycofen – ethyl	32.01	447 (100)	428 (20)	449 (35)	
269	联苯三唑醇	Bitertanol	32.25	170 (100)	112 (8)	141 (6)	
270	醚菊酯	Etofenprox	32.75	163 (100)	376 (4)	183 (6)	
271	噻草酮	Cycloxydim	33.05	178 (100)	279 (7)	251 (4)	
272	顺式 – 氯氰菊酯	Alpha – Cypermethrin	33.35	163 (100)	181 (84)	165 (63)	
273	氟氰戊菊酯	Flucythrinate	33.58 33.85	199 (100)	157 (90)	451 (22)	
274	S – 氰戊菊酯	Esfenvalerate	34.65	419 (100)	225 (158)	181 (189)	
275	苯醚甲环唑	Difenonazole	35.40	323 (100)	325 (66)	265 (83)	
276	丙炔氟草胺	Flumioxazin	35.50	354 (100)	287 (24)	259 (15)	
277	氟烯草酸	Flumiclorac – pentyl	36.34	423 (100)	308 (51)	318 (29)	
			D 组				
278	甲氟磷	Dimefox	5.62	110 (100)	154 (75)	153 (17)	

（续表）

序号	中文名称	英文名称	保留时间/min	定量离子	定性离子1	定性离子2	定性离子3
				D组			
279	乙拌磷亚砜	Disulfoton – sulfoxide	8.41	212（100）	153（61）	184（20）	
280	五氯苯	Pentachlorobenzene	11.11	250（100）	252（64）	215（24）	
281	三异丁基磷酸盐	Tri – iso – butyl phosphate	11.65	155（100）	139（67）	211（24）	
282	鼠立死	Crimidine	13.13	142（100）	156（90）	171（84）	
283	4 – 溴 – 3，5 – 二甲苯基 – N – 甲基氨基甲酸酯 – 1	BDMC – 1	13.25	200（100）	202（104）	201（13）	
284	燕麦酯	Chlorfenprop – methyl	13.57	165（100）	196（87）	197（49）	
285	虫线磷	Thionazin	14.04	143（100）	192（39）	220（14）	
286	2，3，5，6 – 四氯苯胺	2，3，5，6 – tetrachloroaniline	14.22	231（100）	229（76）	158（25）	
287	三正丁基磷酸盐	Tri – n – butyl phosphate	14.33	155（100）	211（61）	167（8）	
288	2，3，4，5 – 四氯甲氧基苯	2，3，4，5 – tetrachloroanisole	14.66	246（100）	203（70）	231（51）	
289	五氯甲氧基苯	Pentachloroanisole	15.19	280（100）	265（100）	237（85）	
290	牧草胺	Tebutam	15.30	190（100）	106（38）	142（24）	
291	蔬果磷	Dioxabenzofos	16.14	216（100）	201（26）	171（5）	
292	甲基苯噻隆	Methabenzthiazuron	16.34	164（100）	136（81）	108（27）	
293	西玛通	Simetone	16.69	197（100）	196（40）	182（38）	
294	阿特拉通	Atratone	16.70	196（100）	211（68）	197（105）	
295	脱异丙基莠去津	Desisopropyl – atrazine	16.69	173（100）	158（84）	145（73）	
296	特丁硫磷砜	Terbufos sulfone	16.79	231（100）	288（11）	186（15）	
297	七氟菊酯	Tefluthrin	17.24	177（100）	197（26）	161（5）	
298	溴烯杀	Bromocylen	17.43	359（100）	357（99）	394（14）	
299	草达津	Trietazine	17.53	200（100）	229（51）	214（45）	
300	氧乙嘧硫磷	Etrimfos oxon	17.83	292（100）	277（35）	263（12）	
301	环莠隆	Cycluron	17.95	89（100）	198（36）	114（9）	
302	2，6 – 二氯苯甲酰胺	2，6 – dichlorobenzamide	17.93	173（100）	189（36）	175（62）	
303	2，4，4′ – 三氯联苯	DE – PCB 28	18.15	256（100）	186（53）	258（97）	
304	2，4，5 – 三氯联苯	DE – PCB 31	18.19	256（100）	186（53）	258（97）	
305	脱乙基另丁津	Desethyl – sebuthylazine	18.32	172（100）	174（32）	186（11）	
306	2，3，4，5 – 四氯苯胺	2，3，4，5 – tetrachloroaniline	18.55	231（100）	229（76）	233（48）	
307	合成麝香	Musk ambrette	18.62	253（100）	268（35）	223（18）	
308	二甲苯麝香	Musk xylene	18.66	282（100）	297（10）	128（20）	
309	五氯苯胺	Pentachloroaniline	18.91	265（100）	263（63）	230（8）	
310	叠氮津	Aziprotryne	19.11	199（100）	184（83）	157（31）	

（续表）

序号	中文名称	英文名称	保留时间/ min	定量离子	定性离子1	定性离子2	定性离子3
		D 组					
311	另丁津	Sebutylazine	19.26	200（100）	214（14）	229（13）	
312	丁咪酰胺	Isocarbamid	19.24	142（100）	185（2）	143（6）	
313	2，2′，5，5′-四氯联苯	DE - PCB 52	19.48	292（100）	220（88）	255（32）	
314	麝香	Musk moskene	19.46	263（100）	278（12）	264（15）	
315	苄草丹	Prosulfocarb	19.51	251（100）	252（14）	162（10）	
316	二甲吩草胺	Dimethenamid	19.55	154（100）	230（43）	203（21）	
317	氧皮蝇磷	Fenchlorphos oxon	19.72	285（100）	287（70）	270（7）	
318	4-溴-3，5-二甲苯基-N-甲基氨基甲酸酯-2	BDMC - 2	19.74	200（100）	202（101）	201（12）	
319	甲基对氧磷	Paraoxon - methyl	19.83	230（100）	247（93）	200（40）	
320	庚酰草胺	Monalide	20.02	197（100）	199（31）	239（45）	
321	西藏麝香	Musk tibeten	20.40	251（100）	266（25）	252（14）	
322	碳氯灵	Isobenzan	20.55	311（100）	375（31）	412（7）	
323	八氯苯乙烯	Octachlorostyrene	20.60	380（100）	343（94）	308（120）	
324	嘧啶磷	Pyrimitate	20.59	305（100）	153（116）	180（49）	
325	异艾氏剂	Isodrin	21.01	193（100）	263（46）	195（83）	
326	丁嗪草酮	Isomethiozin	21.06	225（100）	198（86）	184（13）	
327	毒壤磷	Trichloronat	21.10	297（100）	269（86）	196（16）	
328	敌草索	Dacthal	21.25	301（100）	332（31）	221（16）	
329	4，4-二氯二苯甲酮	4，4 - dichlorobenzophenone	21.29	250（100）	252（62）	215（26）	
330	酞菌酯	Nitrothal - isopropyl	21.69	236（100）	254（54）	212（74）	
331	麝香酮	Musk ketone	21.70	279（100）	294（28）	128（16）	
332	吡咪唑	Rabenzazole	21.73	212（100）	170（26）	195（19）	
333	嘧菌环胺	Cyprodinil	21.94	224（100）	225（62）	210（9）	
334	麦穗宁	Fuberidazole	22.10	184（100）	155（21）	129（12）	
335	氧异柳磷	Isofenphos oxon	22.04	229（100）	201（2）	314（12）	
336	异氯磷	Dicapthon	22.44	262（100）	263（10）	216（10）	
337	2，2′，4，5，5′-五氯联苯	DE - PCB 101	22.62	326（100）	254（66）	291（18）	
338	2-甲-4-氯丁氧乙基酯	MCPA - butoxyethyl ester	22.61	300（100）	200（71）	182（41）	
339	水胺硫磷	Isocarbophos	22.87	136（100）	230（26）	289（22）	
340	甲拌磷砜	Phorate sulfone	23.15	199（100）	171（30）	215（11）	
341	杀螨醇	Chlorfenethol	23.29	251（100）	253（66）	266（12）	
342	反式九氯	Trans - nonachlor	23.62	409（100）	407（89）	411（63）	

（续表）

序号	中文名称	英文名称	保留时间/min	定量离子	定性离子1	定性离子2	定性离子3
			D 组				
343	消螨通	Dinobuton	23.88	211（100）	240（15）	223（15）	
344	脱叶磷	DEF	24.08	202（100）	226（51）	258（55）	
345	氟咯草酮	Flurochloridone	24.31	311（100）	187（74）	313（66）	
346	溴苯烯磷	Bromfenvinfos	24.62	267（100）	323（56）	295（18）	
347	乙滴涕	Perthane	24.81	223（100）	224（20）	178（9）	
348	灭菌磷	Ditalimfos	24.82	130（100）	148（43）	299（34）	
349	2，3，4，4'，5 - 五氯联苯	DE - PCB 118	25.08	326（100）	254（38）	184（16）	
350	4，4 - 二溴二苯甲酮	4，4 - dibromobenzophenone	25.30	340（100）	259（30）	185（179）	
351	粉唑醇	Flutriafol	25.31	219（100）	164（96）	201（7）	
352	地胺磷	Mephosfolan	25.29	196（100）	227（49）	168（60）	
353	乙基杀扑磷	Athidathion	25.63	145（100）	330（1）	129（12）	
354	2，2'，4，4'，5，5' - 六氯联苯	DE - PCB 153	25.64	360（100）	290（62）	218（24）	
355	苄氯三唑醇	Diclobutrazole	25.95	270（100）	272（68）	159（42）	
356	乙拌磷砜	Disulfoton sulfone	26.16	213（100）	229（4）	185（11）	
357	噻螨酮	Hexythiazox	26.48	227（100）	156（158）	184（93）	
358	2，2'，3，4，4'，5 - 六氯联苯	DE - PCB 138	26.84	360（100）	290（68）	218（26）	
359	威菌磷	Triamiphos	27.02	160（100）	294（28）	251（16）	
360	苄呋菊酯 - 1	Resmethrin - 1	27.26	171（100）	143（83）	338（7）	
361	环丙唑	Cyproconazole	27.23	222（100）	224（35）	223（11）	
362	苄呋菊酯 - 2	Resmethrin - 2	27.43	171（100）	143（80）	338（7）	
363	酞酸甲苯基丁酯	Phthalic acid, benzyl butyl ester	27.56	206（100）	312（4）	230（1）	
364	炔草酸	Clodinafop - propargyl	27.74	349（100）	238（96）	266（83）	
365	倍硫磷亚砜	Fenthion sulfoxide	28.06	278（100）	279（290）	294（145）	
366	三氟苯唑	Fluotrimazole	28.39	311（100）	379（60）	233（36）	
367	氟草烟 - 1 - 甲庚酯	Fluroxypr - 1 - methylheptyl ester	28.45	366（100）	254（67）	237（60）	
368	倍硫磷砜	Fenthion sulfone	28.55	310（100）	136（25）	231（10）	
369	三苯基磷酸盐	Triphenyl phosphate	28.65	326（100）	233（16）	215（20）	
370	苯嗪草酮	Metamitron	28.63	202（100）	174（52）	186（12）	
371	2，2'，3，4，4'，5，5' - 七氯联苯	DE - PCB 180	29.05	394（100）	324（70）	359（20）	
372	吡螨胺	Tebufenpyrad	29.06	318（100）	333（78）	276（44）	
373	解草酯	Cloquintocet - mexyl	29.32	192（100）	194（32）	220（4）	

（续表）

序号	中文名称	英文名称	保留时间/ min	定量离子	定性离子1	定性离子2	定性离子3
			D 组				
374	环草定	Lenacil	29.70	153（100）	136（6）	234（2）	
375	糠菌唑-1	Bromuconazole-1	29.90	173（100）	175（65）	214（15）	
376	脱溴溴苯磷	Desbrom-leptophos	30.15	377（100）	171（97）	375（72）	
377	糠菌唑-2	Bromuconazole-2	30.72	173（100）	175（67）	214（14）	
378	甲磺乐灵	Nitralin	30.92	316（100）	274（58）	300（15）	
379	苯线磷亚砜	Fenamiphos sulfoxide	31.03	304（100）	319（29）	196（22）	
380	苯线磷砜	Fenamiphos sulfone	31.34	320（100）	292（57）	335（7）	
381	拌种咯	Fenpiclonil	32.37	236（100）	238（66）	174（36）	
382	氟喹唑	Fluquinconazole	32.62	340（100）	342（37）	341（20）	
383	腈苯唑	Fenbuconazole	34.02	129（100）	198（51）	125（31）	
			E 组				
384	残杀威-1	Propoxur-1	6.58	110（100）	152（16）	111（9）	
385	异丙威-1	Isoprocarb-1	7.56	121（100）	136（34）	103（20）	
386	甲胺磷	Methamidophos	9.37	94（100）	95（112）	141（52）	
387	二氢苊	Acenaphthene	10.79	164（100）	162（84）	160（38）	
388	驱虫特	Dibutyl succinate	12.20	101（100）	157（19）	175（5）	
389	邻苯二甲酰亚胺	Phthalimide	13.21	147（100）	104（61）	103（35）	
390	氯氧磷	Chlorethoxyfos	13.43	153（100）	125（67）	301（19）	
391	异丙威-2	Isoprocarb-2	13.69	121（100）	136（34）	103（20）	
392	戊菌隆	Pencycuron	14.30	125（100）	180（65）	209（20）	
393	丁噻隆	Tebuthiuron	14.25	156（100）	171（30）	157（9）	
394	甲基内吸磷	demeton-S-methyl	15.19	109（100）	142（43）	230（5）	
395	硫线磷	Cadusafos	15.13	159（100）	213（14）	270（12）	
396	残杀威-2	Propoxur-2	15.48	110（100）	152（19）	111（8）	
397	菲	Phenanthrene	16.97	188（100）	160（9）	189（16）	
398	螺环菌胺-1	Spiroxamine-1	17.26	100（100）	126（7）	198（5）	
399	唑螨酯	Fenpyroximate	17.49	213（100）	142（21）	198（9）	
400	丁基嘧啶磷	Tebupirimfos	17.61	318（100）	261（107）	234（100）	
401	茉莉酮	Prohydrojasmon	17.80	153（100）	184（41）	254（7）	
402	苯锈啶	Fenpropidin	17.85	98（100）	273（5）	145（5）	
403	氯硝胺	Dichloran	18.10	176（100）	206（87）	124（101）	
404	咯喹酮	Pyroquilon	18.28	173（100）	130（69）	144（38）	
405	螺环菌胺-2	Spiroxamine-2	18.23	100（100）	126（5）	198（5）	
406	炔苯酰草胺	Propyzamide	19.01	173（100）	255（23）	240（9）	

（续表）

序号	中文名称	英文名称	保留时间/ min	定量离子	定性离子 1	定性离子 2	定性离子 3
			E组				
407	抗蚜威	Pirimicarb	19.08	166（100）	238（23）	138（8）	
408	磷胺 - 1	Phosphamidon - 1	19.66	264（100）	138（62）	227（25）	
409	解草嗪	Benoxacor	19.62	120（100）	259（38）	176（19）	
410	溴丁酰草胺	Bromobutide	19.70	119（100）	232（27）	296（6）	
411	乙草胺	Acetochlor	19.84	146（100）	162（59）	223（59）	
412	灭草环	Tridiphane	19.90	173（100）	187（90）	219（46）	
413	特草灵	Terbucarb	20.06	205（100）	220（52）	206（16）	
414	戊草丹	Esprocarb	20.01	222（100）	265（10）	162（61）	
415	甲呋酰胺	Fenfuram	20.35	109（100）	201（29）	202（5）	
416	活化酯	Acibenzolar - S - Methyl	20.42	182（100）	135（64）	153（34）	
417	呋草黄	Benfuresate	20.68	163（100）	256（17）	121（18）	
418	氟硫草定	Dithiopyr	20.78	354（100）	306（72）	286（74）	
419	精甲霜灵	Mefenoxam	20.91	206（100）	249（46）	279（11）	
420	马拉氧磷	Malaoxon	21.17	127（100）	268（11）	195（15）	
421	磷胺 - 2	Phosphamidon - 2	21.36	264（100）	138（54）	227（17）	
422	硅氟唑	Simeconazole	21.41	121（100）	278（14）	211（34）	
423	氯酞酸甲酯	Chlorthal - dimethyl	21.39	301（100）	332（27）	221（17）	
424	噻唑烟酸	Thiazopyr	21.91	327（100）	363（73）	381（34）	
425	甲基毒虫畏	Dimethylvinphos	22.21	295（100）	297（56）	109（74）	
426	仲丁灵	Butralin	22.24	266（100）	224（16）	295（60）	
427	苯酰草胺	Zoxamide	22.30	187（100）	242（68）	299（9）	
428	啶斑肟 - 1	Pyrifenox - 1	22.50	262（100）	294（15）	227（15）	
429	烯丙菊酯	Allethrin	22.60	123（100）	107（24）	136（20）	
430	异戊乙净	Dimethametryn	22.83	212（100）	255（9）	240（5）	
431	灭藻醌	Quinoclamine	22.89	207（100）	172（259）	144（64）	
432	甲醚菊酯 - 1	Methothrin - 1	22.92	123（100）	135（89）	104（41）	
433	氟噻草胺	Flufenacet	23.09	151（100）	211（61）	363（6）	
434	甲醚菊酯 - 2	Methothrin - 2	23.19	123（100）	135（73）	104（12）	
435	啶斑肟 - 2	Pyrifenox - 2	23.50	262（100）	294（17）	227（16）	
436	氰菌胺	Fenoxanil	23.58	140（100）	189（14）	301（6）	
437	四氯苯酞	Phthalide	23.51	243（100）	272（28）	215（20）	
438	呋霜灵	Furalaxyl	23.97	242（100）	301（24）	152（40）	
439	噻虫嗪	Thiamethoxam	24.38	182（100）	212（92）	247（124）	
440	嘧菌胺	Mepanipyrim	24.29	222（100）	223（53）	221（9）	

（续表）

序号	中文名称	英文名称	保留时间/ min	定量离子	定性离子 1	定性离子 2	定性离子 3
			E 组				
441	克菌丹	Captan	24.55	149 (100)	264 (32)	236 (10)	
442	除草定	Bromacil	24.73	205 (100)	207 (46)	231 (5)	
443		Picoxystrobin	24.97	335 (100)	303 (43)	367 (9)	
444	抑草磷	Butamifos	25.41	286 (100)	200 (57)	232 (37)	
445	咪草酸	Imazamethabenz - methyl	25.50	144 (100)	187 (117)	256 (95)	
446	苯氧菌胺 - 1	Metominostrobin - 1	25.61	191 (100)	238 (56)	196 (75)	
447	苯噻硫氰	TCMTB	25.59	180 (100)	238 (108)	136 (30)	
448	甲硫威砜	Methiocarb Sulfone	25.56	200 (100)	185 (40)	137 (16)	
449	抑霉唑	Imazalil	25.72	215 (100)	173 (66)	296 (5)	
450	稻瘟灵	Isoprothiolane	25.87	290 (100)	231 (82)	204 (88)	
451	环氟菌胺	Cyflufenamid	26.02	91 (100)	412 (11)	294 (11)	
452	嘧草醚	Pyriminobac - Methyl	26.34	302 (100)	330 (107)	361 (86)	
453	噁唑磷	Isoxathion	26.51	313 (100)	105 (341)	177 (208)	
454	苯氧菌胺 - 2	Metominostrobin - 2	26.76	196 (100)	191 (36)	238 (89)	
455	苯虫醚 - 1	Diofenolan - 1	26.81	186 (100)	300 (57)	225 (25)	
456	噻呋酰胺	Thifluzamide	27.26	449 (100)	447 (97)	194 (308)	
457	苯虫醚 - 2	Diofenolan - 2	27.14	186 (100)	300 (58)	225 (31)	
458	苯氧喹啉	Quinoxyphen	27.14	237 (100)	272 (37)	307 (29)	
459	溴虫腈	Chlorfenapyr	27.60	247 (100)	328 (47)	408 (42)	
460	肟菌酯	Trifloxystrobin	27.71	116 (100)	131 (40)	222 (30)	
461	脱苯甲基亚胺唑	Imibenconazole - des - benzyl	27.86	235 (100)	270 (35)	272 (35)	
462	双苯噁唑酸	Isoxadifen - Ethyl	27.90	204 (100)	222 (76)	294 (44)	
463	氟虫腈	Fipronil	28.34	367 (100)	369 (69)	351 (15)	
464	炔咪菊酯 - 1	Imiprothrin - 1	28.31	123 (100)	151 (55)	107 (54)	
465	唑酮草酯	Carfentrazone - Ethyl	28.29	312 (100)	340 (135)	376 (32)	
466	炔咪菊酯 - 2	Imiprothrin - 2	28.50	123 (100)	151 (21)	107 (17)	
467	氟环唑 - 1	Epoxiconazole - 1	28.58	192 (100)	183 (24)	138 (35)	
468	吡草醚	Pyraflufen Ethyl	28.91	412 (100)	349 (41)	339 (34)	
469	稗草丹	Pyributicarb	28.87	165 (100)	181 (23)	108 (64)	
470	噻吩草胺	Thenylchlor	29.12	127 (100)	288 (25)	141 (17)	
471	烯草酮	Clethodim	29.21	164 (100)	205 (50)	267 (15)	
472	吡唑解草酯	Mefenpyr - diethyl	29.55	227 (100)	299 (131)	372 (18)	
473	伐灭磷	Famphur	29.80	218 (100)	125 (27)	217 (22)	
474	乙螨唑	Etoxazole	29.64	300 (100)	330 (69)	359 (65)	

（续表）

序号	中文名称	英文名称	保留时间/ min	定量离子	定性离子 1	定性离子 2	定性离子 3
			E 组				
475	吡丙醚	Pyriproxyfen	30.06	136（100）	226（8）	185（10）	
476	氟环唑 - 2	Epoxiconazole - 2	29.73	192（100）	183（13）	138（30）	
477	氟吡酰草胺	Picolinafen	30.27	238（100）	376（77）	266（11）	
478	异菌脲	Iprodione	30.24	187（100）	244（65）	246（42）	
479	哌草磷	Piperophos	30.42	320（100）	140（123）	122（114）	
480	呋酰胺	Ofurace	30.36	160（100）	232（83）	204（35）	
481	联苯肼酯	Bifenazate	30.38	300（100）	258（99）	199（100）	
482	异狄氏剂酮	Endrin ketone	30.45	317（100）	250（31）	281（58）	
483	氯甲酰草胺	Clomeprop	30.48	290（100）	288（279）	148（206）	
484	咪唑菌酮	Fenamidone	30.66	268（100）	238（111）	206（32）	
485	萘丙胺	Naproanilide	31.89	291（100）	171（96）	144（100）	
486	吡唑醚菌酯	Pyraclostrobin	31.98	132（100）	325（14）	283（21）	
487	乳氟禾草灵	Lactofen	32.06	442（100）	461（25）	346（12）	
488	三甲苯草酮	Tralkoxydim	32.14	283（100）	226（7）	268（8）	
489	吡唑硫磷	Pyraclofos	32.18	360（100）	194（79）	362（38）	
490	氯亚胺硫磷	Dialifos	32.27	186（100）	357（143）	210（397）	
491	螺螨酯	Spirodiclofen	32.50	312（100）	259（48）	277（28）	
492	苄螨醚	Halfenprox	32.62	263（100）	237（6）	476（5）	
493	呋草酮	Flurtamone	32.78	333（100）	199（63）	247（25）	
494	环酯草醚	Pyriftalid	32.94	318（100）	274（71）	303（44）	
495	氟硅菊酯	Silafluofen	33.18	287（100）	286（274）	258（289）	
496	嘧螨醚	Pyrimidifen	33.63	184（100）	186（32）	185（10）	
497	啶虫脒	Acetamiprid	33.87	126（100）	152（99）	166（58）	
498	氟丙嘧草酯	Butafenacil	33.85	331（100）	333（34）	180（35）	
499	苯酮唑	Cafenstrole	34.36	100（100）	188（69）	119（25）	
500	氟啶草酮	Fluridone	37.61	328（100）	329（100）	330（100）	

附录 C
（资料性附录）

GC－MS 测定的 A、B、C、D、E 五组农药及相关化学品选择离子监测分组表。

C.1　GC－MS 测定的 A、B、C、D、E 五组农药及相关化学品选择离子监测分组表，见表 C.1。

表 C.1

序号	时间（min）	离子（amu）	驻留时间（ms）
		A 组	
1	8.30	138，158，173	200
2	9.60	124，140，166，172，183，211	90
3	10.50	121，154，234	200
4	10.75	120，137，179	200
5	11.70	154，186，215	200
6	14.40	167，168，169	200
7	14.90	121，142，143，153，183，195，196，198，230，231，260，276，292，316	30
8	16.20	88，125，246	200
9	16.70	137，138，145，172，174，179，187，202，204，205，237，246，249，295，304	30
10	17.80	138，173，175，181，186，194，196，201，210，225，236，255，277，292	30
11	18.80	150，165，173，175，222，223，251，255，279	50
12	19.20	125，143，229，261，263，265，293，305，307，329	50
13	19.80	125，261，263，265，285，287，293，305，307，329	50
14	20.10	170，181，184，198，200，206，212，217，219，226，227，233，234，241，246，249，254，258，263，264，266，268，285，286，314	10
15	21.40	143，152，153，158，169，173，180，181，208，217，219，220，247，254，256，260，275，277，278，351，353，355	10
16	22.30	61，143，160，162，181，186，208，210，220，235，248，252，263，268，270，291，351，353，355	20
17	23.00	133，143，146，157，209，211，246，268，270，274，298，303，320，357，359，373，375，377	20
18	23.70	72，104，133，145，152，157，160，162，209，211，215，253，255，260，263，267，274，277，283，285，297，302，309，345，380	10
19	24.80	128，145，154，157，171，175，198，217，225，240，255，258，271，283，285，288，302，303	20
20	25.50	154，185，217，252，253，254，288，303，319，324，334	50

（续表）

序号	时间（min）	离子（amu）	驻留时间（ms）
		A 组	
21	26.00	87，139，143，145，165，173，199，208，231，235，237，251，253，273，316，323，384	20
22	26.80	145，150，156，165，173，179，199，231，235，237，245，247，280，288，322，323，384	20
23	27.90	165，166，173，181，253，259，261，281，292，293，308，342	40
24	28.60	118，160，165，166，181，203，212，227，228，231，235，237，272，274，314，323	30
25	29.30	135，163，164，212，227，228，232，233，250，252，278	40
26	30.00	102，145，159，160，161，188，199，227，303，317，340，356	40
27	31.00	175，183，184，220，221，223，232，250，255，267，373	40
28	33.00	127，180，181	200
29	34.40	167，181，225，419	150
30	35.70	172，174，181	200
		B 组	
1	7.80	128，132，189	200
2	8.80	146，156，217	200
3	9.70	128，136，161，171，173，203	90
4	10.70	127，164，192，194，196，198	90
5	11.70	191，193，206	200
6	13.40	124，203，215，250，261	100
7	14.40	158，168，200，242，282，284，286	80
8	14.70	116，120，128，148，153，171，176，188，202，211，213，234，236，238，264，266，282，284，286，306，322，335	10
9	16.00	116，148，183，188，219，221，254	80
10	16.80	153，186，231，288	150
11	17.10	153，160，164，169，172，173，176，197，206，210，214，223，225，229，270，318，330，347	20
12	18.20	61，126，160，173，176，206，214，229	60
13	18.70	126，127，134，148，164，171，172，180，192，197，198，210，213，223，243，286，288，305，307	20
14	19.90	134，171，188，197，198，210，213，237，269，276，290，305	40
15	20.60	100，185，211，226，241，253，257，259，378	50

序号	时间（min）	离子（amu）	驻留时间（ms）
B 组			
16	21.20	73, 139, 141, 153, 161, 162, 167, 185, 191, 207, 213, 224, 226, 237, 238, 240, 250, 251, 286, 304, 318, 329, 331, 333, 351, 353, 355, 387	10
17	22.00	161, 167, 207, 222, 224, 226, 238, 264, 280, 286, 351, 353, 355	40
18	22.70	161, 163, 170, 171, 182, 185, 205, 213, 217, 241, 255, 256, 265, 267, 269, 276, 323, 339	20
19	23.40	137, 160, 176, 188, 238, 240, 246, 248, 259, 267, 269, 316, 318, 323, 331, 373, 375, 377	20
20	23.90	61, 160, 166, 176, 188, 193, 194, 246, 248, 250, 259, 292, 294, 297, 316, 318, 329, 331, 333, 339, 374, 377, 379	20
21	24.90	61, 105, 165, 167, 172, 175, 177, 187, 199, 214, 231, 235, 236, 237, 238, 256, 263, 292, 294, 297, 302, 305, 311, 313, 317, 339, 345, 374	10
22	25.60	77, 105, 139, 141, 165, 169, 171, 199, 202, 213, 223, 235, 237, 251, 252, 253, 256, 271, 276, 283, 297, 300, 325, 360, 361	10
23	26.70	105, 157, 165, 195, 199, 235, 237, 246, 276, 297, 325, 339, 342, 360, 363	30
24	27.60	148, 157, 161, 169, 172, 173, 201, 206, 257, 303, 310, 325	40
25	28.90	89, 99, 126, 127, 157, 161, 169, 172, 181, 183, 257, 260, 265, 272, 292, 303, 339, 341, 349, 365, 387, 389	10
26	29.80	79, 181, 183, 265, 311, 349	90
27	30.00	128, 157, 169, 171, 189, 252, 310, 323, 341, 375, 377, 379	40
28	31.20	132, 139, 154, 160, 161, 182, 189, 251, 310, 330, 341, 367	40
29	32.90	180, 199, 206, 226, 266, 308, 334, 362, 364	50
30	34.00	181, 250, 252	200
C 组			
1	7.30	109, 185, 220	200
2	8.70	152, 153, 154	200
3	9.30	58, 128, 129, 146, 188, 203	90
4	11.20	126, 161, 163	200
5	11.75	125, 126, 141, 158, 169, 170, 187, 208, 240	50
6	13.50	122, 123, 124, 151, 215, 250	90
7	14.70	107, 121, 150, 264, 276, 292	90
8	16.00	174, 202, 217	200
9	16.50	126, 141, 143, 156, 168, 176, 198, 199, 200, 210, 225, 268, 270, 277, 279	30
10	17.60	88, 173, 183, 186, 200, 215, 219, 254, 274	50
11	18.40	104, 130, 159, 161, 204, 237, 246, 257, 272, 285, 288, 313, 337	40

（续表）

序号	时间（min）	离子（amu）	驻留时间（ms）
C 组			
12	18.90	128，129，161，163，165，175，204，217，242，246，257，264，285，288，303，306，313，326，335	20
13	19.80	73，89，146，162，185，212，223，227，250，265，267	50
14	20.30	61，144，146，162，170，185，198，199，212，213，223，227，258	40
15	20.70	61，103，118，144，170，181，198，199，210，217，219，222，240，254，255	30
16	21.35	108，117，151，160，161，170，219，221，224，225，257，267，351，353，355	30
17	22.20	107，108，119，123，136，145，176，219，221，246，248，263，318，351，353，355	20
18	22.70	77，141，165，167，174，176，206，234，239，246，248，267，268，297，299，318	20
19	23.20	105，123，134，161，248，250，267，297，299	50
20	23.50	131，143，157，161，171，220，248，250，262，296，304，329，336，338，404	30
21	24.30	112，130，162，168，238，262	90
22	25.10	112，116，130，131，162，168，206，233，234，235，238，262	40
23	25.30	254，282，321，323，356，383	90
24	26.00	131，152，206，233，234，236，251，253，315	50
25	26.90	149，162，176，177，190，232，268，270，328	50
26	27.90	105，119，120，135，140，173，266，267，269，350，394	50
27	28.80	105，117，123，140，145，160，183，266，267，350，394	50
28	29.00	117，123，127，145，154，160，183，248，350	50
29	29.60	116，178，186，191，219，255	90
30	30.30	132，162，178，184，219，226，281，293，334	50
31	31.10	120，136，141，147，181，183，184，192，197，247，255，289，309，364	30
32	32.00	112，141，147，170，183，184，255，309，364，428，447，449	40
33	32.60	112，141，163，170，183，376，428，447，449	50
34	33.10	163，165，178，181，251，279	90
35	33.80	157，199，451	200
36	34.70	181，225，250，252，419	100
37	35.40	259，265，287，323，325，354	90
38	36.40	308，318，423	200
D 组			
1	5.50	110，153，154	200
2	8.00	153，184，212	200
3	11.00	139，155，211，215，250，252	90

（续表）

序号	时间（min）	离子（amu）	驻留时间（ms）
		D 组	
4	13.00	142, 156, 165, 171, 196, 197, 200, 201, 202	50
5	14.00	143, 155, 158, 167, 192, 203, 211, 220, 229, 231, 246	40
6	15.00	106, 142, 190, 237, 265, 280	90
7	16.00	108, 136, 145, 158, 164, 171, 173, 182, 186, 196, 197, 201, 211, 216, 213, 288	20
8	17.20	161, 174, 177, 197, 200, 202, 214, 229, 246, 357, 359, 394	40
9	17.90	89, 114, 128, 172, 173, 174, 175, 186, 189, 198, 223, 229, 230, 231, 233, 253, 256, 258, 263, 265, 268, 277, 282, 292, 297	10
10	19.20	142, 143, 154, 157, 162, 184, 185, 199, 200, 201, 202, 203, 214, 220, 229, 230, 247, 251, 252, 255, 263, 264, 270, 278, 285, 287, 292	10
11	20.00	153, 180, 197, 199, 200, 201, 202, 230, 239, 247, 251, 252, 266, 305, 308, 311, 343, 375, 380, 412	15
12	21.00	115, 184, 193, 195, 196, 198, 215, 221, 225, 250, 252, 263, 269, 276, 285, 297, 301, 332	20
13	21.60	128, 170, 194, 195, 210, 212, 224, 225, 236, 254, 279, 294	40
14	22.10	129, 155, 182, 184, 200, 201, 210, 212, 216, 224, 225, 229, 230, 254, 262, 263, 291, 300, 314, 326, 351, 353, 355	10
15	23.00	136, 171, 199, 215, 230, 251, 253, 266, 289, 407, 409, 411	40
16	23.90	130, 148, 178, 187, 202, 211, 223, 224, 226, 240, 258, 267, 295, 299, 311, 313, 323	20
17	25.00	129, 130, 145, 148, 164, 168, 184, 185, 196, 201, 218, 219, 227, 254, 259, 290, 299, 326, 330, 340, 360	15
18	26.00	156, 159, 184, 185, 213, 218, 227, 229, 270, 272, 290, 360	40
19	27.10	143, 160, 171, 206, 222, 223, 224, 230, 238, 251, 266, 294, 312, 338, 349	30
20	28.00	136, 174, 186, 202, 215, 231, 233, 237, 254, 278, 279, 294, 310, 311, 326, 366, 379	20
21	29.00	136, 153, 192, 194, 220, 234, 276, 318, 324, 333, 359, 394	40
22	30.00	160, 161, 171, 173, 175, 214, 317, 375, 377	50
23	30.80	173, 175, 196, 213, 230, 274, 292, 300, 304, 316, 319, 320, 335, 373	30
24	32.40	147, 236, 238, 340, 341, 342	90
25	34.00	125, 129, 198	200
		E 组	
1	5.50	110, 111, 152	200
2	7.00	103, 107, 121, 122, 136	100

（续表）

序号	时间（min）	离子（amu）	驻留时间（ms）
		E 组	
3	9.00	94, 95, 141	200
4	10.40	160, 162, 164, 205, 206, 220	100
5	12.00	101, 157, 175	200
6	12.90	103, 104, 121, 125, 130, 136, 147, 153, 301	60
7	13.90	125, 156, 157, 171, 180, 209	100
8	14.80	109, 110, 111, 142, 145, 152, 159, 185, 213, 230, 370	50
9	16.80	98, 100, 126, 142, 145, 153, 160, 184, 187, 188, 189, 198, 213, 232, 234, 254, 261, 273, 318	30
10	17.95	98, 100, 124, 126, 130, 144, 145, 173, 176, 177, 187, 198, 206, 213, 225, 232, 240, 273	30
11	18.70	138, 166, 173, 238, 240, 255	100
12	19.20	109, 119, 120, 135, 138, 146, 153, 162, 173, 176, 182, 187, 201, 202, 205, 206, 219, 220, 222, 223, 227, 232, 259, 264, 265, 296	20
13	20.30	109, 121, 127, 135, 153, 163, 182, 195, 201, 202, 206, 249, 256, 268, 279, 286, 306, 354	30
14	20.90	121, 127, 138, 195, 206, 211, 221, 227, 249, 264, 268, 278, 279, 301, 327, 332, 363, 381	30
15	21.95	109, 187, 224, 242, 266, 295, 297, 299, 351, 353, 355	50
16	22.30	104, 107, 123, 135, 136, 144, 151, 172, 187, 209, 211, 212, 227, 240, 242, 255, 262, 294, 299, 363	35
17	23.30	140, 152, 189, 215, 227, 272, 243, 262, 272	50
18	24.00	112, 128, 149, 168, 182, 205, 207, 212, 221, 222, 223, 231, 236, 247, 264, 303, 335, 367	30
19	25.00	91, 112, 128, 136, 137, 144, 168, 173, 180, 185, 187, 191, 196, 200, 204, 215, 231, 232, 238, 256, 286, 290, 294, 296, 412	20
20	26.05	105, 125, 157, 177, 186, 191, 196, 225, 238, 300, 302, 313, 314, 330, 361	40
21	26.90	116, 131, 186, 194, 204, 222, 225, 235, 237, 247, 270, 272, 294, 300, 307, 328, 351, 367, 369, 408, 447, 449	30
22	28.00	107, 123, 138, 151, 183, 192, 235, 260, 270, 272, 295, 312, 327, 340, 351, 367, 369, 376	30
23	28.60	108, 127, 141, 164, 165, 181, 205, 267, 288, 339, 349, 412	50
24	29.20	120, 125, 136, 137, 138, 164, 183, 185, 187, 192, 205, 206, 217, 218, 226, 227, 236, 240, 244, 246, 249, 299, 300, 330, 359, 372	20
25	30.05	122, 136, 140, 148, 160, 185, 187, 199, 204, 206, 214, 226, 229, 232, 238, 244, 246, 250, 258, 266, 268, 285, 288, 290, 300, 317, 319, 320, 376	20

序号	时间（min）	离子（amu）	驻留时间（ms）
		E 组	
26	31.60	111，132，137，144，171，186，194，199，210，226，237，247，259，263，268，274，277，291，303，312，318，325，333，346，357，360，362，442，461，476	20
27	33.00	126，152，166，180，184，185，186，258，286，287，331，333	50
28	34.00	100，119，188	200
29	37.00	328，329，330	200

附录 D

（资料性附录）

标准物质在苹果基质中选择离子监测 GC－MS 图

D.1 A 组标准物质在苹果基质中选择离子监测 GC－MS 图，见图 D.1。

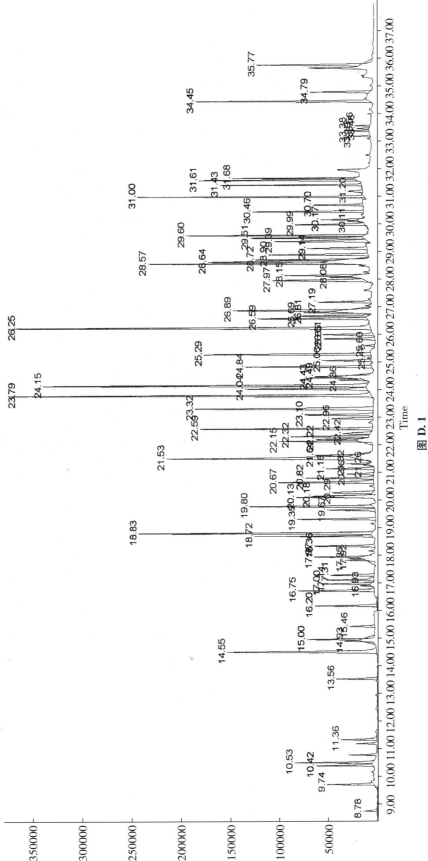

图 D.1

注：农药及相关化学品名称见附录 A 序号 1－92。

D. 2　B 组标准物质在苹果基质中选择离子监测 GC – MS 图，见图 D. 2。

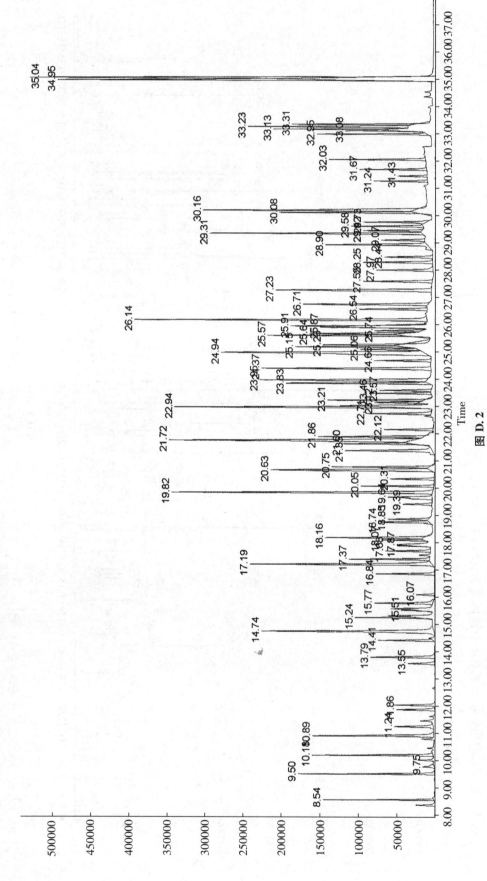

图 D. 2

注：农药及相关化学品名称见附录 A 序号 93 – 193。

D.3 C组标准物质在苹果基质中选择离子监测 GC－MS 图，见图 D.3。

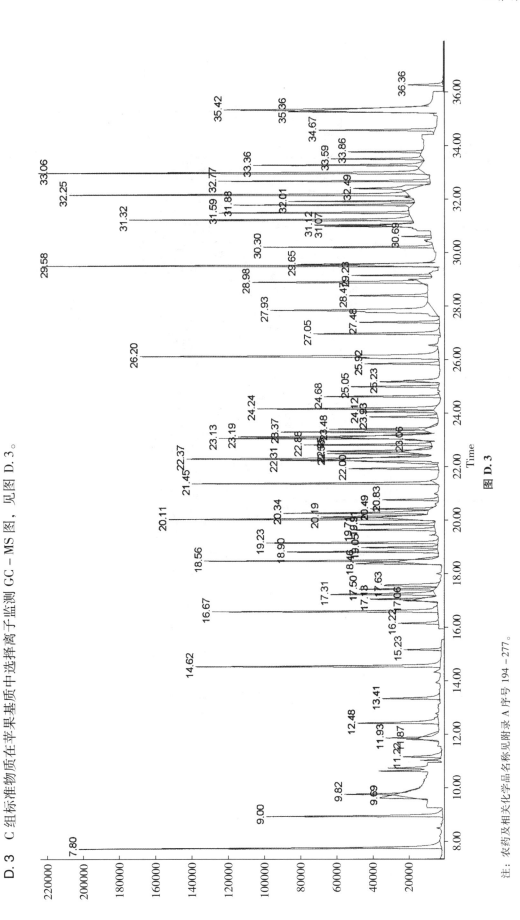

图 D.3

注：农药及相关化学品名称见附录 A 序号 194－277。

D. 4　D 组标准物质在苹果基质中选择离子监测 GC－MS 图，见图 D. 4。

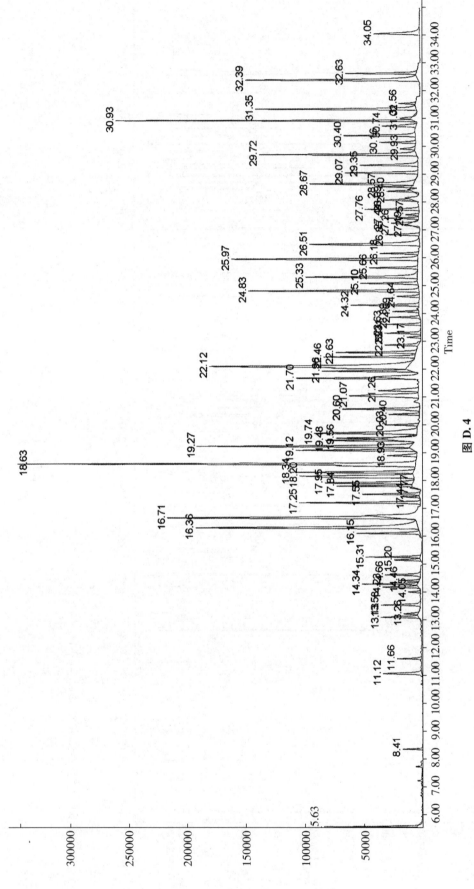

图 D. 4

注：农药及相关化学品名称见附录 A 序号 278－383。

D. 5　E 组标准物质在苹果基质中选择离子监测 GC－MS 图，见图 D. 5。

图 D. 5

注：农药及相关化学品名称见附录 A 序号 384－500。

附录 E
（规范性附录）
实验室内重复性要求

表 E.1 实验室内重复性要求

被测组分含量 mg/kg	精密度%
≤0.001	36
>0.001≤0.01	32
>0.01≤0.1	22
>0.1≤1	18
>1	14

附录 F
（规范性附录）
实验室间再现性要求

表 F.1　　　　　　　　　　　　　实验室间再现性要求

被测组分含量 mg/kg	精密度%
≤0.001	54
>0.001≤0.01	46
>0.01≤0.1	34
>0.1≤1	25
>1	19

附录 G
（资料性附录）
样品的添加浓度及回收率的实验数据

表 G.1 样品的添加浓度及回收率的实验数据

单位：%

序号	中文名称	低水平添加 1LOQ						中水平添加 2LOQ						高水平添加 5LOQ					
		甘蓝	芹菜	西红柿	苹果	葡萄	桔子	甘蓝	芹菜	西红柿	苹果	葡萄	桔子	甘蓝	芹菜	西红柿	苹果	葡萄	桔子
								A组											
1	二丙烯草胺	62.6	85.5	31.1	90.6	74.9	44.8	96.4	79.7	66.7	86.6	83.0	74.9	80.2	103.0	100.3	80.1	68.2	76.1
2	烯丙酰草胺	61.3	95.2	33.7	78.7	71.3	83.0	87.3	69.1	56.2	78.2	91.7	66.3	74.0	92.0	89.9	82.4	72.1	80.7
3	土菌灵	66.0	92.5	41.4	84.7	67.0	58.4	50.9	50.8	62.3	39.3	80.0	57.3	59.9	99.7	78.6	57.9	47.0	60.7
4	氯甲硫磷	72.1	96.7	40.3	81.4	89.6	102.5	80.4	113.2	88.4	91.3	87.9	120.6	68.4	101.3	95.0	80.5	82.1	79.5
5	苯胺灵	83.9	101.0	70.0	99.1	69.9	92.1	103.3	69.3	81.9	108.6	90.0	86.1	58.0	98.7	96.5	89.5	108.3	97.5
6	环草敌	95.3	113.0	98.4	101.6	59.0	80.8	86.5	69.4	76.9	90.7	86.4	78.3	86.5	111.0	103.0	94.0	83.9	91.7
7	联苯二胺	94.3	586.3	132.6	42.5	96.3	123.0	93.0	110.0	175.6	84.6	96.2	94.3	84.9	105.8	106.6	101.0	90.6	107.6
8	杀虫脒	117.5	62.7	60.7	90.8	129.2	129.9	87.5	76.9	102.8	88.3	76.1	89.6	93.8	79.4	91.9	84.4	75.7	91.9
9	乙丁烯氟灵	89.0	108.9	99.0	111.8	94.1	84.1	80.4	67.8	87.6	61.3	100.0	73.4	89.2	119.5	102.7	80.4	76.8	85.6
10	甲拌磷	79.2	118.4	91.5	108.8	86.6	79.3	59.2	71.0	90.7	74.2	83.8	100.0	91.8	116.7	102.7	91.6	81.7	90.2
11	甲基乙拌磷	81.1	91.2	89.5	103.4	0.0	84.3	49.6	63.0	81.8	65.3	36.8	82.7	86.5	82.0	100.3	90.2	78.8	88.0
12	五氯硝基苯	94.7	129.3	95.8	116.9	90.8	91.3	75.7	79.7	85.5	66.3	99.4	79.9	95.4	117.1	104.1	91.7	80.9	89.5
13	脱乙基阿特拉津	105.5	108.2	108.5	114.4	85.4	65.4	85.6	82.5	86.1	72.4	80.9	70.7	104.1	113.9	115.2	101.3	82.8	77.1
14	异噁草松	103.1	115.1	110.2	117.3	95.5	87.6	87.2	81.0	85.2	84.4	89.8	80.1	105.5	121.6	111.6	99.8	86.0	94.8
15	二嗪磷	102.3	118.4	110.7	116.7	90.4	89.3	88.6	81.1	89.7	82.7	95.3	75.7	107.0	132.6	114.3	96.6	80.4	93.2
16	地虫硫磷	94.6	102.9	94.5	118.7	94.3	90.8	88.5	75.8	85.7	82.7	92.5	83.8	100.1	115.3	107.9	99.6	87.4	95.7

序号	中文名称	低水平添加 1LOQ						中水平添加 2LOQ						高水平添加 5LOQ					
		甘蓝	芹菜	西红柿	苹果	葡萄	桔子	甘蓝	芹菜	西红柿	苹果	葡萄	桔子	甘蓝	芹菜	西红柿	苹果	葡萄	桔子
17	乙嘧硫磷	96.6	94.4	105.3	119.6	94.1	88.1	95.2	84.2	93.6	78.7	98.3	99.9	104.2	139.4	115.0	106.3	88.1	99.3
18	西玛津	110.1	106.3	116.5	113.3	76.9	65.2	116.3	102.9	99.7	121.1	79.8	83.6	109.8	121.1	116.5	100.7	85.1	93.6
19	胺丙畏	99.1	112.5	115.2	126.4	98.1	87.2	91.3	61.3	89.9	77.2	96.6	74.4	107.4	104.9	115.5	102.4	91.7	99.7
20	仲丁通	100.2	102.9	105.1	117.1	86.7	78.6	82.8	91.7	100.0	81.7	101.9	86.2	105.8	117.6	113.5	97.1	79.9	93.6
21	除线磷	100.2	104.7	111.7	122.9	101.2	101.2	88.5	80.4	88.5	88.2	93.8	83.5	101.2	115.6	113.1	111.8	95.6	105.7
22	炔丙烯草胺	118.9	125.7	117.9	143.4	110.4	105.3	90.8	82.5	91.0	81.6	95.1	80.6	109.3	124.2	114.8	101.9	88.8	98.7
23	兹克威	82.9	74.4	82.0	88.5	59.7	64.2	69.5	68.7	81.5	53.3	90.3	82.5	97.8	109.3	96.0	76.9	56.2	72.2
24	艾氏剂	94.0	98.7	100.6	111.5	93.1	95.0	83.0	75.9	78.8	88.4	83.9	74.9	93.3	107.8	106.4	100.7	87.4	96.5
25	氨氟灵	96.0	108.1	112.5	135.0	103.2	80.8	67.6	62.1	89.4	62.2	109.7	81.2	91.9	114.0	97.1	73.7	78.1	86.7
26	皮蝇磷	97.3	103.3	105.4	124.0	99.0	91.9	87.8	81.6	89.0	83.8	93.5	94.6	102.4	114.5	111.3	116.3	99.9	111.6
27	扑草净	99.2	99.6	103.9	119.2	90.7	83.3	88.8	88.2	88.2	88.4	94.3	85.8	109.0	120.8	112.9	99.5	81.9	98.0
28	环丙津	101.2	106.2	105.5	121.5	99.0	73.2	83.5	83.8	89.7	81.9	92.1	99.4	108.5	116.7	112.8	99.4	83.2	98.6
29	乙烯菌核利	88.1	95.9	102.6	114.4	98.4	79.6	87.9	86.8	90.4	89.5	91.7	87.6	105.2	116.8	111.0	115.6	97.5	108.5
30	β-六六六	87.7	91.5	94.7	108.4	100.4	76.8	87.3	85.3	83.5	93.1	87.0	79.1	108.6	114.9	116.1	117.3	100.1	103.7
31	甲霜灵	102.4	101.7	112.4	116.8	94.1	78.7	85.9	88.5	122.1	76.3	93.7	73.8	108.7	114.6	117.0	103.9	86.2	95.1
32	毒死蜱	99.9	105.9	114.4	124.7	28.6	27.5	95.7	86.2	97.3	87.6	105.6	134.1	106.1	125.8	115.6	94.3	81.8	91.7
33	甲基对硫磷	94.2	110.6	100.7	131.8	110.5	72.3	99.5	105.9	126.2	75.3	105.7	64.3	112.9	133.5	109.4	100.2	96.3	105.7
34	蒽醌	76.6	46.2	83.5	93.5	109.3	85.3	98.6	89.9	58.4	79.5	79.2	99.0	102.7	104.5	99.4	82.2	64.9	100.4
35	δ-六六六	104.7	108.0	110.0	113.0	76.5	66.2	87.8	84.6	85.9	82.1	98.5	149.4	109.1	112.7	113.1	113.4	96.6	108.1
36	倍硫磷	99.4	111.6	114.3	124.5	103.2	86.7	77.7	79.5	90.2	72.4	69.9	85.3	102.7	108.3	111.0	112.5	96.3	114.7
37	马拉硫磷	96.7	116.8	111.0	131.9	100.6	82.4	87.3	86.2	111.8	73.5	103.4	70.9	108.9	122.2	115.7	110.3	94.9	109.6
38	杀螟硫磷	97.5	100.8	100.3	142.4	107.7	76.1	96.0	118.1	136.1	87.5	122.6	64.9	107.8	118.3	107.7	108.3	96.9	108.2
39	对氧磷	82.2	93.7	95.9	153.2	87.0	61.8	79.0	113.9	124.7	112.7	149.3	90.6	107.0	134.3	107.7	108.7	95.7	107.8

（续表）

序号	中文名称	低水平添加 1LOQ						中水平添加 2LOQ						高水平添加 5LOQ					
		甘蓝	芹菜	西红柿	苹果	葡萄	桔子	甘蓝	芹菜	西红柿	苹果	葡萄	桔子	甘蓝	芹菜	西红柿	苹果	葡萄	桔子
40	三唑酮	101.3	105.3	111.1	122.6	93.0	77.8	64.2	73.9	78.6	63.5	76.8	75.0	108.5	117.9	117.9	114.4	93.5	102.9
41	对硫磷	91.6	110.9	103.7	142.6	113.2	84.1	117.9	114.7	63.5	92.6	78.7	93.0	108.0	129.6	112.9	100.8	93.6	107.1
42	二甲戊灵	96.9	112.0	108.3	141.9	108.9	88.8	78.7	98.2	112.9	57.7	107.6	75.9	108.2	125.8	111.3	98.3	90.8	104.4
43	利谷隆	99.8	132.3	116.7	130.8	73.8	67.9	64.0	86.3	79.5	81.1	106.2	62.2	56.8	153.6	122.9	83.8	64.5	123.1
44	杀螨醚	99.5	106.7	103.0	118.4	100.6	87.6	82.7	87.4	94.7	81.0	89.5	80.5	106.8	116.4	110.9	115.1	104.1	115.2
45	乙基溴硫磷	92.4	102.2	105.6	123.9	94.4	96.3	91.4	91.7	94.0	88.4	100.8	79.8	107.1	119.0	115.8	127.1	109.1	123.1
46	喹硫磷	96.5	107.2	105.1	131.2	103.1	91.1	106.5	95.2	107.0	88.1	118.2	90.5	111.3	124.6	116.7	109.0	93.9	109.3
47	反式氯丹	96.9	102.4	105.4	125.6	98.3	102.3	86.1	86.5	85.1	90.1	90.6	75.6	103.9	113.8	115.1	123.1	103.5	114.6
48	稻丰散	94.1	107.1	107.0	130.2	103.4	88.0	79.5	93.0	104.1	74.2	111.3	69.3	106.2	117.9	115.2	113.2	97.8	111.9
49	吡唑草胺	102.3	102.8	109.7	118.9	93.4	77.8	87.1	88.5	93.8	74.7	99.9	73.3	107.3	113.8	116.1	108.7	88.6	98.7
50	苯硫威	96.3	108.7	100.9	122.5	108.7	97.8	99.4	112.3	86.5	96.7	106.1	94.3	115.6	118.2	112.2	108.3	100.4	110.3
51	丙硫磷	89.4	97.9	91.3	123.6	110.9	91.0	81.9	84.0	40.2	72.6	70.9	66.7	101.1	117.4	110.6	111.8	98.5	110.6
52	整形醇	98.2	127.7	107.0	123.9	104.2	69.2	83.8	87.8	96.2	85.1	103.7	79.4	107.6	0.6	115.8	114.1	99.2	103.1
53	狄氏剂	99.1	104.7	107.1	118.0	98.7	97.4	107.3	90.8	85.2	94.7	90.2	80.3	105.6	114.5	116.5	115.0	96.4	108.2
54	腐霉利	98.0	100.3	101.7	121.0	117.4	98.6	88.4	89.0	85.2	88.3	90.2	148.6	128.1	120.7	118.1	117.9	96.2	105.2
55	杀扑磷	95.8	102.7	103.2	104.8	89.1	81.4	83.2	112.9	125.9	56.7	102.8	58.5	107.4	996.5	117.5	109.6	97.8	107.1
56	氰草津	87.9	75.3	79.5	93.2	118.7	127.3	84.0	84.7	93.8	116.4	90.5	85.5	88.8	81.3	82.4	125.0	108.0	108.3
57	敌草胺	102.9	102.9	104.0	115.4	90.3	76.9	89.4	91.3	93.0	86.6	94.9	80.2	107.3	117.2	116.4	109.5	90.7	102.2
58	嘧草酮	101.9	99.4	105.4	101.0	81.1	78.8	82.8	90.4	103.6	96.7	96.0	78.6	107.6	112.7	116.3	120.0	100.9	114.1
59	苯线磷	69.1	41.8	71.5	126.8	99.9	72.7	69.2	101.2	120.4	51.0	69.7	59.0	93.6	100.1	109.4	98.1	87.2	99.9
60	杀螨氯硫	83.1	95.8	96.4	120.2	97.4	105.6	86.3	86.9	91.7	91.3	90.2	84.0	102.8	118.9	114.8	125.0	106.2	118.6
61	杀螨特	89.4	159.8	101.9	125.8	112.7	102.0	84.6	96.3	107.1	82.2	108.5	73.9	105.6	137.6	124.9	128.6	98.2	107.1
62	乙嘧酚磺酸酯	90.2	102.9	86.6	116.3	88.6	84.2	89.5	91.3	102.0	91.2	99.2	94.6	101.6	128.7	111.9	115.0	93.1	107.9

（续表）

序号	中文名称	低水平添加 1LOQ						中水平添加 2LOQ						高水平添加 5LOQ					
		甘蓝	芹菜	西红柿	苹果	葡萄	桔子	甘蓝	芹菜	西红柿	苹果	葡萄	桔子	甘蓝	芹菜	西红柿	苹果	葡萄	桔子
63	菱锈灵	66.9	48.8	76.5	104.7	79.5	64.7	70.5	47.4	82.6	56.2	77.1	77.5	60.4	28.2	92.7	101.4	85.6	97.5
64	氟酰胺	93.1	113.5	106.0	122.1	95.2	72.9	94.0	97.7	131.7	91.9	103.5	86.3	104.0	122.7	115.3	114.9	95.5	94.6
65	p，p′-滴滴滴	未添加	未添加	未添加	未添加	未添加	未添加	未添加	未添加	未添加	未添加	未添加	未添加	未添加	未添加	未添加	未添加	未添加	未添加
66	乙硫磷	92.2	114.4	102.9	130.6	104.4	91.8	91.0	95.9	108.0	78.0	108.4	70.6	106.8	128.7	115.9	121.6	105.8	120.6
67	硫丙磷	94.4	102.8	101.6	118.6	96.8	95.1	76.4	92.2	95.7	74.8	69.1	74.6	102.9	104.9	113.1	113.4	95.4	108.8
68	乙环唑-1	95.6	106.8	73.6	117.1	85.1	77.4	65.4	98.6	110.8	60.4	111.7	53.2	106.5	123.8	158.3	107.5	92.9	113.9
69	乙环唑-2	94.3	109.1	81.8	130.4	77.5	85.1	101.7	89.2	84.5	88.7	89.1	26.7	116.8	131.5	128.5	99.7	77.3	108.2
70	腈菌唑	113.1	104.5	92.4	104.0	80.9	70.7	90.6	91.4	129.1	68.4	101.6	62.9	103.0	115.4	108.2	109.7	89.4	93.4
71	禾草灵	166.6	160.3	104.8	127.3	110.4	94.0	76.1	99.3	111.4	90.4	131.9	133.0	106.9	110.1	117.2	118.5	102.7	112.8
72	丙环唑	91.9	97.1	100.1	115.7	91.0	83.7	79.6	94.1	87.1	57.6	62.7	102.7	104.1	127.0	115.8	108.8	89.7	114.2
73	丰索磷	97.4	89.4	105.3	107.7	87.9	75.3	87.4	138.6	92.2	120.4	58.3	118.2	106.8	86.1	120.3	164.6	132.3	120.0
74	联苯菊酯	92.2	95.6	101.3	124.7	102.7	99.8	89.6	99.1	83.2	95.1	103.7	83.2	102.9	116.9	118.7	112.3	96.6	109.5
75	胺菊酯	97.7	99.2	105.5	130.9	97.6	95.2	116.5	80.8	93.5	111.2	104.5	66.5	103.5	114.0	114.8	110.8	92.4	105.6
76	麦锈灵	114.3	127.4	125.2	139.9	103.9	78.1	77.6	106.6	109.6	68.7	111.1	68.4	110.8	120.7	124.2	112.8	98.3	93.0
77	氟苯嘧啶醇	104.1	99.2	104.4	92.2	72.1	77.9	93.9	92.3	96.4	82.7	95.9	74.7	107.9	109.9	115.1	104.3	73.6	95.7
78	甲氧滴滴灵	83.1	106.9	108.6	126.0	94.0	85.9	71.0	92.3	54.9	100.7	124.8	86.0	93.9	124.3	106.6	86.6	63.2	85.4
79	噁霜灵	86.8	102.3	80.0	112.8	97.5	72.1	106.0	76.5	76.4	142.4	107.4	87.3	103.4	118.3	120.5	98.5	84.9	101.4
80	胺菊酯	93.2	96.9	101.7	124.9	95.6	95.2	86.3	102.0	148.8	91.4	116.0	80.2	103.5	114.0	114.0	114.7	95.9	112.6
81	戊唑醇	106.8	85.9	71.6	117.2	87.6	76.6	88.3	100.3	93.7	62.5	119.7	74.2	98.9	95.5	98.8	107.0	86.7	97.2
82	氟草敏	98.2	110.0	95.3	106.6	87.2	66.9	88.9	94.1	98.1	86.6	98.9	85.0	103.2	110.3	114.0	108.1	92.0	75.6
83	哒螨硫磷	125.0	102.3	104.6	116.8	98.2	82.0	92.2	98.4	121.4	53.2	124.7	53.6	101.3	124.7	115.0	121.3	100.3	108.4
84	亚胺硫磷	87.4	119.4	104.8	131.7	95.7	61.0	86.0	86.9	107.7	99.5	114.5	87.4	109.8	143.5	124.4	106.6	94.8	108.4
85	三氯杀螨砜	99.8	101.6	87.2	127.1	101.7	87.3	92.9	89.7	92.3	89.0	92.4	80.3	105.9	109.2	114.3	124.7	101.3	111.7

（续表）

序号	中文名称	低水平添加 1LOQ						中水平添加 2LOQ						高水平添加 5LOQ					
		甘蓝	芹菜	西红柿	苹果	葡萄	桔子	甘蓝	芹菜	西红柿	苹果	葡萄	桔子	甘蓝	芹菜	西红柿	苹果	葡萄	桔子
86	氧化萎锈灵	78.4	116.4	86.4	96.3	76.0	54.3	84.3	49.8	64.4	100.4	78.0	56.9	78.2	97.8	92.0	78.2	63.5	45.4
87	顺式－氯菊酯	97.5	82.5	102.8	123.8	99.5	101.1	99.6	104.7	118.5	112.1	114.7	116.8	103.3	113.5	119.1	119.4	101.7	115.7
88	反式－氯菊酯	96.2	98.8	123.1	122.1	98.7	97.1	94.1	99.9	108.7	99.0	106.6	76.4	103.2	113.5	118.8	119.9	102.7	116.3
89	吡菌磷	84.4	95.5	109.5	130.7	101.3	85.4	95.7	98.8	112.8	74.0	120.4	57.5	105.3	114.9	120.0	115.7	93.5	115.4
90	氯菁菊酯	81.4	102.0	97.7	120.9	48.7	39.3	87.5	110.8	106.6	89.9	132.7	68.1	102.8	112.6	116.7	106.2	91.7	99.2
91	氰戊菊酯	67.1	73.2	84.4	104.8	91.7	91.2	101.9	90.4	104.0	94.2	108.4	80.3	101.0	103.2	112.9	119.9	101.7	109.0
92	溴氰菊酯	111.0	130.7	114.4	131.4	103.2	88.6	82.4	94.0	93.7	143.9	112.1	64.3	104.0	108.2	114.9	121.8	106.8	114.7
	B组																		
93	茵草敌	69.8	104.0	62.2	64.3	63.3	39.5	77.3	69.1	74.1	79.7	68.5	81.9	90.2	96.4	65.3	77.3	79.8	78.7
94	丁草敌	77.7	101.2	68.0	75.8	82.0	49.7	76.8	68.2	76.8	83.6	66.8	77.0	94.5	101.7	70.3	82.8	84.1	83.5
95	敌草腈	74.8	74.5	49.6	75.0	81.0	49.8	80.9	69.8	74.9	82.9	62.7	60.4	100.5	107.7	70.3	85.8	87.8	89.3
96	克草敌	79.2	109.7	65.7	72.3	74.1	52.0	78.0	68.3	78.8	81.1	69.6	69.3	101.2	107.2	76.9	86.3	84.6	83.3
97	三氯甲基吡啶	69.0	114.9	56.9	66.5	66.7	48.5	71.3	105.2	67.5	74.7	72.5	81.5	100.9	112.3	70.9	82.9	74.8	82.4
98	速灭磷	97.7	106.2	87.9	81.7	79.5	64.5	70.0	108.8	96.9	101.5	75.0	83.3	118.4	116.8	103.5	94.9	93.4	79.8
99	氯苯甲醚	90.9	106.2	74.6	73.9	75.2	61.2	82.9	71.0	75.9	87.6	81.3	86.7	113.0	115.7	91.6	90.3	89.9	89.3
100	四氯硝基苯	86.5	106.8	71.3	75.0	77.2	62.6	81.5	69.4	91.2	68.7	74.7	69.7	109.3	109.6	88.1	92.8	89.8	87.6
101	庚烯磷	101.5	111.0	96.0	93.7	81.6	78.7	86.4	71.1	81.6	78.6	79.1	78.9	119.3	114.7	106.7	98.8	94.9	90.7
102	六氯苯	81.1	99.2	78.1	75.2	68.5	67.0	73.3	64.9	71.8	77.2	68.0	69.3	105.5	100.5	89.9	84.6	87.0	86.3
103	灭线磷	93.0	96.5	87.7	93.6	85.1	79.9	89.7	76.9	85.7	84.7	81.2	82.2	116.1	110.5	105.9	101.6	94.7	92.8
104	顺式－燕麦敌	100.2	105.0	96.7	88.8	91.3	78.1	83.8	75.2	83.0	85.7	77.4	109.9	115.7	112.1	103.0	97.2	93.0	92.3
105	毒草胺	107.8	106.9	97.3	90.8	87.8	82.5	85.0	119.3	81.1	82.0	75.8	77.4	121.2	115.2	112.0	98.1	92.5	88.9
106	反式－燕麦敌	98.4	103.8	91.8	93.4	84.8	79.6	85.6	101.7	84.0	84.1	77.8	74.9	117.2	112.3	105.7	99.6	93.7	91.7
107	氟乐灵	95.8	105.8	89.3	94.2	85.9	76.3	83.4	57.5	79.9	61.3	78.5	58.8	118.3	119.3	104.0	104.5	97.8	88.7

（续表）

序号	中文名称	低水平添加 1LOQ						中水平添加 2LOQ						高水平添加 5LOQ					
		甘蓝	芹菜	西红柿	苹果	葡萄	桔子	甘蓝	芹菜	西红柿	苹果	葡萄	桔子	甘蓝	芹菜	西红柿	苹果	葡萄	桔子
108	氯苯胺灵	109.3	119.8	110.1	98.6	90.6	90.0	89.6	76.1	87.8	84.9	84.4	84.7	123.6	119.3	114.3	101.0	94.9	90.0
109	治螟磷	102.3	116.7	102.0	95.0	85.8	80.6	88.4	73.5	87.9	83.9	93.1	71.1	120.3	116.7	110.3	101.2	94.1	91.1
110	菜草畏	94.0	97.3	81.6	83.9	77.2	67.8	68.1	92.3	82.8	61.4	66.5	55.9	112.3	80.2	95.6	91.7	89.0	84.0
111	α-六六六	99.3	111.4	97.9	96.6	122.5	126.6	86.1	76.5	87.3	85.6	76.7	122.2	117.8	115.3	106.4	96.5	90.0	89.1
112	特丁硫磷	93.6	102.6	90.0	95.3	86.3	84.1	93.8	79.4	95.2	84.4	86.7	116.3	117.3	113.8	109.4	100.8	94.3	88.3
113	特丁通	113.5	102.0	103.9	92.9	89.3	75.7	89.3	79.4	88.7	84.4	88.4	81.2	123.4	115.5	114.8	100.5	91.7	83.4
114	环丙氟灵	104.9	107.4	89.4	99.9	92.0	81.2	86.6	56.3	79.9	60.2	80.1	58.5	125.7	121.6	111.9	106.5	102.2	91.7
115	敌恶磷	120.0	106.9	121.7	102.9	96.1	79.7	94.6	74.0	77.5	94.4	73.5	88.0	129.0	109.2	128.2	104.8	113.9	102.6
116	扑灭津	113.4	131.9	112.0	99.2	91.6	86.2	89.1	77.1	82.3	83.2	78.5	73.0	124.4	146.0	118.9	103.6	96.0	90.4
117	氯炔灵	112.4	104.9	98.0	95.8	85.2	76.0	109.0	81.9	119.4	70.8	101.1	94.5	120.8	120.7	108.4	108.9	98.3	84.1
118	氯硝胺	122.7	116.7	93.3	70.6	94.6	78.4	100.6	84.5	118.4	87.2	87.3	65.2	130.3	122.2	114.6	99.8	97.3	83.6
119	特丁津	118.9	116.6	121.3	102.1	102.6	95.8	88.4	80.6	109.7	67.6	88.2	75.1	134.1	139.7	141.2	105.0	93.4	89.6
120	绿谷隆	112.0	118.5	104.3	94.8	83.0	76.6	97.9	77.2	97.8	51.3	97.9	85.5	127.2	115.1	110.7	102.2	99.8	86.1
121	氟虫脲	128.9	138.1	112.9	106.9	116.0	78.0	77.9	70.4	80.5	63.8	73.6	47.9	121.3	273.9	224.6	100.9	79.8	72.2
122	杀螟腈	111.4	108.4	107.2	96.1	92.3	83.8	88.4	73.5	88.0	76.4	86.7	77.0	125.6	119.5	117.4	102.7	97.2	85.9
123	甲基毒死蜱	106.8	103.9	101.2	102.8	92.4	89.9	88.2	74.8	88.5	77.6	85.7	88.8	122.4	114.2	112.3	104.0	95.1	93.5
124	敌草净	111.0	102.7	102.9	88.5	78.2	74.4	86.1	72.9	86.1	82.0	80.2	75.6	119.2	111.5	108.7	99.8	87.4	80.5
125	二甲草胺	116.3	106.8	112.1	100.8	93.3	88.4	87.7	74.2	90.1	82.0	80.1	88.1	124.5	116.1	118.2	104.4	98.1	90.4
126	甲草胺	112.0	105.6	109.6	100.9	92.3	89.8	89.6	73.1	102.2	82.6	81.2	76.2	125.3	118.4	118.2	105.0	98.4	92.9
127	甲基嘧啶磷	109.5	107.3	107.1	96.5	91.3	87.4	88.0	72.8	91.1	78.5	82.4	92.1	122.5	115.2	112.9	103.7	95.0	90.2
128	特丁净	110.6	106.7	108.9	92.4	90.6	85.0	88.0	74.4	89.1	83.2	80.9	80.3	123.0	115.1	114.7	102.7	93.6	87.2
129	杀草丹	91.8	86.4	90.1	103.7	95.0	93.2	87.5	73.5	85.4	85.9	79.6	86.3	126.2	116.7	118.7	104.6	98.8	94.6
130	丙硫特普	114.2	111.2	109.1	98.9	98.2	90.1	98.6	89.3	86.7	68.9	79.1	80.4	未添加	未添加	未添加	未添加	未添加	未添加

（续表）

序号	中文名称	低水平添加 1LOQ						中水平添加 2LOQ						高水平添加 5LOQ					
		甘蓝	芹菜	西红柿	苹果	葡萄	桔子	甘蓝	芹菜	西红柿	苹果	葡萄	桔子	甘蓝	芹菜	西红柿	苹果	葡萄	桔子
131	三氯杀螨醇	96.1	140.1	115.9	120.7	91.4	108.9	88.2	105.0	134.4	135.6	124.6	165.2	124.7	135.2	138.4	116.7	324.0	123.3
132	异丙甲草胺	113.7	126.3	110.8	103.8	94.1	89.7	89.9	73.7	90.0	80.2	84.4	83.4	124.7	116.0	116.3	106.8	98.9	91.1
133	氧化氯丹	未添加	未添加	未添加	未添加	未添加	未添加	97.1	73.2	110.2	87.9	77.9	81.2	123.8	111.1	114.0	102.0	99.6	94.3
134	嘧啶磷	116.0	102.7	108.4	98.8	91.3	89.5	89.8	72.4	90.3	80.4	88.0	72.3	129.7	115.1	116.6	107.2	95.7	92.9
135	烯虫酯	108.2	123.7	114.3	108.7	95.0	92.8	77.8	69.7	103.7	88.0	92.0	90.7	123.8	129.2	124.0	104.9	98.5	91.6
136	溴硫磷	110.2	111.2	104.4	97.9	84.2	85.1	91.4	82.6	94.6	84.2	84.7	71.2	124.5	119.0	116.4	106.8	98.7	94.0
137	苯氟磺胺	82.0	266.4	275.4	100.7	88.6	72.4	82.8	132.4	85.2	72.9	121.2	112.3	110.4	136.6	126.0	98.7	88.4	80.3
138	乙氧呋草黄	116.4	105.9	110.1	101.5	93.0	87.9	84.2	105.7	103.4	107.7	98.6	125.1	125.2	117.9	121.1	106.3	99.8	87.3
139	异丙乐灵	101.7	112.1	100.6	102.6	102.5	93.6	87.5	68.7	110.9	59.5	84.7	87.6	80.3	79.0	82.9	99.9	98.1	97.4
140	硫丹-I	116.5	106.8	124.4	109.6	100.9	94.4	89.6	76.3	87.6	88.7	85.6	84.0	126.0	115.4	119.4	98.7	93.0	89.8
141	敌稗	111.5	106.9	99.9	102.8	94.4	84.4	99.4	91.4	112.4	82.3	93.8	120.5	125.5	116.3	112.9	106.2	100.1	83.0
142	异柳磷	113.4	105.5	128.5	91.7	81.7	78.0	93.5	71.9	95.2	80.9	92.3	71.0	126.9	116.2	118.4	107.4	100.7	92.9
143	育畜磷	100.0	108.5	91.5	98.0	86.1	77.2	95.7	87.3	74.4	86.4	105.5	78.4	121.6	110.6	107.5	107.1	99.3	82.2
144	毒虫畏	110.0	108.8	108.4	106.6	95.4	92.6	92.1	78.7	94.9	73.7	89.0	63.2	124.6	114.5	115.1	108.1	102.1	92.8
145	顺式-氯丹	116.3	107.5	111.6	106.1	96.0	95.5	85.5	77.3	82.3	84.0	79.2	72.1	125.2	116.9	120.0	104.5	98.1	93.9
146	甲苯氟磺胺	35.6	265.5	237.0	104.7	96.7	95.8	101.8	98.7	87.1	70.8	62.0	89.0	23.0	141.3	129.3	102.6	91.7	79.9
147	p,p'-滴滴伊	112.5	105.9	110.6	104.2	97.2	94.9	86.0	82.7	80.8	88.6	81.3	113.5	125.1	114.9	119.8	104.8	99.9	95.6
148	丁草胺	115.8	108.8	114.8	95.5	92.0	89.0	91.0	76.9	93.6	81.1	88.1	70.4	122.9	111.3	114.6	106.6	100.2	92.7
149	乙菌利	106.4	99.4	101.0	99.4	86.9	85.9	100.9	92.7	100.1	106.1	95.1	91.7	120.5	113.7	115.7	98.9	94.6	86.9
150	巴毒磷	96.2	110.3	104.2	102.3	93.2	84.2	105.7	85.3	102.0	87.8	86.4	76.9	117.7	106.1	100.8	109.6	104.9	82.5
151	碘硫磷	106.8	110.9	106.4	104.5	95.4	89.6	87.5	84.4	98.7	73.5	88.1	60.4	122.3	114.0	107.8	107.6	98.2	89.0
152	杀虫畏	111.5	115.4	107.9	101.7	95.0	92.7	90.6	74.9	95.7	60.5	95.2	55.5	125.6	115.3	114.6	106.3	100.7	89.4
153	氯溴隆	119.6	234.0	116.5	98.2	86.7	88.1	86.5	105.3	79.4	97.8	90.3	84.5	149.1	199.6	140.8	106.5	105.0	87.6

（续表）

序号	中文名称	低水平添加 1LOQ						中水平添加 2LOQ						高水平添加 5LOQ					
		甘蓝	芹菜	西红柿	苹果	葡萄	桔子	甘蓝	芹菜	西红柿	苹果	葡萄	桔子	甘蓝	芹菜	西红柿	苹果	葡萄	桔子
154	丙溴磷	107.8	110.6	104.0	102.2	92.5	90.3	94.6	76.9	94.8	68.0	93.8	53.8	122.5	112.1	112.9	105.3	99.8	94.2
155	氟咯草酮	未添加	未添加	未添加	未添加	未添加	未添加	91.3	75.9	95.7	75.8	99.8	78.6	115.2	100.3	95.0	101.4	101.4	96.2
156	噻嗪酮	106.7	99.4	105.3	90.2	87.4	87.0	91.0	72.5	75.6	95.9	93.0	99.3	123.0	111.1	107.1	95.2	89.2	87.9
157	o,p'-滴滴滴	128.0	551.6	120.0	112.8	117.1	112.2	90.6	80.9	93.5	92.3	82.5	86.1	126.2	128.5	103.5	96.2	108.8	71.0
158	异狄氏剂	117.3	117.0	109.0	102.5	92.2	99.6	89.1	77.9	93.0	72.8	92.2	66.7	125.1	112.3	115.5	105.9	101.8	96.5
159	己唑醇	未添加	未添加	未添加	未添加	未添加	未添加	103.1	76.0	107.1	89.6	101.4	78.6	126.7	114.5	117.4	104.7	100.4	97.2
160	杀螨酯	112.0	99.9	102.2	113.4	107.9	98.2	90.2	81.1	91.4	88.2	86.9	91.1	133.9	121.8	123.1	107.6	101.2	94.9
161	o,p'-滴滴涕	109.9	117.2	109.6	107.5	91.9	92.2	85.1	76.2	96.7	77.3	103.8	114.0	123.2	115.1	118.2	106.5	96.4	93.5
162	多效唑	120.7	106.6	101.4	100.0	87.6	74.0	92.6	72.8	96.2	59.1	89.3	63.9	119.6	106.2	105.9	107.0	101.9	74.4
163	盖草津	111.8	106.1	102.9	94.1	87.4	81.3	92.0	77.3	92.2	80.9	86.5	69.5	122.3	112.2	111.5	101.2	90.5	82.6
164	抑草蓬	111.3	135.1	102.8	95.3	92.1	88.4	71.2	102.5	91.7	80.0	91.8	116.7	126.2	117.1	110.6	101.1	93.4	107.3
165	丙酯杀螨醇	113.4	113.3	109.6	106.7	94.9	91.9	95.4	84.8	107.5	81.9	96.7	81.8	125.0	119.1	114.4	106.8	100.8	92.5
166	麦草氟甲酯	114.1	102.4	112.5	101.0	94.1	91.1	91.4	90.6	102.6	90.3	88.9	80.5	125.6	107.1	117.1	106.6	100.8	86.6
167	除草醚	110.2	132.2	95.4	108.6	97.5	88.6	100.3	118.0	107.4	87.2	115.7	97.9	131.5	124.6	116.5	112.9	106.6	94.2
168	乙氧氟草醚	107.4	121.4	96.1	111.4	100.5	89.1	107.0	92.6	111.3	85.0	104.4	86.4	129.2	122.3	117.2	113.6	105.1	92.2
169	虫螨磷	114.4	108.2	110.7	107.4	96.3	96.7	93.7	77.8	107.9	85.5	88.3	70.6	126.0	115.2	117.4	105.9	97.9	91.7
170	硫丹-2	未添加	未添加	未添加	未添加	未添加	未添加	100.9	107.4	105.2	97.2	102.6	85.4	105.6	115.2	117.2	99.3	92.6	86.5
171	麦草氟异丙酯	107.5	122.4	105.3	106.7	91.9	88.5	91.6	86.6	92.8	90.5	86.3	80.0	122.6	118.9	114.6	106.9	99.9	90.5
172	p,p'-滴滴涕	105.6	116.0	109.2	108.0	96.0	94.9	96.6	88.3	94.4	82.3	103.0	95.8	124.6	115.2	119.8	107.3	95.9	93.9
173	三硫磷	108.3	103.6	104.3	109.3	99.0	93.4	96.7	81.2	103.3	85.1	93.3	66.6	124.9	113.0	115.0	108.0	99.5	92.3
174	苯霜灵	110.1	118.4	108.2	102.7	94.3	92.9	92.2	82.8	106.3	89.1	87.6	90.5	127.6	122.1	117.7	105.2	98.8	88.6
175	敌瘟磷	92.8	113.9	91.7	70.8	66.9	66.4	101.8	78.8	105.3	88.2	100.3	95.7	121.2	109.0	107.7	106.5	104.1	73.1
176	三唑磷	114.1	196.9	110.2	105.9	92.4	89.4	117.4	88.1	113.0	97.3	113.2	81.7	127.3	127.5	115.5	107.7	94.3	82.7

（续表）

序号	中文名称	低水平添加 1LOQ						中水平添加 2LOQ						高水平添加 5LOQ					
		甘蓝	芹菜	西红柿	苹果	葡萄	桔子	甘蓝	芹菜	西红柿	苹果	葡萄	桔子	甘蓝	芹菜	西红柿	苹果	葡萄	桔子
177	苯腈磷	110.3	99.1	104.2	109.7	99.1	94.0	95.3	77.3	93.8	93.2	116.1	69.8	126.5	110.3	114.5	106.9	100.2	90.4
178	氯杀螨砜	114.9	105.9	103.0	103.8	97.9	91.9	92.9	80.6	87.9	91.9	87.7	85.5	125.4	112.9	115.4	104.6	99.6	83.4
179	硫丹硫酸盐	125.0	112.0	110.6	110.1	96.8	121.7	91.1	86.5	96.1	87.5	111.6	74.7	124.9	116.4	119.7	105.8	98.6	86.7
180	溴螨酯	113.0	105.2	109.7	110.8	99.0	95.9	100.9	90.0	110.7	95.7	117.1	87.3	127.2	110.7	116.2	106.7	101.0	93.6
181	新燕灵	118.6	106.7	116.6	105.9	103.5	95.2	93.1	80.1	94.5	86.6	83.2	76.7	128.7	116.0	120.1	104.7	98.3	91.0
182	甲氰菊酯	100.8	105.3	107.5	105.7	99.2	102.0	102.0	82.8	108.1	89.3	91.5	72.1	125.1	110.9	115.5	109.1	101.3	94.9
183	溴苯磷	112.9	105.4	109.2	98.4	91.4	96.8	97.3	85.7	104.0	83.7	99.0	67.7	125.2	108.1	112.9	107.1	98.5	93.5
184	苯硫磷	104.2	82.6	73.3	122.3	103.0	103.5	88.7	113.1	87.0	78.9	111.8	73.8	126.1	111.9	109.6	113.0	105.3	89.9
185	环嗪酮	115.9	105.4	107.4	94.6	92.0	64.9	82.9	84.5	97.5	66.9	78.8	53.5	120.8	115.6	118.4	101.2	94.4	68.0
186	伏杀硫磷	127.3	70.4	114.3	107.4	99.8	99.4	113.1	86.9	115.8	77.3	115.1	90.2	122.8	104.8	109.7	109.0	96.5	85.0
187	保棉磷	101.6	120.2	93.0	94.0	94.9	101.1	113.7	81.1	97.5	104.3	105.5	84.7	131.9	106.6	107.7	115.7	96.3	76.5
188	氯苯嘧啶醇	116.5	108.6	111.3	87.7	91.0	86.4	96.9	82.8	93.9	85.2	90.0	78.8	126.1	109.1	115.0	94.6	97.1	80.9
189	益棉磷	122.3	107.5	110.4	107.3	95.8	92.8	91.6	93.6	105.6	71.2	86.1	99.1	128.6	111.7	114.1	108.7	97.6	84.6
190	咪鲜胺	79.1	81.6	70.7	75.6	69.8	77.8	95.8	107.1	96.7	79.7	81.8	90.0	106.9	94.5	106.2	85.9	91.5	59.8
191	氟氯氰菊酯	102.6	94.2	81.6	99.3	90.8	92.9	98.7	98.5	130.2	110.8	113.8	96.7	124.5	108.5	115.5	106.3	98.7	95.9
192	蝇毒磷	114.1	107.3	106.0	103.5	99.0	95.6	104.9	82.0	109.1	93.8	105.6	84.5	129.6	107.6	115.2	107.9	97.6	84.2
193	氟胺氰菊酯	111.4	100.4	108.2	107.4	97.9	94.9	108.9	97.4	108.4	86.5	111.0	92.0	127.4	108.0	118.4	108.1	100.0	94.9
C组																			
194	敌敌畏	103.5	64.9	79.5	66.9	49.7	57.0	69.4	91.3	67.9	83.9	64.8	81.7	92.2	85.1	63.8	65.6	46.8	75.9
195	联苯	113.4	64.8	79.9	73.0	58.1	57.6	75.4	68.7	64.3	87.0	63.0	74.9	104.6	81.7	66.1	68.6	46.1	70.7
196	灭草敌	114.4	77.6	94.2	71.6	58.5	50.2	78.7	89.5	70.4	94.8	67.5	81.7	99.4	60.9	83.3	75.7	56.5	80.7
197	3,5-二氯苯胺	102.9	49.7	94.9	27.0	40.3	33.6	50.8	56.2	63.0	76.1	67.9	46.1	79.8	63.0	69.6	51.8	32.4	66.3
198	禾草敌	124.3	81.2	114.0	83.0	66.0	73.4	76.6	77.7	73.5	95.6	64.4	86.7	107.4	98.6	96.9	81.3	60.4	83.3

（续表）

序号	中文名称	低水平添加 1LOQ						中水平添加 2LOQ						高水平添加 5LOQ					
		甘蓝	芹菜	西红柿	苹果	葡萄	桔子	甘蓝	芹菜	西红柿	苹果	葡萄	桔子	甘蓝	芹菜	西红柿	苹果	葡萄	桔子
199	虫螨畏	98.2	88.8	104.6	82.3	66.1	70.7	104.5	69.0	68.4	94.9	86.4	83.9	118.3	109.7	109.0	78.5	54.5	86.0
200	邻苯基苯酚	110.6	92.4	121.1	95.8	83.3	78.9	74.1	81.9	83.9	98.2	70.0	101.8	110.9	112.3	111.5	91.1	64.1	81.8
201	四氢邻苯二甲酰亚胺	93.9	90.6	108.9	90.2	80.5	64.6	61.2	82.4	87.7	77.5	58.9	123.7	94.7	102.4	85.3	89.5	66.4	78.3
202	仲丁威	103.0	98.6	105.3	95.1	99.4	85.5	82.8	112.9	86.2	91.8	92.3	132.7	99.6	110.3	103.4	93.9	68.5	87.8
203	乙丁氟灵	134.6	99.7	145.6	95.1	78.6	83.2	90.2	89.5	96.4	91.6	86.6	88.0	127.8	114.6	129.2	98.1	66.2	86.4
204	氟铃脲	未添加	未添加	未添加	未添加	未添加	未添加	69.4	57.7	66.0	81.8	60.5	72.7	49.8	154.6	56.3	68.9	63.3	83.0
205	扑灭通	113.6	93.7	114.2	89.2	79.5	72.9	90.2	88.5	89.0	97.9	84.9	99.6	107.7	107.6	112.2	97.3	66.8	89.0
206	野麦畏	120.6	100.0	120.1	95.8	85.1	90.4	79.5	80.9	76.9	94.0	71.4	86.1	107.0	111.8	109.0	95.7	70.9	89.8
207	嘧霉胺	117.9	98.0	116.5	86.6	82.4	72.5	82.9	87.9	82.9	97.9	70.7	125.6	106.7	114.5	108.6	95.8	72.1	85.9
208	林丹	104.6	88.4	143.9	97.2	88.7	91.3	95.4	83.4	76.8	95.9	71.5	96.8	108.5	119.1	108.7	94.0	71.6	87.3
209	乙拌磷	77.5	108.6	115.9	92.6	95.3	82.8	51.0	81.0	79.1	70.9	75.2	79.5	84.2	46.6	105.9	94.9	68.9	88.2
210	莠去净	118.2	104.7	122.8	95.2	86.3	74.1	82.7	73.8	82.1	92.3	70.4	86.8	107.8	111.7	114.1	98.6	71.6	86.2
211	七氯	87.4	102.7	95.2	92.4	84.3	88.5	90.7	85.8	82.4	81.6	79.0	107.9	84.2	105.9	87.4	94.8	69.5	89.3
212	异稻瘟净	121.4	111.1	136.9	74.2	57.3	68.8	95.9	102.8	110.3	90.5	92.7	83.1	27.4	112.6	27.2	101.7	102.8	96.3
213	氯唑磷	109.0	77.6	264.0	93.5	79.8	78.6	89.5	277.6	127.9	107.3	87.3	109.7	106.5	108.5	128.8	98.4	72.4	90.0
214	三氯杀虫酯	129.0	85.2	128.2	97.4	85.3	92.3	71.0	83.6	89.4	98.3	76.9	261.5	104.3	112.3	106.9	96.8	71.5	90.3
215	丁苯吗啉	102.0	93.1	106.5	89.0	85.2	80.4	86.2	104.6	89.8	106.1	79.6	96.1	94.0	97.3	98.7	94.5	64.7	86.7
216	四氟苯菊酯	116.3	101.6	125.4	98.0	91.1	93.2	84.7	86.7	82.3	100.6	85.3	321.1	104.4	112.1	108.2	99.2	76.0	92.0
217	氯乙氟灵	133.3	101.2	150.2	97.7	92.4	89.5	82.9	80.1	95.2	86.0	84.6	86.8	118.7	113.8	122.6	99.1	71.9	88.1
218	甲基立枯磷	114.5	101.9	123.1	98.5	92.2	93.1	81.2	82.6	83.6	94.6	74.0	86.2	107.6	113.1	112.5	97.8	76.2	91.4
219	异丙草胺	未添加	未添加	未添加	94.9	90.8	86.8	未添加	未添加	未添加	未添加	未添加	未添加	未添加	未添加	未添加	107.3	80.2	100.0
220	莠灭净	116.7	100.7	120.4	88.3	89.8	74.3	81.2	82.6	86.2	94.2	73.3	87.8	108.9	112.1	112.8	96.6	72.2	87.3

（续表）

序号	中文名称	低水平添加 1LOQ						中水平添加 2LOQ						高水平添加 5LOQ					
		甘蓝	芹菜	西红柿	苹果	葡萄	桔子	甘蓝	芹菜	西红柿	苹果	葡萄	桔子	甘蓝	芹菜	西红柿	苹果	葡萄	桔子
221	西草净	102.8	120.3	119.1	88.3	91.5	79.1	81.5	85.3	90.9	102.2	72.4	90.5	109.3	109.9	115.6	94.9	73.5	89.0
222	溴谷隆	112.1	98.2	114.3	91.2	79.8	65.5	101.1	107.6	127.9	63.1	86.8	70.9	100.9	106.7	105.1	96.6	68.1	85.0
223	嗪草酮	107.2	93.0	116.2	91.5	87.5	71.3	83.5	79.9	95.6	86.4	72.1	71.6	97.6	109.2	103.3	96.1	67.7	83.4
224	哒节因	未添加	未添加	未添加	未添加	未添加	未添加	68.7	79.2	70.8	91.0	65.0	102.2	未添加	未添加	未添加	未添加	未添加	未添加
225	ε-六六六	未添加	未添加	未添加	未添加	未添加	未添加	82.0	75.5	84.8	77.8	83.6	107.7	未添加	未添加	未添加	未添加	未添加	未添加
226	异丙净	120.0	106.8	126.4	92.7	101.3	78.8	83.7	86.2	88.0	98.7	75.5	89.3	106.9	112.1	113.3	99.8	72.9	88.3
227	安硫磷	未添加	未添加	未添加	未添加	未添加	未添加	98.5	117.7	85.7	74.4	77.2	65.9	100.2	135.9	108.9	106.2	85.3	93.0
228	乙霉威	115.9	103.9	129.8	100.4	85.0	80.6	90.9	98.0	109.2	102.8	85.2	142.3	99.4	117.2	98.2	99.6	77.5	87.6
229	哌草丹	116.9	97.6	130.0	103.3	112.3	123.0	115.9	104.8	127.7	89.7	90.4	111.9	101.1	111.4	103.5	110.2	83.4	110.3
230	生物烯丙菊酯-1	103.1	91.8	163.6	95.7	83.7	79.1	88.7	93.6	110.2	95.9	112.8	79.3	108.0	115.3	109.9	100.6	62.3	76.3
231	生物烯丙菊酯-2	130.4	111.1	155.4	95.5	81.4	79.8	81.8	88.3	120.2	97.9	110.0	83.7	99.4	93.7	104.0	100.7	74.5	92.0
232	o,p'-滴滴伊	104.1	101.2	110.4	98.7	95.3	97.9	76.8	81.6	78.6	96.4	71.3	85.6	101.6	111.2	106.3	97.1	75.7	93.0
233	芬螨酯	103.6	101.4	137.4	101.3	90.9	89.8	95.0	83.7	85.3	98.7	86.7	84.9	100.9	101.0	124.7	99.7	76.5	89.3
234	双苯酰草胺	118.2	103.5	119.1	94.4	93.6	83.5	87.5	90.3	90.0	103.2	78.6	148.9	103.5	110.2	109.5	99.9	73.9	86.4
235	氯磺隆	129.3	101.3	153.4	99.0	89.9	97.1	102.1	122.9	158.1	114.0	102.2	82.2	125.7	130.7	129.2	109.1	77.5	88.1
236	炔节菊酯	96.1	111.7	108.1	98.2	102.1	84.9	93.6	120.5	115.0	87.5	95.8	266.8	118.8	111.2	126.5	105.1	77.3	91.9
237	戊菌唑	105.6	99.6	108.6	93.1	86.0	78.4	76.5	91.8	71.3	61.5	52.3	48.3	100.1	109.6	102.9	97.4	70.8	86.6
238	灭蚜磷	111.6	102.4	122.0	98.8	111.3	87.0	87.9	102.1	100.8	100.2	84.5	84.7	101.0	112.2	105.4	100.6	77.9	91.8
239	四氟醚唑	105.8	99.8	113.9	94.3	90.5	75.9	89.2	92.3	96.4	92.3	79.0	76.8	101.6	112.8	107.2	100.6	73.5	85.3
240	丙虫磷	63.9	81.4	62.7	50.1	73.0	59.2	88.7	92.1	68.0	56.5	76.0	58.6	71.1	78.7	74.6	65.9	47.2	64.7
241	氟节胺	138.9	101.8	119.7	101.5	92.3	79.7	89.5	126.2	108.2	116.7	105.1	118.7	117.1	88.1	124.5	104.5	76.1	87.3
242	三唑醇	88.8	91.1	124.9	91.7	80.3	67.1	84.1	86.6	98.2	85.1	84.8	107.9	95.4	116.4	112.2	100.5	70.5	81.8
243	丙草胺	97.7	101.1	108.8	103.5	90.0	85.7	83.9	87.1	99.7	92.6	79.0	76.8	97.5	114.6	103.6	102.3	75.2	89.7

（续表）

序号	中文名称	低水平添加 1LOQ						中水平添加 2LOQ						高水平添加 5LOQ					
		甘蓝	芹菜	西红柿	苹果	葡萄	桔子	甘蓝	芹菜	西红柿	苹果	葡萄	桔子	甘蓝	芹菜	西红柿	苹果	葡萄	桔子
244	醚菌酯	93.3	102.5	106.0	99.7	94.1	84.7	73.0	75.1	98.9	85.0	64.5	86.1	91.5	114.6	99.0	101.4	77.2	88.4
245	吡氟禾草灵	98.1	94.1	104.1	100.1	97.0	85.7	88.3	95.9	100.7	109.6	86.0	98.6	98.0	114.4	101.9	103.1	80.1	94.4
246	氟啶脲	56.2	88.9	30.4	110.2	160.0	119.7	71.1	53.6	33.6	78.4	42.5	55.8	69.6	127.0	51.3	67.5	72.5	82.4
247	乙酯杀螨醇	109.8	94.5	120.3	95.0	91.1	87.1	93.4	109.4	116.7	98.9	90.9	115.3	97.3	116.7	105.6	101.9	76.8	89.4
248	烯效唑	32.9	92.9	120.9	129.6	85.2	92.5	122.5	126.8	146.8	115.7	131.4	28.7	106.7	115.5	116.8	97.5	78.8	89.3
249	氟哇唑	97.2	101.5	104.2	91.8	131.1	86.8	97.7	102.0	112.9	93.5	87.6	87.2	95.5	111.4	99.7	100.2	80.0	89.6
250	三氟硝草醚	未添加	未添加	未添加	未添加	未添加	未添加	116.9	127.4	159.6	154.0	100.6	90.4	未添加	未添加	未添加	未添加	未添加	未添加
251	烯唑醇	90.9	95.0	132.4	91.9	75.0	56.7	88.0	98.3	114.1	101.5	87.8	63.2	91.3	118.0	104.5	99.9	75.2	80.9
252	增效醚	110.1	101.5	129.8	100.7	83.5	85.5	91.6	102.6	106.9	109.2	90.4	80.9	96.7	150.2	104.4	104.3	80.2	92.5
253	炔螨特	52.0	68.4	65.6	110.8	88.1	88.2	89.3	76.0	79.7	77.6	116.5	106.6	99.0	114.9	85.3	80.2	68.4	84.4
254	灭锈胺	214.6	101.1	154.8	101.0	96.7	81.4	98.5	104.0	101.2	129.4	87.2	90.8	106.8	114.0	112.4	99.8	77.7	83.6
255	噁唑隆	54.4	116.0	110.2	124.1	115.1	60.6	70.5	82.9	60.0	91.4	55.0	52.9	83.7	168.3	44.3	94.9	85.1	63.5
256	吡氟酰草胺	98.8	99.0	105.8	99.7	88.7	82.9	97.2	101.2	105.6	114.1	92.7	96.7	94.8	114.7	99.5	105.0	83.3	91.2
257	唑螨酯	68.7	59.4	93.9	70.5	63.4	56.4	94.1	98.1	152.5	107.3	88.7	94.9	86.8	86.4	86.4	77.6	48.5	72.4
258	苯醚菊酯	128.2	89.6	99.2	95.6	87.8	92.7	83.9	92.2	115.7	110.2	98.6	101.5	91.1	111.3	94.8	103.6	83.5	74.1
259	咯菌腈	82.5	81.2	84.6	98.2	81.3	83.6	87.3	109.3	120.8	103.7	72.8	115.5	76.9	100.9	75.3	99.9	80.3	96.4
260	苯氧威	5.8	68.8	138.5	110.6	119.7	106.5	74.3	61.6	42.7	89.5	69.1	85.2	42.6	102.9	33.5	90.4	79.5	76.5
261	稀禾啶	31.3	38.7	84.7	62.2	54.4	64.7	61.2	63.8	104.6	72.0	58.6	107.1	62.6	82.7	58.1	92.8	48.2	94.7
262	莎稗磷	115.9	101.4	162.7	100.1	73.0	79.2	108.7	112.1	148.0	76.5	116.0	88.6	101.1	118.7	114.6	105.9	77.2	94.8
263	氟丙菊酯	94.4	79.7	132.2	104.9	95.2	92.2	133.4	140.0	182.4	132.6	143.9	198.3	85.9	109.5	96.4	109.1	109.4	88.2
264	高效氯氟氰菊酯	80.3	99.5	98.7	101.3	92.4	95.7	102.8	111.1	414.1	139.0	102.9	143.0	95.2	116.3	98.9	113.8	88.2	88.2
265	苯噻酰草胺	86.7	101.7	99.1	95.5	82.9	74.1	88.0	104.8	206.0	75.4	83.2	144.0	80.7	115.0	87.6	101.7	78.9	88.2
266	氯菊酯	85.8	97.5	93.2	100.9	93.0	92.9	88.2	105.8	104.4	124.7	86.3	97.6	88.3	114.7	91.8	102.9	84.4	95.3

（续表）

序号	中文名称	低水平添加 1LOQ						中水平添加 2LOQ						高水平添加 5LOQ					
		甘蓝	芹菜	西红柿	苹果	葡萄	桔子	甘蓝	芹菜	西红柿	苹果	葡萄	桔子	甘蓝	芹菜	西红柿	苹果	葡萄	桔子
267	啶螨灵	83.7	96.2	93.9	83.8	68.6	68.0	89.3	103.9	121.7	79.5	243.3	68.3	87.7	117.9	92.2	100.7	80.8	92.6
268	乙羧氟草醚	107.9	97.1	125.8	95.8	88.7	78.3	104.3	125.0	169.4	76.7	120.3	64.4	85.3	129.1	90.4	109.3	82.0	90.0
269	联苯三唑醇	76.8	96.9	92.0	90.1	84.5	67.1	130.5	134.1	174.8	108.4	133.9	75.2	82.7	114.8	92.3	103.2	70.6	82.5
270	醚菊酯	82.3	166.2	91.6	102.2	97.0	98.9	72.4	80.6	86.9	123.8	100.7	110.3	82.0	114.2	84.4	102.2	85.9	96.5
271	噻草酮	11.4	23.0	31.1	63.4	79.3	60.9	65.2	50.5	58.2	66.9	47.5	53.8	65.4	66.6	52.9	80.1	33.6	74.3
272	顺式-氯氰菊酯	74.7	230.5	100.7	117.5	97.0	90.1	53.5	8.2	51.6	63.6	53.0	53.1	60.9	77.0	85.6	67.7	88.2	77.7
273	氟氰戊菊酯	82.5	89.3	102.4	107.3	103.3	99.2	95.5	99.5	93.1	84.0	91.3	74.0	79.6	114.6	69.3	100.6	82.4	91.1
274	顺式-氯氰菊酯	72.9	97.7	81.7	101.3	90.5	89.3	106.6	105.7	107.4	225.1	104.9	127.3	77.1	101.8	82.3	97.6	77.9	92.2
275	苯醚甲环唑	92.4	66.0	171.2	84.5	79.0	97.2	122.4	132.6	123.8	112.2	109.9	93.3	59.1	91.7	65.6	97.6	77.5	85.7
276	丙炔氟草胺	99.8	57.4	103.8	111.2	121.6	68.6	110.5	116.3	113.3	126.2	121.9	76.2	未添加	未添加	未添加	未添加	未添加	未添加
277	氟烯草酸	73.9	89.2	83.5	97.6	91.3	87.0	113.0	104.3	111.8	108.0	118.8	74.9	80.1	112.0	88.6	107.4	84.3	91.7

D 组

序号	中文名称	低水平添加 1LOQ						中水平添加 2LOQ						高水平添加 5LOQ					
		甘蓝	芹菜	西红柿	苹果	葡萄	桔子	甘蓝	芹菜	西红柿	苹果	葡萄	桔子	甘蓝	芹菜	西红柿	苹果	葡萄	桔子
278	甲氟磷	83.3	66.0	59.1	58.0	67.1	59.5	74.3	71.9	63.5	66.1	48.7	37.2	124.0	96.8	102.9	112.8	123.5	97.0
279	乙拌磷亚砜	116.4	103.0	112.4	86.8	107.4	81.6	115.7	114.6	124.6	108.1	100.7	64.1	115.4	97.1	117.7	109.1	110.8	81.3
280	五氯苯	83.5	92.4	53.1	68.3	81.1	78.3	86.8	93.0	75.1	75.6	64.9	53.2	96.5	95.7	93.0	102.7	117.3	105.0
281	三异丁基磷酸胺盐	112.5	108.6	123.9	54.5	99.5	73.6	115.2	105.8	135.8	95.6	84.7	63.5	121.3	115.0	108.7	112.9	110.4	113.7
282	鼠立死	124.5	104.3	108.0	79.1	87.2	66.0	112.9	106.6	117.5	85.0	56.7	57.0	115.5	102.8	111.9	98.5	83.8	108.3
283	4-溴-3，5-二甲苯基-N-N-甲基氨基甲酸酯-1	未添加	80.6	未添加	99.4	未添加	未添加	78.0	131.9	78.3	113.3	106.7	74.0	115.8	102.3	120.1	110.1	118.2	114.7
284	燕麦酯	92.4	100.5	84.9	87.2	95.0	103.4	104.3	109.6	103.0	91.3	71.9	65.8	111.9	98.2	107.6	109.2	120.8	120.8
285	虫线磷	89.2	106.1	123.8	83.1	未添加	未添加	124.2	112.6	133.1	96.9	86.5	93.2	120.3	112.9	114.7	107.0	108.4	115.1

（续表）

序号	中文名称	低水平添加 1LOQ						中水平添加 2LOQ						高水平添加 5LOQ					
		甘蓝	芹菜	西红柿	苹果	葡萄	桔子	甘蓝	芹菜	西红柿	苹果	葡萄	桔子	甘蓝	芹菜	西红柿	苹果	葡萄	桔子
286	2，3，5，6-四氯苯胺	112.4	88.5	95.6	83.4	97.5	92.5	104.6	107.3	105.9	94.4	80.5	66.0	106.5	102.9	109.9	107.4	114.0	117.9
287	三丁基磷酸盐	136.2	124.9	139.9	95.2	114.4	86.3	125.0	115.2	144.8	105.2	87.8	64.6	116.9	101.7	119.5	101.6	106.7	118.4
288	2，3，4，5-四氯甲氧基苯	109.9	98.6	93.4	84.9	98.7	94.2	105.9	105.9	110.0	96.6	81.0	68.8	109.3	104.1	111.2	107.8	113.1	116.6
289	五氯甲氧基苯	108.8	97.3	93.4	82.0	95.0	88.9	105.0	109.7	106.6	94.0	79.4	67.2	105.7	99.8	106.7	108.5	113.9	114.5
290	牧草胺	116.7	99.2	110.9	90.9	100.0	96.5	117.0	110.9	121.9	105.2	80.7	70.8	117.1	102.8	115.0	108.5	113.9	115.1
291	蔬果磷	116.2	103.5	107.0	90.8	99.6	79.9	112.8	119.5	117.9	98.9	86.1	62.7	117.4	104.3	112.1	109.6	116.1	113.8
292	甲基苯噻隆	184.4	125.7	199.2	92.4	88.3	64.2	116.9	121.7	129.7	93.2	73.2	46.2	117.3	97.1	116.7	101.1	103.7	105.8
293	西玛通	128.3	112.0	125.4	87.9	93.6	64.1	122.9	113.2	126.8	94.4	71.9	52.5	119.0	99.4	117.7	100.1	97.2	93.5
294	阿特拉通	121.4	93.9	116.9	95.4	98.5	80.0	123.1	114.2	126.2	97.7	74.8	59.9	116.5	98.7	115.6	100.4	101.3	98.2
295	脱异丙基莠去津	102.8	100.0	93.8	88.8	91.6	38.0	118.8	106.6	110.8	92.5	84.3	37.9	105.8	96.9	110.9	94.0	88.0	50.4
296	特丁基硫磷砜	127.0	103.5	120.7	89.2	103.7	97.9	116.0	107.1	124.9	101.8	87.6	72.5	113.8	103.5	113.4	109.3	115.1	117.8
297	七氟菊酯	123.4	103.2	123.1	95.2	103.8	108.1	116.4	113.7	122.1	108.3	91.8	81.0	117.5	106.0	118.6	109.3	114.7	122.1
298	溴烯杀	109.5	102.9	105.5	86.3	未添加	未添加	107.1	109.1	114.1	99.0	86.5	72.6	109.3	104.3	110.1	109.6	115.3	115.4
299	草达津	120.4	105.0	126.7	90.2	98.6	91.7	118.5	116.9	130.9	107.9	82.1	71.0	116.3	123.9	121.1	107.4	107.4	113.0
300	氧乙嘧硫磷	126.9	104.9	124.4	93.0	104.7	96.5	119.2	113.3	126.3	108.1	88.1	72.7	116.7	104.8	115.1	108.5	113.4	117.8
301	环莠隆	367.9	84.6	492.7	91.2	134.9	70.2	318.4	93.3	323.0	101.9	66.8	45.4	98.4	83.5	94.8	87.2	94.7	92.0
302	2，6-二氯苯甲酰胺	120.0	94.3	128.3	87.5	94.5	34.0	144.9	109.7	146.3	111.7	89.5	31.8	93.4	101.5	114.2	99.9	97.1	38.3
303	2，4，4'-三氯联苯	61.0	92.1	50.8	46.9	78.9	61.2	64.0	129.8	65.3	430.7	645.6	99.0	78.4	75.3	87.8	52.3	50.9	63.3

（续表）

序号	中文名称	低水平添加 1LOQ						中水平添加 2LOQ						高水平添加 5LOQ					
		甘蓝	芹菜	西红柿	苹果	葡萄	桔子	甘蓝	芹菜	西红柿	苹果	葡萄	桔子	甘蓝	芹菜	西红柿	苹果	葡萄	桔子
304	2,4,5-三氯联苯	114.1	99.4	110.1	51.1	104.7	104.2	110.2	112.8	63.5	61.6	51.3	74.5	115.6	108.0	125.3	120.9	124.5	136.0
305	脱乙基莠丁津	119.0	106.9	117.3	91.7	104.1	67.4	119.9	109.0	124.5	100.0	94.2	54.4	114.1	99.5	115.3	102.3	105.5	72.5
306	2,3,4,5-四氯苯胺	100.6	93.1	103.1	74.2	101.4	72.5	109.1	89.6	119.1	97.5	82.0	63.6	105.9	94.7	109.9	104.7	114.1	116.3
307	合成麝香	125.6	未添加	129.6	未添加	100.7	92.8	128.2	未添加	144.5	110.0	93.1	75.4	120.3	118.9	119.2	106.2	107.7	112.0
308	二甲苯麝香	121.3	未添加	130.0	未添加	98.5	88.4	125.8	未添加	140.8	112.5	96.6	75.7	115.8	115.5	114.3	105.4	108.3	111.4
309	五氯苯胺	130.5	97.1	112.9	94.3	117.3	115.4	109.9	109.9	126.5	106.9	84.3	72.8	113.6	102.4	114.0	108.6	112.4	115.9
310	叠氮津	140.2	102.0	118.8	95.7	117.5	94.6	131.9	110.1	129.9	114.7	100.1	70.6	124.1	107.7	119.6	113.2	121.3	126.0
311	莠丁津	116.5	104.4	119.2	90.6	107.2	91.8	118.6	113.0	129.1	106.1	84.3	67.1	115.5	101.1	115.9	105.7	109.8	110.1
312	丁咪酰胺	109.7	98.2	112.1	90.5	105.0	53.0	117.3	103.9	121.2	94.7	95.3	47.1	99.3	98.9	114.2	98.9	94.0	66.9
313	2,2',5,5'-四氯联苯	114.8	103.7	116.4	89.6	102.0	109.4	108.5	119.1	114.3	111.0	93.3	78.8	113.3	101.1	116.0	107.2	113.0	117.8
314	麝香	120.8	未添加	126.0	未添加	100.8	92.2	123.6	未添加	138.6	115.3	97.2	77.4	120.1	116.8	115.3	106.6	108.3	112.7
315	苯草丹	114.5	105.0	113.0	96.2	105.2	105.6	120.6	113.4	127.9	106.4	90.6	77.4	117.2	100.1	115.0	107.1	113.3	119.3
316	二甲吩草胺	118.5	106.4	119.3	92.7	104.8	94.3	115.0	115.6	124.8	107.5	85.4	69.6	115.2	98.0	115.3	107.3	113.8	111.3
317	氧皮蝇磷	114.0	105.7	114.2	94.0	109.9	100.1	114.7	112.0	122.7	111.4	92.1	73.5	115.5	98.9	113.2	110.6	115.5	118.0
318	4-溴-3,5-二甲苯基-N-甲基氨基甲酸甲酸酯-2	73.5	129.3	67.8	87.6	106.2	62.6	60.4	101.2	63.3	99.1	88.7	53.3	116.4	100.7	110.8	107.8	110.0	97.6
319	甲基对氧磷	117.9	105.2	116.4	86.7	106.2	99.2	105.9	102.1	125.0	105.8	87.2	70.2	104.2	86.4	101.5	105.2	103.4	58.5
320	庚酰草胺	120.4	101.3	120.1	95.7	107.5	94.3	120.4	123.4	126.1	109.6	88.4	68.7	117.7	100.7	118.7	111.2	115.6	113.7
321	西藏麝香	112.6	141.3	123.1	96.1	100.9	92.9	124.0	138.8	135.8	111.0	96.8	76.7	119.1	113.5	114.4	108.3	110.2	112.5

（续表）

序号	中文名称	低水平添加 1LOQ						中水平添加 2LOQ						高水平添加 5LOQ					
		甘蓝	芹菜	西红柿	苹果	葡萄	桔子	甘蓝	芹菜	西红柿	苹果	葡萄	桔子	甘蓝	芹菜	西红柿	苹果	葡萄	桔子
322	碳氯灵	108.6	104.6	110.9	90.8	未添加	未添加	105.4	113.1	114.0	108.9	91.0	79.1	113.7	98.2	114.3	110.0	114.0	117.5
323	八氯苯乙烯	94.0	98.8	100.6	92.6	104.7	108.7	102.7	109.6	111.4	106.3	88.6	79.1	108.3	96.9	110.6	108.3	108.6	117.7
324	嘧啶磷	86.2	100.3	109.2	92.3	113.2	84.2	105.7	85.3	102.0	87.8	86.4	76.9	117.7	106.1	100.8	109.6	104.9	82.5
325	异狄氏剂	124.5	76.7	133.3	90.7	100.6	64.4	195.0	95.7	137.7	136.8	110.6	113.5	104.0	96.7	110.0	109.6	122.7	118.2
326	丁嗪草酮	92.8	96.8	105.1	69.6	77.7	29.6	108.2	94.3	120.3	75.2	61.2	48.7	101.2	78.4	90.9	98.1	96.9	74.2
327	毒壤磷	115.2	109.4	120.9	87.7	106.7	102.0	116.8	114.5	128.1	110.1	95.7	77.9	114.6	98.4	112.7	109.5	112.6	116.7
328	敌草索	117.9	105.9	118.0	95.8	106.1	101.4	116.9	118.7	122.8	113.4	89.9	72.8	119.6	108.6	120.0	111.7	115.9	119.7
329	4，4-二氯二苯甲酮	108.2	107.3	105.0	94.3	105.6	100.1	115.6	114.2	113.7	126.0	91.3	78.8	120.2	101.2	117.4	107.0	111.3	117.0
330	酞菌酯	127.2	110.8	134.9	81.7	112.2	103.9	130.2	108.3	147.2	119.4	90.6	67.0	122.6	110.4	115.6	109.3	114.0	116.1
331	麝香酮	113.6	未添加	122.6	未添加	102.1	93.1	118.9	未添加	133.7	116.1	94.1	72.9	119.0	118.3	115.4	105.3	106.5	107.6
332	吡咪唑	83.0	72.7	103.9	83.7	未添加	未添加	88.0	122.6	77.2	未添加	76.4	未添加	113.0	84.0	104.9	98.2	81.7	61.8
333	嘧菌环胺	115.4	104.8	112.9	90.6	103.6	80.0	113.5	115.2	116.5	102.4	70.3	66.2	117.1	102.6	113.9	102.7	103.7	109.5
334	麦穗宁	55.4	45.3	82.7	70.8	7.9	23.6	121.9	55.5	95.9	70.4	11.8	17.2	147.2	156.5	230.3	94.2	30.0	37.5
335	氧异柳磷	90.7	73.6	52.3	76.1	89.6	44.2	50.0	66.4	85.5	39.2	50.0	59.8	56.6	58.0	62.6	46.8	40.7	59.6
336	异氯磷	127.8	111.2	127.1	90.5	121.1	84.5	117.1	108.9	128.8	103.9	89.7	56.2	117.0	98.6	108.7	106.9	113.5	108.5
337	2，2'，4，4'，5，5'-五氯联苯	110.2	103.5	108.8	95.3	108.0	108.4	110.0	114.1	117.9	109.2	92.7	79.9	115.2	99.0	114.6	108.7	112.4	118.1
338	2-甲-4-氯丁氧乙基酯	114.4	109.4	131.4	95.2	未添加	未添加	115.7	115.7	123.3	109.0	97.6	75.0	118.5	101.5	114.3	111.9	116.1	120.6
339	水胺硫磷	112.8	85.7	117.1	未添加	105.6	74.9	106.4	796.9	114.8	105.9	94.4	60.9	121.8	112.4	114.8	109.8	107.5	83.6
340	甲拌磷砜	119.8	103.2	122.3	94.8	115.8	81.4	125.7	111.7	134.8	106.2	98.7	59.9	117.2	100.0	113.3	109.7	114.0	88.9
341	杀螨醇	129.7	105.2	135.3	94.5	110.0	101.4	119.8	115.2	130.7	110.8	89.9	68.2	116.3	101.1	114.0	107.6	113.1	110.1

（续表）

序号	中文名称	低水平添加 1LOQ						中水平添加 2LOQ						高水平添加 5LOQ					
		甘蓝	芹菜	西红柿	苹果	葡萄	桔子	甘蓝	芹菜	西红柿	苹果	葡萄	桔子	甘蓝	芹菜	西红柿	苹果	葡萄	桔子
342	反式九氯	109.9	104.8	113.2	94.1	109.9	109.4	110.8	114.7	118.6	108.9	93.5	76.4	114.4	100.5	114.5	109.5	116.6	117.0
343	消螨通	未添加	61.2	未添加	80.6	未添加	未添加	97.0	84.0	74.7	103.9	121.5	102.6	137.2	95.2	141.9	103.0	118.8	109.0
344	脱叶磷	129.9	95.5	152.1	47.2	150.0	125.8	111.7	89.6	187.2	90.2	82.6	63.9	112.3	232.7	118.7	109.4	113.9	115.4
345	氟咯草酮	112.7	105.0	119.5	93.9	113.2	87.7	108.9	115.5	119.9	108.0	92.1	60.9	117.8	105.0	115.8	108.1	113.7	99.5
346	溴苯烯磷	116.2	103.8	183.3	96.5	123.4	103.8	119.7	113.5	159.5	105.7	92.9	69.7	112.5	98.0	112.5	108.5	113.4	109.4
347	乙滴涕	86.9	107.8	92.3	96.0	116.1	108.4	96.7	114.8	107.4	109.9	94.6	75.2	115.4	103.4	117.8	108.5	114.4	116.4
348	灭菌磷	80.4	52.8	67.3	77.1	61.9	59.6	70.0	61.7	82.8	59.6	70.1	58.3	54.0	87.6	66.2	74.3	70.9	61.7
349	2,3,4,4',5-五氯联苯	101.0	111.0	132.6	91.9	121.3	113.3	105.1	117.7	110.8	107.9	89.4	74.9	113.4	98.3	112.3	106.6	111.2	115.9
350	4,4'-二溴二苯甲酮	95.9	106.2	108.2	93.0	未添加	未添加	103.6	114.1	109.4	98.7	90.2	89.7	114.0	98.6	110.5	105.6	116.0	113.2
351	粉唑醇	114.6	107.5	122.4	87.0	110.9	64.9	100.9	106.9	105.7	115.5	96.7	60.0	112.1	96.3	113.5	107.9	110.8	72.4
352	地胺磷	87.0	103.3	101.8	92.7	147.8	89.9	105.8	107.1	118.4	85.4	108.0	55.3	101.9	93.0	109.2	102.7	102.9	67.2
353	艾氏达松	127.8	108.0	95.1	124.8	未添加	未添加	107.3	99.5	104.0	115.2	91.7	83.9	111.7	90.9	113.3	104.7	109.8	119.3
354	2,2',4,4',5,5'-六氯联苯	101.9	100.8	107.4	95.6	106.8	109.0	107.5	113.8	113.7	109.6	87.1	77.1	110.5	100.9	112.8	106.7	107.6	115.4
355	苄氯三唑醇	115.4	100.4	118.4	86.1	120.5	92.4	101.5	110.9	113.6	110.7	88.4	69.0	113.0	101.4	111.3	104.1	108.1	99.4
356	乙拌磷砜	90.2	107.1	98.1	93.5	117.4	86.7	103.3	114.2	109.8	107.3	100.2	58.1	114.8	104.5	114.3	109.3	112.1	75.2
357	噻螨酮	92.5	103.0	90.6	93.3	108.4	104.0	82.5	112.8	90.5	121.3	84.3	63.9	113.8	99.5	113.5	111.1	110.3	109.1
358	2,2',3,4,4',5-六氯联苯	22.3	102.6	25.6	88.7	129.4	116.2	49.7	113.4	57.2	105.0	90.8	68.7	115.2	107.5	131.8	117.0	123.3	122.0
359	威菌磷	63.4	46.8	52.6	33.2	51.0	49.7	86.2	100.3	120.7	119.5	103.2	83.0	91.6	111.7	95.6	89.4	85.7	56.3

（续表）

序号	中文名称	低水平添加 1LOQ						中水平添加 2LOQ						高水平添加 5LOQ					
		甘蓝	芹菜	西红柿	苹果	葡萄	桔子	甘蓝	芹菜	西红柿	苹果	葡萄	桔子	甘蓝	芹菜	西红柿	苹果	葡萄	桔子
360	苄呋菊酯-1	43.2	77.3	57.6	61.4	74.4	55.2	62.5	75.7	97.0	75.6	58.6	62.8	10.2	63.9	97.9	55.4	79.9	77.8
361	环丙唑	94.1	75.0	67.7	78.0	97.8	80.6	91.5	104.4	96.8	158.2	78.6	42.7	102.2	93.2	107.6	101.9	104.1	99.3
362	苄呋菊酯-2	59.5	106.2	84.1	61.1	74.5	57.4	69.0	83.7	112.0	63.5	56.3	67.4	9.9	68.9	99.9	54.3	80.6	102.3
363	酞酸甲苯基丁酯	114.7	99.1	109.2	92.7	114.8	111.5	114.4	110.9	129.0	110.1	90.4	70.5	114.2	104.4	114.1	106.3	113.8	112.1
364	炔草酸	105.5	111.0	117.6	86.6	119.0	86.0	103.6	110.4	124.0	102.1	87.9	53.4	114.1	109.6	108.0	105.9	109.7	94.5
365		71.9	97.0	73.0	93.0	146.9	90.4	85.0	142.8	83.7	99.6	89.1	62.4	102.6	89.4	114.0	106.3	106.8	71.5
366	三氟苯唑	87.6	100.9	88.7	76.5	90.1	59.6	99.8	105.5	100.7	77.9	57.6	58.5	107.0	91.3	99.9	105.4	111.5	91.5
367	氟草烟-1-甲庚酯	未添加	102.3	未添加	96.9	未添加	106.3	97.0	117.2	112.2	107.6	88.6	106.3	110.5	96.6	109.7	109.0	113.7	111.2
368	倍硫磷砜	100.2	109.2	110.7	91.3	114.9	58.2	113.1	114.4	123.3	101.5	88.0	46.4	107.1	97.6	109.5	104.8	112.8	57.2
369	三苯基磷酸盐	96.8	104.7	98.4	95.5	114.3	98.5	100.8	113.8	105.1	117.1	85.3	65.8	115.8	101.9	115.2	107.5	113.5	106.1
370	苯嗪草酮	155.3	256.5	179.1	356.2	213.1	86.8	163.8	255.5	173.2	101.7	160.4	54.5	118.6	217.4	116.0	120.3	127.9	74.9
371	2, 2', 3, 4, 4', 5, 5'-七氯联苯	75.5	96.8	96.5	95.7	107.0	108.8	99.8	112.8	108.5	108.6	85.0	75.7	106.2	95.7	109.6	104.3	104.4	112.0
372	吡螨胺	81.0	103.0	85.7	99.1	113.9	107.2	112.1	115.0	106.9	109.9	85.3	73.2	112.8	97.1	112.6	106.4	112.2	111.9
373	解草酯	72.5	105.3	68.8	87.0	117.0	84.0	68.0	109.7	70.8	79.3	62.8	58.2	103.6	84.5	95.2	98.8	101.8	102.7
374	环草定	94.9	98.3	100.0	89.6	107.6	79.7	99.6	108.7	105.6	99.4	85.7	56.3	104.9	96.1	111.8	101.7	102.8	76.0
375	糠菌唑-1	94.4	83.7	101.0	92.1	118.0	84.1	128.6	101.8	127.0	86.0	64.3	70.3	102.3	87.1	107.6	103.0	103.3	101.3
376	脱溴苯磷	100.3	104.5	105.6	92.0	122.8	108.3	101.6	112.2	114.3	106.1	85.9	66.7	106.9	96.8	109.7	106.0	111.7	109.4
377	糠菌唑-2	93.4	96.0	91.9	90.6	96.4	65.7	100.6	114.1	101.4	91.6	69.9	54.3	109.2	93.3	111.2	102.3	103.7	91.1
378	甲磺乐灵	116.0	101.5	129.7	78.4	121.8	76.3	135.5	108.7	170.9	105.9	96.3	46.3	113.4	96.7	112.5	107.6	113.6	65.2
379	苯线磷亚砜	77.4	97.0	68.3	86.0	未添加	未添加	64.2	85.1	87.9	66.0	68.2	未添加	59.3	126.1	104.6	88.1	77.1	27.7

（续表）

序号	中文名称	低水平添加 1LOQ						中水平添加 2LOQ						高水平添加 5LOQ					
		甘蓝	芹菜	西红柿	苹果	葡萄	桔子	甘蓝	芹菜	西红柿	苹果	葡萄	桔子	甘蓝	芹菜	西红柿	苹果	葡萄	桔子
380	苯线磷砜	84.2	107.9	96.1	91.4	100.1	27.3	100.6	108.2	122.4	93.6	61.4	30.0	76.6	98.7	118.3	97.6	85.8	23.9
381	拌种咯	74.7	92.3	74.8	93.4	130.2	69.0	79.6	101.1	85.3	114.1	73.7	25.3	94.0	90.7	106.6	101.1	119.0	40.1
382	氟喹唑	83.6	103.7	84.2	89.2	135.2	115.1	79.3	114.7	94.5	104.8	69.4	52.2	109.1	94.8	114.4	105.0	110.2	86.3
383	腈苯唑	81.0	180.1	78.0	51.6	108.9	68.8	87.6	162.8	85.2	185.9	114.9	101.0	106.7	93.4	109.0	103.5	107.9	58.6

表 G. 2　水果蔬菜中 104 种农药及相关化学品（E 组）添加回收率精密度数据

序号	英文名称	低水平添加 1LOQ						高水平添加 4LOQ					
		甘蓝	苹果	柑桔	芹菜	西红柿	葡萄	甘蓝	苹果	柑桔	芹菜	西红柿	葡萄
1	Propoxur – 1	99.9	103.6	97.5	118.5	101.4	104.5	96.8	97.6	90.7	91.9	96.2	86.8
2	Isoprocarb – 1	109.3	87.7	101.9	125.9	113.3	95.6	82.9	87.4	78.1	77.9	82.5	86.6
3	Methamidophos	90.7	119.5	100.6	95.7	85.6	24.2	81.1	73.1	89.2	61.7	66.5	56.4
4	Acenaphthene	79.3	84.1	83.0	87.9	73.9	86.8	87.8	76.5	71.1	85.9	73.7	68.2
5	Dibutyl succinate	92.4	105.3	94.8	106.6	89.6	96.6	106.5	97.3	91.7	98.7	98.8	83.0
6	Phthalimide	78.2	150.5	103.0	108.5	74.8	81.9	93.7	93.1	86.8	101.5	79.2	91.5
7	Chlorethoxyfos	97.1	87.7	87.5	98.4	91.7	134.9	114.5	102.9	97.6	103.9	97.1	75.8
8	Isoprocarb – 2	87.3	118.1	95.7	101.0	83.5	99.4	124.3	109.0	105.8	111.8	112.1	87.2
9	Pencycuron	86.3	115.1	97.9	134.0	81.9	134.1	115.3	106.5	99.7	79.8	62.9	116.0
10	Tebuthiuron	91.4	121.9	104.6	109.6	87.4	93.4	113.9	104.9	98.8	101.8	100.5	85.2
11	Demeton – S – methyl	80.8	86.2	94.9	98.4	82.0	100.5	155.3	130.6	128.8	93.4	111.9	85.9
12	Cadusafos	91.6	113.8	101.3	107.1	93.8	99.8	116.8	107.8	101.6	103.3	104.5	89.2

（续表）

序号	英文名称	低水平添加 1LOQ						高水平添加 4LOQ					
		甘蓝	苹果	柑桔	芹菜	西红柿	葡萄	甘蓝	苹果	柑桔	芹菜	西红柿	葡萄
13	Propoxur – 2	87.9	121.5	89.9	99.3	73.4	88.6	152.4	115.2	118.7	99.0	122.4	91.9
14	Naled	217.4	108.4	68.5	99.2	214.6	67.3	83.4	58.4	74.1	85.3	78.2	68.6
15	Phenanthrene	95.7	102.3	96.0	107.6	95.2	99.3	107.2	98.1	91.8	102.2	101.4	94.3
16	Spiroxamine – 1	96.2	107.9	103.8	113.4	90.9	97.3	119.4	111.9	99.7	93.5	105.7	86.4
17	Fenpyroximate	88.5	137.3	101.8	114.5	86.1	95.4	127.5	115.8	93.0	104.0	101.0	147.6
18	Tebupirimfos	93.7	106.9	98.7	106.3	91.6	98.4	118.0	108.0	103.2	104.3	105.6	92.7
19	Prohydrojamon	117.5	70.1	82.4	60.3	102.5	54.0	99.4	99.9	97.6	110.1	127.4	69.0
20	Fenpropidin	93.6	109.6	102.4	87.6	86.9	75.5	125.4	117.4	112.6	99.8	98.2	86.2
21	Dichloran	91.3	133.2	97.0	88.9	88.0	96.5	118.0	108.4	98.9	105.0	98.3	101.8
22	Pyroquilon	86.8	115.5	102.6	106.9	85.3	102.9	112.6	102.7	98.0	101.5	100.6	91.3
23	Spiroxamine – 2	88.6	113.0	101.9	112.8	84.9	91.5	121.5	112.5	104.5	88.5	98.2	85.1
24	Dinoterb	76.7	75.8	66.6	122.8	58.9	123.0	173.0	108.5	72.9	68.4	22.5	80.9
25	propyzamide	95.8	113.6	103.2	108.9	93.1	101.7	119.5	110.0	103.9	104.8	104.5	91.3
26	Pirimicicarb	95.1	97.9	96.3	101.1	91.1	95.0	108.0	99.1	90.1	97.9	103.0	89.1
27	Phosphamidon – 1	74.4	114.4	115.9	95.1	59.0	78.1	171.6	127.0	134.6	121.1	106.5	98.9
28	Benoxacor	89.2	98.6	104.6	102.8	90.2	108.7	132.5	117.4	113.2	110.5	96.4	82.0
29	Bromobutide	103.0	100.7	63.8	91.4	98.4	132.3	96.3	102.5	97.6	102.2	88.6	83.2
30	Acetochlor	95.9	105.5	102.3	106.5	93.8	98.9	114.9	105.4	98.2	103.4	107.1	88.9
31	Tridiphane	100.5	未添加	未添加	94.5	92.0	未添加	126.8	122.5	124.3	91.3	76.8	88.4
32	Terbucarb – 2	95.1	108.2	101.0	109.7	93.5	104.9	114.1	104.5	97.9	106.8	111.0	89.5
33	Esprocarb	48.5	未添加	未添加	112.8	48.2	未添加	102.3	102.6	103.1	103.0	106.1	89.5
34	Fenfuram	74.7	61.9	102.4	48.8	72.2	83.8	109.2	100.9	96.3	41.6	98.2	92.3
35	Acibenzolar – S – methyl	94.4	未添加	未添加	10.1	93.4	未添加	94.1	98.6	94.8	85.2	未添加	未添加

（续表）

序号	英文名称	低水平添加 1LOQ						高水平添加 4LOQ					
		甘蓝	苹果	柑桔	芹菜	西红柿	葡萄	甘蓝	苹果	柑桔	芹菜	西红柿	葡萄
36	Benfuresate	97.5	100.1	95.8	110.3	95.5	93.7	108.9	100.4	95.9	103.8	107.1	89.8
37	Dithiopyr	98.0	107.1	100.4	109.8	95.6	99.8	114.6	105.2	99.5	103.6	106.8	88.7
38	Mefenoxam	90.0	111.6	101.8	106.0	88.5	93.9	111.4	104.1	97.4	103.3	106.0	87.3
39	Malaoxon	78.6	126.5	109.8	101.8	57.9	87.3	145.4	157.0	161.4	137.4	106.3	97.9
40	Phosphamidon-2	65.2	133.5	113.3	100.7	57.2	77.2	157.8	140.5	137.3	118.0	95.4	92.8
41	Simeconazole	91.2	120.6	103.9	109.7	87.9	84.2	125.8	114.1	105.9	98.8	99.4	88.5
42	Chlorthal-dimethyl	96.8	105.8	98.5	111.2	95.3	107.6	114.4	109.3	99.5	104.3	108.4	90.9
43	Thiazopyr	99.1	106.3	100.8	114.6	96.9	98.3	116.2	106.9	98.8	103.6	108.2	89.0
44	Dimethylvinphos	82.2	132.7	111.7	111.8	78.1	112.2	153.2	131.9	127.7	120.2	111.5	91.7
45	Butralin	95.6	118.4	110.8	108.4	90.0	93.8	140.6	123.3	115.4	108.3	103.5	89.3
46	Zoxamide	103.7	97.9	102.5	111.9	96.9	88.3	110.3	107.4	101.7	82.3	91.6	93.0
47	Pyrifenox-1	92.4	115.7	101.6	107.7	91.3	89.5	115.9	107.6	96.7	99.5	102.5	86.1
48	Allethrin	89.0	114.5	105.7	106.6	84.9	97.5	118.4	107.5	101.3	106.7	107.1	88.0
49	Dimethametryn	97.5	111.5	102.1	110.1	94.4	96.6	116.6	106.3	97.8	104.3	106.6	90.5
50	Quinoclamine	74.9	74.6	112.4	103.0	70.6	86.7	129.5	116.5	110.3	106.9	94.8	96.5
51	Methothrin-1	100.9	108.2	102.2	103.3	97.0	97.7	118.3	107.5	99.6	103.0	110.3	92.1
52	Flufenacet	73.2	104.0	107.7	108.9	68.6	131.0	148.6	130.0	124.2	115.8	112.4	91.4
53	Methothrin-2	96.0	107.6	101.8	105.6	91.9	98.7	116.8	107.8	98.3	102.6	110.8	91.7
54	Pyrifenox-2	90.4	114.9	104.3	109.5	89.2	86.8	116.5	106.8	97.0	100.3	101.2	85.3
55	Fenoxanil	105.5	119.7	107.5	141.2	112.7	130.1	91.6	97.3	89.0	96.1	151.4	78.9
56	Phthalide	未添加	未添加	未添加	未添加	未添加	未添加	未添加	未添加	未添加	未添加	未添加	未添加
57	Furalaxyl	94.8	106.6	102.4	105.0	93.0	99.7	113.5	104.0	99.1	102.0	106.2	89.4
58	Thiamethoxam	57.5	107.4	91.8	93.6	85.6	71.6	47.6	32.8	47.3	57.7	61.3	78.9

（续表）

序号	英文名称	低水平添加 1LOQ						高水平添加 4LOQ					
		甘蓝	苹果	柑桔	芹菜	西红柿	葡萄	甘蓝	苹果	柑桔	芹菜	西红柿	葡萄
59	Mepanipyrim	92.1	117.6	110.6	110.2	90.3	91.1	132.2	118.0	105.9	106.6	101.9	97.7
60	Captan	100.3	100.9	83.8	94.3	110.6	138.3	112.3	114.6	130.6	131.7	131.3	106.5
61	Bromacil	59.7	95.7	111.4	77.6	57.5	67.4	114.1	110.9	96.4	113.2	0.0	82.0
62	Picoxystrobin	98.3	110.8	103.3	109.7	95.9	98.8	115.8	109.9	101.2	104.9	108.1	88.4
63	Butamifos	94.0	未添加	未添加	未添加	87.4	未添加	129.1	132.7	124.0	未添加	未添加	未添加
64	Imazamethabenz – methyl	75.4	108.5	95.6	106.8	75.8	101.6	91.0	89.9	88.2	153.9	101.7	83.1
65	Metominostrobin – 1	98.5	未添加	未添加	未添加	未添加	未添加	98.6	108.2	99.3	101.8	92.2	91.9
66	TCMTB	83.0	未添加	未添加	未添加	未添加	未添加	146.3	148.8	144.0	99.1	87.2	94.1
67	Methiocarb sulfone	26.5	57.3	113.4	77.7	16.4	85.2	89.3	81.9	89.0	99.7	50.4	108.9
68	Imazalil	81.2	134.7	112.2	108.1	75.3	75.6	90.3	100.9	84.8	57.2	100.0	59.9
69	Isoprothiolane	92.4	124.3	103.0	105.2	91.4	94.7	120.2	110.2	103.8	105.9	98.7	90.9
70	Cyflufenamid	未添加	未添加	未添加	未添加	未添加	未添加	未添加	未添加	未添加	未添加	未添加	未添加
71	Methyl trithion	未添加	未添加	未添加	未添加	未添加	未添加	未添加	未添加	未添加	未添加	未添加	未添加
72	Pyriminobac – methyl	未添加	未添加	未添加	未添加	未添加	未添加	未添加	未添加	未添加	未添加	未添加	未添加
73	Isoxathion	未添加	未添加	未添加	未添加	未添加	未添加	146.1	176.4	133.1	87.5	118.4	135.2
74	Metominostrobin – 2	未添加	未添加	未添加	未添加	未添加	未添加	143.2	144.2	139.5	92.5	97.6	110.6
75	Diofenolan – 1	95.9	113.7	105.6	109.0	92.5	98.8	119.0	108.7	100.8	104.9	106.2	94.3
76	Thifluzamide	未添加	未添加	未添加	未添加	未添加	未添加	未添加	未添加	未添加	未添加	未添加	未添加
77	Diofenolan – 2	96.9	109.7	105.9	109.4	95.5	103.7	115.5	107.6	99.2	105.4	106.9	96.0
78	Quinoxyphen	97.4	101.7	103.4	110.2	91.3	88.0	115.2	108.2	93.2	103.7	106.0	98.2
79	Chlorfenapyr	98.3	106.7	100.9	106.9	95.1	106.0	116.4	107.6	100.1	108.5	111.9	93.2
80	Trifloxystrobin	95.3	108.2	104.9	108.7	90.0	90.2	122.4	112.3	105.3	108.5	105.6	90.4
81	Imibenconazole – des – benzyl	44.8	193.4	132.2	101.1	47.8	76.1	81.6	60.9	84.5	92.0	77.4	99.2

（续表）

序号	英文名称	低水平添加 1LOQ						高水平添加 4LOQ					
		甘蓝	苹果	柑桔	芹菜	西红柿	葡萄	甘蓝	苹果	柑桔	芹菜	西红柿	葡萄
82	Isoxadifen – ethyl	103.0	未添加	未添加	94.6	96.0	未添加	104.4	105.7	101.6	98.8	未添加	未添加
83	Fipronil	94.9	108.2	103.2	102.6	92.0	122.6	121.0	107.4	107.6	115.3	110.4	90.9
84	Imiprothrin – 1	54.2	76.3	87.8	106.9	54.8	68.7	140.0	99.1	93.4	64.9	69.9	101.3
85	Carfentrazone – ethyl	87.0	102.8	110.0	107.5	87.4	101.3	125.7	115.3	107.3	108.9	106.7	91.8
86	Imiprothrin – 2	78.6	105.1	99.7	113.6	73.7	90.5	150.9	141.3	125.5	107.9	95.4	104.5
87	Halosulfuran – methyl	未添加	未添加	未添加	未添加	未添加	未添加	未添加	未添加	未添加	未添加	未添加	未添加
88	Epoxiconazole – 1	96.0	122.3	96.4	108.3	86.5	97.2	91.3	90.3	79.6	95.1	123.9	116.6
89	Pyraflufen ethyl	95.2	108.6	103.2	110.6	90.5	97.0	116.5	106.8	100.3	104.6	109.4	93.3
90	Pyributicarb	84.2	113.7	108.3	108.3	85.3	110.6	122.0	112.4	103.9	105.8	103.1	91.5
91	Thenylchlor	76.8	98.0	102.9	106.8	83.5	98.8	124.1	113.6	104.8	101.9	106.1	86.5
92	Clethodim	84.4	48.3	67.3	30.9	51.5	59.9	96.5	79.8	39.8	29.5	36.7	22.5
93	Chrysene	0.0	0.0	0.0	0.0	0.0	0.0	0.6	1.2	0.8	0.4	0.5	0.8
94	Mefenpyr – diethyl	94.8	111.5	97.3	105.5	92.5	96.6	118.0	106.5	101.8	104.9	107.8	91.4
95	Famphur	87.3	122.3	112.7	109.4	84.1	171.1	141.9	132.1	126.7	127.9	121.1	94.9
96	Etoxazole	95.0	110.9	102.4	108.4	90.5	101.5	114.3	106.9	98.7	103.8	107.5	89.1
97	Pyriproxyfen	84.7	110.1	103.9	101.6	78.9	90.0	119.8	107.6	96.3	101.5	98.7	89.6
98	Epoxiconazole – 2	90.3	110.7	111.1	106.4	86.8	92.4	128.6	116.2	114.6	104.9	91.6	87.5
99	Tepraloxydim	205.6	39.5	119.7	105.2	93.6	99.9	35.1	20.2	102.6	120.6	117.9	97.5
100	Picolinafen	93.7	100.8	107.0	108.9	95.2	97.0	119.3	110.8	99.3	105.7	104.8	103.3
101	Iprodione	89.5	147.7	108.1	110.9	85.3	95.1	128.9	119.4	109.3	90.4	85.1	93.9
102	Piperophos	89.4	84.8	109.9	89.6	82.6	98.9	113.5	91.3	109.3	108.0	108.3	90.1
103	Ofurace	52.1	102.1	108.9	106.1	55.7	102.7	107.7	97.0	100.9	105.0	99.9	87.8
104	Bifenazate	未添加	未添加	未添加	未添加	未添加	未添加	143.3	149.8	138.0	120.4	127.4	0.0

ICS

GB

中华人民共和国国家标准

GB 23200. 17—2016
代替 NY/T1649—2008

食品安全国家标准
水果、蔬菜中噻菌灵残留量的测定
液相色谱法

National food safety standards—
Determination of thiabendazole residue in fruits and vegetables
Liquid chromatography

2016 –12 –18 发布　　　　　　　　　　2017 –06 –18 实施

中华人民共和国国家卫生和计划生育委员会
中 华 人 民 共 和 国 农 业 部 发 布
国 家 食 品 药 品 监 督 管 理 总 局

前　言

本标准代替 NY/T 1649—2008《水果、蔬菜中噻苯咪唑残留量的测定 高效液相色谱法》。

本标准与 NY/T 1649—2008 相比主要修改如下：

——对标准名称进行了修改，增加了食品安全国家标准部分；

——根据食品安全标准的格式进行了修改；

——规范性引用文件中增加 GB 2763《食品中农药最大残留限量》标准；

——在试样制备中增加了取样部位的规定及细化了试样制备的要求；

——增加了精密度要求。

食品安全国家标准
水果、蔬菜中噻菌灵残留量的测定　液相色谱法

1　范围

本标准规定了蔬菜和水果中噻菌灵残留量的高效液相色谱测定方法。

本标准适用于蔬菜和水果中噻菌灵残留量的测定。

2　规范性引用文件

下列文件对于本文件的应用是必不可少的。凡是注日期的应用文件，仅注日期的版本适用于本文件。凡是不注日期的引用文件，其最新版本（包括所有的修改单）适用于本文件。

GB 2763　食品安全国家标准　食品中农药最大残留限量

GB/T 6682　分析实验室用水规格和试验方法

3　原理

样品中噻菌灵经甲醇提取后，根据噻菌灵在酸性条件下溶于水，碱性条件下溶于乙酸乙酯的原理，进行净化，再经反相色谱分离，紫外检测器 300nm 检测，根据保留时间定性，外标法定量。

4　试剂与材料

除非另有说明，在分析中仅使用确认为分析纯的试剂和符合 GB/T 6682 一级的水。

4.1　试剂

4.1.1　甲醇（CH_3OH），色谱纯。

4.1.2　乙酸乙酯（$CH_3COOC_2H_5$）。

4.1.3　氯化钠（NaCl）。

4.1.4　无水硫酸钠（Na_2SO_4）：650℃灼烧 4 h，干燥器中保存。

4.2　溶液配制

4.2.1　盐酸溶液（0.1 mol/L）：吸取 8.33mL 盐酸，用水定容至 1 L。

4.2.2　氢氧化钠溶液（1.0 mol/L）：称取 40g 氢氧化钠，用水溶解，并定容至 1 L。

4.3　标准品

噻菌灵（CAS 148 - 79 - 8）：纯度大于 99%。

529

4.4 标准溶液配制

标准贮备溶液（100 mg/L）：准确称取噻菌灵 0.0100g，用甲醇溶解后，定容至 100mL，置 4℃保存，有效期 3 个月。

5 仪器与设备

5.1 高效液相色谱仪，配有紫外检测器。
5.2 分析天平：感量 0.01g 和 0.1 mg。
5.3 组织捣碎机。
5.4 旋转蒸发仪。
5.5 机械往复式振荡器。
5.6 布氏漏斗。

6 试样制备

将蔬菜和水果样品取样部位按 GB 2763—2014 附录 A 规定取样，对于个体较小的样品，取样后全部处理；对于个体较大的基本均匀样品，可在对称轴或对称面上分割或切成小块后处理；对于细长、扁平或组分含量在各部分有差异的样品，可在不同部位切取小片或截成小段后处理；取后的样品将其切碎，充分混匀，用四分法取样或直接放入组织捣碎机中捣碎成匀浆。匀浆放入聚乙烯瓶中于 -16℃ ~ -20℃条件下保存。

7 分析步骤

7.1 提取及净化

称取 10g 样品，精确至 0.01g，放入 250mL 具塞锥形瓶中，加 40mL 甲醇，均质 1min，在机械往复式振荡器上振摇 20min，布氏漏斗抽滤，并用适量甲醇洗涤残渣 2 次，合并滤液于 150mL 梨形瓶中，在 50℃下减压蒸发至剩余 5mL ~ 10mL，用 20mL 盐酸溶液洗入 250mL 分液漏斗中，加入 20mL 乙酸乙酯振荡、静置，乙酸乙酯层再用 20mL 盐酸溶液萃取一次。合并水相用氢氧化钠溶液调 pH 至 8 ~ 9，加入 4g 氯化钠，移入 250mL 分液漏斗中，用 40mL 乙酸乙酯分别萃取 2 次，合并乙酸乙酯，经无水硫酸钠脱水，在 50℃下减压旋转蒸发近干，残渣用流动相溶解并定容至 5mL，经 0.45 μm 滤膜过滤后待测。

7.2 液相色谱参考条件

检测器：紫外检测器。
色谱柱：C_{18}，4.6×250 mm（5 μm）或相当者。
流动相：甲醇 + 水 = 50 + 50。
流速：1.0mL/min。
检测波长：300nm。
柱温：室温。

进样量：10 μL。

7.3 标准工作曲线

吸取标准储备溶液 0mL、0.1mL、0.5mL、1mL 和 2mL，用流动相定容至 10mL，此标准系列质量浓度为 0 mg/L、1.00mg/L、5.00 mg/L、10.0 mg/L 和 20.0 mg/L，以测得峰面积为纵坐标，对应的标准溶液质量浓度为横坐标，绘制标准曲线，求回归方程和相关系数。

7.4 测定

将标准工作溶液和待测溶液分别注入高效液相色谱仪中，以保留时间定性，以待测液峰面积代入标准曲线中定量，样品中噻菌灵质量浓度应在标准工作曲线质量浓度范围内。同时做空白试验。

8 结果计算

试料中噻菌灵残留量以质量分数 W 计，单位以毫克每千克（mg/kg）表示，按公式（1）计算：

$$W = \frac{\rho \times \nu}{m} \quad\cdots\cdots\cdots\cdots\cdots\cdots\cdots\cdots\cdots\cdots\cdots\cdots\cdots\cdots\cdots\cdots (1)$$

式中：

ρ——由标准曲线得出试样溶液中噻菌灵的质量浓度，单位为毫克每升（mg/L）；

ν——最终定容体积，单位为毫升（mL）；

m——试样质量，单位为克（g）。

计算结果应扣除空白值，计算结果以重复性条件下获得的两次独立测定结果的算术平均值表示，保留两位有效数字。

9 精密度

在重复性条件下获得的两次独立测定结果的绝对差值与其算术平均值的比值（百分率），应符合附录 A 的要求。

在再现性条件下获得的两次独立测定结果的绝对差值与其算术平均值的比值（百分率），应符合附录 B 的要求。

10 定量限

本标准方法定量限为 0.05 mg/kg。

11 色谱图

1.0mg/L 的噻菌灵标准溶液图谱见图 1。

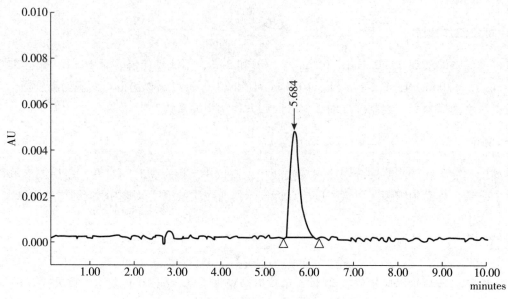

图1　1.0mg/L 的噻菌灵标准溶液图谱

附录 A

（规范性附录）

实验室内重复性要求

表 A.1   实验室内重复性要求

被测组分含量 mg/kg	精密度%
≤0.001	36
>0.001≤0.01	32
>0.01≤0.1	22
>0.1≤1	18
>1	14

附录 B
（规范性附录）
实验室间再现性要求

表 B.1   实验室间再现性要求

被测组分含量 mg/kg	精密度%
≤0.001	54
>0.001≤0.01	46
>0.01≤0.1	34
>0.1≤1	25
>1	19

ICS

GB

中 华 人 民 共 和 国 国 家 标 准

GB 23200. 19—2016
代替 SN/T 2114—2008

食品安全国家标准
水果和蔬菜中阿维菌素残留量的测定
液相色谱法

National food safety standards—
Determination of abamectin residue in fruits and vegetables
Liquid chromatography

2016－12－18发布

2017－06－18实施

中华人民共和国国家卫生和计划生育委员会
中 华 人 民 共 和 国 农 业 部 发 布
中华人民共和国国家食品药品监督管理总局

前 言

本标准代替 SN/T 2114—2008《进出口水果和蔬菜中阿维菌素残留量检测方法 液相色谱法》。
与 SN/T 2114—2008 相比，主要变化如下：

——标准文本格式修改为食品安全国家标准文本格式；

——标准名称中"进出口水果和蔬菜"改为"水果和蔬菜"；

——标准范围中增加"其他食品可参照执行"。

本标准所代替标准的历次版本发布情况为：

——SN/T 2114—2008。

食品安全国家标准
水果和蔬菜中阿维菌素残留量的测定　液相色谱法

1　范围

本标准规定了水果及蔬菜中阿维菌素检测的制样和液相色谱检测方法。

本标准适用于苹果及菠菜中阿维菌素残留量的检测。其他食品可参照执行。

2　规范性引用文件

下列文件对于本文件的应用是必不可少的。凡是注日期的引用文件，仅所注日期的版本适用于本文件。凡是不注日期的引用文件，其最新版本（包括所有的修改单）适用于本文件。

GB 2763　食品安全国家标准食品中农药最大残留限量

GB/T 6682　分析实验室用水规格和试验方法

3　方法提要

试样中的阿维菌素用丙酮提取，经浓缩后，用 SPE C_{18} 柱净化，并用甲醇洗脱。洗脱液经浓缩、定容、过滤后，用配有紫外检测器的高效液相色谱测定，外标法定量。

4　试剂和材料

除另有规定外，所有试剂均为分析纯，水为符合 GB/T 6682 中规定的一级水。

4.1　试剂

4.1.1　丙酮（C_3H_6O）：色谱纯。

4.1.2　甲醇（CH_4O）：色谱纯。

4.2　标准品

4.2.1　阿维菌素标准品（分子式 $C_{48}H_{72}O_{14}$）：纯度≥96.0%。

4.3　标准溶液配制

4.3.1　阿维菌素标准储备液：称取 0.1g（准确至 0.0002g）阿维菌素标准品于 100mL 容量瓶中，用甲醇溶解并定容至刻度配制成浓度为 1.0 mg/mL 的标准储备液。

4.3.2　阿维菌素标准工作液：根据需要移取适量的阿维菌素标准储备液，用甲醇稀释成适当浓度的标准。标准工作液需每周配制一次。

5 仪器和设备

5.1 高效液相色谱仪：配有紫外检测器。

5.2 分析天平：感量 0.01g 和 0.0001g。

5.3 组织捣碎机。

5.4 振荡器。

5.5 旋转蒸发器。

5.6 固相萃取柱：SPE C_{18}。规格：60 mg/3mL 使用前用 5mL 甲醇和 5mL 水活化。

6 试样制备与保存

6.1 试样制备

将所取样品缩分出 1kg，取样部位按 GB 2763 附录 A 执行，样品经组织捣碎机捣碎，均分为两份，装入洁净容器内，作为试样密封并标明标记。

6.2 试样保存

将试样于 −18℃ 以下保存。

在抽样和制样的操作过程中，应防止样品受到污染或发生残留物含量的变化。

7 分析步骤

7.1 提取

称取试样约 20g（精确至 0.1g）于 100mL 具塞锥形瓶中，加入 50mL 丙酮，于振荡器上振荡 0.5 h 用布氏漏斗抽滤，用 20mL × 2 丙酮洗涤锥形瓶及残渣。合并丙酮提取液，于 40℃ 水浴旋转蒸发至约 2mL。

7.2 净化

将上述的浓缩提取液完全转入 SPE C_{18} 柱，再用 5mL 水淋洗，去掉淋洗液。最后用 5mL 甲醇洗脱，收集洗脱液，用氮气吹至近干。准确加入 1.0mL 甲醇溶解残渣，用 0.45 μm 滤膜过滤，滤液供液相色谱测定。外标法定量。

7.3 测定

7.3.1 高效液相色谱参考条件：

a）色谱柱：ODS − C_{18} 反相柱，4.6 mm × 125 mm；

b）流动相：甲醇：水 = （90 + 10，V/V）；

c）流速：1.0mL/min；

d）检测波长：245nm；

e）柱温：40℃；

f）进样量：20 μL。

7.3.2 色谱测定

根据样液中阿维菌素含量情况，选定峰高相近的标准工作液和样液中阿维菌素响应值均应在仪器检测线性范围内，标准工作液和样液等体积参插进样。在上述色谱条件下，阿维菌素保留时间约为 5.3min。

标准色谱图参见附录 A，标准品紫外光谱图参见附录 B。

7.4 空白试验

除不加试样外，均按照上述测定步骤进行。

8 结果计算与表述

用色谱数据处理机，或按式（1）计算试样中阿维菌素残留量：

$$X = h \cdot c \cdot V / h_s \cdot m \quad\cdots\cdots\cdots\cdots\cdots\cdots\cdots\cdots\cdots (1)$$

式中：

X——试样中阿维菌素残留量，单位为毫克每千克（mg/kg）；

h——样液中阿维菌素峰高，单位为毫米（mm）；

h_s——标准工作液中阿维菌素峰高，单位为毫米（mm）；

c——标准工作液中阿维菌素浓度，单位为毫克每升（mg/L）；

V——样液最终定容体积，单位为毫升（mL）；

m——最终样液代表的试样量，单位为克（g）。

注：计算结果须扣除空白值，测定结果用平行测定的算术平均值表示，保留两位有效数字。

9 精密度

9.1 在重复性条件下获得的两次独立测定结果的绝对差值与其算术平均值的比值（百分率），应符合附录 C 的要求。

9.2 在再现性条件下获得的两次独立测定结果的绝对差值与其算术平均值的比值（百分率），应符合附录 D 的要求。

10 定量限和回收率

10.1 定量限

本方法的定量限为 0.01 mg/kg。

10.2 回收率

苹果样品中添加阿维菌素的浓度和回收率的实验数据：

——在 0.01 mg/kg 时，回收率为 82.5%；

——在 0.05 mg/kg 时，回收率为 87.5%；

——在 0.50 mg/kg 时，回收率为 95.0%。

菠菜中添加阿维菌素的浓度和回收率的实验数据：

——在 0.01 mg/kg 时，回收率为 83.0%；

——在 0.05 mg/kg 时，回收率为 89.0%；

——在 0.50 mg/kg 时，回收率为 97.0%。

Annex A
(informative)
Chromatogram of the standard

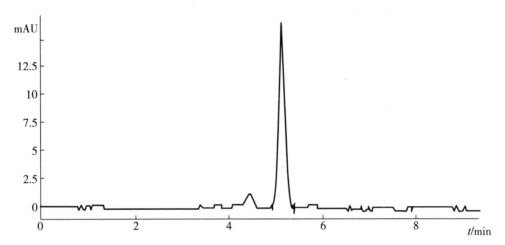

Figure A. 1—Liquid Chromatogram of abamectin standard

Annex B
(informative)
spectrogram of the standard

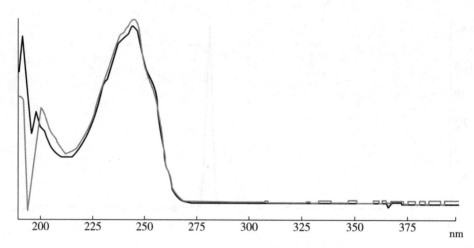

Figure B. 1—Spectrogram of abamection standard

附录 C
（规范性附录）
实验室内重复性要求

表 C.1 实验室内重复性要求

被测组分含量 mg/kg	精密度%
≤0.001	36
>0.001≤0.01	32
>0.01≤0.1	22
>0.1≤1	18
>1	14

附录 D
（规范性附录）
实验室间再现性要求

表 D.1　　　　　　　　　　　　　　　实验室间再现性要求

被测组分含量 mg/kg	精密度%
≤0.001	54
>0.001≤0.01	46
>0.01≤0.1	34
>0.1≤1	25
>1	19

ICS

GB

中 华 人 民 共 和 国 国 家 标 准

GB 23200. 21—2016
代替 SN 0350—2012

食品安全国家标准
水果中赤霉酸残留量的测定
液相色谱－质谱/质谱法

National food safety standards—
Determination of gibberellic acid residue in fruit
Liquid chromatography-mass spectrometry

2016 –12 –18 发布

2017 –06 –18 实施

中华人民共和国国家卫生和计划生育委员会
中 华 人 民 共 和 国 农 业 部 发 布
国 家 食 品 药 品 监 督 管 理 总 局

前 言

本标准代替 SN/T 0350—2012《进出口水果中赤霉素残留量的测定 液相色谱 – 质谱/质谱法》。
与 SN/T 0350—2012 相比，主要变化如下：
——标准文本格式修改为食品安全国家标准文本格式；
——标准名称中"进出口水果"改为"水果"；
——标准范围中增加"其他食品可参照执行"。
本标准所代替标准的历次版本发布情况为：
——SN/T 0350—2012。

食品安全国家标准
水果中赤霉酸残留量的测定　液相色谱－质谱/质谱法

1　范围

本标准规定了水果中赤霉酸残留量的制样和液相色谱－质谱/质谱测定方法。

本标准适用于进出口苹果、桔子、桃子、梨和葡萄中赤霉酸残留量的检测，其他食品可参照执行。

2　规范性引用文件

下列文件对于本文件的应用是必不可少的。凡是注日期的引用文件，仅所注日期的版本适用于本文件。凡是不注日期的引用文件，其最新版本（包括所有的修改单）适用于本文件。

GB 2763　食品安全国家标准　食品中农药最大残留限量

GB/T 6682　分析实验室用水规格和试验方法

3　原理

用乙腈提取试样中残留的赤霉酸，提取液经液液分配净化后，用液相色谱－质谱/质谱测定和确证，外标法定量。

4　试剂和材料

除另有规定外，所有试剂均为分析纯，水为符合 GB/T 6682 中规定的一级水。

4.1　试剂

4.1.1　乙腈（C_2H_3N）：色谱纯。

4.1.2　甲醇（CH_4O）：色谱纯。

4.1.3　乙酸乙酯（$C_4H_8O_2$）：色谱纯。

4.1.4　甲酸（CH_2O_2）：色谱纯。

4.1.5　磷酸二氢钾（K_2HPO_4）。

4.1.6　氢氧化钠（NaOH）。

4.1.7　硫酸（H_2SO_4）。

4.1.8　氯化钠（NaCl）。

4.2　溶液配制

4.2.1　硫酸水溶液（pH 2.5）：1 滴硫酸加入 100mL 水中，调节水 pH 为 2.5。

4.2.2 磷酸盐缓冲溶液（pH 7）：6.7g 磷酸二氢钾和 1.2g 氢氧化钠溶解于 1 L 水中。

4.2.3 0.15% 甲酸溶液：移取 0.15mL 甲酸，用水稀释至 100mL。

4.3 标准品

4.3.1 赤霉酸标准品（gibberellic acid，CAS NO. 为 77 – 06 – 5，$C_{19}H_{22}O_6$）：纯度≥98%。

4.4 标准溶液配制

4.4.1 赤霉酸标准储备溶液：称取适量标准品，用甲醇溶解，溶液浓度为 100μg/mL。0℃～4℃ 冷藏避光保存。有效期三个月。

4.4.2 标准工作溶液：根据需要用空白样品溶液将标准储备液稀释成 4ng/mL、5ng/mL、10ng/mL、100ng/mL 和 150ng/mL 的标准工作溶液，相当于样品中含有 8μg/kg、10μg/kg、20μg/kg、200μg/kg、300μg/kg 赤霉酸。临用前配制。

4.5 材料

4.5.1 有机相微孔滤膜：0.45 μm。

5 仪器和设备

5.1 液相色谱 – 质谱/质谱仪：配有电喷雾离子源。
5.2 分析天平：感量 0.01g 和 0.0001g。
5.3 pH 计。
5.4 旋转蒸发器。
5.5 旋涡混合器。
5.6 离心机：4 000 r/min。

6 试样制备与保存

从所取全部样品中取出有代表性样品约 500g，取样部位按 GB 2763 附录 A 执行，用粉碎机粉碎，混合均匀，均分成两份，分别装入洁净容器作为试样，密封，并标明标记。将试样于 –18℃ 冷冻保存。

在抽样和制样的操作过程中，应防止样品污染或发生残留物含量的变化。

7 测定步骤

7.1 提取

称取 5g 试样（精确到 0.01g）置于 50mL 塑料离心管中，加入 25mL 乙腈和 2g 氯化钠，涡旋 1min，以 4 000 r/min 离心 5min，将上层乙腈提取液转移至浓缩瓶中，下层溶液再用 20mL 乙腈提取一次，合并乙腈提取液，在 45℃ 以下水浴减压浓缩至近干，用 10mL 硫酸水溶液将残渣转移至 50mL 塑料离心管中，加入 20mL 乙酸乙酯，涡旋 1min，以 4 000 r/min 离心 5min，乙酸乙酯转移至另一 50mL 塑料离心管中，再加入 20mL 乙酸乙酯，重复上述操作，合并乙酸乙酯提取液，加入 10mL 磷酸盐缓冲溶液，涡旋 1min，以 4 000 r/min 离心 5min，分取磷酸盐缓冲盐溶液，乙酸乙酯层中再加入 10mL 磷酸盐缓冲溶液提取一次，合并磷酸盐缓冲溶液，滴加50%硫酸溶液调节溶液pH为2.5±0.2，加入20mL乙酸乙酯，涡旋1min，以4 000 r/min离心5min，将上层乙酸乙酯转移至浓缩瓶中，磷酸盐缓冲盐溶液层中再加入20mL乙酸乙酯提取一次，合并乙酸乙酯提取液在45℃以下水浴减压浓缩至近干，加10.0mL甲醇－水（1＋1，体积比）溶解残渣，混匀，过0.45μm滤膜，供液相色谱－质谱/质谱仪测定。

7.2 测定

7.2.1 液相色谱－质谱/质谱

液相色谱－质谱/质谱参考条件如下：

a）色谱柱：C_{18}柱，150 mm×4.6 mm（i.d），5μm或相当者；

b）流动相：乙腈－0.15%甲酸水溶液（35＋65，体积比）；

c）流速：0.4mL/min；

d）进样量：30μL；

e）离子源：电喷雾离子源；

f）扫描方式：负离子扫描；

g）检测方式：多反应监测；

h）雾化气、气帘气、辅助气、碰撞气均为高纯氮气；使用前应调节各气体流量以使质谱灵敏度达到检测要求，参考条件参见附录A表A.1。

7.2.2 液相色谱—质谱/质谱测定

根据样液中赤霉酸的含量情况，选定响应值适宜的标准工作液进行色谱分析，标准工作液应有五个浓度水平。待测样液中赤霉酸的响应值均应在仪器检测的工作曲线范围内。在上述色谱条件下，赤霉酸的参考保留时间约为4.9min。标准溶液的选择性离子流图参见附录B中图B.1。

7.2.3 液相色谱—质谱/质谱确证

按照上述条件测定样品和标准工作液，如果检测的质量色谱峰保留时间与标准工作液一致，允许偏差小于±2.5%；定性离子对的相对丰度与浓度相当标准工作液的相对丰度一致，相对丰度允许偏差不超过表1规定，则可判断样品中存在相应的被测物。

表1   **定性确证时相对离子丰度的最大允许偏差**

相对丰度（基峰）	>50%	>20%~50%（含）	>10%~20%（含）	≤10%
允许的相对偏差	±20%	±25%	±30%	±50%

7.3 空白试验

除不加试样外，均按上述操作步骤进行。

8 结果计算和表述

用色谱数据处理机或按式（1）计算试样中赤霉酸残留含量，计算结果需扣除空白值：

$$X = \frac{C_i \times V \times 1\ 000}{m \times 1\ 000} \quad\cdots\cdots\cdots\cdots\cdots\cdots\cdots\cdots\cdots\cdots\cdots\cdots\cdots\cdots\cdots\cdots \text{（1）}$$

式中：

X—— 试样中赤霉酸的残留量，单位为微克每千克（μg/kg）；

C_i——从标准曲线上得到的赤霉酸浓度，单位为纳克每毫升（ng/mL）；

V—— 样液最终定容体积，单位为毫升（mL）；

m—— 最终样液代表的试样质量，单位为克（g）。

注：计算结果须扣除空白值，测定结果用平行测定的算术平均值表示，保留两位有效数字。

9　精密度

9.1　在重复性条件下获得的两次独立测定结果的绝对差值与其算术平均值的比值（百分率），应符合附录 D 的要求。

9.2　在再现性条件下获得的两次独立测定结果的绝对差值与其算术平均值的比值（百分率），应符合附录 E 的要求。

10　定量限和回收率

10.1　定量限

本方法的定量限为 10μg/kg。

10.2　回收率

在不同添加水平条件下的回收率数据见附录 C。

附录 A

（资料性附录）

API 4000 LC－MS/MS 系统电喷雾离子源参考条件

监测离子对及电压参数：

a）电喷雾电压（IS）：－4500 V；

b）雾化气压力（GS1）：241.15 kPa（35 psi）；

c）气帘气压力（CUR）：172.25 kPa（25 psi）；

d）辅助气流速（GS2）：310.05 kPa（45 psi）；

e）离子源温度（TEM）：550℃；

f）碰撞气（CAD）：6；

g）离子对、去簇电压（DP）、碰撞气能量（CE）及碰撞室出口电压（CXP）见 A.1。

表 A.1　　　　　　　　　　　离子对、去簇电压、碰撞气能量和碰撞室出口电压

名称	母离子 m/z	子离子 m/z	去簇电压（DP）V	碰撞气能量（CE）V	碰撞室出口电压（CXP）V
赤霉酸	345.1	239.2*	－45	－21	－11
		143.2		－34	

注："*"为定量离子

非商业性声明：附录表 B 所列参数是在 API 4000 质谱仪完成的，此处列出试验用仪器型号仅是为了提供参考，并不涉及商业目的，鼓励标准使用者尝试不同厂家和型号的仪器。

附录 B
（资料性附录）
赤霉酸标准品选择性离子流图

赤霉酸（5 ng/mL）标准品的选择性离子流图见图 B.1。

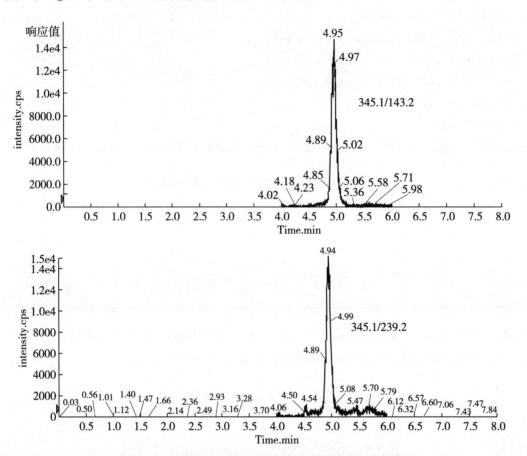

图 B.1　赤霉酸（5 ng/mL）标准品的选择性离子流图

附录 C

（资料性附录）

样品的添加浓度及回收率的实验数据

表 C.1　　　　　　　　　　　　　　样品的添加浓度及回收率的实验数据

基质	添加浓度/ug/kg	回收率范围/%	精密度范围/%
苹果	10	70.4 ~ 98.7	7.5
	20	70.8 ~ 100.8	5.2
	200	70.3 ~ 106.0	3.2
桔子	10	74.0 ~ 97.4	4.2
	20	74.0 ~ 97.5	4.3
	200	75.2 ~ 103.6	7.1
桃子	10	71.6 ~ 99.3	13.7
	20	73.8 ~ 102.8	10.5
	200	71.6 ~ 103.0	12.6
梨	10	70.4 ~ 109.0	5.3
	20	73.3 ~ 102.2	8.8
	200	73.7 ~ 101.0	5.7
葡萄	10	70.2 ~ 98.3	13.0
	20	70.3 ~ 98.1	9.4
	200	70.0 ~ 102.0	8.9

附录 D
（规范性附录）
实验室内重复性要求

表 D.1   实验室内重复性要求

被测组分含量 mg/kg	精密度 %
≤0.001	36
>0.001≤0.01	32
>0.01≤0.1	22
>0.1≤1	18
>1	14

附录 E
（规范性附录）
实验室间再现性要求

表 E.1　　　　　　　　　　　　　　　实验室间再现性要求

被测组分含量 mg/kg	精密度 %
≤0.001	54
>0.001≤0.01	46
>0.01≤0.1	34
>0.1≤1	25
>1	19

ICS

GB

中 华 人 民 共 和 国 国 家 标 准

GB 23200. 25—2016

代替 SN/T 1115—2002

食品安全国家标准
水果中噁草酮残留量的检测方法

National food safety standards—
Determination of oxadiazon residue in fruits

2016 -12 -18 发布

2017 -06 -18 实施

中华人民共和国国家卫生和计划生育委员会
中 华 人 民 共 和 国 农 业 部 发 布
国 家 食 品 药 品 监 督 管 理 总 局

前　言

本标准代替 SN/T 1115—2002《进出口水果中噁草酮残留量的检验方法》。

本标准与 SN/T 1115—2002，主要变化如下：

——标准文本格式修改为食品安全国家标准文本格式；

——标准名称中"进出口水果"改为"水果"；

——标准范围中增加"其他食品可参照执行"。

本标准所代替标准的历次版本发布情况为：

——SN/T 1115—2002。

食品安全国家标准
水果中噁草酮残留量的检测方法

1 范围

本标准规定了水果中噁草酮残留量检验的抽样、制样和气相色谱－质谱测定及确证方法。
本标准适用于柑桔、苹果中噁草酮残留量的检验，其他食品可参照执行。

2 规范性引用文件

下列文件对于本文件的应用是必不可少的。凡是注日期的引用文件，仅所注日期的版本适用于本文件。凡是不注日期的引用文件，其最新版本（包括所有的修改单）适用于本文件。

GB 2763　食品安全国家标准　食品中农药最大残留限量
GB/T 6682　分析实验室用水规格和试验方法

3 试剂和材料

除另有规定外，所有试剂均为分析纯，水为符合 GB/T 6682 中规定的一级水。

3.1 试剂

3.1.1　苯（C_6H_6）：重蒸馏。

3.1.2　正己烷（C_6H_{14}）：重蒸馏。

3.1.3　氯化钠（NaCl）。

3.1.4　无水硫酸钠（Na_2SO_4）：经过 650℃灼烧 4h，置于干燥器中备用。

3.2 溶液配制

3.2.1　苯－正己烷溶液（1＋1）：取 100mL 苯，加入 100mL 正己烷，摇匀备用。

3.2.2　苯－正己烷溶液（2＋1）：取 200mL 苯，加入 100mL 正己烷，摇匀备用。

3.3 标准品

3.3.1　噁草酮标准品：纯度≥99%。

3.4 标准溶液配制

3.4.1　噁草酮储备液：准确称取适量噁草酮标准品，用少量正己烷溶解，并以正己烷配制成浓度为 1000μg/mL 标准储备液。根据需要再用正己烷将标准储备液稀释成适当浓度的标准工作液。

3.5 材料

3.5.1 活性碳小柱：SUPELCLEAN ENVI – CARB 小柱，125 mg，3mL 或相当者。

4 仪器和设备

4.1 气相色谱仪，配质量选择性检测器。

4.2 分析天平：感量 0.01g 和 0.0001g。

4.3 固相萃取装置，带真空泵。

4.4 离心机：3 000 r/min。

4.5 涡旋混匀器。

4.6 离心管：15mL。

4.7 刻度试管：15mL。

4.8 微量注射器：10 μL。

5 试样制备与保存

5.1 试样制备

将所取原始样品缩分出 1kg，取样部位按 GB 2763 附录 A 执行，经组织捣碎机捣碎，均分成两份，装入洁净容器内，作为试样。密封，并标明标记。

5.2 试样保存

将试样于 –18℃ 以下冷冻保存。

注：在抽样和制样的操作过程中，必须防止样品受到污染或发生残留物含量的变化。

6 分析步骤

试样中噁草酮残留物用苯 – 正己烷提取，然后过活性炭小柱净化，用配有质量选择性检测器的气相色谱仪测定及确证，外标法定量。

6.1 提取

准确称取 2.0g 均匀试样（精确至 0.001g）于 15mL 离心管中，加入 1g 氯化钠，于混匀器上混匀 30 s，加入 2mL 苯 – 正己烷混合溶液在混匀器上充分混匀 3min，于 2 500 r/min 离心 2min，将上清液移动到另一 15mL 刻度试管中，残渣再分别用 2mL 苯 – 正己烷混合溶液重复提取 2 次，合并提取液，加入 1.0g 无水硫酸钠使之干燥。

6.2 净化

将活动碳小柱安装固相萃取的真空抽滤装置上，用 1mL × 3 苯先预淋洗小柱，保持流速为 0.5mL/min，弃去洗脱液。将样品提取液加到小柱上，再用 1.5mL × 3 苯 – 正己烷混合溶液洗涤试管并一起转移到小柱中，收集全部洗脱液，在 45℃ 下。空气流吹至近干，用正己烷溶解残渣并定容于 0.50mL，供

CC/MSD 分析。

6.3 测定

6.3.1 气相色谱-质谱参考条件

a）色谱柱：石英毛细管柱 HP-5，25mm×0.2mm（内径），膜厚 0.33μm，或相当者；

b）色谱柱温度：100℃保持 1min，以 5℃/min 上升至 200℃，再以 10℃/min，上升至 280℃，保持 5min；

c）进样口温度：280℃；

d）色谱-质谱接口温度：250℃；

e）载气：氮气，纯度≥99.995%，0.6mL/min；

f）进样量：1μL；

g）进样方式：无分流进样，1min 后开阀；

h）电离方式：EI；

i）电离能量：70 ev；

j）测定方式：选择离子检测方式（SIM）；

k）检测离子（m/z）：177、258、344；

l）溶剂延迟：20min。

6.3.2 色谱测定

根据样液中噁草酮的含量，选定峰面积相近的标准工作溶液，标准工作溶液和样液中噁草酮的响应值均应在仪器检测的线性范围内，对标准工作液和样液等体积参插进样测定，在上述色谱条件下，噁草酮的保留时间约为 25.95min，标准品 SIM 色谱图及全扫描质谱图见附录 A 中图 A.1、图 A.2。

6.3.3 质谱确证

对标准溶液及样液均按 6.3.2 规定的条件进行测定，如果样液中与标准溶液相同的保留时间有峰出现，则对其进行质谱确证。在上述气相色谱-质谱条件下，噁草酮的保留时间约为 25.95min，监测离子强度比（m/z）258∶177∶344 -（65±10）∶100∶（16±2）。

6.4 空白实验

除不加试样外，均按上述测定步骤进行。

7 结果计算和表述

用色谱数据处理机或按下式（1）计算式样中的噁草酮的含量：

$$X = \frac{A \times C_s \times V}{A_s \times m} \quad\quad\quad\quad\quad\quad (1)$$

式中：

X——试样中噁草酮的含量，单位为毫克每千克（mg/kg）；

A——样液中噁草酮的峰面积；

C_s——标准工作液中噁草酮的浓度，单位为微克每毫升（μg/mL）；

A_s——标准工作液中噁草酮的峰面积；

V——样液最终定容体积，单位为毫升（mL）；

m——最终样液所代表的试样量，单位为克（g）。

注：计算结果须扣除空白值，测定结果用平行测定的算术平均值表示，保留两位有效数字。

8 精密度

在重复性条件下获得的两次独立测定结果的绝对差值与其算术平均值的比值（百分率），应符合附录 C 的要求。

在再现性条件下获得的两次独立测定结果的绝对差值与其算术平均值的比值（百分率），应符合附录 D 的要求。

9 定量限和回收率

9.1 定量限

本方法噁草酮的定量限为 0.010 mg/kg。

9.2 回收率

当添加水平为 0.01 mg/kg、0.05 mg/kg、0.5 mg/kg 时，噁草酮在不同基质中的添加回收率参见附录 B。

附录 A
（资料性附录）
噁草酮标准品色谱和质谱图

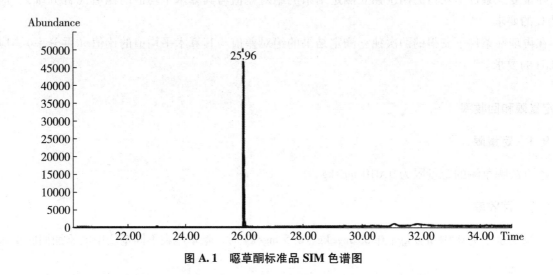

图 A.1　噁草酮标准品 SIM 色谱图

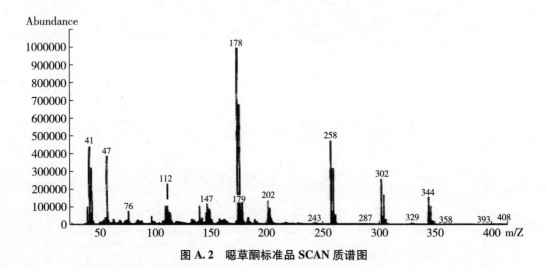

图 A.2　噁草酮标准品 SCAN 质谱图

附录 B

（资料性附录）
不同基质中噁草酮的添加回收率

表 B.1　　　　　　　　　　　不同基质中噁草酮的添加回收率　　　　　　　　　单位:%

农药名称	样品基质	
	柑橘	苹果
噁草酮	95.0—98.4	96.7—98.3

附录 C
（规范性附录）
实验室内重复性要求

表 C.1   实验室内重复性要求

被测组分含量 mg/kg	精密度 %
≤0.001	36
>0.001≤0.01	32
>0.01≤0.1	22
>0.1≤1	18
>1	14

附录 D
（规范性附录）
实验室间再现性要求

表 D.1 实验室间再现性要求

被测组分含量 mg/kg	精密度 %
≤0.001	54
>0.001≤0.01	46
>0.01≤0.1	34
>0.1≤1	25
>1	19

GB

中华人民共和国国家标准

GB 5009.7—2016

食品安全国家标准
食品中还原糖的测定

2016 –08 –31 发布

2017 –03 –01 实施

中华人民共和国
国家卫生和计划生育委员会　发布

前　言

本标准代替 GB/T 5009.7—2008《食品中还原糖的测定》、GB/T 5513—2008《粮油检验　粮食中还原糖和非还原糖测定》还原糖部分、NY/T 1751—2009《甜菜还原糖的测定》。

本标准与 GB/T 5009.7—2008 相比，主要修改如下：

——标准名称修改为"食品安全国家标准　食品中还原糖的测定"；

——将 GB/T 5009.7—2008 与 GB/T 5513—2008 还原糖部分进行了同类合并。

食品安全国家标准
食品中还原糖的测定

1 范围

本标准规定了食品中还原糖含量的测定方法。

本标准第一法、第二法适用于食品中还原糖含量的测定。

本标准第三法适用于小麦粉中还原糖含量的测定。

本标准第四法适用于甜菜块根中还原糖含量的测定。

第一法 直接滴定法

2 原理

试样经除去蛋白质后，以亚甲蓝作指示剂，在加热条件下滴定标定过的碱性酒石酸铜溶液（已用还原糖标准溶液标定），根据样品液消耗体积计算还原糖含量。

3 试剂和材料

除非另有说明，本方法所用试剂均为分析纯，水为 GB/T 6682 规定的三级水。

3.1 试剂

3.1.1 盐酸（HCl）。

3.1.2 硫酸铜（$CuSO_4 \cdot 5H_2O$）。

3.1.3 亚甲蓝（$C_{16}H_{18}ClN_3S \cdot 3H_2O$）。

3.1.4 酒石酸钾钠（$C_4H_4O_6KNa \cdot 4H_2O$）。

3.1.5 氢氧化钠（NaOH）。

3.1.6 乙酸锌［$Zn（CH_3COO）_2 \cdot 2H_2O$］。

3.1.7 冰乙酸（$C_2H_4O_2$）。

3.1.8 亚铁氰化钾［$K_4Fe（CN）_6 \cdot 3H_2O$］。

3.2 试剂配制

3.2.1 盐酸溶液（1+1，体积比）：量取盐酸 50mL，加水 50mL 混匀。

3.2.2 碱性酒石酸铜甲液：称取硫酸铜 15g 和亚甲蓝 0.05g，溶于水中，并稀释至 1 000mL。

3.2.3 碱性酒石酸铜乙液：称取酒石酸钾钠 50g 和氢氧化钠 75g，溶解于水中，再加入亚铁氰化钾 4g，完全溶解后，用水定容至 1 000mL，贮存于橡胶塞玻璃瓶中。

3.2.4 乙酸锌溶液：称取乙酸锌 21.9g，加冰乙酸 3mL，加水溶解并定容于 100mL。

3.2.5 亚铁氰化钾溶液（106g/L）：称取亚铁氰化钾 10.6g，加水溶解并定容至 100mL。

3.2.6 氢氧化钠溶液（40g/L）：称取氢氧化钠 4g，加水溶解后，放冷，并定容至 100mL。

3.3 标准品

3.3.1 葡萄糖（$C_6H_{12}O_6$）
CAS：50 - 99 - 7，纯度≥99%。

3.3.2 果糖（$C_6H_{12}O_6$）
CAS：57 - 48 - 7，纯度≥99%。

3.3.3 乳糖（含水）（$C_6H_{12}O_6 \cdot H_2O$））
CAS：5989 - 81 - 1，纯度≥99%。

3.3.4 蔗糖（$C_{12}H_{22}O_{11}$）
CAS：57 - 50 - 1，纯度≥99%。

3.4 标准溶液配制

3.4.1 葡萄糖标准溶液（1.0 mg/mL）：准确称取经过 98℃～100℃烘箱中干燥 2 h 后的葡萄糖 1g，加水溶解后加入盐酸溶液 5mL，并用水定容至 1 000mL。此溶液每毫升相当于 1.0 mg 葡萄糖。

3.4.2 果糖标准溶液（1.0 mg/mL）：准确称取经过 98℃～100℃干燥 2 h 的果糖 1g，加水溶解后加入盐酸溶液 5mL，并用水定容至 1 000mL。此溶液每毫升相当于 1.0 mg 果糖。

3.4.3 乳糖标准溶液（1.0 mg/mL）：准确称取经过 94℃～98℃干燥 2 h 的乳糖（含水）1g，加水溶解后加入盐酸溶液 5mL，并用水定容至 1 000mL。此溶液每毫升相当于 1.0 mg 乳糖（含水）。

3.4.4 转化糖标准溶液（1.0 mg/mL）：准确称取 1.0526g 蔗糖，用 100mL 水溶解，置具塞锥形瓶中，加盐酸溶液 5mL，在 68℃～70℃水浴中加热 15min，放置至室温，转移至 1 000mL 容量瓶中并加水定容至 1 000mL，每毫升标准溶液相当于 1.0 mg 转化糖。

4 仪器和设备

4.1 天平：感量为 0.1 mg。
4.2 水浴锅。
4.3 可调温电炉。
4.4 酸式滴定管：25mL。

5 分析步骤

5.1 试样制备

5.1.1 含淀粉的食品：称取粉碎或混匀后的试样 10g～20g（精确至 0.001g），置 250mL 容量瓶中，加水 200mL，在 45℃水浴中加热 1 h，并时时振摇，冷却后加水至刻度，混匀，静置，沉淀。吸取 200.0mL 上清液置于另一 250mL 容量瓶中，缓慢加入乙酸锌溶液 5mL 和亚铁氰化钾溶液 5mL，加水至刻度，混匀，静置 30min，用干燥滤纸过滤，弃去初滤液，取后续滤液备用。

5.1.2 酒精饮料：称取混匀后的试样100g（精确至0.01g），置于蒸发皿中，用氢氧化钠溶液中和至中性，在水浴上蒸发至原体积的1/4后，移入250mL容量瓶中，缓慢加入乙酸锌溶液5mL和亚铁氰化钾溶液5mL，加水至刻度，混匀，静置30min，用干燥滤纸过滤，弃去初滤液，取后续滤液备用。

5.1.3 碳酸饮料：称取混匀后的试样100g（精确至0.01g）于蒸发皿中，在水浴上微热搅拌除去二氧化碳后，移入250mL容量瓶中，用水洗涤蒸发皿，洗液并入容量瓶，加水至刻度，混匀后备用。

5.1.4 其他食品：称取粉碎后的固体试样2.5g~5g（精确至0.001g）或混匀后的液体试样5g~25g（精确至0.001g），置250mL容量瓶中，加50mL水，缓慢加入乙酸锌溶液5mL和亚铁氰化钾溶液5mL，加水至刻度，混匀，静置30min，用干燥滤纸过滤，弃去初滤液，取后续滤液备用。

5.2 碱性酒石酸铜溶液的标定

吸取碱性酒石酸铜甲液5.0mL和碱性酒石酸铜乙液5.0mL，于150mL锥形瓶中，加水10mL，加入玻璃珠2粒~4粒，从滴定管中加葡萄糖（3.4.1）［或其他还原糖标准溶液（3.4.2，或3.4.3，或3.4.4）］约9mL，控制在2min中内加热至沸，趁热以每2秒1滴的速度继续滴加葡萄糖［或其他还原糖标准溶液（3.4.2，或3.4.3，或3.4.4）］，直至溶液蓝色刚好褪去为终点，记录消耗葡萄糖（或其他还原糖标准溶液）的总体积，同时平行操作3份，取其平均值，计算每10mL（碱性酒石酸甲、乙液各5mL）碱性酒石酸铜溶液相当于葡萄糖（或其他还原糖）的质量（mg）。

注：也可以按上述方法标定4mL~20mL碱性酒石酸铜溶液（甲、乙液各半）来适应试样中还原糖的浓度变化。

5.3 试样溶液预测

吸取碱性酒石酸铜甲液5.0mL和碱性酒石酸铜乙液5.0mL于150mL锥形瓶中，加水10mL，加入玻璃珠2粒~4粒，控制在2min内加热至沸，保持沸腾以先快后慢的速度，从滴定管中滴加试样溶液，并保持沸腾状态，待溶液颜色变浅时，以1滴/2 s的速度滴定，直至溶液蓝色刚好褪去为终点，记录样品溶液消耗体积。

注：当样液中还原糖浓度过高时，应适当稀释后再进行正式测定，使每次滴定消耗样液的体积控制在与标定碱性酒石酸铜溶液时所消耗的还原糖标准溶液的体积相近，约10mL左右，结果按式（1）计算；当浓度过低时则采取直接加入10mL样品液，免去加水10mL，再用还原糖标准溶液滴定至终点，记录消耗的体积与标定时消耗的还原糖标准溶液体积之差相当于10mL样液中所含还原糖的量，结果按式（2）计算。

5.4 试样溶液测定

吸取碱性酒石酸铜甲液5.0mL和碱性酒石酸铜乙液5.0mL，置于150mL锥形瓶中，加水10mL，加入玻璃珠2粒~4粒，从滴定管滴加比预测体积少1mL的试样溶液至锥形瓶中，控制在2min内加热至沸，保持沸腾继续以1滴/2 s的速度滴定，直至蓝色刚好褪去为终点，记录样液消耗体积，同法平行操作三份，得出平均消耗体积（V）。

6 分析结果的表述

试样中还原糖的含量（以某种还原糖计）按式（1）计算：

$$X = \frac{m_1}{m \times F \times V/250 \times 1\,000} \times 100 \quad\cdots\cdots\cdots\cdots\cdots\cdots\cdots\cdots\cdots（1）$$

式中：

X——试样中还原糖的含量（以某种还原糖计），单位为克每百克（g/100g）；

m_1——碱性酒石酸铜溶液（甲、乙液各半）相当于某种还原糖的质量，单位为毫克（mg）；

m——试样质量，单位为克（g）；

F——系数，对5.1.1为0.8，其余为1；

V——测定时平均消耗试样溶液体积，单位为毫升（mL）；

250——定容体积，单位毫升（mL）；

1 000——换算系数。

当浓度过低时，试样中还原糖的含量（以某种还原糖计）按式（2）计算：

$$X = \frac{m_2}{m \times F \times 10/250 \times 1\,000} \times 100 \quad\cdots\cdots\cdots\cdots\cdots\cdots\cdots\cdots\cdots\cdots \text{（2）}$$

式中：

X——试样中还原糖的含量（以某种还原糖计），单位为克每百克（g/100g）；

m_2——标定时体积与加入样品后消耗的还原糖标准溶液体积之差相当于某种还原糖的质量，单位为毫克（mg）；

m——试样质量，单位为克（g）；

F——系数，对5.1.1、5.1.3、5.1.4为1；5.1.2为0.8；

10——样液体积，单位毫升（mL）；

250——定容体积，单位毫升（mL）；

1 000——换算系数。

还原糖含量≥10g/100g时，计算结果保留三位有效数字；还原糖含量＜10g/100g时，计算结果保留两位有效数字。

7 精密度

在重复性条件下获得的两次独立测定结果的绝对差值不得超过算术平均值的5%。

8 其他

当称样量为5g时，定量限为0.25g/100g。

第二法 高锰酸钾滴定法

9 原理

试样经除去蛋白质后，其中还原糖把铜盐还原为氧化亚铜，加硫酸铁后，氧化亚铜被氧化为铜盐，经高锰酸钾溶液滴定氧化作用后生成的亚铁盐，根据高锰酸钾消耗量，计算氧化亚铜含量，再查表得还原糖量。

10 试剂和材料

除非另有说明，本方法所用试剂均为分析纯，水为GB/T 6682规定的三级水。

10.1 试剂

10.1.1 盐酸（HCl）。

10.1.2 氢氧化钠（NaOH）。

10.1.3 硫酸铜（$CuSO_4 \cdot 5H_2O$）。

10.1.4 硫酸（H_2SO_4）。

10.1.5 硫酸铁［$Fe_2(SO_4)_3$］。

10.1.6 酒石酸钾钠（$C_4H_4O_6KNa \cdot 4H_2O$）。

10.2 试剂配制

10.2.1 盐酸溶液（3 moL/L）：量取盐酸 30mL，加水稀释至 120mL。

10.2.2 碱性酒石酸铜甲液：称取硫酸铜 34.639g，加适量水溶解，加硫酸 0.5mL，再加水稀释至 500mL，用精制石棉过滤。

10.2.3 碱性酒石酸铜乙液：称取酒石酸钾钠 173g 与氢氧化钠 50g，加适量水溶解，并稀释至 500mL，用精制石棉过滤，贮存于橡胶塞玻璃瓶内。

10.2.4 氢氧化钠溶液（40g/L）：称取氢氧化钠 4g，加水溶解并稀释至 100mL。

10.2.5 硫酸铁溶液（50g/L）：称取硫酸铁 50g，加水 200mL 溶解后，慢慢加入硫酸 100mL，冷后加水稀释至 1000mL。

10.2.6 精制石棉：取石棉先用盐酸溶液浸泡 2d～3d，用水洗净，再加氢氧化钠溶液浸泡 2d～3d，倾去溶液，再用热碱性酒石酸铜乙液浸泡数小时，用水洗净。再以盐酸溶液浸泡数小时，以水洗至不呈酸性。然后加水振摇，使成细微的浆状软纤维，用水浸泡并贮存于玻璃瓶中，即可作填充古氏坩埚用。

10.3 标准品

高锰酸钾（$KMnO_4$），CAS：7722 - 64 - 7，优级纯或以上等级。

10.4 标准溶液配制

高锰酸钾标准滴定溶液［$c(1/5KMnO_4)$ = 0.100 0mol/L］：按 GB/T 601 配制与标定。

11 仪器和设备

11.1 天平：感量为 0.1mg。

11.2 水浴锅。

11.3 可调温电炉。

11.4 酸式滴定管：25mL。

11.5 25mL 古氏坩埚或 G4 垂融坩埚。

11.6 真空泵。

12　分析步骤

12.1　试样处理

12.1.1　含淀粉的食品：称取粉碎或混匀后的试样 10g ~ 20g（精确至 0.001g），置 250mL 容量瓶中，加水 200mL，在 45℃ 水浴中加热 1h，并时时振摇。冷却后加水至刻度，混匀，静置。吸取 200.0mL 上清液置另一 250mL 容量瓶中，加碱性酒石酸铜甲液 10mL 及氢氧化钠溶液 4mL，加水至刻度，混匀。静置 30min，用干燥滤纸过滤，弃去初滤液，取后续滤液备用。

12.1.2　酒精饮料：称取 100g（精确至 0.01g）混匀后的试样，置于蒸发皿中，用氢氧化钠溶液中和至中性，在水浴上蒸发至原体积的 1/4 后，移入 250mL 容量瓶中。加水 50mL，混匀。加碱性酒石酸铜甲液 10mL 及氢氧化钠溶液 4mL，加水至刻度，混匀。静置 30min，用干燥滤纸过滤，弃去初滤液，取后续滤液备用。

12.1.3　碳酸饮料：称取 100g（精确至 0.001g）混匀后的试样，试样置于蒸发皿中，在水浴上除去二氧化碳后，移入 250mL 容量瓶中，并用水洗涤蒸发皿，洗液并入容量瓶中，再加水至刻度，混匀后，备用。

12.1.4　其他食品：称取粉碎后的固体试样 2.5g ~ 5.0g（精确至 0.001g）或混匀后的液体试样 25g ~ 50g（精确至 0.001g），置 250mL 容量瓶中，加水 50mL，摇匀后加碱性酒石酸铜甲液 10mL 及氢氧化钠溶液 4mL，加水至刻度，混匀。静置 30min，用干燥滤纸过滤，弃去初滤液，取后续滤液备用。

12.2　试样溶液的测定

吸取处理后的试样溶液 50.0mL，于 500mL 烧杯内，加入碱性酒石酸铜甲液 25mL 及碱性酒石酸铜乙液 25mL，于烧杯上盖一表面皿，加热，控制在 4min 内沸腾，再精确煮沸 2min，趁热用铺好精制石棉的古氏坩埚（或 G4 垂融坩埚）抽滤，并用 60℃ 热水洗涤烧杯及沉淀，至洗液不呈碱性为止。将古氏坩埚（或 G4 垂融坩埚）放回原 500mL 烧杯中，加硫酸铁溶液 25mL、水 25mL，用玻棒搅拌使氧化亚铜完全溶解，以高锰酸钾标准溶液滴定至微红色为终点。

同时吸取水 50mL，加入与测定试样时相同量的碱性酒石酸铜甲液、乙液、硫酸铁溶液及水，按同一方法做空白试验。

13　分析结果的表述

试样中还原糖质量相当于氧化亚铜的质量，按式（3）计算：

$$X_0 = (V - V_0) \times c \times 71.54 \quad\cdots\cdots\cdots\cdots\cdots\cdots\cdots\cdots\cdots\cdots\cdots\cdots\cdots \quad (3)$$

式中：

X_0——试样中还原糖质量相当于氧化亚铜的质量，单位为毫克（mg）；

V——测定用试样液消耗高锰酸钾标准溶液的体积，单位为毫升（mL）；

V_0——试剂空白消耗高锰酸钾标准溶液的体积，单位为毫升（mL）；

c——高锰酸钾标准溶液的实际浓度，单位为摩尔每升（mol/L）；

71.54——1mL 高锰酸钾标准溶液 [$c(1/5)$ $KMnO_4$] = 1.000 mol/L 相当于氧化亚铜的质量，单位为毫克（mg）。

根据式中计算所得氧化亚铜质量，查表 A.1，再计算试样中还原糖含量，按式（4）计算：

$$X = \frac{m_3}{m_4 \times V/250 \times 1\ 000} \times 100 \quad \cdots\cdots\cdots\cdots\cdots\cdots\cdots\cdots \quad (4)$$

式中：

X——试样中还原糖的含量，单位为克每百克（g/100g）；

m_3——X_0查附录 A 之表 1 得还原糖质量，单位为毫克（mg）；

m_4——试样质量或体积，单位为克或毫升（g 或 mL）；

V——测定用试样溶液的体积，单位为毫升（mL）；

250——试样处理后的总体积，单位为毫升（mL）。

还原糖含量≥10g/100g 时，计算结果保留三位有效数字；还原糖含量 <10g/100g 时，计算结果保留两位有效数字。

14 精密度

在重复性条件下获得的两次独立测定结果的绝对差值不得超过算术平均值的 10%。

15 其他

当称样量为 5g 时，定量限为 0.5g/100g。

第三法　铁氰化钾法

16 原理

还原糖在碱性溶液中将铁氰化钾还原为亚铁氰化钾，还原糖本身被氧化为相应的糖酸。过量的铁氰化钾在乙酸的存在下，与碘化钾作用下析出碘，析出的碘以硫代硫酸钠标准溶液滴定。通过计算氧化还原糖时所用的铁氰化钾的量，查表 A.2 得试样中还原糖的含量。

17 试剂

除非另有说明，本方法所用试剂均为分析纯，水为 GB/T 6682 规定的三级水。

17.1 试剂

17.1.1　95% 乙醇。

17.1.2　冰乙酸（NaOH）。

17.1.3　无水乙酸钠（NaOH）。

17.1.4　硫酸（H_2SO_4）。

17.1.5　钨酸钠（$Na_2WO_4 \cdot 2H_2O$）。

17.1.6　铁氰化钾 $[KFe(CN)_6]$。

17.1.7　碳酸钠（Na_2CO_3）。

17.1.8 氯化钾（KCl）。

17.1.9 硫酸锌（ZnSO₄）。

17.1.10 碘化钾（KI）。

17.1.11 氢氧化钠（NaOH）。

17.1.12 可溶性淀粉。

17.2 试剂配制

17.2.1 乙酸缓冲液：将冰乙酸 3.0mL、无水乙酸钠 6.8g 和浓硫酸 4.5mL 混合溶解，然后稀释至 1 000mL。

17.2.2 钨酸钠溶液（12.0%）：将钨酸钠 12.0g 溶于 100mL 水中。

17.2.3 碱性铁氰化钾溶液（0.1mol/L）：将铁氰化钾 32.9g 与碳酸钠 44.0g 溶于 1 000mL 水中。

17.2.4 乙酸盐溶液：将氯化钾 70.0g 和硫酸锌 40.0g 溶于 750mL 水中，然后缓慢加入 200mL 冰乙酸，再用水稀释至 1 000mL，混匀。

17.2.5 碘化钾溶液（10%）：称取碘化钾 10.0g 溶于 100mL 水中，再加一滴饱和氢氧化钠溶液。

17.2.6 淀粉溶液（1%）：称取可溶性淀粉 1.0g，用少量水润湿调和后，缓慢倒 100mL 沸水中，继续煮沸直至溶液透明。

17.2.7 硫代硫酸钠溶液（0.1mol/L）：按 GB/T 601 配制与标定。

18 仪器和设备

18.1 分析天平：分度值 0.000 1g。

18.2 振荡器。

18.3 试管：直径 1.8cm～2.0cm，高约 18cm。

18.4 水浴锅。

18.5 电炉：2 000W。

18.6 微量滴定管：5mL 或 10mL。

19 分析步骤

19.1 试样制备

称取试样 5g（精确至 0.001g）于 100mL 磨口锥形瓶中。倾斜锥形瓶以便所有试样粉末集中于一侧，用 5mL 95% 乙醇浸湿全部试样，再加入 50mL 乙酸缓冲液，振荡摇匀后立即加入 2mL 12.0% 钨酸钠溶液，在振荡器上混合振摇 5min。将混合液过滤，弃去最初几滴滤液，收集滤液于干净锥形瓶中，此滤液即为样品测定液。同时做空白实验。

19.2 试样溶液的测定

19.2.1 氧化：精确吸取样品液 5mL 于试管中，再精确加入 5mL 碱性铁氰化钾溶液，混合后立即将试管浸入剧烈沸腾的水浴中，并确保试管内液面低于沸水液面下 3cm～4cm，加热 20min 后取出，立即用冷水迅速冷却。

19.2.2 滴定：将试管内容物倾入 100mL 锥形瓶中，用 25mL 乙酸盐溶液荡洗试管一并倾入锥形瓶中，加5mL 10%碘化钾溶液，混匀后，立即用0.1 mol/L硫代硫酸钠溶液滴定至淡黄色，再加1mL淀粉溶液，继续滴定直至溶液蓝色消失，记下消耗硫代硫酸钠溶液体积（V_1）。

19.2.3　空白试验：吸取空白液5mL，代替样品液按19.2.1和19.2.2操作，记下消耗的硫代硫酸钠溶液体积（V_0）。

20　分析结果表述

根据氧化样品液中还原糖所需0.1mol/L铁氰化钾溶液的体积查表A.2，即可查得试样中还原糖（以麦芽糖计算）的质量分数。铁氰化钾溶液体积（V_3）按式（5）计算：

$$V_3 = \frac{(V_0 - V_1) \times c}{0.1}$$ ·· (5)

式中：

V_3——氧化样品液中还原糖所需0.1 mol/L铁氰化钾溶液的体积，单位为毫升（mL）；

V_0——滴定空白液消耗0.1 mol/L硫代硫酸钠溶液的体积，单位为毫升（mL）；

V_1——滴定样品液消耗0.1 mol/L硫代硫酸钠溶液的体积，单位为毫升（mL）；

c——硫代硫酸钠溶液实际浓度，单位为摩尔每升（mol/L）。

计算结果保留小数点后两位。

0.1mol/L铁氰化钾体积与还原糖含量对照可查表A.2。

注：还原糖含量以麦芽糖计算。

21　精密度

在重复性条件下，获得的两次独立测定结果的绝对差值不得超过算术平均值的10%。

第四法　奥氏试剂滴定法

22　原理

在沸腾条件下，还原糖与过量奥氏试剂反应生成相当量的Cu_2O沉淀，冷却后加入盐酸使溶液呈酸性，并使Cu_2O沉淀溶解。然后加入过量碘溶液进行氧化，用硫代硫酸钠溶液滴定过量的碘，其反应式如下：

$C_6H_{12}O_6$ + $2C_4H_2O_6KNaCu$ + $2H_2O$ → $C_6H_{12}O_7$ + $2C_4H_4O_6KNa$ + CuO

葡萄糖或果糖　络合物　　　　　　葡萄糖酸　酒石酸钾钠　氧化亚铜

Cu_2O↓ + $2HCl$ → $2CuCl$ + H_2O

$2CuCl$ + $2KI$ + I_2→$2CuI_2$ + $2KCl$

I_2（过剩的）+ $2Na_2S_2O_3$→$Na_2S_4O_6$ + $2NaI$

硫代硫酸钠标准溶液空白试验滴定量减去其样品试验滴定量得到一个差值，由此差值便可计算出还原糖的量。

23 试剂和材料

除非另有说明，本方法所用试剂均为分析纯，水为 GB/T 6682 规定的三级水。

23.1 试剂

23.1.1 盐酸（HCl）。

23.1.2 硫酸铜（$CuSO_4 \cdot 5H_2O$）。

23.1.3 酒石酸钾钠（$C_4H_4O_6KNa \cdot 4H_2O$）。

23.1.4 无水碳酸钠（Na_2CO_3）。

23.1.5 冰乙酸（$C_2H_4O_2$）。

23.1.6 磷酸氢二钠（$Na_2HPO_4 \cdot 12H_2O$）。

23.1.7 碘化钾（KI）。

23.1.8 乙酸锌［$Zn(CH_3COO)_2 \cdot 2H_2O$］。

23.1.9 亚铁氰化钾［$K_4Fe(CN)6 \cdot 3H_2O$］。

23.1.10 可溶性淀粉。

23.1.11 粉状碳酸钙（$CaCO_3$）。

23.2 试剂配制

23.2.1 盐酸溶液（6 mol/L）：吸取盐酸 50.0mL，加入已装入 30mL 水的烧杯中，慢慢加水稀释至 100mL。

23.2.2 盐酸溶液（1mol/L）：吸取盐酸 84.0mL，加入已装入 200mL 水的烧杯中，慢慢加水稀释至 1000mL。

23.2.3 奥氏试剂：分别称取硫酸铜 5.0g、酒石酸钾钠 300g，无水碳酸钠 10.0g、磷酸氢二钠 50.0g，稀释至 1000mL，用细孔砂芯玻璃漏斗或硅藻土或活性炭过滤，贮于棕色试剂瓶中。

23.2.4 碘化钾溶液（250g/L）：称取碘化钾 25.0g，溶于水，移入 100mL 容量瓶中，用水稀释至刻度，摇匀。

23.2.5 乙酸锌溶液：称取乙酸锌 21.9g，加冰乙酸 3mL，加水溶解并定容于 100mL。

23.2.6 亚铁氰化钾溶液（106g/L）：称取亚铁氰化钾 10.6g，加水溶解并定容至 100mL。

23.2.7 淀粉指示剂（5g/L）：称取可溶性淀粉 0.50g，加冷水 10mL 调匀，搅拌下注入 90mL 沸水中，再微沸 2min，冷却。溶液于使用前制备。

23.3 标准品

23.3.1 硫代硫酸钠（$Na_2S_2O_3$），CAS：7772 - 98 - 7，优级纯或以上等级。

23.3.2 碘（I_2），CAS：7553 - 56 - 2，12190 - 71 - 5，优级纯或以上等级。

23.3.3 碘化钾（KI），CAS：7681 - 11 - 0，优级纯或以上等级。

23.4 标准溶液配制

23.4.1 硫代硫酸钠标准滴定储备液［c（$Na_2S_2O_3$）=0.1mol/L］：按 GB/T 601 配制与标定。也可使用商品化的产品。

23.4.2 硫代硫酸钠标准滴定溶液 [$c(Na_2S_2O_3)$ = 0.032 3mol/L]：精确吸取硫代硫酸钠标准滴定储备液 （23.4.1） 32.30mL，移入 100mL 容量瓶中，用水稀释至刻度。校正系数按式 （6） 计算：

$$K = \frac{c}{0.032\ 3} \quad \text{……………………………………} (6)$$

式中：

c——硫代硫酸钠标准溶液的浓度，单位为摩尔每升 （mol/L）。

23.4.3 碘溶液标准滴定储备液 [$c(I_2)$ = 0.1 mol/L]：按 GB/T 601 配置与标定。也可使用商品化的产品。

23.4.4 碘标准滴定溶液：[$c(I_2)$ = 0.01615 mol/L]。精确吸取碘溶液标准滴定储备液 （23.4.3） 16.15mL，移入 100mL 容量瓶中，用水稀释至刻度。

24 仪器和设备

24.1 天平：感量为 0.1 mg。

24.2 水浴锅。

24.3 可调温电炉或性能相当的加热器具。

24.4 酸式滴定管：25mL。

25 分析步骤

25.1 试样溶液的制备

25.1.1 将备检样品清洗干净。取 100g （精确至 0.01g） 样品，放入高速捣碎机中，用移液管移入 100mL 的水，以不低于 12 000 r/min 的转速将其捣成 1∶1 的匀浆。

25.1.2 称取匀浆样品 25g （精确至 0.001g），于 500mL 具塞锥形瓶中 （含有机酸较多的试样加粉状碳酸钙 0.5g～2.0g 调至中性），加水调整体积约为 200mL。置 80℃±2℃ 水浴保温 30min，其间摇动数次，取出加入乙酸锌溶液 5mL 和亚铁氰化钾溶液 5mL，冷却至室温后，转入 250mL 容量瓶，用水定容至刻度。摇匀，过滤，澄清试样溶液备用。

25.2 Cu$_2$O 沉淀生成

吸取试样溶液 20.00mL （若样品还原糖含量较高时，可适当减少取样体积，并补加水至 20mL，使试样溶液中还原糖的量不超过 20 mg），加入 250mL 锥形瓶中。然后加入奥氏试剂 50.00mL，充分混合，用小漏斗盖上，在电炉上加热，控制在 3min 中内加热至沸，并继续准确煮沸 5.0min，将锥形瓶静置于冷水中冷却至室温。

25.3 碘氧化反应

取出锥形瓶，加入冰乙酸 1.0mL，在不断摇动下，准确加入碘标准滴定溶液 5.0 0mL～30.00mL，其数量以确保碘溶液过量为准，用量筒沿锥形瓶壁快速加入盐酸 15mL，立即盖上小烧杯，放置约 2min，不时摇动溶液。

25.4 滴定过量碘

用硫代硫酸钠标准滴定溶液滴定过量的碘，滴定至溶液呈黄绿色出现时，加入淀粉指示剂 2mL，继续滴定溶液至蓝色褪尽，记录消耗的硫代硫酸钠标准滴定溶液体积（V_4）。

25.5 空白试验

按上述步骤进行空白试验（V_3），除不加试样溶液外，操作步骤和应用的试剂均与测定时相同。

26 分析结果表述

试样品的还原糖按式（7）计算。

$$X = K \times (V_3 - V_4) \times \frac{0.001}{m \times V_5/250} \times 100 \quad\cdots\cdots\cdots\cdots\cdots\cdots\cdots\cdots\cdots\cdots\cdots\cdots (7)$$

式中：

X——试样中还原糖的含量，单位为克每百克（g/100g）；

K——硫代硫酸钠标准滴定溶液 $[c(Na_2S_2O_3) = 0.0323mol/L]$ 校正系数；

V_3——空白试验滴定消耗的硫代硫酸钠标准滴定溶液体积，单位为毫升（mL）；

V_4——试样溶液消耗的硫代硫酸钠标准滴定溶液体积，单位为毫升（mL）；

V_5——所取试样溶液的体积，单位为毫升（mL）；

m——试样的质量，单位为克（g）；

250——试样浸提稀释后的总体积，单位为毫升（mL）。

计算结果保留两位有效数字。

27 精密度

在重复性条件下获得的两次独立测定结果的绝对差值不得超过算术平均值的5%。

28 其他

当称样量为5g时，定量限为0.25g/100g。

附录 A

A.1 相当于氧化亚铜质量的葡萄糖、果糖、乳糖、转化糖质量表

相当于氧化亚铜质量的葡萄糖、果糖、乳糖、转化糖质量表见表 A.1。

表 A.1　　　　相当于氧化亚铜质量的葡萄糖、果糖、乳糖、转化糖质量表　　　　单位为毫克

氧化亚铜	葡萄糖	果糖	乳糖（含水）	转化糖	氧化亚铜	葡萄糖	果糖	乳糖（含水）	转化糖
11.3	4.6	5.1	7.7	5.2	40.5	17.2	19.0	27.6	18.3
12.4	5.1	5.6	8.5	5.7	41.7	17.7	19.5	28.4	18.9
13.5	5.6	6.1	9.3	6.2	42.8	18.2	20.1	29.1	19.4
14.6	6.0	6.7	10.0	6.7	43.9	18.7	20.6	29.9	19.9
15.8	6.5	7.2	10.8	7.2	45.0	19.2	21.1	30.6	20.4
16.9	7.0	7.7	11.5	7.7	46.2	19.7	21.7	31.4	20.9
18.0	7.5	8.3	12.3	8.2	47.3	20.1	22.2	32.2	21.4
19.1	8.0	8.8	13.1	8.7	48.4	20.6	22.8	32.9	21.9
20.3	8.5	9.3	13.8	9.2	49.5	21.1	23.3	33.7	22.4
21.4	8.9	9.9	14.6	9.7	50.7	21.6	23.8	34.5	22.9
22.5	9.4	10.4	15.4	10.2	51.8	22.1	24.4	35.2	23.5
23.6	9.9	10.9	16.1	10.7	52.9	22.6	24.9	36.0	24.0
24.8	10.4	11.5	16.9	11.2	54.0	23.1	25.4	36.8	24.5
25.9	10.9	12.0	17.7	11.7	55.2	23.6	26.0	37.5	25.0
27.0	11.4	12.5	18.4	12.3	56.3	24.1	26.5	38.3	25.5
28.1	11.9	13.1	19.2	12.8	57.4	24.6	27.1	39.1	26.0
29.3	12.3	13.6	19.9	13.3	58.5	25.1	27.6	39.8	26.5
30.4	12.8	14.2	20.7	13.8	59.7	25.6	28.2	40.6	27.0
31.5	13.3	14.7	21.5	14.3	60.8	26.1	28.7	41.4	27.6
32.6	13.8	15.2	22.2	14.8	61.9	26.5	29.2	42.1	28.1
33.8	14.3	15.8	23.0	15.3	63.0	27.0	29.8	42.9	28.6
34.9	14.8	16.3	23.8	15.8	64.2	27.5	30.3	43.7	29.1
36.0	15.3	16.8	24.5	16.3	65.3	28.0	30.9	44.4	29.6
37.2	15.7	17.4	25.3	16.8	66.4	28.5	31.4	45.2	30.1
38.3	16.2	17.9	26.1	17.3	67.6	29.0	31.9	46.0	30.6
39.4	16.7	18.4	26.8	17.8	68.7	29.5	32.5	46.7	31.2

（续表）

氧化亚铜	葡萄糖	果糖	乳糖（含水）	转化糖	氧化亚铜	葡萄糖	果糖	乳糖（含水）	转化糖
69.8	30.0	33.0	47.5	31.7	107.0	46.5	51.1	72.8	48.8
70.9	30.5	33.6	48.3	32.2	108.1	47.0	51.6	73.6	49.4
72.1	31.0	34.1	49.0	32.7	109.2	47.5	52.2	74.4	49.9
73.2	31.5	34.7	49.8	33.2	110.3	48.0	52.7	75.1	50.4
74.3	32.0	35.2	50.6	33.7	111.5	48.5	53.3	75.9	50.9
75.4	32.5	35.8	51.3	34.3	112.6	49.0	53.8	76.7	51.5
76.6	33.0	36.3	52.1	34.8	113.7	49.5	54.4	77.4	52.0
77.7	33.5	36.8	52.9	35.3	114.8	50.0	54.9	78.2	52.5
78.8	34.0	37.4	53.6	35.8	116.0	50.6	55.5	79.0	53.0
79.9	34.5	37.9	54.4	36.3	117.1	51.1	56.0	79.7	53.6
81.1	35.0	38.5	55.2	36.8	118.2	51.6	56.6	80.5	54.1
82.2	35.5	39.0	55.9	37.4	119.3	52.1	57.1	81.3	54.6
83.3	36.0	39.6	56.7	37.9	120.5	52.6	57.7	82.1	55.2
84.4	36.5	40.1	57.5	38.4	121.6	53.1	58.2	82.8	55.7
85.6	37.0	40.7	58.2	38.9	122.7	53.6	58.8	83.6	56.2
86.7	37.5	41.2	59.0	39.4	123.8	54.1	59.3	84.4	56.7
87.8	38.0	41.7	59.8	40.0	125.0	54.6	59.9	85.1	57.3
88.9	38.5	42.3	60.5	40.5	126.1	55.1	60.4	85.9	57.8
90.1	39.0	42.8	61.3	41.0	127.2	55.6	61.0	86.7	58.3
91.2	39.5	43.4	62.1	41.5	128.3	56.1	61.6	87.4	58.9
92.3	40.0	43.9	62.8	42.0	129.5	56.7	62.1	88.2	59.4
93.4	40.5	44.5	63.6	42.6	130.6	57.2	62.7	89.0	59.9
94.6	41.0	45.0	64.4	43.1	131.7	57.7	63.2	89.8	60.4
95.7	41.5	45.6	65.1	43.6	132.8	58.2	63.8	90.5	61.0
96.8	42.0	46.1	65.9	44.1	134.0	58.7	64.3	91.3	61.5
97.9	42.5	46.7	66.7	44.7	135.1	59.2	64.9	92.1	62.0
99.1	43.0	47.2	67.4	45.2	136.2	59.7	65.4	92.8	62.6
100.2	43.5	47.8	68.2	45.7	137.4	60.2	66.0	93.6	63.1
101.3	44.0	48.3	69.0	46.2	138.5	60.7	66.5	94.4	63.6
102.5	44.5	48.9	69.7	46.7	139.6	61.3	67.1	95.2	64.2
103.6	45.0	49.4	70.5	47.3	140.7	61.8	67.7	95.9	64.7
104.7	45.5	50.0	71.3	47.8	141.9	62.3	68.2	96.7	65.2
105.8	46.0	50.5	72.1	48.3	143.0	62.8	68.8	97.5	65.8

（续表）

氧化亚铜	葡萄糖	果糖	乳糖（含水）	转化糖	氧化亚铜	葡萄糖	果糖	乳糖（含水）	转化糖
144.1	63.3	69.3	98.2	66.3	181.3	80.4	87.8	123.7	84.0
145.2	63.8	69.9	99.0	66.8	182.4	81.0	88.4	124.5	84.6
146.4	64.3	70.4	99.8	67.4	183.5	81.5	89.0	125.3	85.1
147.5	64.9	71.0	100.6	67.9	184.5	82.0	89.5	126.0	85.7
148.6	65.4	71.6	101.3	68.4	185.8	82.5	90.1	126.8	86.2
149.7	65.9	72.1	102.1	69.0	186.9	83.1	90.6	127.6	86.8
150.9	66.4	72.7	102.9	69.5	188.0	83.6	91.2	128.4	87.3
152.0	66.9	73.2	103.6	70.0	189.1	84.1	91.8	129.1	87.8
153.1	67.4	73.8	104.4	70.6	190.3	84.6	92.3	129.9	88.4
154.2	68.0	74.3	105.2	71.1	191.4	85.2	92.9	130.7	88.9
155.4	68.5	74.9	106.0	71.6	192.5	85.7	93.5	131.5	89.5
156.5	69.0	75.5	106.7	72.2	193.6	86.2	94.0	132.2	90.0
157.6	69.5	76.0	107.5	72.7	194.8	86.7	94.6	133.0	90.6
158.7	70.0	76.6	108.3	73.2	195.9	87.3	95.2	133.8	91.1
159.9	70.5	77.1	109.0	73.8	197.0	87.8	95.7	134.6	91.7
161.0	71.1	77.7	109.8	74.3	198.1	88.3	96.3	135.3	92.2
162.1	71.6	78.3	110.6	74.9	199.3	88.9	96.9	136.1	92.8
163.2	72.1	78.8	111.4	75.4	200.4	89.4	97.4	136.9	93.3
164.4	72.6	79.4	112.1	75.9	201.5	89.9	98.0	137.7	93.8
165.5	73.1	80.0	112.9	76.5	202.7	90.4	98.6	138.4	94.4
166.6	73.7	80.5	113.7	77.0	203.8	91.0	99.2	139.2	94.9
167.8	74.2	81.1	114.4	77.6	204.9	91.5	99.7	140.0	95.5
168.9	74.7	81.6	115.2	78.1	206.0	92.0	100.3	140.8	96.0
170.0	75.2	82.2	116.0	78.6	207.2	92.6	100.9	141.5	96.6
171.1	75.7	82.8	116.8	79.2	208.3	93.1	101.4	142.3	97.1
172.3	76.3	83.3	117.5	79.7	209.4	93.6	102.0	143.1	97.7
173.4	76.8	83.9	118.3	80.3	210.5	94.2	102.6	143.9	98.2
174.5	77.3	84.4	119.1	80.8	211.7	94.7	103.1	144.6	98.8
175.6	77.8	85.0	119.9	81.3	212.8	95.2	103.7	145.4	99.3
176.8	78.3	85.6	120.6	81.9	213.9	95.7	104.3	146.2	99.9
177.9	78.9	86.1	121.4	82.4	215.0	96.3	104.8	147.0	100.4
179.0	79.4	86.7	122.2	83.0	216.2	96.8	105.4	147.7	101.0
180.1	79.9	87.3	122.9	83.5	217.3	97.3	106.0	148.5	101.5

氧化亚铜	葡萄糖	果糖	乳糖（含水）	转化糖	氧化亚铜	葡萄糖	果糖	乳糖（含水）	转化糖
218.4	97.9	106.6	149.3	102.1	255.6	115.7	125.5	174.9	120.4
219.5	98.4	107.1	150.1	102.6	256.7	116.2	126.1	175.7	121.0
220.7	98.9	107.7	150.8	103.2	257.8	116.7	126.7	176.5	121.6
221.8	99.5	108.3	151.6	103.7	258.9	117.3	127.3	177.3	122.1
222.9	100.0	108.8	152.4	104.3	260.1	117.8	127.9	178.1	122.7
224.0	100.5	109.4	153.2	104.8	261.2	118.4	128.4	178.8	123.3
225.2	101.1	110.0	153.9	105.4	262.3	118.9	129.0	179.6	123.8
226.3	101.6	110.6	154.7	106.0	263.4	119.5	129.6	180.4	124.4
227.4	102.2	111.1	155.5	106.5	264.6	120.0	130.2	181.2	124.9
228.5	102.7	111.7	156.3	107.1	265.7	120.6	130.8	181.9	125.5
229.7	103.2	112.3	157.0	107.6	266.8	121.1	131.3	182.7	126.1
230.8	103.8	112.9	157.8	108.2	268.0	121.7	131.9	183.5	126.6
231.9	104.3	113.4	158.6	108.7	269.1	122.2	132.5	184.3	127.2
233.1	104.8	114.0	159.4	109.3	270.2	122.7	133.1	185.1	127.8
234.2	105.4	114.6	160.2	109.8	271.3	123.3	133.7	185.8	128.3
235.3	105.9	115.2	160.9	110.4	272.5	123.8	134.2	186.6	128.9
236.4	106.5	115.7	161.7	110.9	273.6	124.4	134.8	187.4	129.5
237.6	107.0	116.3	162.5	111.5	274.7	124.9	135.4	188.2	130.0
238.7	107.5	116.9	163.3	112.1	275.8	125.5	136.0	189.0	130.6
239.8	108.1	117.5	164.0	112.6	277.0	126.0	136.6	189.7	131.2
240.9	108.6	118.0	164.8	113.2	278.1	126.6	137.2	190.5	131.7
242.1	109.2	118.6	165.6	113.7	279.2	127.1	137.7	191.3	132.3
243.1	109.7	119.2	166.4	114.3	280.3	127.7	138.3	192.1	132.9
244.3	110.2	119.8	167.1	114.9	281.5	128.2	138.9	192.9	133.4
245.4	110.8	120.3	167.9	115.4	282.6	128.8	139.5	193.6	134.0
246.6	111.3	120.9	168.7	116.0	283.7	129.3	140.1	194.4	134.6
247.7	111.9	121.5	169.5	116.5	284.8	129.9	140.7	195.2	135.1
248.8	112.4	122.1	170.3	117.1	286.0	130.4	141.3	196.0	135.7
249.9	112.9	122.6	171.0	117.6	287.1	131.0	141.8	196.8	136.3
251.1	113.5	123.2	171.8	118.2	288.2	131.6	142.4	197.5	136.8
252.2	114.0	123.8	172.6	118.8	289.3	132.1	143.0	198.3	137.4
253.3	114.6	124.4	173.4	119.3	290.5	132.7	143.6	199.1	138.0
254.4	115.1	125.0	174.2	119.9	291.6	133.2	144.2	199.9	138.6

（续表）

氧化亚铜	葡萄糖	果糖	乳糖（含水）	转化糖	氧化亚铜	葡萄糖	果糖	乳糖（含水）	转化糖
292.7	133.8	144.8	200.7	139.1	329.9	152.2	164.3	226.5	158.1
293.8	134.3	145.4	201.4	139.7	331.0	152.8	164.9	227.3	158.7
295.0	134.9	145.9	202.2	140.3	332.1	153.4	165.4	228.0	159.3
296.1	135.4	146.5	203.0	140.8	333.3	153.9	166.0	228.8	159.9
297.2	136.0	147.1	203.8	141.4	334.4	154.5	166.6	229.6	160.5
298.3	136.5	147.7	204.6	142.0	335.5	155.1	167.2	230.4	161.0
299.5	137.1	148.3	205.3	142.6	336.6	155.6	167.8	231.2	161.6
300.6	137.7	148.9	206.1	143.1	337.8	156.2	168.4	232.0	162.2
301.7	138.2	149.5	206.9	143.7	338.9	156.8	169.0	232.7	162.8
302.9	138.8	150.1	207.7	144.3	340.0	157.3	169.6	233.5	163.4
304.0	139.3	150.6	208.5	144.8	341.1	157.9	170.2	234.3	164.0
305.1	139.9	151.2	209.2	145.4	342.3	158.5	170.8	235.1	164.5
306.2	140.4	151.8	210.0	146.0	343.4	159.0	171.4	235.9	165.1
307.4	141.0	152.4	210.8	146.6	344.5	159.6	172.0	236.7	165.7
308.5	141.6	153.0	211.6	147.1	345.6	160.2	172.6	237.4	166.3
309.6	142.1	153.6	212.4	147.7	346.8	160.7	173.2	238.2	166.9
310.7	142.7	154.2	213.2	148.3	347.9	161.3	173.8	239.0	167.5
311.9	143.2	154.8	214.0	148.9	349.0	161.9	174.4	239.8	168.0
313.0	143.8	155.4	214.7	149.4	350.1	162.5	175.0	240.6	168.6
314.1	144.4	156.0	215.5	150.0	351.3	163.0	175.6	241.4	169.2
315.2	144.9	156.5	216.3	150.6	352.4	163.6	176.2	242.2	169.8
316.4	145.5	157.1	217.1	151.2	353.5	164.2	176.8	243.0	170.4
317.5	146.0	157.7	217.9	151.8	354.6	164.7	177.4	243.7	171.0
318.6	146.6	158.3	218.7	152.3	355.8	165.3	178.0	244.5	171.6
319.7	147.2	158.9	219.4	152.9	356.9	165.9	178.6	245.3	172.2
320.9	147.7	159.5	220.2	153.5	358.0	166.5	179.2	246.1	172.8
322.0	148.3	160.1	221.0	154.1	359.1	167.0	179.8	246.9	173.3
323.1	148.8	160.7	221.8	154.6	360.3	167.6	180.4	247.7	173.9
324.2	149.4	161.3	222.6	155.2	361.4	168.2	181.0	248.5	174.5
325.4	150.0	161.9	223.3	155.8	362.5	168.8	181.6	249.2	175.1
326.5	150.5	162.5	224.1	156.4	363.6	169.3	182.2	250.0	175.7
327.6	151.1	163.1	224.9	157.0	364.8	169.9	182.8	250.8	176.3
328.7	151.7	163.7	225.7	157.5	365.9	170.5	183.4	251.6	176.9

（续表）

氧化亚铜	葡萄糖	果糖	乳糖（含水）	转化糖	氧化亚铜	葡萄糖	果糖	乳糖（含水）	转化糖
367.0	171.1	184.0	252.4	177.5	398.5	187.3	201.0	274.4	194.2
368.2	171.6	184.6	253.2	178.1	399.7	187.9	201.6	275.2	194.8
369.3	172.2	185.2	253.9	178.7	400.8	188.5	202.2	276.0	195.4
370.4	172.8	185.8	254.7	179.2	401.9	189.1	202.8	276.8	196.0
371.5	173.4	186.4	255.5	179.8	403.1	189.7	203.4	277.6	196.6
372.7	173.9	187.0	256.3	180.4	404.2	190.3	204.0	278.4	197.2
373.8	174.5	187.6	257.1	181.0	405.3	190.9	204.7	279.2	197.8
374.9	175.1	188.2	257.9	181.6	406.4	191.5	205.3	280.0	198.4
376.0	175.7	188.8	258.7	182.2	407.6	192.0	205.9	280.8	199.0
377.2	176.3	189.4	259.4	182.8	408.7	192.6	206.5	281.6	199.6
378.3	176.8	190.1	260.2	183.4	409.8	193.2	207.1	282.4	200.2
379.4	177.4	190.7	261.0	184.0	410.9	193.8	207.7	283.2	200.8
380.5	178.0	191.3	261.8	184.6	412.1	194.4	208.3	284.0	201.4
381.7	178.6	191.9	262.6	185.2	413.2	195.0	209.0	284.8	202.0
382.8	179.2	192.5	263.4	185.8	414.3	195.6	209.6	285.6	202.6
383.9	179.7	193.1	264.2	186.4	415.4	196.2	210.2	286.3	203.2
385.0	180.3	193.7	265.0	187.0	416.6	196.8	210.8	287.1	203.8
386.2	180.9	194.3	265.8	187.6	417.7	197.4	211.4	287.9	204.4
387.3	181.5	194.9	266.6	188.2	418.8	198.0	212.0	288.7	205.0
388.4	182.1	195.5	267.4	188.8	419.9	198.5	212.6	289.5	205.7
389.5	182.7	196.1	268.1	189.4	421.1	199.1	213.3	290.3	206.3
390.7	183.2	196.7	268.9	190.0	422.2	199.7	213.9	291.1	206.9
391.8	183.8	197.3	269.7	190.6	423.3	200.3	214.5	291.9	207.5
392.9	184.4	197.9	270.5	191.2	424.4	200.9	215.1	292.7	208.1
394.0	185.0	198.5	271.3	191.8	425.6	201.5	215.7	293.5	208.7
395.2	185.6	199.2	272.1	192.4	426.7	202.1	216.3	294.3	209.3
396.3	186.2	199.8	272.9	193.0	427.8	202.7	217.0	295.0	209.9
397.4	186.8	200.4	273.7	193.6	428.9	203.3	217.6	295.8	210.5

（续表）

氧化亚铜	葡萄糖	果糖	乳糖（含水）	转化糖	氧化亚铜	葡萄糖	果糖	乳糖（含水）	转化糖
430.1	203.9	218.2	296.6	211.1	460.5	220.2	235.1	318.3	227.9
431.2	204.5	218.8	297.4	211.8	461.6	220.8	235.8	319.1	228.5
432.3	205.1	219.5	298.2	212.4	462.7	221.4	236.4	319.9	229.1
433.5	205.1	220.1	299.0	213.0	463.8	222.0	237.1	320.7	229.7
434.6	206.3	220.7	299.8	213.6	465.0	222.6	237.7	321.6	230.4
435.7	206.9	221.3	300.6	214.2	466.1	223.3	238.4	322.4	231.0
436.8	207.5	221.9	301.4	214.8	467.2	223.9	239.0	323.2	231.7
438.0	208.1	222.6	302.2	215.4	468.4	224.5	239.7	324.0	232.3
439.1	208.7	223.2	303.0	216.0	469.5	225.1	240.3	324.9	232.9
440.2	209.3	223.8	303.8	216.7	470.6	225.7	241.0	325.7	233.6
441.3	209.9	224.4	304.6	217.3	471.7	226.3	241.6	326.5	234.2
442.5	210.5	225.1	305.4	217.9	472.9	227.0	242.2	327.4	234.8
443.6	211.1	225.7	306.2	218.5	474.0	227.6	242.9	328.2	235.5
444.7	211.7	226.3	307.0	219.1	475.1	228.2	243.6	329.1	236.1
445.8	212.3	226.9	307.8	219.8	476.2	228.8	244.3	329.9	236.8
447.0	212.9	227.6	308.6	220.4	477.4	229.5	244.9	330.8	237.5
448.1	213.5	228.2	309.4	221.0	478.5	230.1	245.6	331.7	238.1
449.2	214.1	228.8	310.2	221.6	479.6	230.7	246.3	332.6	238.8
450.3	214.7	229.4	311.0	222.2	480.7	231.4	247.0	333.5	239.5
451.5	215.3	230.1	311.8	222.9	481.9	232.0	247.8	334.4	240.2
452.6	215.9	230.7	312.6	223.5	483.0	232.7	248.5	335.3	240.8
453.7	216.5	231.3	313.4	224.1	484.1	233.3	249.2	336.3	241.5
454.8	217.1	232.0	314.2	224.7	485.2	234.0	250.0	337.3	242.3
456.0	217.8	232.6	315.0	225.4	486.4	234.7	250.8	338.3	243.0
457.1	218.4	233.2	315.9	226.0	487.5	235.3	251.6	339.4	243.8
458.2	219.0	233.9	316.7	226.6	488.6	236.1	252.7	340.7	244.7
459.3	219.6	234.5	317.5	227.2	489.7	236.9	253.7	342.0	245.8

A.2　0.1 mol/L 铁氰化钾与还原糖含量对照表

0.1mol/L 铁氰化钾与还原糖含量对照表见表 A.2。

表 A.2　　　　　　　　　　　　　0.1 mol/L 铁氰化钾与还原糖含量对照表

0.1 mol/L 铁氰化钾 mL	还原糖 %	0.1 mol/L 铁氰化钾 mL	还原糖 %	0.1 mol/L 铁氰化钾 mL	还原糖 %	0.1 mol/L 铁氰化钾 mL	还原糖 %
0.10	0.05	2.30	1.16	4.50	2.37	6.70	3.79
0.20	0.10	2.40	1.21	4.60	2.44	6.80	3.85
0.30	0.15	2.50	1.26	4.70	2.51	6.90	3.92
0.40	0.20	2.60	1.30	4.80	2.57	7.00	3.98
0.50	0.25	2.70	1.35	4.90	2.64	7.10	4.06
0.60	0.31	2.80	1.40	5.00	2.70	7.20	4.12
0.70	0.36	2.90	1.45	5.10	2.76	7.30	4.18
0.80	0.41	3.00	1.51	5.20	2.82	7.40	4.25
0.90	0.46	3.10	1.56	5.30	2.88	7.50	4.31
1.00	0.51	3.20	1.61	5.40	2.95	7.60	4.38
1.10	0.56	3.30	1.66	5.50	3.02	7.70	4.45
1.20	0.60	3.40	1.71	5.60	3.08	7.80	4.51
1.30	0.65	3.50	1.76	5.70	3.15	7.90	4.58
1.40	0.71	3.60	1.82	5.80	3.22	8.00	4.65
1.50	0.76	3.70	1.88	5.90	3.28	8.10	4.72
1.60	0.80	3.80	1.95	6.00	3.34	8.20	4.78
1.70	0.85	3.90	2.01	6.10	3.41	8.30	4.85
1.80	0.90	4.00	2.07	6.20	3.47	8.40	4.92
1.90	0.96	4.10	2.13	6.30	3.53	8.50	4.99
2.00	1.01	4.20	2.18	6.40	3.60	8.60	5.05
2.10	1.06	4.30	2.25	6.50	3.67	8.70	5.12
2.20	1.11	4.40	2.31	6.60	3.73	8.80	5.19

注：还原糖含量以麦芽糖计算。

GB

中 华 人 民 共 和 国 国 家 标 准

GB 5009. 8—2016

食品安全国家标准
食品中果糖、葡萄糖、蔗糖、麦芽糖、
乳糖的测定

2016 –12 –23 发布　　　　　　　　2017 –06 –23 实施

中华人民共和国国家卫生和计划生育委员会
国家食品药品监督管理总局　发布

前　言

本标准代替 GB/T 5009.8—2008《食品中蔗糖的测定》、GB/T 18932.22—2003《蜂蜜中果糖、葡萄糖、蔗糖、麦芽糖含量的测定方法　液相色谱示差折光检测法》、GB/T 22221—2008《食品中果糖、葡萄糖、蔗糖、麦芽糖、乳糖的测定　高效液相色谱法》。

本标准与 GB/T 5009.8—2008 相比，主要变化如下：

——标准名称修改为"食品安全国家标准　食品中果糖、葡萄糖、蔗糖、麦芽糖、乳糖的测定"；

——增加了部分样品前处理。

食品安全国家标准
食品中果糖、葡萄糖、蔗糖、麦芽糖、乳糖的测定

1 范围

本标准规定了食品中果糖、葡萄糖、蔗糖、麦芽糖、乳糖的测定方法。

本标准第一法适用于食品中果糖、葡萄糖、蔗糖、麦芽糖、乳糖的测定，第二法适用于食品中蔗糖的测定。

"第一法"高效液相色谱法，本法适用于谷物类、乳制品、果蔬制品、蜂蜜、糖浆、饮料等食品中果糖、葡萄糖、蔗糖、麦芽糖和乳糖的测定。

"第二法"酸水解–莱因–埃农氏法，本法适用于食品中蔗糖的测定。

第一法 高效液相色谱法

2 原理

试样中的果糖、葡萄糖、蔗糖、麦芽糖和乳糖经提取后，利用高效液相色谱柱分离，用示差折光检测器或蒸发光散射检测器检测，外标法进行定量。

3 试剂和材料

除非另有说明，本方法所用试剂均为分析纯，水为 GB/T 6682 规定的一级水。

3.1 试剂

3.1.1 乙腈：色谱纯。

3.1.2 乙酸锌 $[Zn(CH_3COO)_2 \cdot 2H_2O]$。

3.1.3 亚铁氰化钾 $\{K_4[Fe(CN)_6] \cdot 3H_2O\}$。

3.1.4 石油醚：沸程 30℃~60℃。

3.2 试剂配制

3.2.1 乙酸锌溶液：称取乙酸锌 21.9g，加冰乙酸 3mL，加水溶解并稀释至 100mL。

3.2.2 亚铁氰化钾溶液：称取亚铁氰化钾 10.6g，加水溶解并稀释至 100mL。

3.3 标准品

3.3.1 果糖（$C_6H_{12}O_6$，CAS 号：57-48-7）纯度为 99%，或经国家认证并授予标准物质证书

590

的标准物质。

3.3.2　葡萄糖（$C_6H_{12}O_6$，CAS 号：50 - 99 - 7）纯度为 99%，或经国家认证并授予标准物质证书的标准物质。

3.3.3　蔗糖（$C_{12}H_{22}O_{11}$，CAS 号：57 - 50 - 1）纯度为 99%，或经国家认证并授予标准物质证书的标准物质。

3.3.4　麦芽糖（$C_{12}H_{22}O_{11}$，CAS 号：69 - 79 - 4）纯度为 99%，或经国家认证并授予标准物质证书的标准物质。

3.3.5　乳糖（$C_6H_{12}O_6$，CAS 号：63 - 42 - 3）纯度为 99%，或经国家认证并授予标准物质证书的标准物质。

3.4　标准溶液配制

3.4.1　糖标准贮备液（20 mg/mL）：分别称取上述经过 96℃±2℃ 干燥 2 h 的果糖、葡萄糖、蔗糖、麦芽糖和乳糖各 1g，加水定容于 50mL，置于 4℃ 密封可贮藏一个月。

3.4.2　糖标准使用液：分别吸取糖标准贮备液 1.00mL、2.00mL、3.00mL、5.00mL 于 10mL 容量瓶、加水定容，分别相当于 2.0 mg/mL、4.0 mg/mL、6.0 mg/mL、10.0 mg/mL 浓度标准溶液。

4　仪器和设备

4.1　天平：感量为 0.1 mg。

4.2　超声波振荡器。

4.3　磁力搅拌器。

4.4　离心机：转速≥4 000 r/min。

4.5　高效液相色谱仪，带示差折光检测器或蒸发光散射检测器。

4.6　液相色谱柱：氨基色谱柱，柱长 250mm，内径 4.6mm，膜厚 5μm，或具有同等性能的色谱柱。

5　试样的制备和保存

5.1　试样的制备

5.1.1　固体样品

取有代表性样品至少 200g，用粉碎机粉碎，并通过 2.0mm 圆孔筛，混匀，装入洁净容器，密封，标明标记。

5.1.2　半固体和液体样品（除蜂蜜样品外）

取有代表性样品至少 200g（mL），充分混匀，装入洁净容器，密封，标明标记。

5.1.3　蜂蜜样品

未结晶的样品将其用力搅拌均匀；有结晶析出的样品，可将样品瓶盖塞紧后置于不超过 60℃ 的水浴中温热，待样品全部溶化后，搅匀，迅速冷却至室温以备检验用。在融化时应注意防止水分侵入。

5.2　保存

蜂蜜等易变质试样置于 0℃~4℃ 保存。

6 分析步骤

6.1 样品处理

6.1.1 脂肪小于10%的食品

称取粉碎或混匀后的试样0.5g～10g（含糖量≤5%时称取10g；含糖量5%～10%时称取5g；含糖量10%～40%时称取2g；含糖量≥40%时称取0.5g）（精确到0.001g）于100mL容量瓶中，加水约50mL溶解，缓慢加入乙酸锌溶液和亚铁氰化钾溶液各5mL，加水定容至刻度，磁力搅拌或超声30min，用干燥滤纸过滤，弃去初滤液，后续滤液用0.45μm微孔滤膜过滤或离心获取上清液过0.45μm微孔滤膜至样品瓶，供液相色谱分析。

6.1.2 糖浆、蜂蜜类

称取混匀后的试样1g～2g（精确到0.001g）于50mL容量瓶，加水定容至50mL，充分摇匀，用干燥滤纸过滤，弃去初滤液，后续滤液用0.45μm微孔滤膜过滤或离心获取上清液过0.45μm微孔滤膜至样品瓶，供液相色谱分析。

6.1.3 含二氧化碳的饮料

吸取混匀后的试样于蒸发皿中，在水浴上微热搅拌去除二氧化碳，吸取50.0mL移入100mL容量瓶中，缓慢加入乙酸锌溶液和亚铁氰化钾溶液各5mL，用水定容至刻度，摇匀，静置30min，用干燥滤纸过滤，弃去初滤液，后续滤液用0.45μm微孔滤膜过滤或离心获取上清液过0.45μm微孔滤膜至样品瓶，供液相色谱分析。

6.1.4 脂肪大于10%的食品

称取粉碎或混匀后的试样5g～10g（精确到0.001g）置于100mL具塞离心管中，加入50mL石油醚，混匀，放气，振摇2min，1800 r/min离心15min，去除石油醚后重复以上步骤至去除大部分脂肪。蒸发残留的石油醚，用玻璃棒将样品捣碎并转移至100mL容量瓶中，用50mL水分两次冲洗离心管，洗液并入100mL容量瓶中，缓慢加入乙酸锌溶液和亚铁氰化钾溶液各5mL，加水定容至刻度，磁力搅拌或超声30min，用干燥滤纸过滤，弃去初滤液，后续滤液用0.45μm微孔滤膜过滤或离心获取上清液过0.45μm微孔滤膜至样品瓶，供液相色谱分析。

6.2 色谱参考条件

色谱条件应当满足果糖、葡萄糖、蔗糖、麦芽糖和乳糖之间的分离度大于1.5。色谱图参见附录A中图A.1和图A.2。

a）流动相：乙腈+水=70+30（体积比）；
b）流动相流速：1.0mL/min；
c）柱温：40℃；
d）进样量：20μL；
e）示差折光检测器条件：温度40℃；
f）蒸发光散射检测器条件：飘移管温度80℃～90℃；氮气压力350 kPa；撞击器关。

6.3 标准曲线的制作

将糖标准使用液标准依次按上述推荐色谱条件上机测定，记录色谱图峰面积或峰高，以峰面积或峰高为纵坐标，以标准工作液的浓度为横坐标，示差折光检测器采用线性方程；蒸发光散射检测器采用幂函数方程绘制标准曲线。

6.4 试样溶液的测定

将试样溶液注入高效液相色谱仪中，记录峰面积或峰高，从标准曲线中查得试样溶液中糖的浓度。可根据具体试样进行稀释（n）。

6.5 空白试验

除不加试样外，均按上述步骤进行。

7 分析结果的表述

试样中目标物的含量按式（1）计算，计算结果需扣除空白值：

$$X = \frac{(\rho - \rho_0) \times V \times n}{m \times 1\,000} \times 100 \quad \cdots\cdots\cdots\cdots\cdots\cdots\cdots\cdots\cdots\cdots\cdots\cdots \quad (1)$$

式中：

X——试样中糖（果糖、葡萄糖、蔗糖、麦芽糖和乳糖）的含量，单位为克每百克（g/100g）；

ρ——样液中糖的浓度，单位为毫克每毫升（mg/mL）；

ρ_0——空白中糖的浓度，单位为毫克每毫升（mg/mL）；

V——样液定容体积，单位为毫升（mL）；

n——稀释倍数；

m——试样的质量，单位为克（g）或毫升（mL）；

$1\,000$——换算系数；

100——换算系数。

糖的含量≥10g/100g时，结果保留三位有效数字，糖的含量<10g/100g时，结果保留两位有效数字。

8 精密度

在重复条件下获得的两次独立测定结果的绝对差值不得超过算术平均值的10%。

9 其他

当称样量为10g时，果糖、葡萄糖、蔗糖、麦芽糖和乳糖检出限为0.2g/100g。

第二法 酸水解 - 莱因 - 埃农氏法

10 原理

本法适用于各类食品中蔗糖的测定：试样经除去蛋白质后，其中蔗糖经盐酸水解转化为还原糖，按还原糖测定。水解前后的差值乘以相应的系数即为蔗糖含量。

11 试剂和溶液

除非另有说明，本方法所用试剂均为分析纯，水为 GB/T 6682 规定的三级水。

11.1 试剂

11.1.1 乙酸锌 [Zn (CH₃COO)₂·2H₂O]。

11.1.2 亚铁氰化钾 {K₄ [Fe (CN)₆]·3H₂O}。

11.1.3 盐酸 (HCl)。

11.1.4 氢氧化钠 (NaOH)。

11.1.5 甲基红 (C₁₅H₁₅N₃O₂)：指示剂。

11.1.6 亚甲蓝 (C₁₆H₁₈ClN₃S·3H₂O)：指示剂。

11.1.7 硫酸铜 (CuSO₄·5H₂O)。

11.1.8 酒石酸钾钠 (C₄H₄O₆KNa·4H₂O)。

11.2 试剂配制

11.2.1 乙酸锌溶液：称取乙酸锌 21.9g，加冰乙酸 3mL，加水溶解并定容于 100mL。

11.2.2 亚铁氰化钾溶液：称取亚铁氰化钾 10.6g，加水溶解并定容至 100mL。

11.2.3 盐酸溶液（1+1）：量取盐酸 50mL，缓慢加入 50mL 水中，冷却后混匀。

11.2.4 氢氧化钠（40g/L）：称取氢氧化钠 4g，加水溶解后，放冷，加水定容至 100mL。

11.2.5 甲基红指示液（1g/L）：称取甲基红盐酸盐 0.1g，用 95% 乙醇溶解并定容至 100mL。

11.2.6 氢氧化钠溶液（200g/L）：称取氢氧化钠 20g，加水溶解后，放冷，加水并定容至 100mL。

11.2.7 碱性酒石酸铜甲液：称取硫酸铜 15g 和亚甲蓝 0.05g，溶于水中，加水定容至 1 000mL。

11.2.8 碱性酒石酸铜乙液：称取酒石酸钾钠 50g 和氢氧化钠 75g，溶解于水中，再加入亚铁氰化钾 4g，完全溶解后，用水定容至 1 000mL，贮存于橡胶塞玻璃瓶中。

11.3 标准品

葡萄糖（C₆H₁₂O₆，CAS 号：50-99-7）标准品：纯度 ≥99%，或经国家认证并授予标准物质证书的标准物质。

11.4 标准溶液配制

葡萄糖标准溶液（1.0 mg/mL）：称取经过 98℃ ~100℃ 烘箱中干燥 2 h 后的葡萄糖 1g（精确到 0.001g），加水溶解后加入盐酸 5mL，并用水定容至 1 000mL。此溶液每毫升相当于 1.0 mg 葡萄糖。

12 仪器和设备

12.1 天平：感量为 0.1 mg。

12.2 水浴锅。

12.3 可调温电炉。

12.4 酸式滴定管:25mL。

13 试样的制备和保存

13.1 试样的制备

13.1.1 固体样品

取有代表性样品至少200g,用粉碎机粉碎,混匀,装入洁净容器,密封,标明标记。

13.1.2 半固体和液体样品

取有代表性样品至少200g(mL),充分混匀,装入洁净容器,密封,标明标记。

13.2 保存

蜂蜜等易变质试样于0℃~4℃保存。

14 分析步骤

14.1 试样处理

14.1.1 含蛋白质食品

称取粉碎或混匀后的固体试样2.5g~5g(精确到0.001g)或液体试样5g~25g(精确到0.001g),置250mL容量瓶中,加水50mL,缓慢加入乙酸锌溶液5mL和亚铁氰化钾溶液5mL,加水至刻度,混匀,静置30min,用干燥滤纸过滤,弃去初滤液,取后续滤液备用。

14.1.2 含大量淀粉的食品

称取粉碎或混匀后的试样10g~20g(精确到0.001g),置250mL容量瓶中,加水200mL,在45℃水浴锅中加热1 h,并时时振摇,冷却后加水至刻度,混匀,静置,沉淀。吸取200mL上清液于另一250mL容量瓶中,缓慢加入乙酸锌溶液5mL和亚铁氰化钾溶液5mL,加水至刻度,混匀,静置30min,用干燥滤纸过滤,弃去初滤液,取后续滤液备用。

14.1.3 酒精饮料

称取混匀后的试样100g(精确到0.01g),置于蒸发皿中,用(40g/L)氢氧化钠溶液中和至中性,在水浴上蒸发至原体积的1/4后,移入250mL容量瓶中,缓慢加入乙酸锌溶液5mL和亚铁氰化钾溶液5mL,加水至刻度,混匀,静置30min,用干燥滤纸过滤,弃去初滤液,取后续滤液备用。

14.1.4 碳酸饮料

称取混匀后的试样100g(精确到0.01g)于蒸发皿中,在水浴上微热搅拌除去二氧化碳后,移入250mL容量瓶中,用水洗蒸发皿,洗液并入容量瓶,加水至刻度,混匀后备用。

14.2 酸水解

14.2.1 吸取2份试样各50.0mL,分别置于100mL容量瓶中。

14.2.1.1 转化前:一份用水稀释至100mL。

14.2.1.2 转化后:另一份加(1+1)盐酸5mL,在68℃~70℃水浴中加热15min,冷却后加甲基红指示液2滴,用200g/L氢氧化钠溶液中和至中性,加水至刻度。

14.3 标定碱性酒石酸铜溶液

吸取碱性酒石酸铜甲液5.0mL和碱性酒石酸铜乙液5.0mL于150mL锥形瓶中，加水10mL，加入2粒~4粒玻璃珠，从滴定管中加葡萄糖标准溶液约9mL，控制在2min内加热至沸，趁热以每两秒一滴的速度滴加葡萄糖，直至溶液颜色刚好褪去，记录消耗葡萄糖总体积，同时平行操作三份，取其平均值，计算每10mL（碱性酒石酸甲、乙液各5mL）碱性酒石酸铜溶液相当于葡萄糖的质量（mg）。

注：也可以按上述方法标定4mL~20mL碱性酒石酸铜溶液（甲、乙液各半）来适应试样中还原糖的浓度变化。

14.4 试样溶液的测定

14.4.1 预测滴定：吸取碱性酒石酸铜甲液5.0mL和碱性酒石酸铜乙液5.0mL于同一150mL锥形瓶中，加入蒸馏水10mL，放入2粒~4粒玻璃珠，置于电炉上加热，使其在2min内沸腾，保持沸腾状态15s，滴入样液至溶液蓝色完全褪尽为止，读取所用样液的体积。

14.4.2 精确滴定：吸取碱性酒石酸铜甲液5.0mL和碱性酒石酸铜乙液5.0mL于同一150mL锥形瓶中，加入蒸馏水10mL，放入几粒玻璃珠，从滴定管中放出的（转化前样液14.2.1.1或转化后样液14.2.1.2）样液（比预测滴定14.4.1预测的体积少1mL），置于电炉上，使其在2min内沸腾，维持沸腾状态2min，以每两秒一滴的速度徐徐滴入样液，溶液蓝色完全褪尽即为终点，分别记录转化前样液（14.2.1.1）和转化后样液（14.2.1.2）消耗的体积（V）。

注：对于蔗糖含量在0.x%水平的样品，可以采用反滴定的方式进行测定。

15 分析结果的表述

15.1 转化糖的含量

试样中转化糖的含量（以葡萄糖计）按式（2）进行计算：

$$R = \frac{A}{m \times \frac{50}{250} \times \frac{V}{100} \times 1\,000} \times 100 \quad\cdots\cdots\cdots\cdots\cdots\cdots\cdots\cdots\cdots (2)$$

式中：

R ——试样中转化糖的质量分数，单位为克每百克（g/100g）；

A ——碱性酒石酸铜溶液（甲、乙液各半）相当于葡萄糖的质量，单位为毫克（mg）；

m ——样品的质量，单位为克（g）；

50——酸水解（14.2）中吸取样液体积，单位为毫升（mL）；

250——试样处理（14.1）中样品定容体积，单位为毫升（mL）；

V——滴定时平均消耗试样溶液体积，单位为毫升（mL）；

100——酸水解（14.2）中定容体积，单位为毫升（mL）；

1 000——换算系数；

100——换算系数。

注：样液（14.2.1.1）的计算值为转化前转化糖的质量分数 R_1，样液（14.2.1.2）的计算值为转化后转化糖的质量分数 R_2。

15.2 蔗糖的含量

试样中蔗糖的含量 X 按式（3）计算：

$$X = (R_2 - R_1) \times 0.95 \quad\cdots\cdots\cdots\cdots\cdots\cdots\cdots\cdots\cdots (3)$$

式中：

X——试样中蔗糖的质量分数，单位为克每百克（g/100g）；

R_2——转化后转化糖的质量分数，单位为克每百克（g/100g）；

R_1——转化前转化糖的质量分数，单位为克每百克（g/100g）；

0.95——转化糖（以葡萄糖计）换算为蔗糖的系数。

蔗糖含量≥10g/100g时，结果保留三位有效数字，蔗糖含量＜10g/100g时，结果保留两位有效数字。

16　精密度

在重复性条件下获得的两次独立测定结果的绝对差值不得超过算术平均值的10%。

17　其他

当称样量为5g时，定量限为0.24g/100g。

附录 A
色谱图

果糖、葡萄糖、蔗糖、麦芽糖和乳糖标准物质的蒸发光散射检测色谱图见图 A.1。

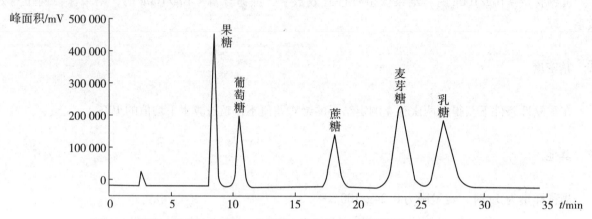

图 A.1　果糖、葡萄糖、蔗糖、麦芽糖和乳糖标准物质的蒸发光散射检测色谱图

果糖、葡萄糖、蔗糖、麦芽糖和乳糖标准物质的示差折光检测色谱图见图 A.2。

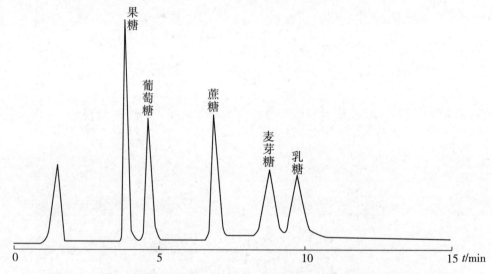

图 A.2　果糖、葡萄糖、蔗糖、麦芽糖和乳糖标准物质的示差折光检测色谱图

GB

中 华 人 民 共 和 国 国 家 标 准

GB 2761—2017

食品安全国家标准
食品中真菌毒素限量

2017 –03 –17 发布　　　　2017 –09 –17 实施

中华人民共和国国家卫生和计划生育委员会
中国食品药品监督管理总局　发布

前　言

本标准代替 GB 2761—2011《食品安全国家标准　食品中真菌毒素限量》。

本标准与 GB 2761—2011 相比，主要变化如下：

——修改了应用原则；

——增加了葡萄酒和咖啡中赭曲霉毒素 A 限量要求；

——增加了特殊医学用途配方食品、辅食营养补充品、运动营养食品、孕妇及乳母营养补充食品中真菌毒素限量要求；

——删除了表 1 中酿造酱后括号注解；

——更新了检验方法标准号；

——修改了附录 A。

食品安全国家标准
食品中真菌毒素限量

1 范围

本标准规定了食品中黄曲霉毒素 B_1、黄曲霉毒素 M_1、脱氧雪腐镰刀菌烯醇、展青霉素、赭曲霉毒素 A 及玉米赤霉烯酮的限量指标。

2 术语与定义

2.1 真菌毒素

真菌在生长繁殖过程中产生的次生有毒代谢产物。

2.2 可食用部分

食品原料经过机械手段（如谷物碾磨、水果剥皮、坚果去壳、肉去骨、鱼去刺、贝去壳等）去除非食用部分后，所得到的用于食用的部分。

注1：非食用部分的去除不可采用任何非机械手段（如粗制植物油精炼过程）。

注2：用相同的食品原料生产不同产品时，可食用部分的量依生产工艺不同而异。如用麦类加工麦片和全麦粉时，可食用部分按100%计算；加工小麦粉时，可食用部分按出粉率折算。

2.3 限量

真菌毒素在食品原料和（或）食品成品可食用部分中允许的最大含量水平。

3 应用原则

3.1 无论是否制定真菌毒素限量，食品生产和加工者均应采取控制措施，使食品中真菌毒素的含量达到最低水平。

3.2 本标准列出了可能对公众健康构成较大风险的真菌毒素，制定限量值的食品是对消费者膳食暴露量产生较大影响的食品。

3.3 食品类别（名称）说明（附录 A）用于界定真菌毒素限量的适用范围，仅适用于本标准。当某种真菌毒素限量应用于某一食品类别（名称）时，则该食品类别（名称）内的所有类别食品均适用，有特别规定的除外。

3.4 食品中真菌毒素限量以食品通常的可食用部分计算，有特别规定的除外。

4 指标要求

4.1 黄曲霉毒素 B_1

4.1.1 食品中黄曲霉毒素 B_1 限量指标见表 1。

表 1　　　　　　　　　食品中黄曲霉毒素 B_1 限量指标

食品类别（名称）	限量 μg/kg
谷物及其制品	
玉米、玉米面（渣、片）及玉米制品	20
稻谷[a]、糙米、大米	10
小麦、大麦、其他谷物	5.0
小麦粉、麦片、其他去壳谷物	5.0
豆类及其制品	
发酵豆制品	5.0
坚果及籽类	
花生及其制品	20
其他熟制坚果及籽类	5.0
油脂及其制品	
植物油脂（花生油、玉米油除外）	10
花生油、玉米油	20
调味品	
酱油、醋、酿造酱	5.0
特殊膳食用食品	
婴幼儿配方食品	
婴儿配方食品[b]	0.5（以粉状产品计）
较大婴儿和幼儿配方食品[b]	0.5（以粉状产品计）
特殊医学用途婴儿配方食品	0.5（以粉状产品计）
婴幼儿辅助食品	
婴幼儿谷类辅助食品	0.5
特殊医学用途配方食品[b]（特殊医学用途婴儿配方食品涉及的品种除外）	0.5（以固态产品计）
辅食营养补充品[c]	0.5
运动营养食品[b]	0.5
孕妇及乳母营养补充食品[c]	0.5

a. 稻谷以糙米计。

b. 以大豆及大豆蛋白制品为主要原料的产品。

c. 只限于含谷类、坚果和豆类的产品

4.1.2 检验方法：按 GB 5009.22 规定的方法测定。

4.2 黄曲霉毒素 M_1

4.2.1 食品中黄曲霉毒素 M_1 限量指标见表 2。

表 2　　　　　　　　　　　**食品中黄曲霉毒素 M_1 限量指标**

食品类别（名称）	限量 μg/kg
乳及乳制品[a]	0.5
特殊膳食用食品	
婴幼儿配方食品	
婴儿配方食品[b]	0.5（以粉状产品计）
较大婴儿和幼儿配方食品[b]	0.5（以粉状产品计）
特殊医学用途婴儿配方食品	0.5（以粉状产品计）
特殊医学用途配方食品[b]（特殊医学用途婴儿配方食品涉及的品种除外）	0.5（以固态产品计）
辅食营养补充品[c]	0.5
运动营养食品[b]	0.5
孕妇及乳母营养补充食品[c]	0.5

a. 乳粉按生乳折算。

b. 以乳类及乳蛋白制品为主要原料的产品。

c. 只限于含乳类的产品

4.2.2 检验方法：按 GB 5009.24 规定的方法测定。

4.3 脱氧雪腐镰刀菌烯醇

4.3.1 食品中脱氧雪腐镰刀菌烯醇限量指标见表 3。

表 3　　　　　　　　　　　**食品中脱氧雪腐镰刀菌烯醇限量指标**

食品类别（名称）	限量 μg/kg
谷物及其制品	
玉米、玉米面（楂、片）	1 000
大麦、小麦、麦片、小麦粉	1 000

4.3.2 检验方法：按 GB 5009.111 规定的方法测定。

4.4 展青霉素

4.4.1 食品中展青霉素限量指标见表4。

表4　　　　　　　　　　　　食品中展青霉素限量指标

食品类别（名称）[a]	限量　μg/kg
水果及其制品 　水果制品（果丹皮除外）	50
饮料类 　果蔬汁类及其饮料	50
酒类	50

a. 仅限于以苹果、山楂为原料制成的产品

4.4.2 检验方法：按 GB 5009.185 规定的方法测定。

4.5 赭曲霉毒素 A

4.5.1 食品中赭曲霉毒素 A 限量指标见表5。

表5　　　　　　　　　　　食品中赭曲霉毒素 A 限量指标

食品类别（名称）	限量　μg/kg
谷物及其制品 　谷物[a] 　谷物碾磨加工品	5.0 5.0
豆类及其制品 　豆类	5.0
酒类 　葡萄酒	2.0
坚果及籽类 　烘焙咖啡豆	5.0
饮料类 　研磨咖啡（烘焙咖啡） 　速溶咖啡	5.0 10.0

a. 稻谷以糙米计

4.5.2 检验方法：按 GB 5009.96 规定的方法测定。

4.6 玉米赤霉烯酮

4.6.1 食品中玉米赤霉烯酮限量指标见表6。

表6   **食品中玉米赤霉烯酮限量指标**

食品类别（名称）	限量 μg/kg
谷物及其制品	
小麦、小麦粉	60
玉米、玉米面（楂、片）	60

4.6.2 检验方法：按 GB 5009.209 规定的方法测定。

附录 A
食品类别（名称）说明

A.1 食品类别（名称）说明见表 A.1。

表 A.1   食品类别（名称）说明

水果及其制品	新鲜水果（未经加工的、经表面处理的、去皮或预切的、冷冻的水果） 　浆果和其他小粒水果 　其他新鲜水果（包括甘蔗） 水果制品 　水果罐头 　水果干类 　醋、油或盐渍水果 　果酱（泥） 　蜜饯凉果（包括果丹皮） 　发酵的水果制品 　煮熟的或油炸的水果 　水果甜品 　其他水果制品
谷物及其制品 （不包括焙烤 制品）	谷物 　稻谷 　玉米 　小麦 　大麦 　其他谷物［例如粟（谷子）、高粱、黑麦、燕麦、荞麦等］ 谷物碾磨加工品 　糙米 　大米 　小麦粉 　玉米面（糁、片） 　麦片 　其他去壳谷物（例如小米、高粱米、大麦米、黍米等） 谷物制品 　大米制品（例如米粉、汤圆粉及其他制品等） 　小麦粉制品 　　生湿面制品（例如面条、饺子皮、馄饨皮、烧麦皮等） 　　生干面制品 　　发酵面制品 　　面糊（例如用于鱼和禽肉的拖面糊）、裹粉、煎炸粉 　　面筋 　其他小麦粉制品 玉米制品 　其他谷物制品［例如带馅（料）面米制品、八宝粥罐头等］

（续表）

豆类及其制品	豆类（干豆、以干豆磨成的粉）
	豆类制品
	非发酵豆制品（例如豆浆、豆腐类、豆干类、腐竹类、熟制豆类、大豆蛋白膨化食品、大豆素肉等）
	发酵豆制品（例如腐乳类、纳豆、豆豉、豆豉制品等）
	豆类罐头
坚果及籽类	生干坚果及籽类
	木本坚果（树果）
	油料（不包括谷物种子和豆类）
	饮料及甜味种子（例如可可豆、咖啡豆等）
	坚果及籽类制品
	熟制坚果及籽类（带壳、脱壳、包衣）
	坚果及籽类罐头
	坚果及籽类的泥（酱）（例如花生酱等）
	其他坚果及籽类制品（例如腌渍的果仁等）
乳及乳制品	生乳
	巴氏杀菌乳
	灭菌乳
	调制乳
	发酵乳
	炼乳
	乳粉
	乳清粉和乳清蛋白粉（包括非脱盐乳清粉）
	干酪
	再制干酪
	其他乳制品（包括酪蛋白）
油脂及其制品	植物油脂
	动物油脂（例如猪油、牛油、鱼油、稀奶油、奶油、无水奶油）
	油脂制品
	氢化植物油及以氢化植物油为主的产品（例如人造奶油、起酥油等）
	调和油
	其他油脂制品
调味品	食用盐
	味精
	食醋
	酱油
	酿造酱
	调味料酒
	香辛料类
	香辛料及粉
	香辛料油
	香辛料酱（例如芥末酱、青芥酱等）
	其他香辛料加工品
	水产调味品
	鱼类调味品（例如鱼露等）
	其他水产调味品（例如蚝油、虾油等）
	复合调味料（例如固体汤料、鸡精、鸡粉、蛋黄酱、沙拉酱、调味清汁等）
	其他调味品

（续表）

饮料类	包装饮用水 矿泉水 纯净水 其他包装饮用水 果蔬汁类及其饮料（例如苹果汁、苹果醋、山楂汁、山楂醋等） 果蔬汁（浆） 浓缩果蔬汁（浆） 其他果蔬汁（肉）饮料（包括发酵型产品） 蛋白饮料 含乳饮料（例如发酵型含乳饮料、配制型含乳饮料、乳酸菌饮料等） 植物蛋白饮料 复合蛋白饮料 其他蛋白饮料 碳酸饮料 茶饮料 咖啡类饮料 植物饮料 风味饮料 固体饮料［包括速溶咖啡、研磨咖啡（烘焙咖啡）］ 其他饮料
酒类	蒸馏酒（例如白酒、白兰地、威士忌、伏特加、朗姆酒等） 配制酒 发酵酒（例如葡萄酒、黄酒、啤酒等）
特殊膳食用食品	婴幼儿配方食品 婴儿配方食品 较大婴儿和幼儿配方食品 特殊医学用途婴儿配方食品 婴幼儿辅助食品 婴幼儿谷类辅助食品 婴幼儿罐装辅助食品 特殊医学用途配方食品（特殊医学用途婴儿配方食品涉及的品种除外） 其他特殊膳食用食品（例如辅食营养补充品、运动营养食品、孕妇及乳母营养补充食品等）

第六部分　进口与出口

SN

中华人民共和国出入境检验检疫行业标准

SN/T 3272.2—2012

出境干果检疫规程
第2部分：苦杏仁

Rules for quarantine of nuts for export—
Part 2：Bitter apricot kernels

2012-10-23发布

2013-05-01实施

中 华 人 民 共 和 国
国家质量监督检验检疫总局 发 布

前　言

SN/T 3272《出境干果检疫规程》共分为五部分：

——第1部分：通用要求；

——第2部分：苦杏仁；

——第3部分：山核桃；

——第4部分：板栗；

——第5部分：花生。

本部分为 SN/T 3272 的第 2 部分。

本部分按照 GB/T 1.1—2009 给出的规则起草。

本部分由国家认证认可监督管理委员会提出并归口。

本部分起草单位：中华人民共和国山西出入境检验检疫局。

本部分主要起草人：丁三寅、王瑞芳、党海燕、武建生、李惠。

出境干果检疫规程
第2部分：苦杏仁

1 范围

SN/T 3272 的本部分规定了出境苦杏仁的检疫方法和结果判定。

本部分适用于出境苦杏仁的检疫。

2 规范性引用文件

下列文件对于本文件的应用是必不可少的。凡是注日期的引用文件，仅注日期的版本适用于本文件。凡是不注日期的引用文件，其最新版本（包括所有的修改单）适用于本文件。

SN/T 0800.1—1999 进出口粮油、饲料检验 抽样和制样方法

3 术语和定义

下列术语和定义适用于本文件。

3.1 苦杏仁 bitter apricot kernels

野生或栽培杏的带苦味核仁，包括扁形和滚形颗粒。

4 检疫依据

4.1 进境国家或地区的植物检疫要求。

4.2 政府间双边植物检疫协定、协议、备忘录以及我国参加地区性或国际公约组织应遵守的规定。

4.3 中国植物检疫的法律法规。

4.4 贸易合同、信用证等关于植物检疫的条款。

5 检疫准备

5.1 审核单证

审核报检所附单证是否齐全、有效，报检单的填写是否完整、真实，与合同、信用证、装箱单、发票、提单等内容是否一致，是否有特殊检疫要求，了解进口国检疫要求，明确检疫重点和依据。

5.2 检疫工具

放大镜、镊子、指形管、毛刷、样品袋、样品标签、白瓷盘、分级筛等。

6 现场检疫

6.1 货证核查

核查批次代号、企业备案号、规格、件数、产地、包装、唛头、质量是否和报检相符。

6.2 存放场所检疫

仔细检查货物存放场所的四周墙角、地面以及覆盖货物用的篷布、铺垫物等，检查是否有害虫感染的痕迹或有活害虫发生。

6.3 包装检疫

检查货物外包装是否受害虫感染或有活害虫发生。

6.4 货物检疫

6.4.1 抽查

以一检疫批为单位进行抽查：按货垛的上、中、下、四角及中间不同部位，随机抽取代表性样品。抽样数量按表1比例进行抽查。

表1 抽查数量

批量/件	抽样数量/件
≤100	10（不足10的，全部查验）
101～300	11～15
301～500	16～20
>500	21～25
注：发现可疑疫情，可适当增加抽查件数	

6.4.2 取样

按照 SN/T 0800.1—1999 的取样规定执行，抽取1份2kg样品。

6.4.3 产品检疫

将现场抽取的样品置于白色台面或白瓷盘上，仔细观察货物的表面，检查是否带有害虫、病变现象。必要时过筛检验，查看筛下物中是否有虫、杂草籽、菌瘿、螨类等。根据需要将筛下物装入样品袋，虫、杂草籽、菌瘿、螨类等装入指形管并标识，带回实验室做进一步检查。

6.4.4 现场记录

记录内容包括：查验日期地点、单证核对情况、抽查数量、有害生物发现情况、现场查验人员等。

7 实验室检验

7.1 检验鉴定

7.1.1 害虫鉴定

对检出的害虫根据形态特征做进一步鉴定，必要时进行害虫饲养。

7.1.2 杂草鉴定

对收集的杂草（籽）根据形态特征做种类鉴定，并对检疫性杂草籽做含量计算（粒数/kg）。

7.1.3 病害鉴定

对现场收集的病害样本，直接镜检或分离培养，做进一步鉴定。

7.2 出具报告

实验室对检疫鉴定结果出具报告单。

8 检疫结果判定与处置

8.1 结果判定

根据本标准检疫结果，符合第4章规定的，判定为合格，否则判定为不合格。

8.2 处置

8.2.1 检疫合格处置

对检疫合格的出境苦杏仁，出具植物检疫证书。

8.2.2 检疫不合格处置

8.2.2.1 有效处理方法的，出具《检验检疫处理通知单》，进行检疫除害处理，处理后经检疫合格，出具相应证书。

8.2.2.2 无有效处理方法的，不准出境，出具相应证书。

9 样品及有害生物保存

9.1 样品保存

每批保留样品 500g～1 000g，存放在清洁的密封容器内，容器加贴报检号、品名、数量、取样地点、取样时间、取样人和取样日期的标签。样品需冷藏保存，并保存6个月。

9.2 有害生物保存

检出有害生物做成标本，做好标记，妥善保存。

SN

中华人民共和国出入境检验检疫行业标准

SN/T 3729.2—2013

出口食品及饮料中常见水果品种的
鉴定方法　第2部分：杏成分检测
实时荧光 PCR 法

Identification of fruit species in export food and drink—
Part 2：Detection of *Prunus armeniaca* ingredient—Real-time PCR method

2013 -11 -06 发布　　　　　　　　　　2014 -06 -01 实施

中华人民共和国
国家质量监督检验检疫总局　发布

前　言

SN/T 3729《出口食品及饮料中常见水果品种的鉴定方法》共分为以下 10 个部分：

——第 1 部分：草莓成分检测　PCR 法；

——第 2 部分：杏成分检测　实时荧光 PCR 法；

——第 3 部分：梨成分检测　实时荧光 PCR 法；

——第 4 部分：芒果成分检测　实时荧光 PCR 法；

——第 5 部分：木瓜成分检测　实时荧光 PCR 法；

——第 6 部分：苹果成分检测　实时荧光 PCR 法；

——第 7 部分：葡萄成分检测　PCR 法；

——第 8 部分：山楂成分检测　实时荧光 PCR 法；

——第 9 部分：桃成分检测　实时荧光 PCR 法；

——第 10 部分：香蕉成分检测　实时荧光 PCR 法。

本部分为 SN/T 3729 的第 2 部分。

本部分按照 GB/T 1.1—2009 给出的规则起草。

本部分由国家认证认可监督管理委员会提出并归口。

本部分起草单位：中国检验检疫科学研究院、中华人民共和国辽宁出入境检验检疫局、宝生物工程（大连）有限公司。

本部分主要起草人：郑秋月、李晶泉、刘冉、张浩、徐君怡、封雪、赵昕、韩建勋。

出口食品及饮料中常见水果品种的
鉴定方法　第2部分：杏成分检测
实时荧光 PCR 法

1　范围

SN/T 3729 的本部分规定了出口食品和饮料中杏成分的实时荧光 PCR 检测方法。

本部分适用于果汁、果酱及其他以水果为原辅料的食品中杏成分的定性检测。本部分所规定方法的最低检出限（LOD）为 1%（质量分数）。

2　规范性引用文件

下列文件对于本文件的应用是必不可少的。凡是注日期的引用文件，仅注日期的版本适用于本文件。凡是不注日期的引用文件，其最新版本（包括所有的修改单）适用于本文件。

GB/T 6682　分析实验室用水规格和试验方法

GB/T 27403　实验室质量控制规范　食品分子生物学检测

3　术语和定义

下列术语和定义适用于本文件。

3.1　杏 Prunus armeniaca

蔷薇目、蔷薇科、梅亚科、李属、李亚属植物。杏原产于中国，遍植于中亚、东南亚及南欧和北非的部分地区。本部分中杏成分即指杏特异性 DNA 片段。

3.2　清汁 clarified juice

经过澄清工艺加工，没有浑浊和沉淀的果汁。

3.3　浊汁 cloudy juice

未经过澄清工艺加工，浑浊但未分层和沉淀的果汁。

4　缩略语

下列缩略语适用于本文件。

DNA：脱氧核糖核酸（deoxyribonuleic acid）

dNTP：脱氧核苷酸三磷酸（deoxyribonuleoside triphosphate）

CTAB：十六烷基三甲基溴化铵（cetyltrithylammonium bromide）

Tris：三羟甲基氨基甲烷［tris（hydroxymethyl）aminomethane］

EDTA：乙二胺四乙酸（ethylene diarninetetraacetic acid）

Ex Taq HS：高效热启动 DNA 聚合酶

OD：光度密度（optical density）

5 方法提要

提取 DNA，以 DNA 为模版，分别采用杏的特异性检测引物和探针进行实时荧光 PCR 扩增，观察实时荧光 PCR 的增幅现象，进行食品及饮料中杏成分的检测鉴定，其中以杏果肉 DNA 为阳性对照，以非杏来源的 DNA 为阴性对照，无菌水作为空白对照。

6 试剂和材料

除另有规定外，所有试剂均为分析纯或生化试剂。实验用水符合 GB/T 6682 的要求。所有试剂均用无 DNA 酶污染的容器分装。

6.1 检测用引物和探针：见表 1。

表 1　　　　　　　　　　　　　　　　引物探针序列

名称	序列（5'-3'）	目的基因
内参照 5'端引物 内参照 3'端引物 内参照探针	TCTGCCCTATCAACTTTCGATGGTA AATTTGCGCGCCTGCTGCCTTCCTT FAM – CCGTTTCTCAGGCTCCCTCTCCGGAATCGAACC – Eclipse	真核生物 18SrRNA 基因
杏 5'端引物 杏 3'端引物 杏探针	CGTCATCTTCAAATGTCAA GGGATTCTGCAATTCACA FAM – CTCTCGGCAACGGATATCTCGG – Eclipse	杏 5.8s rRNA 基因

6.2　CTAB 提取缓冲液：20g/L CTAB，1.4 mol/L NaCl，0.1 mol/L Tris – HCl，0.02 mol/L Na$_2$ EDTA，pH 8.0。

6.3　CTAB 沉淀液：5g/L，CTAB，40 mmol/L NaCl。

6.4　三氯甲烷（氯仿）。

6.5　异丙醇。

6.6　70% 乙醇（体积分数）。

6.7　NaCl 溶液（1.2 mol/L）。

6.8　10 × PCR 缓冲液：氯化钾 100 mmol/L，硫酸铵 160 mmol/L，硫酸镁 20 mmol/L，Tris – HCl（pH 8.8）200 mmol/L，Triton X – 100 1%，BSA 1 mg/mL。

6.9　Ex Taq HS 聚合酶。

6.10　Premix Ex Taq™（2 ×）：Ex Taq HS 聚合酶（终浓度 0.1 U/μL）、dNTP（终浓度 0.6 mmol/L），Mg^{2+}（终浓度 6 mmol/L）。

7 仪器设备

7.1 实时荧光 PCR 仪。

7.2 核酸蛋白分析仪或紫外分光光度计。

7.3 恒温水浴锅。

7.4 离心机：离心力≥12 000g。

7.5 微量移液器：0.5 μL~10 μL，10 μL~100 μL，20 μL~200 μL，200 μL~1 000 μL。

7.6 研钵及粉碎装置。

7.7 涡旋振荡器。

7.8 pH 计。

7.9 量筒：感量 50mL。

7.10 真空冷冻干燥机。

8 检测步骤

8.1 DNA 提取

8.1.1 清汁

将果汁样品上下颠倒均匀。取约 30mL 果汁至一洁净培养皿中，抽真空冻干；称取 0.2g 冷冻干物质至一洁净 50mL 离心管中，然后加入 5mL CTAB 裂解液，65℃孵育 1 h，间期不断混匀几次；8 000g 离心 15min，取 1mL 上清液至 1 只洁净 2.0mL 离心管中。然后加入 700μL 三氯甲烷，剧烈混匀 30 s，14 500g 离心 10min，取 650 μL 上清液至洁净 2.0mL 离心管中，加入 1 300 μL CTAB 沉淀液，剧烈混匀 30 s，室温静置 1 h；14 500g 离心 20min，弃上清液，加入 350 μL 1.2 mol/L NaCl，剧烈振荡 30 s，再加入 350 μL 三氯甲烷，剧烈混匀 30 s，14 500g 离心 10min；分别取上清液 320 μL，加入 0.8 倍体积异丙醇，混匀后，-20℃ 1 h，14 500g 离心 20min，弃上清液，加入 500 μL 70% 乙醇，混匀后，14 500g 离心 20min，弃上清液，晾至风干，加入 30 μL 双蒸水溶解，-20℃贮存备用。

8.1.2 浊汁

将果汁样品上下颠倒均匀。取约 30mL 果汁至一洁净离心管中，8 000g 离心 10min，去上清，加入 5mL CTAB 裂解液，65℃孵育 1 h，其余步骤同 8.1.1。

8.1.3 固体样品

称取样品 500 mg 于 50mL 离心管中，加入 5mL CTAB 裂解液，65℃孵育 1 h，其余步骤同 8.1.1。

8.2 DNA 浓度和纯度的测定

使用核酸蛋白分析仪或紫外分光光度计分别检测 260nm 和 280nm 处的吸光值 A_{260} 和 A_{280}。DNA 的浓度按照式（1）计算。当 A_{260}/A_{280} 比值在 1.7~1.9 之间时，适宜于 PCR 扩增。

$$c = A \times N \times 50/1\ 000 \qquad\cdots\cdots\cdots\cdots\cdots\cdots\cdots\cdots\cdots\cdots\cdots\cdots\cdots\cdots （1）$$

式中：

c——DNA 浓度，单位为微克每微升（μg/μL）；

A——260nm 处的吸光值；

N——核酸稀释倍数。

8.3 实时荧光 PCR 扩增

8.3.1 实时荧光 PCR 反应/体系

实时荧光 PCR 反应体系见表2，每个样品各做两个平行管。可先将反应试剂及引物预混成混合液形式。

表 2   **实时荧光 PCR 反应体系**

试剂名称	终浓度	反应/μL
Premix Ex Taq™（2×）	1×	12.5
上下游引物（10μmol/L）	400nmol/L	1
探计（5μmol/L）	200nmol/L	1
DNA 模板（10μg/mL～100μg/mL）	—	2.0
补水至	—	25
真核生物内参照的反应体系同上，仅以真核生物引物对和探针替换杏引物对和探针			

8.3.2 实时荧光 PCR 反应程序

95℃/10 s，1 个循环；95℃/5 s，52℃/10 s，72℃/34 s，40 个循环。

9 质量控制

9.1   空白对照：无荧光对数增长，相应的 Ct 值＞40.0。

9.2   阴性对照：无荧光对数增长，相成的 Ct 值＞40.0。

9.3   阳性对照：有荧光对数增长，且荧光通道出现典型的扩增曲线，相应的 Ct 值＜30.0。

9.4   内参照：有荧光对数增长，且荧光通道出现典型的扩增曲线，相应的 Ct 值＜30.0。

10 结果判定与表述

10.1 结果判定

10.1.1   如 Ct 值≤35，则判定被检样品阳性。

10.1.2   如 Ct 值≤40，则判定被检样品阴性。

10.1.3   如 35＜Ct 值＜40，则重复一次。如再次扩增后 Ct 值仍为＜40，则判定被检样品阳性；如再次扩增后 Ct 值≥40，则判定被检样品阴性。

注：6.1 检测引物和探针对碧桃（*Prunus persica*）和光核桃（*Prunus mira*）有非特异性扩增。

10.2 结果表述

10.2.1   样品阳性，表述为"检出杏成分"。

10.2.2　样品阴性，表述为"未检出杏成分"。

11　检测过程中防止交叉污染的措施

检测过程中防止交叉污染的措施按照 GB/T 27403 的规定执行。

SN

中华人民共和国出入境检验检疫行业标准

SN/T 1961.9—2013

出口食品过敏原成分检测
第 9 部分：实时荧光 PCR 方法
检测杏仁成分

Detection of allergen components in food for export—
Part 9：Real time PCR method for detecting
almond components

2013－03－01 发布　　　　　　　　　　2013－09－16 实施

中 华 人 民 共 和 国
国家质量监督检验检疫总局　　发 布

前　言

SN/T 1961《出口食品过敏原成分检测》共分为 19 部分：

——第 1 部分：酶联免疫法检测花生成分；

——第 2 部分：实时荧光 PCR 法检测花生成分；

——第 3 部分：酶联免疫吸附法检测荞麦蛋白成分；

——第 4 部分：实时荧光 PCR 方法检测腰果成分；

——第 5 部分：实时荧光 PCR 方法检测开心果成分；

——第 6 部分：实时荧光 PCR 方法检测胡桃成分；

——第 7 部分：实时荧光 PCR 方法检测胡萝卜成分；

——第 8 部分：实时荧光 PCR 方法检测榛果成分；

——第 9 部分：实时荧光 PCR 方法检测杏仁成分；

——第 10 部分：实时荧光 PCR 方法检测虾/蟹成分；

——第 11 部分：实时荧光 PCR 方法检测麸质成分；

——第 12 部分：实时荧光 PCR 方法检测芝麻成分；

——第 13 部分：实时荧光 PCR 方法检测小麦成分；

——第 14 部分：实时荧光 PCR 方法检测鱼成分；

——第 15 部分：实时荧光 PCR 方法检测芹菜成分；

——第 16 部分：实时荧光 PCR 方法检测芥末成分；

——第 17 部分：实时荧光 PCR 方法检测羽扇豆成分；

——第 18 部分：实时荧光 PCR 方法检测荞麦成分；

——第 19 部分：实时荧光 PCR 方法检测大豆成分。

本部分为 SN/T 1961 的第 9 部分。

本部分按照 GB/T 1.1—2009 给出的规则起草。

请注意本文件的某些内容可能涉及专利。本文件的发布机构不承担识别这些专利的责任。

本部分由国家认证认可监督管理委员会提出并归口。

本部分起草单位：中国检验检疫科学研究院、中华人民共和国天津出入境检验检疫局。

本部分主要起草人：张宏伟、张海英、刘培、吴冬雪、张霞、赵良娟、高旗利、郑文杰、陈颖、徐宝梁。

出口食品过敏原成分检测
第 9 部分：实时荧光 PCR 方法
检测杏仁成分

1 范围

SN/T 1961 的本部分规定了食品中过敏原杏仁成分的实时荧光 PCR 检测方法。

本部分适用于食品及其原料中过敏原杏仁成分的定性检测。

本部分所规定方法的最低检出限（LOD）为 0.01%（质量分数）。

2 规范性应用文件

下列文件对于本文件的应用是必不可少的。凡是注日期的引用文件，仅注日期的版本适用于本文件。凡是不注日期的引用文件，其最新版本（包括所有的修改单）适用于本文件。

GB/T 6682　分析实验室用水规格和实验方法

GB/T 27403　实验室质量控制规范　食品分子生物学检测

3 定义和术语

下列术语和定义适用于本文件。

3.1　过敏原 allergen

又称致敏原或变应原，是指能够引起变态反应的抗原。

3.2　杏仁 almond

本标准中杏仁包括两种植物，其一为扁桃仁（Prunus dulcis）即国内通常称之为美国大杏仁，是植物扁桃的种子，其属于蔷薇科、李亚科、桃属、扁桃种；另一种为小杏仁（Prunus Armeniaca）即普通杏的种子，属于蔷薇科、李亚科、杏属。

3.3　实时荧光 PCR real time PCR

在 PCR 反应体系中加入荧光基团，利用荧光信号的积累实时监控整个 PCR 扩增过程。

3.4　Ct 值 cycle threshold

每个反应管内的荧光信号达到设定的阈值时所经历的循环数。

4 方法提要

样品经研磨后，提取 DNA，以 DNA 为模板，采用杏仁 *Pru dul* 基因序列的特异性检测引物和探针进行实时荧光 PCR 扩增，根据 Ct 值，判断样品中是否存在过敏原杏仁成分。

5 试剂和材料

除另有规定外，试剂为分析纯或生化试剂。实验用水应符合 GB/T 6682 中一级水的规格。所有试剂均用无 DNA 酶污染的容器分装。

5.1 检测用引物（对）序列和探针。

杏仁成分扩增引物和探针、内参照（真核生物成分）引物和探针详见表1。

表1 试验用引物和探针

名称	序列（5'-3'）	目的基因
内参照5'端引物 内参照3'端引物 内参照探针	TCTGCCCTATCAACTTTCGATGGTA AATTTGCGCGCCTGCTGCCTTCCTT FAM – CCGTTTCTCAGGCTCCCTCTCCGGAATCGAACC – TAMRA	真核生物 18SrRNA 基因
杏仁5'端引物 杏仁3'端引物 杏仁探针	TTTGGTTGAAGGAGATGCTC TAGTTGCTGGTGCTCTTTATG FAM – TCCATCAGCAGATGCCACCAAC – Eclipse	杏仁 *Pru dul* 基因

5.2 CTAB 缓冲液：55 mmol/L CTAB，1 400 mmol/L NaCl，20 mmol/L EDTA，100 mmol/L Tris，用10%盐酸调 pH 至8.0，121℃，高压灭菌20min，备用。

5.3 TE 缓冲液（Tris – Cl、EDTA 缓冲液）：10 mmol/L Tris – HCl（pH 8.0），1 mmol/L EDTA（pH 8.0）。

5.4 蛋白酶 K：20 mg/μL。

5.5 RNA 酶溶液：5μg/μL。

5.6 Tris 饱和酚。

5.7 三氯甲烷。

5.8 异戊醇。

5.9 异丙醇。

5.10 70% 乙醇。

5.11 *Taq* DNA 聚合酶。

5.12 dNTP 混合液。

5.13 10×PCR 缓冲液：200 mmol/L Tris – HCl（pH 8.4），200 mmol/L KCl，15 mmol/L MgCl$_2$。

6 仪器和设备

6.1 实时荧光 PCR 仪。

6.2 离心机：最大离心力 >16 000g。

6.3 微量移液器：10 μL、100 μL、200 μL、1000 μL。

6.4 冰箱：2℃ ~8℃，−20℃。

6.5 高压灭菌器。

6.6 核酸蛋白分析仪或紫外分光光度计。

6.7 pH 计。

6.8 天平：感量0.01g。

7 检验步骤

7.1 DNA 提取

7.1.1 称取300 mg 已制备好的样品于2mL 离心管中，加入600 μL CTAB 缓冲液和40 μL 蛋白酶K，振荡混匀，65℃ 30min，期间每隔10min 振荡混匀；

7.1.2 加入500 μL 酚、三氯甲烷和异戊醇的混合液，体积比为25：24：1；强烈振荡，12 000g 离心15min；

7.1.3 吸取上清液至一新离心管中，加入等体积异丙醇，振荡均匀，12 000g 离心10min；

7.1.4 弃去上清液，用预热至65℃ 的TE 缓冲液溶解 DNA；

7.1.5 加入5 μL RNA 酶溶液，37℃ 30min；

7.1.6 加入200 μL 三氯甲烷：异戊醇（24：1），强烈振荡，12 000g 离心15min；

7.1.7 吸取上清液至一新离心管中，加入等体积异丙醇，振荡均匀，12 000g 离心10min；

7.1.8 弃去上清液，70% 乙醇洗涤一次，12 000g 离心1min；

7.1.9 弃上清液，晾干；加入50 μL TE 缓冲液，溶解 DNA 沉淀。

7.2 DNA 浓度和纯度的测定

取适量 DNA 溶液原液加双蒸水稀释一定倍数后，使用核酸蛋白分析仪或紫外分光光度计测260nm 和280nm 处的吸收值。DNA 的浓度按照式（1）计算：

$$c = A_{260} \times N \times 50/1\,000 \cdots\cdots\cdots\cdots\cdots\cdots\cdots\cdots\cdots\cdots\cdots\cdots (1)$$

式中：

c ——双链 DNA 浓度，单位为微克每微升（$\mu g/\mu L$）；

A_{260}——260nm 处的吸光值；

N——核酸稀释倍数。

当浓度为 $10\mu g/mL \sim 100\mu g/mL$，$A_{260}/A_{280}$ 比值在 $1.7 \sim 1.9$ 之间时，适宜于实时荧光 PCR 扩增。

7.3 实时荧光 PCR 检测

7.3.1 反应体系

反应体系总体积为50 μL，其中含：样品 DNA（$10\mu g/mL \sim 100\mu g/mL$）2 μL，引物（$10\mu mol/L$）各2 μL，探针（$10\mu mol/L$）1.5 μL，Taq DNA 聚合酶（5 U/μL）0.5 μL，dNTP（10 mmol/L）1μL，10×PCR 缓冲液5 μL，水36 μL。真核生物内参照的反应体系同上，仅以真核生物引物对和探针替换杏仁引物对和探针。

7.3.2 反应参数

预变性 95℃ 10 s，1 个循环；95℃ 15 s，60℃ 40 s，同时收集 FAM 荧光，进行 45 个循环。

7.3.3 实验对照

检测过程中应分别设立阳性对照、阴性对照和空白对照。用杏仁提取的 DNA 作阳性对照，用已知不含杏仁成分的样品提取的 DNA 作阴性对照，以灭菌水为空白对照。样品、内参照和对照设置两个平行的反应体系。

8 质量控制

以下条件有一条不满足时，实验视为无效：

a）空白对照：无荧光对数增长，相应的 Ct 值 > 40.0；

b）阴性对照：无荧光对数增长，相应的 Ct 值 > 40.0；

c）阳性对照：有荧光对数增长，且荧光通道出现典型的扩增曲线，相应的 Ct 值 < 30.0；

d）内参照：有荧光对数增长，且荧光通道出现典型的扩增曲线，相应的 Ct 值 < 30.0。

9 结果判断及表述

9.1 结果判定

在符合第 8 章的情况下，被检样品进行检测时：

a）如 Ct 值 ≤ 35.0，则判定为被检样品阳性，扩增靶标序列参见附录 A；

b）如 Ct 值 ≥ 40.0，则判定为被检样品阴性；

c）如 35.0 < Ct 值 < 40.0，则重复一次。如再次扩增后 Ct 值仍为 < 40.0，则判定被检样品阳性；如再次扩增后 Ct 值 ≥ 40.0，则判定被检样品阴性；

d）两个平行样中只要有一个样品检测为阳性，即可判定为被检样品阳性。

9.2 结果表述

9.2.1 结果为阳性者，表述为"检出过敏原杏仁成分"。

9.2.2 结果为阴性者，表述为"未检出过敏原杏仁成分"。

10 防污染措施

检测过程中防止交叉污染的措施按照 GB/T 27403 中的规定执行。

附录 A
（资料性附录）
过敏原杏仁成分的基因扩增靶标参考序列

GAATTCGATT CGAGTCCACC TCAGTCATCC CCCCACCAAG ATTGTTCGAA GCCCTTGTTC TT-GAAGCTGA CACCCTCATC CCCAAGATTG CTCCCCAGTC AGTTAAAAGT GCTGAAGTTG TTGAAGGAGA TGGAGGTGTT GGAACCATCA AGAAGATTAG CTTTGGTGAA

GGTTGGTTTC TTCCACTGCC TCTTCTAAGT CTAACTTGTT TGCTTGATTA ACATAAACCT TGAAAA-CAGT AAGCTCTTAA ATTCTAATCA AATCTTCATT TTACAGGAAG

TCATTACAGC TATGTGAAGC ACCGGATCGA CGGGCTTGAC AAAGATAACT

TTGTGTACAA CTACAGTTTG GTTGAAGGAG ATGCTCTTTC AGACAAGGTT

GAGAAAATCA CTTATGAGAT TAAGTTGGTG GCATCTGCTG ATGGAGGTTC

CATCATAAAG AGCACCAGCA ACTACCACAC CAAAGGAGAT GTTGAGATCA

AGGAAGAGGA TGTTAAGGCT GGGAAAGAAT CACTAGTGAA TTC

SN

中华人民共和国出入境检验检疫行业标准

SN/T 4419.5—2016

出口食品常见过敏原 LAMP 系列
检测方法 第 5 部分：杏仁

Food allergen detection with LAMP methods for export—
Part 5：Apricot kernel

2016 −03 −09 发布　　　　　　　　　　　2016 −10 −01 实施

中华人民共和国
国家质量监督检验检疫总局　发布

前　言

SN/T 4419《出口食品常见过敏原 LAMP 系列检测方法》由下列部分组成：

——第 1 部分：开心果；

——第 2 部分：腰果；

——第 3 部分：胡桃；

——第 4 部分：榛果；

——第 5 部分：杏仁；

——第 6 部分；扁桃仁；

——第 7 部分：巴西坚果；

——第 8 部分：澳洲坚果；

——第 9 部分：栗子；

——第 10 部分：大豆；

——第 11 部分：羽扇豆；

——第 12 部分：花生；

——第 13 部分：葵花籽；

——第 14 部分：芝麻；

——第 15 部分：大麦；

——第 16 部分：小麦；

——第 17 部分：荞麦；

——第 18 部分：芥末；

——第 19 部分：胡萝卜；

——第 20 部分：芹菜；

——第 21 部分：牛奶；

——第 22 部分：虾。

本部分为 SN/T 4419 的第 5 部分。

本部分按照 GB/T 1.1—2009 给出的规则起草。

请注意本文件的某些内容可能涉及专利。本文件的发布机构不承担识别这些专利的责任。

本部分由国家认证认可监督管理委员会提出并归口。

本部分起草单位：中国检验检疫科学研究院、中华人民共和国上海出入境检验检疫局、中华人民共和国辽宁出入境检验检疫局、中华人民共和国北京出入境检验检疫局、中华人民共和国天津出入境检验检疫局、中华人民共和国山东出入境检验检疫局、中华人民共和国广东出入境检验检疫局。

本部分主要起草人：黄文胜、陈颖、张舒亚、曹际娟、曾静、吴亚君、侯丽萍、高宏伟、陈源树、韩建勋、邓婷婷。

出口食品常见过敏原 LAMP 系列
检测方法　第 5 部分：杏仁

1　范围

SN/T 4419 的本部分规定了食品中过敏原杏仁成分的环介导等温扩增（LAMP）检测方法。

本部分适用于食品及其原料中过敏原杏仁成分的定性检测。

本部分所规定方法的最低检测限（LOD）为 0.5%（质量分数）。

2　规范性引用文件

下列文件对于本文件的应用是必不可少的。凡是注日期的引用文件，仅注日期的版本适用于本文件。凡是不注日期的引用文件，其最新版本（包括所有的修改单）适用于本文件。

GB/T 6682　分析实验室用水规格和试验方法

GB/T 27403—2008　实验室质量控制规范　食品分子生物学检测

SN/T 1961.9—2013　出口食物过敏原成分检测　第 9 部分：实时荧光 PCR 方法检测杏仁成分

3　术语、定义和缩略语

3.1　术语和定义

下列术语和定义适用于本文件。

3.1.1　过敏原 allergen

又称致敏原或变应原，指能够引起变态反应的抗原。

3.1.2　杏仁 apricot kernel

蔷薇科李属植物杏树（*Prunus armeniaca*）果实的核仁。

3.2　缩略语

下列缩略语适用于本文件。

dNTP　脱氧核糖核苷三磷酸（deoxyribonucleoside triphosphate）

LAMP　环介导等温扩增（loop - mediated isothermal amplification）

Triton X - 100　聚乙二醇辛基苯基醚

4　防污染措施

环介导等温扩增检测过程的防污染措施应符合 GB/T 27403—2008 中附录 D 的规定。

5 方法提要

样品经研磨后，提取 DNA，以 DNA 为模板，采用杏仁过敏原蛋白基因特异性检测引物进行 LAMP 扩增，通过颜色变化观察判定是否存在过敏原杏仁成分。

6 LAMP 检测方法

6.1 原理

根据杏仁过敏原蛋白基因序列设计特异性内引物、外引物（和环引物）各一对，特异性识别靶序列上的 6 个或 8 个独立区域。在链置换型 DNA 聚合酶的作用下，内引物与模板 DNA 退火、延伸，并利用外引物与模板 DNA 的退火延伸置换出内引物合成链。由于内引物与相邻区域存在互补区，游离的内引物合成链折叠成茎 – 环结构，以自身为模板，启动链置换扩增循环，合成长度不一的大量茎 – 环结构 DNA。加入显色液，即可通过反应液的颜色变化观察判定结果。DNA 聚合反应析出的焦磷酸根离子与溶液中的 Mg^{2+} 结合，形成焦磷酸镁乳白色沉淀，故也可通过反应液的浊度变化观察判定结果。

显色液显色原理：SYBR Green I 是一种结合于所有 dsDNA 双螺旋小沟区域的具有绿色荧光的染料。在游离状态下，SYBR Green I 发出微弱的荧光，但一旦与 dsDNA 结合后，荧光大大增强。因此，SYBR Green I 荧光的强度与 dsDNA 的量正相关，可以根据 LAMP 反应液的荧光强度测定反应体系中的 dsDNA 的量。

6.2 仪器和设备

6.2.1 水浴锅或加热模板：65℃ ±1℃ 和 80℃ ±1℃。

6.2.2 离心管：0.1mL、1.5mL。

6.2.3 计时器。

6.2.4 移液枪：量程 0.5 μL ~ 10 μL、量程 10 μL ~ 100 μL、量程 100 μL ~ 1 000 μL。

6.3 试剂和材料

除另有规定外，所有试剂均为分析纯或生化试剂。

6.3.1 实验用水：应符合 GB T 6682 中一级水的规格。

6.3.2 CTAB 提取缓冲液：20g/L CTAB，1.4 mol/L NaCl，0.1 mol/L Tris – HCl，0.02 mol/L Na_2 EDTA，pH 8.0。

6.3.3 CTAB 沉淀液：5g/L CTAB，40 mmol L NaCl。

6.3.4 NaCl 溶液：1.2 mmol/L。

6.3.5 蛋白酶 K：20 mg/mL。

6.3.6 dNTPs 溶液：每种核苷酸浓度 10 mmol/L。

6.3.7 *Bst* DNA 聚合酶：酶浓度 8 U/μL。

6.3.8 10 × ThermolPol 缓冲液：含 200 mmol/L Tris – HCl（pH 8.8）、100 mmol/L 硫酸铵、100 mmol/L 氯化钾、20 mmol/L 硫酸镁、1% Triton X – 100。

6.3.9 硫酸镁溶液：50 mmol/L。

6.3.10 甜菜碱：5 mol/L。

6.3.11 显色液：SYBR Green I 荧光染料，1 000×。

6.3.12 引物：根据杏仁过敏原蛋白基因设计一套特异性引物，包括外引物 F3/B3，内引物 FIP/BIP，环引物 FLP/BLP，见表 1。

表 1   引物序列

名称	编号	序列
LAMP 引物序列	外侧上游引物（F3）	5′ – GTTGCCCAAAGAACGTGAACAA – 3′
	外侧下游引物（B3）	5′ – GGTCCACCTTTGCATGTAAATGTACC – 3′
	内侧上游引物（FIP）	5′ – TTGAGGCGGAGTGCAACAGTGCT TGAAAGGGGCCAATGGGAAAG – 3′
	内侧下游引物（BIP）	5′ – CAACACTCCAGAGACATGCCCACC AGCGTTGAGGCATGCGTGACT – 3′
	上游环引物（FLP）	5′ – CTTTGGCTCTTGGAATGCGACAC – 3′
	下游环引物（BLP）	5′ – ACCGACAAAGTACCCTCAGATATTCAG – 3′

6.4 DNA 提取

6.4.1 称取 100 mg 已制备好的样品至 1.5mL 离心管中，加入 1mL CTAB 提取缓冲液和 10 μL 蛋白酶 K，65℃ 1 h，期间每隔 10min 振荡混匀。

6.4.2 12 000g 离心 10min，吸取上清液 700 μL，至一新 1.5mL 离心管中。

6.4.3 加入 490 μL 三氯甲烷，振荡混合后，12 000g 离心 10min。

6.4.4 吸取 500 μL 上清液至一新 1.5mL 管中。

6.4.5 加入 2 倍体积 CTAB 沉淀液，混匀后室温静置 60min，12 000g 离心 10min。

6.4.6 弃去上清液，加入 350 μL 1.2 mmol/L NaCl 溶液充分溶解沉淀。

6.4.7 加入 350 μL 三氯甲烷，高速漩涡振荡混匀，12 000g 离心 10min。

6.4.8 吸取上清液至一新 1.5mL 管中，加入 0.8 倍体积异丙醇，混匀，－20℃ 静置 20min，12 000g 离心 10min。

6.4.9 弃去上清液，用 70% 乙醇洗涤沉淀一次，12 000g 离心 10min。

6.4.10 弃去上清液，晾干，加入 100 μL TE 缓冲液，溶解 DNA 沉淀，－20℃ 保存备用。

6.5 检测步骤

6.5.1 阴性对照、阳性对照和空白对照的设置

阴性对照：采用不含有待测基因序列的植物基因组 DNA 为模板。

阳性对照：采用含有待测基因序列的植物 DNA 作为模板或含有目的基因序列的质粒 DNA 代替 DNA 模板。

设两个空白对照：

——提取 DNA 时设置的提取空白对照（以水代替样品）；

——LAMP 反应的空白对照（以 DNA 溶解液代替 DNA 模板）。

6.5.2 杏仁 LAMP 反应体系

LAMP 反应体系见表 2。每个样品各做 2 个平行管。加样时应使样品 DNA 溶液完全加入反应液中，

不要粘附于管壁上。在反应体系配制完成后，将 1 μL 显色液滴在管盖内侧，盖管盖时应小心，防止显色液混合进入反应液中。

表2 过敏原杏仁成分 LAMP 反应体系

组分	工作液浓度	加样量/μL	反应体系终浓度
ThermoPol 缓冲液	10×	2.5	1×
外侧上游引物（F3）	5μmol/L	1.0	0.2μmol/L
外侧下游引物（B3）	5μmol/L	1.0	0.2μmol/L
内侧上游引物（FIP）	40μmol/L	1.0	1.6μmol/L
内侧下游引物（BIP）	40μmol/L	1.0	1.6μmol/L
上游环引物（FLP）	10μmol/L	1.0	0.4μmol/L
下游环引物（BLP）	10μmol/L	1.0	0.4μmol/L
dNTPs	10μmol/L	5	2.0mmol/L
甜菜碱	5mol/L	4	0.8 mmol/L
硫酸镁	100 mmol/L	0.5	6 mmol/L（包括缓冲液中所含硫酸镁）
B*st* DNA 聚合酶	8 U/μL	1	0.32 U/μL
DNA 模板	10 ng/μL	2	0.8 ng/μL
水		4	—

6.5.3 LAMP 反应参数

65℃恒温扩增60min，80℃ 5min 使酶灭活，反应结束。

6.5.4 显色反应

反应结束后，将显色液与反应液上下颠倒轻轻混匀，在黑色背景下立即进行颜色观察。

6.6 质量控制

6.6.1 基本原则：实验室中设置的各种对照 LAMP 检测结果应符合以下情况。否则，任一种对照如果出现非下述正常结果，应重做实验。

6.6.2 空白对照：反应管中液体呈橙色。

6.6.3 阴性对照：反应管中液体呈橙色。

6.6.4 阳性对照：反应管中液体呈绿色。

7 结果判断和确证

7.1 待检样品2个平行样反应管中液体均呈橙色，同时各种实验对照结果正常，可判断该样品检测结果为阴性。

7.2 待检样品2个平行样反应管中液体至少1管呈绿色，同时各种实验对照结果正常，可判断该样品过敏原杏仁成分初筛阳性，还应通过下列方法之一进行确证：

——按照 SN/T 1961.9—2013 实时荧光 PCR 检测；

——可对 PCR 产物进行测序测定参照附录 A 中序列比对；

——其他验证方法。

8 结果表述

8.1 对 LAMP 检测结果为阴性的样品，可表述为该样品未检出过敏原杏仁成分。

8.2 对 LAMP 检测结果为初筛阳性的样品，应按照确证实验情况进行结果判断和表述。

附录 A
（资料性附录）
扩增产物参考序列

AGGCGGTACCGGCGACTGCAAGACGGCTAGTTGCCCAAAGAACGTGAACAAAGTTTGT
CCAAGAGAGCTGCAAAAGAAAGGGGCCAATGGGAAAGTGGTTGCCTGCTTGAGCGCATGT
GTCGCATTCAAAAAGCCAAAGTACTGTTGCACTCCGCCTCAAAACACTCCAGAGACATGCC
CACCGACAAAGTACTCTCAGATATTCAGTCACGCATGCCCCAACGCTTACAGCTATGCTTA
TGATGACAAAAAGGGTACATTTACATGCAAAGGTGGACCTAACTACGTCATT

SN

中华人民共和国出入境检验检疫行业标准

SN/T 1886—2007

进出口水果和蔬菜预包装指南

Guide of prepackaging for export and import fruit and vegetables

2007 – 04 – 06 发布

2007 – 10 – 16 实施

中 华 人 民 共 和 国
国家质量监督检验检疫总局

发 布

前 言

本标准的附录 A 为资料性附录。

本标准由国家认证认可监督管理委员会提出并归口。

本标准起草单位：中华人民共和国天津出入境检验检疫局等。

本标准主要起草人：王利兵、李秀平、冯智劼、闫靖、郭顺、胡新功。

本标准系首次发布的出入境检验检疫行业标准。

进出口水果和蔬菜预包装指南

1 范围

本标准规定了进出口水果和蔬菜预包装的卫生要求。
本标准适用于水果和蔬菜的预包装。

2 术语和定义

下列术语和定义适用于本标准。

2.1 预包装 prepackaging

对产品可能遇到的伤害，采取保护方法防止产品品质退化使其保持新鲜，并显示给消费者。

3 预包装材料

预包装的材料应符合健康和卫生的标准并且能保护产品。可以使用以下材料：
——便于携带的塑料薄膜和纸包，或塑料薄膜和纸包、塑料板。
——便于携带的网套，或由网套和塑料、纤维胶、纺织纤维或同类材料做成的包。
——平面或底由硬纸板、塑料或木浆做成的浅盘或盒子（盒子的高需大于 25 mm）。包装材料应有显示功能的表示面和颜色，比如薄膜应是透明的，黄瓜包装应显其绿色。应使产品在视觉上的瑕疵，不能因其设计、颜色、网孔的大小等所掩盖。
——采用在水果生长期间进行套袋包裹。即在花后幼果期即给果品套上特制的防护纸袋，套袋纸应由 100% 木浆纸构成，应具有透气、防水、防虫等性能。
——复合保鲜纸袋包装。外层用塑料薄膜，内层用纸基材料袋，且两层之间加入能均匀放出一定量的二氧化碳或山梨酸气体的保鲜剂。塑料薄膜应具有防水性和适当的透气性，使得保鲜袋外部的氧气向袋内渗透，保证水果的正常呼吸。而二氧化碳、乙烯气体向薄膜外渗透。水分和二氧化碳（CO_2）分子在纸袋内停留时间长，保鲜剂可持久发挥作用。纸基材料袋应具有抵御害虫、灰尘等有害物质对水果侵害的能力，纸袋作为保鲜剂的载体，同时应防止保鲜剂直接与水果接触。纸袋透气度应保证保鲜剂释收的二氧化碳（CO_2）和山梨酸气体能透过纸张的孔隙扩散到水果表面。

4 预包装分类

预包装应保持产品的自然品质，清楚地显示给消费者。适当的包装定量应适合消费者的需求，同时便于销售。主要的预包装分类：
a）直接应用伸缩薄膜

主要用于包装大体积的单个水果或蔬菜（如：柑橘类水果，温室的黄瓜、莴苣、莴苣头、圆头卷心菜等）。

b）对浅盘或盒子应用裹包薄膜

专门用于小体积的水果或蔬菜。将几个包装在一起。它由裹包薄膜（通常是收缩的薄膜）包裹的浅盘或盒子构成。

裹包薄膜由浅盘或盒子较长的一侧捆至另一侧以留下缺口。在包装完成后，较短的两侧可以进行空气流通（因为较高的相对湿度会加速由细菌引起的污染）。这种预包装特别适合于那些由于蒸发而水分流失特别快的水果和蔬菜。

不损坏薄膜，应不能从包装中拿出任何一个产品。包装薄膜一般用热接合，平行于容器（浅盘或盒子）的较长方。包装定量一般不超过1kg。

c）对浅盘或盒子应用薄膜构成完整的包装

用于小体积的水果和蔬菜，将几个包装在一起。采用能渗透水蒸气的薄膜（如：带有抗凝结层的聚乙烯薄膜）。

单向的收缩薄膜应等同或略宽于浅盘或盒子的最大尺寸（长度）。双向收缩薄膜应该比浅盘或盒子的最大尺寸宽，以使薄膜收缩后能盖住浅盘或盒子较短方的边缘。

拉伸薄膜一般用热封，平行于浅盘或盒子的较长方。拉伸薄膜一般贴缚于盒子底部。

d）网套预包装

主要用于不易受机械损坏影响的、较小的水果和蔬菜。将几个包装在一起。

网套在填充之前先封闭一端，装满之后封闭另一端，这样就形成封闭的包。当采用直径可增大的网套时，应保证在放入产品后，最终直径不超过原直径的三倍。

网套一般用于球形的产品（如：柑橘类水果，洋葱和马铃薯等）。包装定量一般在1kg～3kg之间。

e）网袋预包装

使用情况类似d），网袋底部的闭合口可在包装前或制作网袋时做好，第二个闭合口在填充东西后封合。包装定量一般在1kg～3kg之间。这个系统也可用于大定量包装，有时可至15kg（特殊的马铃薯）。

f）塑料薄膜和纸包预包装

使用情况类似d）和e），包装定量一般不超过2kg，包装可能被打孔，见g）。

塑料薄膜封合后可能会收缩。

g）可携带的塑料薄膜和纸包或网套预包装

使用情况类似d）。底和侧面的部分已经由包装生产商或包装者做好，形成一个"半套"。在包装填充前，装入产品后，上面封合，并且留一定长度以便携带包裹。包装定量一般在2kg～3kg之间。

h）盒子预包装

相对于前面提到的其他系统，用折叠的盒子预包装更加手工化。这种包装主要用在昂贵的水果收获时（如：猕猴桃或其他国外进口的水果），或其他易受机械伤害的水果（如：樱桃、草莓、黑莓）盒子能被直接填装，置放于运输箱中。

5 预包装应用

水果和蔬菜只有符合相关食品质量标准才能被预包装，常见蔬菜和水果的预包装参见附录A。

6 包装（预包装）前的处理

包装（预包装）前所有的商品应根据相关质量标准分类。

根据蔬菜和水果的种类，实行不同的初步处理方法，如：

——洗或干刷蔬菜的根部；

——磨光苹果；

——去掉菜花外面损坏的叶子；

——去掉洋葱松散的表皮；

——去掉莴苣头，圆头的卷心菜等外面的叶子；

——去掉大头菜的花茎。

7 标记

建议每个预包装包裹或预包装单元根据产品的特点和经销的需要，应标志以下内容：

——产品名称；

——级别（根据相关质量标准）；

——包装公司名称（通常是公司的地点和名称）；

——包装日期；

——包装内商品的净重；

——零售价格；

——每千克的价格（这项不是必需的要求）；

——品种；

——产品的产地。

附录 A
(资料性附录)
预包装的应用

A.1 蔬菜

常见蔬菜预包装见表 A.1。

表 A.1 常见蔬菜预包装

蔬菜	a	b	c	d	e	f	g	h
芦笋[1]	+	+	+			+		
小玉米			+					
甜菜根				+	+	+	+	
芽甘蓝				+	+	+		
结球莴苣、莴苣头[5]	+					+	+	
胡萝卜（无叶子）				+	+	+		
胡萝卜（有叶子）					+	+		
花椰菜	+						+	
芹菜（无叶子）	+			+	+	+	+	
芹菜（有叶子）						+		
大白菜	+					+	+	
菜豆，四季豆（在豆荚中）		+						
黄瓜	+					+	+	
羽衣甘蓝						+		
莳萝	+					+		
茄子	+				+	+		
茴香	+					+		
大蒜			+	+	+			
朝鲜蓟	+	+			+	+		
山葵	+				+	+		
青蒜[1]	+					+	+	
甜瓜	+						+	
混合蔬菜（切碎的）[2]		+	+		+	+		
洋葱（干）				+	+		+	
洋葱（有叶子）						+		
欧芹					+	+	+	
豌豆，青豆（去壳去皮）		+			+	+	+	+
马铃薯[3]				+	+	+	+	

（续表）

蔬菜	a	b	c	d	e	f	g	h
萝卜（无叶子）				+	+	+		
萝卜（有叶子）[1]					+			
大黄	+					+	+	
圆头卷心菜[4]	+					+	+	
皱叶甘蓝[5]	+					+	+	
菠菜		+	+			+		
南瓜、笋瓜	+			+				
糖豆（有豆荚）		+	+					
小甜玉米	+						+	
番茄		+	+	+	+	+	+	
菊苣	+				+		+	

[1] 捆扎包装。

[2] 只能用网"套"。

[3] 包装好的马铃薯应避光保存。

[4] 只适用于即摘的卷心菜。

[5] 只适用于有结实的连接，并较少受到机械损伤的种类

A.2 温带水果

常见温带水果预包装见表 A.2。

表 A.2 　　　　　　　　常见温带水果预包装

温带水果	a	b	c	d	e	f	g	h
苹果		+	+	+		+	+	+
杏		+	+	+			+	+
越桔			+					+
黑莓			+					+
醋栗		+	+			+		+
葡萄		+	+					+
樱桃		+	+					+
桃子、油桃		+	+			+	+	+
梨子		+	+			+	+	+
李子		+	+			+	+	+
温柏		+	+					+
覆盆子、黑莓		+	+					+
红浆果		+	+					+
酸樱桃		+	+			+	+	+
草莓		+	+					+

A.3 亚热带和热带水果

常见亚热带和热带水果预包装见表 A.3。

表 A.3　　　　　　　　　　常见亚热带和热带水果预包装

亚热带和热带水果	a	b	c	d	e	f	g	h
鳄梨	+	+	+		+	+		
香蕉		+	+			+		
柚子				+	+	+	+	
梅	+	+	+		+	+		
猕猴桃		+	+		+	+		+
柠檬		+	+	+	+	+	+	
橘子		+	+	+	+	+	+	
芒果[1]	+	+	+		+	+		+
莽吉柿、倒捻子			+					+
甜橙	+	+	+	+	+	+	+	
番木瓜	+							+
菠萝	+					+		+
石榴		+	+		+	+	+	+
山榄果、人心果、赤铁科果实								+
甜酸豆果			+					+

1）除去易受低氧气浓度影响的种类

SN

中华人民共和国出入境检验检疫行业标准

SN/T 2455—2010

进出境水果检验检疫规程

Rules for the inspection and quarantine of fruit for import and export

2010 – 01 – 10 发布

2010 – 07 – 16 实施

中华人民共和国
国家质量监督检验检疫总局 发布

前　言

本标准附录 A 为资料性附录。

本标准由国家认证认可监督管理委员会提出并归口。

本标准起草单位：中华人民共和国广东出入境检验检疫局。

本标准主要起草人：郭权、何日荣、陈思源、林宗炘、钟伟强、陈晓路。

本标准系首次发布的出入境检验检疫行业标准。

进出境水果检验检疫规程

1 范围

本标准规定了进出境水果的检验检疫方法和检验检疫结果的判定。
本标准适用于进出境水果的检验检疫。

2 规范性引用文件

下列文件中的条款通过本标准的引用而成为本标准的条款。凡是注日期的引用文件，其随后所有的修改单（不包括勘误的内容）或修订版均不适用于本标准，然而，鼓励根据本标准达成的协议的各方研究是否可使用这些文件的最新版本。凡是不注日期的引用文件，其最新版本适用于本标准。

GB/T 8210—1987 出口柑桔鲜果检验方法

SN/T 0188 进出口商品重量鉴定规程 衡器鉴重

SN/T 0626—1997 出口速冻蔬菜检验规程

3 术语和定义

下列术语和定义适用于本标准。

3.1 水果 fruit

新鲜水果、保鲜水果与冷冻水果果实。

4 检验检疫依据

4.1 进境国家或地区的植物检验检疫法律法规和相关要求。

4.2 政府间的双边植物检验检疫协定、协议、议定书、备忘录。

4.3 中国进出境植物检验检疫法律法规及其相关规定。

4.4 进境植物检疫许可证、贸易合同和信用证等文本中订明的植物检验检疫要求。

5 果园、包装厂注册登记

5.1 果园注册登记

出境水果果园应经所在地检验检疫机构考核，取得注册登记资格。

5.2 包装厂注册登记

出境水果包装厂应经所在地检验检疫机构考核，取得注册登记资格。

6 检验检疫准备

6.1 审核报检所附单证资料是否齐全有效，报检单填写是否完整、真实，与进境植物检疫许可证、输出国官方植检证书、贸易合同（或信用证）、装箱单、发票等资料内容是否相符。进境水果应进行植检证书真伪性核查，有网上证书核查要求的应进行网上核查。

6.2 查阅有关法律法规和技术资料，确定检验检疫依据及检验检疫要求。

6.3 了解输出国产地疫情或输入国检验检疫要求，明确检验检疫规定。

7 现场检验检疫

7.1 检验检疫工具

瓷盘或白色硬质塑料纸、手持放大镜、毛刷、指形管、酒精瓶、酒精、剪刀、镊子、样品袋、标签、记号笔、照明设备、照相机等。查验有冷处理要求的进境水果还需要标准水银温度计、搅拌棒、保温壶、洁净的碎冰块、蒸馏水等工具和材料进行冷处理水果果温探针校正检查。

7.2 核查货证

7.2.1 进境水果核查货证

核查核对集装箱等运输工具、所装载货物的号码与封识、货物的标签、品名、唛头、封箱标志、规格、批号、产地、日期、数量、质量、件数、包装、原产国的果园或包装厂的名称或代码等是否与报检单证相符、是否符合第4章规定的检验检疫要求。

核查水果的种类、数（质）量，并检查其间是否夹带、混装未报检的水果品种，是否符合关于进境水果指定入境口岸的规定。经香港和澳门地区中转进入内地的进境水果，要核对货物、封识是否与经国家质量监督检验检疫总局认可的港澳地区检验机构出具的确认证明文件内容相符。

有热处理要求的进境水果应核查植物检疫证书上的热处理技术指标及处理设施等注明内容是否符合第4章规定的检验检疫要求。有冷处理要求的进境水果应核查植物检疫证书上的冷处理温度、处理时间和集装箱号码封识号及附加声明等注明内容，以及由输出国官员签字盖章的果温探针校正记录等，是否符合第4章规定的检验检疫要求。

7.2.2 出境水果核查货证

核对包装上的唛头标记、水果的件数和质量等是否与报检相符。

出境水果应来自经检疫注册登记的果园和包装厂，符合注册登记管理的有关要求。出境查验时还应核对果园、包装厂注册登记证书或其复印件，及水果包装箱上的水果种类、产地、果园和包装厂名称或注册号以及批次号等信息，是否符合第4章规定的检验检疫要求。果园与包装厂不在同一辖区的，还应核查产地供货证明，并对供货证明的数量进行核销。

7.3 运输工具及装载容器检验检疫

检查装运水果的集装箱、汽车、飞机或船舶等运输工具是否干净，有无有害生物、土壤、杂草或其他污染物。

7.4 进境水果冷处理核查

对有冷处理要求的进境水果，核查由船运公司下载的冷处理记录、检查果温探针安插的位置及对果温探针进行校正检查，是否符合第4章规定的检验检疫要求。

7.5　出境水果处理

有特殊处理要求的出境水果，包括出口前冷处理、运输途中冷处理、出口前蒸热处理和蒸热低温杀虫处理等处理，应按相关要求和处理指标进行处理，出具相应的处理报告和植检证书，在植物检疫证书中应包含冷处理或热处理相关信息。

7.6　包装物检验检疫

7.6.1　抽样前检查整批包装是否完整、有无破损，检查内外包装有无虫体、霉菌、杂草、土壤、枝叶及其他污染物。

7.6.2　带木包装或其他植物性包装材料的，按相关规定实施检疫。

7.7　抽样与取样

有双边植物检验检疫协定要求的、按双边协定要求进行抽查；无双边协定要求的，按随机和代表性原则多点抽样检查，抽查件数和取样数量如下：

a）进境水果

以每一检验检疫批为单位进行抽查取样，抽查件数和取样数量见表1。可根据国内外近期有害生物的发生情况及口岸有害生物的截获情况，在范围内相应地调整抽查件数和取样数量。初次进口的水果品种及以往查验发现可疑疫情的，适当增加抽查件数。

表1　　　　　　　　　进境水果抽查取样数量表

水果总数/件	抽查数量/件	取样量/kg
≤500	10（不足10件的，全部查验）	0.5~5
501~1 000	11~15	6~10
1 001~3 000	16~20	11~15
3 001~5 000	21~25	16~20
5 001~50 000	26~100	21~50
>50 000	100	50

b）出境水果

以每一检验检疫批为单位进行抽查取样，按水果总件数的2%~5%（不少于5件）随机开箱抽查，按货物的0.1%~0.5%（不少于5kg）随机抽取样品，可根据国内近期有害生物的发生情况在范围内适当调整抽查件数和取样数量。

7.8　货物检验检疫

7.8.1　大船运输的，分上、中、下三层边卸货边检查。

7.8.2　集装箱装载运输的，必要时在集装箱中间卸出60cm的通道进行查验。

7.8.3　抽样逐个检查水果是否带虫体、枝叶、土壤和病虫为害状。重点检查果柄、果蒂、果脐及其他凹陷部位；害虫检查包括实蝇类、鳞翅目、介壳虫、蓟马、蚜虫、瘿蚊、螨类等虫体（如：卵、幼虫、蛹及成虫）及其为害状，如虫孔、褐腐斑点、斑块、水渍状斑、边缘呈褐色的圆孔等；病害检查包括霉变、腐烂、畸形、变色、斑点、波纹等病害症状。

收集各种虫体、病虫果及其他可疑的样品，放入样品袋或指形管，作好标记并送实验室检验鉴定。

进境水果还应根据实际进境的水果品种和数（质）量，对进境动植物检疫许可证进行核销。

7.9 现场剖果

7.9.1 剖果数量

对抽查的水果现场剖果检疫。对于进境水果，以每一检验检疫批为单位按表2的规定进行剖果，首先剖检可疑果。发现有可疑疫情的，适当增加剖果数量。

表2   现场剖果数量表

水果个体大小	剖果数量
个体较小的水果，如葡萄、荔枝、龙眼、樱桃等	每一抽查件数不少于0.5kg
中等个体的水果，如芒果、柑桔类、苹果、梨等	每一抽查件数不少于5个
个体较大的水果，如西瓜、榴莲、菠萝蜜等	每批不少于5个
香蕉	总件数5 000件以下的，不少于5kg；总件数大于等于5 000件的，不少于10kg

对于出境水果，参照进境水果现场剖果数量进行剖果检查。

7.9.2 剖果后仔细检查果实内有无昆虫虫卵、幼虫及其为害状，有无霉变；收集可疑的样品，放入样品袋、作好标记并送实验室检验鉴定。

7.10 视频监控及拍照或录像

进境水果还应对查验过程按相关要求进行视频摄录保存。查验发现有害生物或可疑疫情的，对有害生物及疑受为害的果实、包装箱及装载的运输工具进行拍照或录像。

7.11 现场查验记录

记录内容包括：查验日期地点、单证核对情况、抽查数量、有害生物发现情况、现场查验人员、相关照片录像等。

8 实验室检验检疫

8.1 品质检验

8.1.1 感官检验

8.1.1.1 外观卫生检验

结合现场查验，检查果面有无破损、是否洁净，是否沾染泥土或污染物。

8.1.1.2 品种规格检验

结合现场查验，检查品种是否具有本品种固有的色泽、形状，检验品种和规格是否符合相关标准规定。

8.1.1.3 风味检验

品尝其风味和口感是否具有本品种固有的风味和滋味，有无异味。

8.1.1.4 杂质检验

结合现场检验检疫，检查果实是否带有本身的废弃部分及外来物质。

8.1.1.5 缺陷检验

进境水果按 GB/T 8210—1987 中 5.4 执行。

出境水果按输入国家或地区要求执行。

8.1.1.6 可食部分检验

进境水果按 GB/T 8210—1987 中 5.7.3 执行。

出境水果按输入国家或地区要求执行。

8.1.1.7 可溶性固形物检验

进境水果按 GB/T 8210—1987 中 5.7.5 执行。

出境水果按输入国家或地区要求执行。

8.1.2 重量鉴定

进境水果按 SN/T 0188 执行。

出境水果按输入国家或地区要求执行。

8.1.3 微生物检验

进境水果按 SN/T 0626—1997 中 5.7 执行。

出境水果按输入国家或地区要求执行。

8.1.4 理化检验

进境水果果实中的糖、酸、维生素含量的测定方法按 GB/T 8210 执行。

出境水果按输入国家或地区要求执行。

8.1.5 有毒有害物质检验

根据输入国家或地区规定或标准、或合同信用证规定的方法进行有毒有害物质如重金属、农药残留等项目的检验；如无指定方法，按国家标准或检验检疫行业标准检验。

8.2 有害生物检疫鉴定

8.2.1 病害检疫鉴定

对抽取的样品进行仔细的症状检查，检查有无发霉、腐烂等典型病害症状，发现可疑症状的进一步做病原检查。

8.2.2 害虫、螨类检疫鉴定

将现场检验检疫中发现的害虫螨类样本和可疑病虫害水果放入白瓷盘，在光线充足条件下逐袋逐个进行剖果与检查，检查是否有蛆状或其他害虫，将截获的害虫置于解剖镜或显微镜下检验鉴定。

对难以直接鉴定的幼虫、卵、蛹，应进行饲养，需要时连同样品一并置于昆虫饲养箱中进行饲养，成虫羽化后进行鉴定。

8.2.3 杂草检疫鉴定

将截获的杂草籽置于解剖镜或显微镜下或用其他方法进行检验鉴定。

9 结果评定与处置

9.1 合格评定

根据本标准检验检疫结果，对照第4章规定的检验检疫要求，综合判定是否合格。感官检验项目如无指定要求，附录 A 供参考。

经检验检疫，符合第 4 章规定的检验检疫要求的，评定为合格。

9.2 不合格评定

检验检疫结果有下列情况之一的水果，评定为不合格：

——发现检疫性有害生物的；

——发现禁止进境物的；

——发现协定应检有害生物的；

——发现包装箱上的产地、种植者或果园、包装厂、官方检验检疫标志等不符合检验检疫议定书要求或其他相关规定的；

——有毒有害物质检出量超过相关安全卫生标准规定的；

——发现水果检疫处理无效的；

——发现其他不符合第 4 章规定的。

9.3 不合格的处理

进境的，应实施检疫除害处理。无有效处理方法的，予以退货或销毁处理。

出境的，应针对情况进行除害处理或换货处理，并对处理后的货物进行复检，复检仍不合格的货物，作不准出境处理。

附录 A
（资料性附录）
水果感官指标

表 A.1 水果感官指标表

项目	判断	
	合格	不合格
包装	清洁，牢固	变形，不清洁
质量	符合规定	少于规定，或大于规定2%
卫生	果面洁净，不沾染泥土或为不洁物污染	果面不洁，附有泥土等
形状	具该品种应有的果形特征	畸形
异品种	≤2%	>2%
风味	具该品种正常的风味，无异味	有异味
杂质	不带有水果本身的废弃部分及外来物质	带有水果本身的废弃部分及外来物质
缺陷	一般缺陷或严重缺陷合计≤10%，其中严重缺陷<3%	一般缺陷和严重缺陷合计>10%，其中严重缺陷>3%

注：上述项目中，杂质、卫生、风味、缺陷四项中有一项不合格，整批判为不合格；其余项目中有两项不合格，整批判为不合格

中华人民共和国出入境检验检疫行业标准

SN/T 4069—2014

输华水果检疫风险考察评估指南

Guidelines for onsite assessment of quarantine risk of fresh
fruit exported to P. R. of China

2014－11－19 发布　　　　　　　　　　2015－05－01 实施

中 华 人 民 共 和 国
国家质量监督检验检疫总局　发 布

前　言

本标准按照 GB/T 1.1—2009 给出的规则起草。

本标准由国家认证认可监督管理委员会提出并归口。

本标准起草单位：中华人民共和国广东出入境检验检疫局、中国检验检疫科学研究院。

本标准主要起草人：吴佳教、林莉、何日荣、刘海军、陈乃中、武目涛、李春苑、胡学难。

输华水果检疫风险考察评估指南

1 范围

本标准规定了赴外考察评估输华水果检疫风险的对象、要求和程序。

本标准为检疫专家赴外考察评估输华水果检疫风险提供指南。

本标准适用于检疫专家赴外考察评估输华水果检疫风险。

2 规范性引用文件

下列文件对于本文件的应用是必不可少的。凡是注日期的引用文件，仅所注日期的版本适用于本文件。凡是不注日期的引用文件，其最新版本（包括所有的修改单）适用于本文件。

GB/T 20478　植物检疫术语

GB/T 23694　风险管理　术语

3 术语和定义

GB/T 20478 和 GB/T 23694 界定的以及下列术语和定义适用于本文件。

3.1　风险 risk

某一事件发生的概率和其后果的组合。通常仅应用于至少有可能会产生负面结果的情况。

3.2　风险管理 risk management

在本标准中特指有害生物风险管理，即评价和选择降低有害生物传入和扩散风险的方案。

3.3　产地 original area

某种物品的生产、出产或制造的地点。常指某种物品的主要生产地。

3.4　考察 investigation

在本标准中特指官方评估的过程，意为中方检验检疫机构派出检疫专家赴外对水果等原产地进行实地观察调查。

3.5　产地考察 produced – area investigation

产地考察分为植物产地考察和动物产地考察。

植物产地考察是指植物检疫机构在水果等植物种子、苗木等繁殖材料和水果等植物产品生产地（原种场、良种场、苗圃以及其他繁育基地）进行考察。

3.6 议定书 protocol

经过谈判、协商而制定的共同承认、共同遵守的文件。

4 对象

考察的输华水果是指首次申请输华、或提出解除禁止进境、或已签定了准入协议（如：议定书等）并处于出口季节中的水果。

5 要求

赴外考察专家需熟悉检验检疫相关法律法规，尤其是水果检疫相关的法律法规；收集并掌握双方签定的等考察水果的有关协议（如：议定书）以及与之相关的技术资料信息，如风险分析报告；掌握中方关注的有害生物基础信息。

赴外考察专家需科学、客观和公正。

考察评估内容包括有害生物的监测计划、防治措施和输华果园、包装厂、储藏和冷处理设施、检疫卫生条件、管理措施，以及准入协议（如：议定书等）中列明的其他要求。

6 程序

6.1 由水果输出国家或地区的官方机构发出邀请函，邀约中方检验检疫机构派出检疫专家赴外考察。

6.2 中方检验检疫机构受理申请后，依据相关检验检疫法规条例规定，确定 2 名或以上赴外考察专家。组成专家小组。

6.3 专家小组成员按对方邀请函以及相关批文和规定办理出境手续。

6.4 赴外专家实施考察同时填写相应的考察评估表（参见附录 A、附录 B 和附录 C）。

6.5 为了客观评估检疫风险，赴外专家赴外考察期间，对考察过程中的了解的原则性信息可适时与对方专家做技术层面上的交流。

6.6 赴外专家返回后，对各考察报告要作出评估意见，并形成考察评估报告初稿，参见附录 D。

报告初稿提交，由国家质检总局确定不少于 5 人组成的专家组作进一步审议，形成考察评估报告终稿，上报质检总局。

6.7 国家质检总局将考察评估报告终稿以公函形式回复给邀请方，并明确作出是否允许向中方输出水果或是否同意解除禁止相关水果进境的答复。

6.8 申请方如对考察评估结果有异议的，可向我方检验检疫机构提出，我方检验检疫机构将于 30 个工作日内作出回复。

7 结果判定

以外派专家现场考察评估表的信息为基础，由外派专家小组作出评估意见，并形成评估报告初稿，以审核专家组形成的评估报告终稿作为依据，判定输华水果检疫风险，并提出是否允许同意水果输华或是否同意解除禁止水果进境的建议。

附录 A
（资料性附录）
针对官方职能部门的考察评估表

部门名称：　　　　　　　　　　　　　　　　　　　　　　　　　日期：

序号	内容	评估结果	备注
1	是否能提供目标水果品种、产区分布、种植面积和采收季节等方面的基本信息	□是 □否	
2	是否能提供目标水果销售情况信息	□是 □否	
3	水果此前是否已向其他国家或地区出口？如是，请列举出口的国家或地区以及各自年出口量	□是 □否	列举：
4	拟输华水果的果园是否经国家植保部门（NPPO）或检疫机构注册登记？如是，请提供名单	□是 □否	
5	拟输华水果的包装厂是否经国家植保部门（NPPO）或检疫机构注册登记？如是，请提供名单	□是 □否	
6	是否能提供果园申请注册登记注册审批的相关程序文件	□是 □否	
7	是否能提供包装厂申请注册登记和审批的相关程序文件	□是 □否	
8	是否存在没有通过注册登记的果园？如是，请陈述原因	□是 □否	原因：
9	是否存在没有通过注册登记的包装厂？如是，请陈述原因	□是 □否	原因：
10	是否对每个注册果园质量体系运行情况进行复审？如是，请出示相关报告，并说明复审的频率	□是 □否	频率：
11	是否对每个注册包装厂质量体系运行情况进行复审？如是，请出示相关报告，并说明复审的频率	□是 □否	频率：
12	是否制定了有害生物田间综合防控计划？如是，请陈述或出示相关依据	□是 □否	
13	如果发现检疫性有害生物，是否有相应的执行程序文件？如有，请提供	□是 □否	
14	果实采收前，是否对果园开展合格评定？如有，请出示相关的记录	□是 □否	
15	针对发现中方关注的有害生物，是否有相应的应急措施计划？如有，请陈述或出示相关材料	□是 □否	

（续表）

序号	内容	评估结果	备注
16	是否建立了实蝇等有害生物非疫区或非疫产地或非疫生产点（如有要求）？	□是 □否	
17	是否有非疫区或非疫产区或非疫生产点的维护详细措施（如有要求）？如有，请提供	□是 □否	
18	非疫区或非疫产区的维护是否达到效果（如有要求）？重点查看相关记录	□是 □否	
19	是否有针对实蝇类害虫如地中海实蝇的监测方案（如有要求）？如有，请出示相关资料	□是 □否	
20	是否有针对中方关注的其他有害生物如苹果蠹蛾等的监测方案（如有要求）？如有，请出示相关资料	□是 □否	
21	是否有中方关注的其他有害生物如火疫病的田间和实验室检测要求方案（如有要求）？如有，请出示相关资料	□是 □否	
22	出口前检疫操作相关要求是否明确？重点是了解检查比例、方法和相应的记录	□是 □否	
23	抽查 3 份此前的出口前检疫记录（如果有），是否发现需对方解释之处	□是 □否	
24	出口前检疫过程中发现不符合要求的水果，是否会及时处理？请陈述具体处理措施	□是 □否	措施：
25	是否明确双方达成的检疫除害处理指标和操作规程（如有要求）	□是 □否	
26	是否对负责签发检疫除害处理（如有要求）报告的官员进行过培训？如有，请出示相关记录	□是 □否	
27	是否建立了药剂（农药、杀菌剂等）和肥料的采购和使用管理制度？如是，请出示相关依据	□是 □否	
评估意见			

附录 B
（资料性附录）
针对水果包装厂的考察评估表

包装厂名：　　　　　　　　　　　　地址：
登记证号：　　　　　　　　　　　　考察日期：

序号	内容	评估结果	备注
1	是否经国家植保部门（NPPO）或检疫机构注册登记？如是，请出示批准的文件	□是 □否	
2	是否将所有职责，特别是质量管理体系的职责明确分工？如是，请出示相关依据	□是 □否	
3	是否定期对自身的质量管理体系运行情况进行内容审核？如是，请告知审核的频率，并请出示相关记录	□是 □否	频率：
4	相关员工是否经过专业培训？如是，清陈述或出示相关依据	□是 □否	
5	培训的内容是否涉及中方关注的有害生物内容，如是，请陈述或出示相关依据	□是 □否	
6	是否具备较完备的果实溯源体系	□是 □否	
7	是否配备了质量检测技术员	□是 □否	
8	质量检测技术员是否有资质（专业背景或接受相应的培训）？如是，请陈述或出示相关记录	□是 □否	
9	质量检测员是否了解中方关注的有害生物	□是 □否	
10	质量检测员是否掌握双方同意的注册果园与相应的编码	□是 □否	
11	质量检测是否以不含有害生物为重点	□是 □否	
12	质量检测项目是否包括不含叶片	□是 □否	
13	抽查3份此前的质量检测记录，是否发现需对方解释之处	□是 □否	
14	是否有处理残次果和枝叶残体的相关规定或具体做法	□是 □否	
15	包装厂是否有防止有害生物再感染的措施	□是 □否	

（续表）

序号	内容	评估结果	备注
16	包装厂布局是否合理？重点考察是否能做到防止有害生物交叉感染	□是 □否	
17	车间是否有充足的照明	□是 □否	
18	包装/贮藏区域是否清洁？重点考察是否含有泥土、植物残体等	□是 □否	
19	不能及时加工的原料果与加工过的水果是否能独立存放	□是 □否	
20	已经通过自检的水果是否能与未开展自检的水果分开存放	□是 □否	
21	经检疫待装运的输华水果是否会单独存放	□是 □否	
22	是否明确出口前检疫操作有关要求？重点是了解检查比例，方法和相应的记录	□是 □否	
23	抽查 3 份此前的出口前检疫记录（如果有），是否发现需要对方解释之处	□是 □否	
24	出口前检疫过程中发现不符合要求的果，是否会及时处理？请陈述具体处理措施	□是 □否	具体措施：
25	是否具备相应的检疫除害处理措施（如有要求），指热水处理、蒸热处理、冷处理、熏蒸处理或辐照处理	□是 □否	
26	是否明确双方达成的检疫除害处理指标和操作规程（如有要求）	□是 □否	
27	负责签发检疫除害处理（如有要求）报告的官员是否有资质？请陈述或提供依据	□是 □否	
28	该实施此前是否已应用于针对其他国家或地区需求的水果检疫除害处理？如有，请告知处理指标	□是 □否	指标：
29	负责签发除害处理（如有要求）报告的官员是否此前针对其他国家需求签发过类似的除害处理报告	□是 □否	
30	包装箱是否符合双方协议要求	□是 □否	
31	包装箱上的信息是否符合双方协议要求	□是 □否	
32	水果清洗剂、杀菌剂和蜡等生物杀灭剂或产品保护剂的使用是否有相关规定？如是，请陈述或出示依据	□是 □否	
评估意见			

附录 C
（资料性附录）
针对果园的考察评估表

果园名称： 　　　　　　　　　　　　　　　　地址：

登记证号： 　　　　　　　　　　　　　　　　考察日期：

序号	内容	评估结果	备注
1	是否经国家植保部门（NPPO）或检疫机构注册登记？如是，请出示批准的文件	□是 □否	
2	是否将所有职责，特别是质量管理体系的职责明确分工？如是，请出示相关依据	□是 □否	
3	是否定期对自身的质量管理体系运行情况进行内容审核？如是，请告知审核的频率，并请出示相关记录	□是 □否	频率：
4	是否建立了药剂（农药、杀菌剂等）和肥料的采购和使用管理制度？如是，请出示相关依据	□是 □否	
5	是否有专业技术人员负责农药（农药、杀菌剂等）和肥料的管理和使用？如有，请出示相关依据	□是 □否	
6	是否配备了植保技术员	□是 □否	
7	植保技术员是否有资质（专业背景或相应的培训）？如是，请陈述或出示相关记录	□是 □否	
8	相关员工是否经过了专业培训？如是，请陈述或出示相关依据	□是 □否	
9	培训的内容是否涉及中国关注的有害生物内容，如是，请陈述或出示相关依据	□是 □否	
10	是否制定了有害生物综合防治计划？如有，请出示相关依据	□是 □否	
11	是否开展针对实蝇类害虫如地中海实蝇的监测（如果有要求）？如有，请出示相关记录	□是 □否	
12	实蝇监测方法是否符合中方要求（使用的诱剂和诱捕器、布点规划、维护频率与方法等）？重点查看相关记录	□是 □否	
13	是否开展针对中方关注的其他有害生物如苹果蠹蛾等的监测（如有要求）？如有，请出示相关记录	□是 □否	
14	其他有害生物监测方法是否符合中方要求（使用的诱剂和诱捕器、布点规划、维护频率与方法等）？重点查看相关记录	□是 □否	

（续表）

序号	内容	评估结果	备注
15	是否开展中方关注的其他有害生物如火疫病的田间和实验室检测活动（如有要求）？如有，请陈述方法并出示相关记录	□是 □否	
16	是否建立了实蝇等有害生物非疫区或非疫产地或非疫生产点（如有要求）	□是 □否	
17	是否有非疫区或非疫产区或非疫生产点的维护详细措施（如有要求）？如有，请提供	□是 □否	
18	非疫区或非疫产区或非疫生产点的维护是否达到效果（如有要求）？重点查看相关记录	□是 □否	
19	针对发现的中方关注的有害生物，是否有相应的应急措施计划？如有，请陈述或出示相关材料	□是 □否	
20	是否有果实采收的成熟度识别标准（如有要求）？如有，请出示相关材料	□是 □否	
21	果实从果园采收后到运抵包装厂之前是否有防止有害生物再感染的措施？如有，请陈述	□是 □否	
22	植保技术员是否能回答出该地区发生的主要有害生物及防控措施要领	□是 □否	
23	植保技术员或果园其他人员是否能回答出中方关注的主要有害生物	□是 □否	
24	监测方法（如有要求）是否科学？重点考察布点真实，诱剂是否有效等环节	□是 □否	
25	田间是否保持卫生整洁（如是否及时清除落果）。如不是，对方是否给出合理解释	□是 □否	解释：
26	田间区块编号是否易于识别和溯源	□是 □否	
27	田间果样目测调查是否发现了中方关注的有害生物？调查果数	□是 □否	果样数：
28	田间落果目测调查是否发现了中方关注的有害生物？调查果数	□是 □否	果样数：
29	田间树体目测调查是否发现了中方关注的有害生物？调查样数	□是 □否	样数：
30	监测（如果有）维护人员是否能说出监测操作技术要领	□是 □否	
31	监测（如果有）维护人员是否能说出近年来监测结果	□是 □否	
32	相关人员是否掌握采收时机（成熟度）	□是 □否	

序号	内容	评估结果	备注
33	相关人员是否知晓采后防止有害生物再感染措施	□是 □否	
评估 意见			

附录 D
（资料性附录）
考察报告大纲

前　言

人员和考察目的。概述考察评估任务完成情况以及取得的成效。

一、赴外考察准备

包括信息收集情况、考察依据和计划制定情况，以及其他与考察任务相关的工作准备。

二、考察评估

介绍完成的主体考察任务，各项任务开展和执行情况，详细介绍考察评估的新发现，对资料和现场印证情况进行介绍，并开展科学评估，提出各项考察重点内容潜在的有害生物风险，以及关键控制方法的建议。

三、工作建议

提出考察评估中发现的问题和风险控制的关键点，及其解决问题的综合建议。提出后续工作重点或下一步措施建议。

四、工作体会

阐述考察评估工作中较成功的做法或值得推广的工作经验。

五、附表或附图

列出考察评估过程中的资料信息。包括表格、图片或关键文字资料等。

六、署名

列出参与考察的人员信息。